# 职业院校加工制造专业应用文写作

崔建国 主 编

中国海洋大学出版社
CHINA OCEAN UNIVERSITY PRESS
·青岛·

**图书在版编目（CIP）数据**

职业院校加工制造专业应用文写作 / 崔建国主编.
—青岛：中国海洋大学出版社，2018.6
ISBN 978-7-5670-2123-5

Ⅰ.①职… Ⅱ.①崔… Ⅲ.①机械制造—应用文—写作—高等职业教育—教材 Ⅳ.①TH

中国版本图书馆CIP数据核字（2019）第044519号

| | |
|---|---|
| **出版发行** | 中国海洋大学出版社 |
| **社　　址** | 青岛市香港东路23号　　**邮政编码**　266071 |
| **网　　址** | http：//pub.ouc.edu.cn |
| **出 版 人** | 杨立敏 |
| **责任编辑** | 邓志科 |
| **电　　话** | 0532-85901040 |
| **电子信箱** | dengzhike@sohu.com |
| **印　　制** | 蓬莱利华印刷有限公司 |
| **版　　次** | 2019年4月第1版 |
| **印　　次** | 2019年4月第1次印刷 |
| **成品尺寸** | 185 mm × 260 mm |
| **印　　张** | 24.5 |
| **字　　数** | 535千 |
| **印　　数** | 1-600 |
| **定　　价** | 62.00元 |
| **订购电话** | 0532-82032573（传真） |

**发现印装质量问题，请致电15865352991，由印刷厂负责调换。**

# 编委会

**主　编**　崔建国

**副主编**　刘　航　徐立山

**编　委**　崔艳茹　李长征　陈嘉睿　张明志

王可安

# 前言

职业院校的教学任务，是为企业培养技术骨干、生产项目管理人才，输送生产一线高级操作人员。这一教育目标的实现，不但需要很好地完成文化课、专业课，以及实操课的教学任务，还应该开设一些与企业生产管理相关的课程，以实现教学与企业用人需求的对接。本教材就是为了满足这一教学需要而编写的。

这是一本专业写作教材，适合加工、制造类的技术专业教学使用。在教材里，编入了企业生产管理常使用的一些应用文体，并命名为：《职业院校加工制造专业应用文写作》，希望能为一线教师的教学提供方便。

近年来，很多职业院校开设了应用文写作课程。可一直以来，因为没有统一的教学大纲，这类教材的数量虽然很多，但内容却不统一。多数院校在语文教材里编入了一部分应用文体，以期通过语文教学来完成这一任务，但是，编入的内容大都是一些日常应用文，跟企业生产实践没有什么关系，这样，教学就脱离了生产实践。

企业在生产实践中使用的应用文，实际上是生产管理应用文，要求学生不但会写，还要会用，这和语文课根本不是一个学科的课程。语文教学怎么能解决得了“生产计划”“技术革新报告”“产品技术说明书”“技术合同”等专用文体的写作问题呢？因此，必须把“应用文写作”的教学内容，从语文教学中分离出来，使之成为一门独立的课程，针对各个专业教学的实际需要，来设置教材内容，使之与企业生产实践相对接，有针对性地实施教学。

作为独立的教学内容，应用文写作课程不再是语文科的教学任务了。二者的区别在于以下几点：① 文体形式不同。应用文具有某些约定俗成的固定格式，一些文体还要通过行政立法进行格式规范，写作时要严格遵守，不可随意改变。而语文课的作文教学则相反，要求学生不要受文体形式的束缚，避免模式化，不要千篇一律，要有自己的特点。② 写作对象不同。应用文的写作对象是生产实践中的事务，写作材料来自于生产实践，是为解决生产实践中的实际问题而写作的，要求尊重客观事实，符合实际。而语文写作的教学，则允许学生在遵循情感规律，符合逻辑的前提下，可以虚拟事件，假设问题，夸张感受，充分联想。③ 语言特点不同。应用文的语言是具有“外指性”的，要及物，要符合客观事实，要经得起实践的检验。而学生作文的语言，则可以具有“内指性”，遵循的是情感规律和思维逻辑。

加工制造类专业应用文教学有两方面任务。

一是让学生学会写作应用文。

学生在学校学习期间，通过学习本课程，学会写作一些规定的应用文体，这是学生以后到企业工作时应该具备的基本能力。例如，学生要会写作生产计划（工单），以及用于生产管理的各种单据类文书等。写作这些文体，往往是企业整个生产流程中的一个工作程序，因此，也是生产员工一项重要工作内容。同时，还要让学生学会写作发言稿、欢迎词、新闻消息等文体，培养学生这方面写作能力，有利于学生将来能够积极融入企业的文化活动中去。

二是让学生学会使用应用文。

应用文书的写作目的，是为了解决生产及活动中的具体问题。例如，一些公文被普遍用于企业的管理，这些公文有的是上级指导下级、要求下级完成某项工作的，而有的文书是下级向上级反映情况、汇报工作、请示事项等使用的。再如使用计划（工单）进行生产，使用产品说明书进行操作等等。所以，在未来的生产实践中，能够正确地使用应用文去处理事务、进行工作的员工，才是现代化企业的合格员工。这也是学生以后走上工作岗位时，应该具备的基本素质。

教材选编的文体，都是企业在生产管理实践中经常使用的。这些文体具有传递生产管理信息，指导生产实践，记录生产过程，普及科学技术知识，传播企业文化等功能。

本教材采用列举范文的方式，来进行文体知识的讲解，形成了文体知识—例文分析—思考练习，“三步骤”的编写体例，以帮助教师把文体知识的讲解同写作实践结合起来。在思考与练习的后面还附上了一些例文，以供教师进行深入讲解使用和学生阅读参考。

作为教科书，《职业院校加工制造专业应用文写作》的内容，应该是开放性的，要根据生产实践的需要来适时增减。这样才能保证教材的实用性和先进性，始终保持教学与生产实践紧密地结合。

事实上，我们缺少社会实践和企业生产实践的经验，尤其在生产实践方面，与实际有着距离，存在着局限性。编写过程中，虽然我们多次去企业进行调研，力求使教材与生产实践结合得更紧密一些，但是一定还会存在许多不足和缺点。在此，衷心希望广大同仁多多指正，我们共同努力，让教材在教学实践中得以不断完善，发挥这一课程教学的最大效能。

崔建国

2016年1月23日

# 目 录

## 第一部分　加工制造专业应用文基础知识

## 第二部分 企业常用公文的写作

## 第四部分　企业生产与管理文书的写作

## 第六部分　科技文体的写作

# ◆第一部分◆

## 加工制造专业应用文基础知识

应用文是一个集合概念，包括了人类在社会实践中使用的所有实用文体。加工制造专业应用文，是在应用文之中选择出来的一些文体，是加工制造类企业在生产实践中经常使用的应用文。这些应用文文体，是职业院校加工制造类专业的学生，应该学会写作的。

想要写好应用文，除了多写多练外，学习和掌握一些文体的基础知识，是十分必要的。本书的第一部分，从加工制造专业应用文的母体——应用文的文体基础知识开始，先介绍应用文的概念、特点、写作要求、写作方法等。了解这些知识，可以为学习写作加工制造专业应用文提供帮助，打好写作基础。

# 第一章 概 述

## 第一节 应用文的概念

### 一、应用文的性质

应用文是具有某些惯用格式的文体，是人类在社会活动中，处理各种事务、解决存在的问题时，需要写作的一种实用文体。

应用文使用的范围十分广泛，涉及社会生活的各个方面。国家机关、企事业单位、社会团体等，处理事务、沟通信息，以及人们在日常生活中进行联系、交流时，使用的文书都属于应用文。

应用文的产生，是与人类的实践活动紧密相关的，在社会实践中，应用文以及其丰富的形式在各个领域发挥着作用。例如，报纸刊载的新闻，广播电视的文字稿件，平面媒体的广告，各国际组织及国家间往来的文件、信函，国家各级政府行政机关所使用的公文，企事业单位使用的公务文书，个人之间往来的信函等等，都是应用文体。我们在网络上查询和传播的各种信息资讯、用手机进行沟通交流所发送的信息，实际上是在不同的传媒平台上，使用应用文来实现的。

作为一种实用文体，应用文不同于文学作品。文学作品需要艺术地再现生活、抒发作者情感，文体形式不是固定的，是为思想情感的表达服务的。而作为实用文体的应用文，则是人们用来处理解决实际问题，进行沟通联系的工具，其内容承载的是各种实际事务。应用文文体的结构形式，在长时间的写作实践中形成了一些固定的模式，带有一定的程式化的特点，这就为沟通交流提供了便利。总的来说，应用文是一种用于处理事务、沟通信息，具有某些惯用格式的实用文体。

作为一种文体，应用文的特点大体可以概括为以下几个方面。

**（一）从内容方面说，应用文具有实用性的特点**

应用文的内容，是对具体事务进行解释说明、阐述某一观点、表明某种态度、提出具体意见、传递各种信息的，这就赋予了应用文实用性的特点。写作应用文就是为了处理和解决实际问题，是以表明作者处理解决问题的观点、看法为目的的。应用文对事务的叙述要求客观真实，提出的问题要符合实际，要具体。由于应用文具有这种实用性的特点，写作应用文就必须要务实，要讲究实用价值，不能像文学作品那样，需要对生活进行艺术加工，采用一定的表现手法去塑造艺术形象。

**(二)从文体形式看，应用文具有规范性的特点**

应用文的文体结构，具有一定的固定形式。经过长期的写作实践，一些惯用的形式被约定俗成后，成为了文体格式的基本规范，写作时需要共同遵守。还有一些文体，如“公文”的格式和行文，国家用行政法规进行了规范，我们要严格按照法规规定的要求来写作。

应用文的规范性，有利于提高工作效率。将应用文的文体形式进行规范，应用文便具有了通用性，从而提高了应用文的工具效能。

**(三)从实际应用说，应用文具有时效性的特点**

写作应用文应该重视其时效性。因为写作应用文的目的，是为了解决现实的实际问题的。在实际工作中，对事务的处理、解决，往往是要受到时间限定的。我们总不能写一篇文章，是为了解决还不清楚的未来的问题；或者事情已经时过境迁，已经没有实际价值了，我们才来写作一篇应用文，去处理已经过去了的，没有了价值的事务。

如果没有时效性，就不能发挥应用文的作用，就会丧失掉解决问题的时机，影响我们的工作效率。

**(四)从材料角度看，应用文具有真实性的特点**

为了处理解决实际问题，应用文采用的材料应该是真实存在的事实，材料的来源是客观实际中存在的各种事物，应该是第一手材料。如果材料不是客观存在的事实，或者是采用间接方式获取的材料，往往会造成观点的错误，或者失去文章的真实性，就不能正确地解决问题，就会丧失应用文的实用价值。

真实性是应用文工具性能的前提，是应用文的生命。

**(五)从语言特点说，应用文具有外指性的特点**

与文学语言的内指性特点不同，应用文的语言要具有外指性。文学的语言要指向文学自身，不必求其一定要符合客观事实，只要符合文学规律即可。而应用文使用的语言则要指向外在的事务，要及物，要符合客观事实和规律。

应用文语言的标准是准确、简明、平易、庄重。

## 二、应用文的种类

应用文的适用范围十分广泛，社会上所有的组织、部门、企业、单位等，都需要使用应用文处理公务。不同系统的单位处理公务时，写作应用文的目的也会千差万别，所使用的应用文种类也是不一样的。这些因素使应用文种类具有了多样性的特点。

下面概括介绍几种不同种类的应用文。

**(一)从适用的对象划分**

如果从适用的对象来划分，可以把应用文分为行政机关应用文、军事应用文、外交应用文、经济类应用文、科技类应用文、工程专业应用文、文教类应用文、司法类应用文、医务类应用文、日常生活应用文等许多大类。其中各大类还可以细分，如司法类应用文还可以分为公安机关、公证机构、检察院、法院等各单位使用的应用文；医务应用文还可以细分为医院管理应用文、医生用应用文、护士用应用文；工程专业应用文可以分为建筑专业应用文、电力专业应用文、加工制造专业应用文、水利专业应用文等等。

**(二)从涉及的范围划分**

从应用文的范围划分,可以把应用文分为通用应用文和专用应用文。

通用应用文,是企事业机关、各行各业、各个层次组织,在工作中通用的一些应用文体,如公文、计划、调查报告、总结、规章制度等等。通用文书是企事业单位、各行各业,在工作中处理事务、交流经验、传播信息、发出指令、传达有关方针政策的工具。

专用应用文也叫做专业应用文,是一些行业、部门专用的应用文。如法院应用文中的起诉状、上诉状,财经应用文中的经济活动分析报告、审计报告,加工制造专业应用文中的技术革新报告、产品技术说明书等等,这些应用文只在各自的专业领域使用,不具有广泛性和通用性。

**(三)从作者的身份划分**

从作者的不同身份来划分,可以把应用文分为公务文书和私务文书两种。

公务文书就是企事业单位、各行各业用来处理公务的应用文,如公文、计划、合同、产品说明书等等。

私务文书是指在日常生活中,处理个人私务时,使用的一些应用文,如个人的书信、日记、申请书、借据、便条等等。

**三、应用文的用途**

在人类的社会实践中,应用文起着非常重要的沟通交流、传递信息的作用,概括地说,应用文的作用大致有以下几个方面。

**(一)是有效管理的工具**

在工作实践中,应用文是政府机关和企事业单位实施有效管理的工具。

首先,上级下达给下级的各项工作指令和要求,要使用应用文来进行下发,如公文中的“命令”“决定”“通知”,通用文书里的“计划”“规章制度”等等。无论是哪一种指令或要求,只要用公文下发后,对下级工作都具有约束性和指导性,下级必须认真执行。

二是上级对于下级要常常做出一定的工作规范,而应用文就是这些规范的载体,如各种规章制度、公文中的通知等,都具有这种功能。

三是上级向下级安排具体工作时,也需要使用应用文来传达,如公文中的“通知”就是常常用来布置和安排工作的一种公文。

**(二)是沟通交流的工具**

应用文是政府机关、企事业单位、以及个人,用来沟通信息、协调事务的工具。在社会实践中,单位或者组织之间,以及个人之间的合作联系非常密切,互相之间往往需要协作才能完成某一项工作任务,而应用文则是担当着这种沟通协调、信息联系任务的。如政府机关、企事业单位、部门之间商洽事务,上级向下级了解情况,下级向上级汇报工作、反映问题等,都是使用应用文来实现的。

**（三）是宣传推广的工具**

应用文具有传播各种信息的功能。政府机关、企事业单位宣传其方针政策，推广先进经验，都需要使用应用文。企业在生产经营中，也要借助广告宣传来推销自己的产品，扩大企业的知名度和影响力，而广告就是应用文的一种。作为一种工具，企事业机关、各行各业、公务私务，都需要以应用文为载体来表达某种思想意图，借助应用文来传达和宣传上级的方针政策。在工作中获得的先进经验，或者好的工作方法，也需要使用应用文进行交流、推广和宣传，以此来推动社会事业的全面发展和进步。

**（四）具有凭证资料的作用**

应用文具有正式性、严肃性、权威性的特点，是一种最有权威性的凭证资料，是分析工作实行情况的参考依据。应用文在实际工作中的使用，既记录了工作的具体实施过程，又记载着工作中的各种事务和信息，所以，应用文是可以作为各种公务活动、私务活动的书面凭证资料的。如合同中的条款、各种单据内容、各种财务文书的数据、各种技术文书中的技术指标等等。

## 四、应用文的写作要求

应用文的种类很多，结构要素也各有差别。从对应用文写作的一般性要求来说，写作应用文应该注意以下几点。

**（一）材料要真实**

应用文的材料是指构成文章内容、体现文章主旨的各种客观事实，或者理论依据。

应用文使用的材料，一定要是真实的事实，是来自工作实践的具体事项或问题。有时也可以引用相关的理论，进行阐释或者论证，但还是不可以脱离事实材料的。材料的真实性，是处理事务、解决问题的需要，如果构成文章内容的材料不具有真实性，那么，这样的应用文是不能解决实际问题的，是没有价值的，是不可能实现写作目的的。

**（二）主旨要单一明确**

文章的主旨是指全文的中心内容，是作者在文中表达出来的的思想、意图、主张和看法。

主旨单一，是指应用文一般要求一事一文，文章的主旨要单一集中。每一篇文章只能有一个中心，全文都要围绕这个中心来进行说明、阐述，无论篇幅长与短，内容简与繁，都应该把全文内容归结到一个中心上来。对这一点的要求，应用文中的“公文”尤为突出，“公文”对这一点还用行政法规进行了规范。其他应用文体虽然没有相应的法规规范，但也要求其内容要“主旨单一明确”，要避免多中心，避免让读者费心思去揣摩文中的主旨。

主旨明确，是说作者的主张、意图、态度要让读者一看便知，而不是像文学作品那样含蓄、隐晦，需要读者去反复体味和揣摩。

应用文的主旨明确单一，能够方便处理工作中的事务，提高解决问题的效率。

**（三）结构形式要符合规范**

所有应用文的文体结构都具有一定的规范性。如公文结构形式的规范，是国务院通过行政法规来确定的。其他应用文体的结构形式，虽然没有法规规范，但是，在写作实践中也是被约定俗成了的，已经形成了某些固定的惯用范式。

实际上，只有结构形式具有统一规范的文体，才便于人们进行沟通交流。应用文文体有了一定的规范，才能成为处理实际问题、便于进行沟通交流的工具。因此，写作应用文，一定要遵守其结构形式的规范和要求，要按照文书格式的要求写作。

**（四）语言要简明庄重**

语言简明，是应用文使用效率对写作的要求。写作应用文的目的，是要解决实际问题的，这就需要以简练的、尽可能少的语言，来向读者传递尽可能多的内容。因此，应用文的写作必须要做到文字表达简明，语言的使用要有节制，不能像文学作品那样，去追求艺术性、形象感。

应用文是用来处理工作中的事务的，每一篇文书都代表着作者的观点和意志，因此，语言要庄重。写作应用文要用词严谨、周密、庄重，少用表现强烈情感的形容词和副词，多使用严整的句式，这样的句式可以体现庄重感。不要使用方言俗语，尽量不用口语。总之，应用文语言的使用，要能够符合应用文简明庄重的语言风格。

## 第二节　加工制造专业应用文概述

### 一、加工制造专业应用文的性质与特点

加工制造专业应用文，是指加工制造类企业，在生产实践和管理中，经常使用的应用文，如技术合同、企业规章制度、技术革新报告、工单等等。这些应用文是企业在生产实践中，为了加强生产管理，提高生产效率，进行技术革新等活动，经常要使用的文书。从这个意义上说，加工制造专业应用文写作课程，也是一门具有企业生产管理性质的课程。

加工制造专业应用文的内容，是由通用文书和专业文书两部分构成的。

通用文书包括企业常用的公文、计划、总结、人事管理等文体。

专业文书包括企业规章制度、合同、产品说明书、企业文化宣传类文书等。

加工制造专业应用文的特点，与一般应用文基本相同，只是在下面几个方面更加突出一些。

**（一）行文目的的指向性**

加工制造专业应用文的行文目的，都应该具有明确的指向性。在生产实践中所制

发的文书，都是为了某一生产管理目标的实现，有的是为了处理某一具体事务，有的是为了解决生产和工作中存在的问题，有的是反映某一实际情况，有的是记载生产环节中发生的事件，有的是对科学技术活动结果的证明等等，都具有非常明确的制发目的，有着明显的指向性。

**（二）文章主旨的单一性**

文章主旨的单一性，是加工制造专业应用文一个非常突出的特点。主旨单一，是说每一篇文章只处理解决一件事，内容要明确地指向具体事务。这就决定了文章只能有一个中心，而不是把一些与中心没有必然联系的事项，写在一篇文章里，这样会造成一篇文章多中心的现象，使作者的主旨意图混乱不清，丧失掉写作文章的意义。

**（三）结构形式的规范性**

与一般的应用文一样，加工制造专业应用文的文体结构也具有规范性。其中通用文书与一般应用文体的规范性是一样的，这里不再介绍。而专业文书的结构形式，也是有着一定惯用的格式来规范的。所有专业文书都具有各自的格式要求，这些文书的格式，虽然没有法规进行规范，却在长期写作实践中被约定俗成后，形成了某种写作惯式的。写作这些文书时，要严格按照其格式规范来写作。

**（四）图文并用的直观性**

加工制造专业应用文中的一些专业文书，经常要采用文字加图表、照片的方式，来对抽象的技术问题进行辅助说明和描述，使说明的对象具有一种直观的效果，能够使读者很容易地了解和掌握文中说明、描述的对象，从而充分掌握说明对象的科学性质和技术性质。

## 二、加工制造专业应用文的用途

加工制造专业应用文的用途，除与一般应用文基本相同外，在以下几个方面更加突出。

**（一）指挥管理的作用**

加工制造专业应用文中，有许多文种是常被用于企业管理的，如公文、规章制度、计划、工单等等，这些文种在企业的生产管理中使用频率很高。在生产实践中，企业的管理层会经常使用公文来布置工作、安排生产任务，指导执行层按照一定的要求去落实、实施；生产部门也要把计划作为生产指令，并把计划分解为工单下发给车间或者生产班组，车间或者生产班组按照工单指令进行生产操作。这些文书在企业生产中发挥着生产指挥与管理的作用，这些文书在企业管理方面要比通用文书更细化、更专业。再如合同、出入库单据等，也都是与企业管理有关的文种。在生产管理的实践中，加工制造专业应用文的使用，大大地提高了工作效率。

**（二）促进技术创新的作用**

加工制造专业应用文是企业科技创新活动的载体。在企业生产实践中，所有的技术改革和创新实践，最终都要形成文书形式的“报告”或者论文，这种“报告”就是技术说明书、技术革新报告，写成的论文就是科技论文或者技师论文。这些文书的写作，实际上，就是企业各种科学技术活动过程的一个重要的环节，起着推动企业技术创新的作用。

**（三）宣传企业推广产品的作用**

加工制造专业应用文中，有一些文体是宣传企业形象、推广产品的工具，如科技新闻、讲话稿、产品使用说明书等等。这些文种，都可以起到对企业形象和产品的推广、宣传作用。例如，科技新闻在报道企业科技动态，或者一些事件的同时，也起到了宣传企业形象的作用，产品使用说明书，除了对产品使用方法的说明，更是一种宣传企业自身形象，向市场推广产品的载体。这些文体都有着不可替代的广告宣传作用。

**（四）传播交流科学技术的作用**

加工制造专业应用文，具有促进科学技术的传播和交流作用。在实践中，我们常常会在科技新闻中获得最新的、最先进的科学技术信息，作为一种文体，科技新闻是科学技术交流的载体，有利于促进科学技术的进步。一些专业文书，如技术革新报告、产品技术说明书、技师论文等等文体，也是科学技术传播交流的载体，都具有传播交流科学技术的工具作用。

**（五）凭证资料作用**

加工制造专业应用文，有很多文体是生产管理的重要凭证资料，这一点要比一般的应用文更加突出，所以此处再加以说明。如加工制造专业应用文中的工单、产品使用说明书、产品技术说明书、检验单、出入库单等等，都是企业管理工作中最重要的、最具权威性的凭证资料。

这些文书是企业进行生产和管理的依据，在使用时要注意保存这类文书、最好是归档管理，以便随时查找，作为凭证。

**三、加工制造专业应用文的写作要求**

加工制造专业应用文中，通用文书的写作要求，与一般应用文基本相同，其中专业文书的写作，还要做到以下几点。

**（一）要体现科学性和创新性**

加工制造专业应用文中的一些专业文书写作，应该注意体现科学性和创新性。人们在生产实践中，经常会发现生产过程存在某些工艺问题、技术问题，然后再运用科学原理来分析问题，采用技术手段去解决问题，如果将分析解决问题的过程用文字表达出来，所写作的文体就是技术革新报告，科技论文或者技师论文。生产实践的科学问题、技术问题等内容，就会反映在这些专业文书中，文中内容所体现的就是科学、技术实践的过程。

**（二）要符合相关规范和标准**

加工制造专业应用文的写作，要符合文体结构形式的规范。其中公文的结构形式具有严格的规范，这里自不必说，其他文体的结构形式，也在长期的写作实践中形成了一定的规范性，写作时要注意遵守。

除了文体结构形式的规范外，加工制造专业应用文所采用的数据、指标、单位、标准等，还要符合统一的规范。如果有国家标准的要遵照国家标准，没有国家标准的，可以按照国际标准写作。文中使用的数据、指标要准确，单位、标准要前后一致，做到全文的统一。

**（三）要具有实际应用价值**

加工制造专业应用文的实用性，决定了其内容必须要具有实际的应用价值。通用文书是为了处理事务，解决问题而写作的，其实用价值已经介绍过了。而专业文书则是为某种管理行为、产品生产、技术应用与技术改革等实际工作而写作的，其实用价值是这些专业文书自然带来的。尤其是产品使用说明书、产品技术说明书、技术革新报告、技师论文等文种，实际应用价值就是其生命，没有实际应用价值的文书，则是多余的，没有意义的。

**（四）要做到语言简明易懂**

加工制造专业应用文的语言表达，要求简明、平实，不能使用文学作品的夸张、暗示、象征等修辞方法。在文中，语言表达应力求简明扼要，要有节制、有分寸，做到准确、通畅、简练。还要做到语言通俗易懂，让读者一看就懂，一读就明白，这样的语言风格才易于达到写作目的，才能够发挥加工制造专业应用文的社会作用。

## 思考与练习

一、简要说明应用文的特点。

二、应用文的种类划分方法有哪些？

三、加工制造专业应用文的性质是什么？

四、简要说明加工制造专业应用文的特点。

五、加工制造专业应用文的用途有哪些？

六、写作加工制造专业应用文要注意哪些要求？

# 第二章 写作基础知识

## 第一节 充分掌握材料

材料是构成文章的基本要素。一般来讲，文章的质量如何，在于如何安排使用材料，而安排使用材料的前提，则在于占有材料的多少，尤其是所获得材料的质量如何。加工制造专业应用文的写作材料，来源于生产实践。在生产实践中那些有意义和有价值的，可以用来反映、记录、传播、阐述某些事件、问题、情况等的客观事实，都可以作为写作材料。

长期写作实践的经验证明：写作材料存在于日常工作和生产中，而获得有价值的写作材料，除要具有一定的观察能力外，还应该从积累材料、整理材料和使用材料三方面入手。

### 一、材料的积累

积累写作材料，首先是去获得材料。企业的生产者，尤其是生产工艺操作者的生产实践活动，是写作加工制造专业应用文取之不尽、用之不竭的材料源泉。加工制造专业应用文中，专业文书的写作目的，是为了研究、解决生产实践中存在的问题，或者是记录生产过程的。因此，写作这类文章只有置身于生产实践，才能获得相关的写作材料。

在生产实践中，要用心去观察那些与生产相关联的各种事物，去发现生产中出现的问题，积极地参与解决问题的实践活动，并及时把发现的问题、处理解决问题的过程和方法、一些数据和指标等等，用文字记录下来，使之成为文字材料。这些材料积累多了，不但可以为分析问题、解决问题提供参考，也可以作为以后写作的材料。

专业文书的内容是对生产实践活动的反映，只有采用来自实践的第一手材料写成的文章，才能够经得住实践的考验，从而避免空谈，使文章发挥应有的作用。因此，平时在生产实践中大量地积累材料，是写好加工制造专业应用文的前提条件。

### 二、材料的整理

我们在生产实践中获得了大量的写作材料，可是这些材料还是初级的，不是都可以直接用于写作的。因此，在写作之前还要对材料进行整理，把那些有写作价值的材料留存起来，以备写作时使用。

对材料的整理可以按照下面几个步骤来进行。

首先，要根据自己专业或者业务的实际，按照写作的需要来整理和筛选材料，并对已占有的材料进行分类。例如，可以把材料分为国家技术标准，相关的技术参数，某一生产技术、生产工艺在全国行业中的应用情况，同类生产技术、生产工艺在国内、国际上现有的水平，有关生产技术、生产工艺中出现的特别的情况，对某一生产现象发生的统计记录，对生产实践和技术实践活动的记录、总结等各种类别。按照一定的类别，把这些材料划分归类，以备将来写作使用。

其次，是建立材料档案库。把收集、整理好的材料储存起来，以免遗忘或者丢失。例如，注意保存一些上一年的生产计划、工作总结等，这些文书，可以作为制作年生产计划和写作总结的材料。在生产工艺流程中，把发生的一些问题及事项，以及出现的一些指标、参数等记录下来，这些材料可以作为技术革新报告、科技论文，或者技师论文的写作材料。

对材料的整理，应该遵循三个原则，即“真”“精”“新”。

所谓“真”，是要求所占有的材料，应该真实地反映客观实际。那些在实践中获得的第一手材料，最具有客观性和真实性，是最有价值的写作材料。

所谓“精”，就是指那些具有典型性、代表性、概括性的材料。

所谓“新”，是要求专业文书所使用的材料，要能够反映新技术、新工艺（包括在原技术、原工艺的基础上进行的创新、改造）。通用文书的材料选择，应该是生产实践中出现的那些新的情况、新的问题、新的动向、新的成就、新的经验等等。写作材料的“新”，赋予了文章意义的及时性和先进性。

**三、材料的使用**

当占有了一定数量的材料后，如何使用材料进行写作，则是作者写作能力和水平的体现了。正确合理地使用材料，才能够写成一篇好的文章。

材料的使用可以从调整材料和设计材料入手。

一是调整材料。调整材料，就是在文章中合理安排材料，调整好材料的使用顺序。调整材料要以文章的主题为中心，把材料排列成一定的顺序，在材料与材料之间建立起内在的联系，形成一定的逻辑关系。

二是要设计材料。设计材料就是围绕一个中心意思，对材料的使用，按照轻重、详略、多少，进行安排设计。设计材料的目的，是为了能够使材料在文章中安排得详略得当、轻重合理。对每一材料的文字使用数量，要做到局部与整体部分之间的统一与协调，尽量使各材料的文字数量相对均衡，使文章的整体布局能够给读者一个比较对称、比较均匀的美感。在写作实践中，作者面对收集到的大量材料，采用哪些，舍去哪些，哪些材料的内容要详写，哪些材料的内容要略写，都要根据主题的需要来确定。

## 第二节　精心提炼主题

主题也称为文章的中心思想，是作者对事物的看法、主张和态度在文章中的体现。主题是作者对事物的理解、把握和认识等，在文章中的反映，需要用文中的全部内容，来对其进行阐述和说明。主题是统帅一篇文章的灵魂，无论写作什么样的文章，都是为了表达一定的主题。因此，确立主题是动笔写作前的第一步。主题的确立，需要在掌握的全部材料中，进行精心地提炼，最后确立出一个具体的、科学的、有价值的主题。

在写作实践中，提炼主题经常采用的方法如下：

**一、在材料中提炼主题**

应用文的主题是从客观实际中提炼出来的，而不是先确立了一个主题，再去与客观事实对号，或者根据已确定的主题去寻找材料。

因此，提炼主题先要从认真分析材料入手，对所掌握的材料进行去伪存真，去粗取精的分析整理。通过分析整理，保留那些能够真实反映客观事实的材料，选用那些具有典型性和代表性的材料，并在这些材料中找出它们所具有的共性，发现其内在的联系，然后从中提炼出文章的主题来。

主题蕴含在能够反映客观事实的材料中，材料的客观性和真实性，是文章主题正确性的保证。主题的正确与否，要看掌握的材料是否全面，是否真实。只有在真实反映客观实际的材料里，提炼出来的主题，才具有写作价值。

**二、要有正确思想的指导**

要想提炼出一个正确的主题，必须要以正确的、科学的思想观念为指导。有了正确的、科学的思想观念，才能提炼出正确的、有价值的主题。主题虽然来自材料，但它毕竟是作者主观认识与客观事物的统一物，这样，主题的形成，必然会受到作者思想认识，和立场观点的制约。如果思想不端正、立场不正确、又缺少相关的科学技术知识，那么对事物的理解和认识就会很肤浅，就会丧失正确的指导思想，从而偏离正确的轨道，就很难提炼出正确的、有价值的主题来了。

所以，提炼主题的前提，是要求作者用正确的、科学的、先进的思想武装自己的头脑。只有如此，才能在大量的客观事物里发现有价值的问题，从而提炼出正确的、有价值的、好的主题来。作者具有正确思想、科学的观念，是提炼出有价值的主题的前提条件。

**三、要有科学的分析方法**

当占有了充分的材料，又有正确的思想指导，接下来，要提炼出有价值的主题，还需运用科学的分析方法。所谓科学分析方法，就是按照写作规律的要求，对所占有的材料进行科学分析，来把握材料里所反映的事物本质，找出事物的共性特征，然后确立出主题。

常用的分析方法如下。

首先，对所占有的材料进行分类。给材料分类的过程，实际上就是对材料进行初步分析、研究的过程。对材料分类，可以把材料的不同性质，或者不同内容、不同用途等作为分类标准来进行。对材料分类的过程，也是认识事物、把握事物本质的过程，通过分析研究来掌握材料中所反映的事物内涵、性质和意义，从中提炼出文章的主题。这是提炼主题需要做的第一步工作。

例如，要为某企业写一篇“第×季度的生产总结”：首先，要把与这个季度的生产过程相关联的事务，作为收集写作材料的范围，这些材料一般应该包括单位时间里生产产量、次品率、原材料利用率、工艺流程情况、生产成本、员工工作态度等等。其次，还应该占有一些与之相关的材料，如本企业上一个年度同期完成的各项工作任务和生产指标的情况，以及完成的各项生产指标与同行业的比较情况等等。最后，要把获取的材料按照不同的内容、性质和用途进行分类，如可以分为反映数据指标的材料，反映具体事项的材料，反映工艺和技术情况的材料等等。也可以按照企业内部材料，或者外部材料的标准来分类，把材料分为本企业材料与外部企业材料等类别。

其次，找出所占有材料之间的内在联系。当把所有材料进行了初步分类后，接下来便是对材料进行分析，例如：通过归纳分析，找出材料与材料之间的内在联系；也可以通过比较分析，找出其差别和不同，然后以分析的结果为基础，提炼出文章的主题来。

对材料进行科学分析，是提炼主题的一个重要步骤。文章的主题与材料应该是有机一体的，主题代表相关联材料所具有的共性。材料是主题之母，主题是材料之子。例如，对几组反映某数据指标的材料进行分析，找到它们的共同指向，从而找出其一般性的规律或者特点，由此来确定问题的性质，便可以确立文章的主题了。

## 第三节　合理安排结构

结构，是使文章内容以一定的具体形态体现出来的组织构造，是文章内容外部形态的表现形式。合理安排结构，就是对文章的结构形式，做出最适合于内容表达的一种设计安排。文章的内容与结构形式是一种表里关系，文章的结构形式对内容起着生发延展的作用。写作的时候，往往要根据内容来选择最佳的结构形式，以使内容与形式协调一致，布局合理。合理安排文章的结构，是写作成功的重要一步，而这种能力的具备，需要我们掌握一些文章结构的基础知识。

### 一、文体结构的特点

应用文文体结构的特点，是人们在长期的写作实践中逐渐形成的，这些特点，对写作应用文具有指导意义和规范的作用。具体来说，体现于下面三个方面。

#### （一）形式的简明性

形式的简明性，是指对文章结构的安排，要简约、明快。应用文通常采用单刀直入、开门见山的笔法，不要含蓄隐晦，更不要重复啰唆，要以简约、明快的结构形式，来展示文章的内容，表达作者的意图，揭示全文的主题。

应用文的内容一般要求一事一文，不同的事情不要放到同一篇文章里去写。并且还要求一文一个主题，不可以多主题，全文的层次段落都要紧扣文章的中心。应用文对内容安排的要求，决定了其简约明快的结构特点。

**（二）结构的定型性**

结构的定型性，说的是结构形式的规范性。应用文的结构形式，是受某些法定的，或者是约定俗成的写作惯例规范的。如公文的结构形式，就是由国务院通过颁布法规，来进行规范的，写作公文时，必须要严格遵守其法定的格式规范。其他应用文体的结构形式，虽然没有以立法来规范，但是，在长期的写作实践中，也形成了一些约定俗成的写作惯例，写作时需要共同遵守。如“规章制度”的结构形式是由“总则”“分则”“附则”构成的；“总结”的主体部分采用“倒三角”“正三角”的结构形式；“产品使用说明书”正文的结构内容，一般要由“概述”“主要技术指标”“产品重量、尺寸”“工作原理”“安装、使用方法和注意事项”“保养方法”“一般故障及排除方法”“其他事项”等一些结构要素构成。

应用文的结构形式之所以具有定型性的特点，是因为应用文的内容，涉及人类社会实践各种各样的事务，如果按照不同的事务，来对应地安排不同的文体格式，就会造成一事一体、五花八门、杂乱无形的现象，这样会给阅读和理解带来困难，影响人们的沟通与交流。因此，对应用文文体结构做出一定的规范，会给阅读带来方便，增加应用文沟通、交流的功能，有利于提高工作效率。

**（三）篇章的条理性**

篇章的条理性，是指文章层次、脉络的有序性。篇章结构安排的条理性，反映了作者思维活动的条理性。条理性是文章各构成要素之间内在关系的体现，是建立层次和段落之间内在联系的依据，所以，写作时要合理地安排和设计层次结构，先后有序地展开内容。文章的条理性，是以一定的文体形式表现出来的，常见的有下面几种形式。

1. 总分式的结构形式

总分式的结构形式，是指文章层次之间的一种总说和分说的关系。通常，总说部分是全文的主旨所在，分说一般是对主旨的分项叙述或说明。在文中把总说部分和分说部分各作为一个层次，分说部分按照不同的内容、不同的角度，再分成若干个次级层次，使各次级层次，在文中构成一种对主旨内容的叙述、说明、证明的关系。

2. 纵式结构形式

纵式结构形式，是纵向安排文章结构次序的一种结构方式，即按照事物产生、发展的客观顺序，来依次安排结构次序。在设计安排文章结构时，把事物的发展过程，分出几个阶段，然后再按照事物发生、发展的前后顺序，分主次，有详略地进行叙述说明和分析论述。

例如本书，第三部分“总结文书”的例文《发展集团探索科技成果产业化新体系》，就是把探索科技成果产业化新体系这一事实，按照其具体实施步骤，将其分成四个部分，用“挖掘产业化项目”“引领机构‘跟投’”“投资产业集群”“促进产业和区域发展”四个小标题，来纵向安排结构的。

有的纵式结构不以事物发生、发展的过程为顺序，而是以事物发生、发展的时间顺序来安排结构。纵式结构的好处，在于能够真实地再现事物的原貌，可读性强。

3. 横式结构形式

横式结构形式，是横向安排层次结构的一种结构方式。这种结构形式的设计，需要在写作时根据材料内容的性质和特点，建立起材料之间内在的逻辑关系，然后在文中平行安排这些材料，对主题进行分别叙述、说明和阐述。

例如本书第五部分，“科技新闻的写作”中的一篇例文《初探“数控”迷的成功之谜》，就是一种横式结构形式的例文。文中把人物在数控技术领域获得成功的事迹，分成相互有逻辑关系的、具有独立内容的三个部分，并将其分别概括为“闯劲”“钻劲”“韧劲”，作为三个小标题。以这种方式来设置文章的结构，三个部分之间，就构成了一种横式的结构关系。

横式结构在应用文中被广泛使用，这种方法有利于突出事物的主要矛盾，使文章的观点鲜明。采用这种结构形式，需要认真分析材料，找到材料之间的内在联系，再按照一定的逻辑关系安排文章结构。

4. 并列式的结构形式

并列式的结构，是横式结构的一种形式，这种结构形式，是把层次之间的关系，设置为一种并列的关系。并列的结构形式表现于，各层次都有其独立的内容，同时，各层次之间又存在着某种内在的联系，按照一定顺序，把层次结构并列安排，用来表达一个中心思想。

5. 递进式的结构形式

递进式结构形式，也是横式结构的一种形式，这种结构形式，要按照层次间一定的内在联系，建立起一层深入一层的结构关系，把篇章结构按照各层次内涵的量上的差别，由小到大，由轻到重，由浅入深地排列起来。递进式的结构能够造成一种很强烈的语势，可以增强文章的感染力。

6. 纲目式的结构形式

所谓“纲”是指篇章中的小标题，“目”是指小标题下面的具体内容。小标题可以用来标示层次内容、显示层次结构，有时还可以冠上序数词，来表示层次关系。小标题下面的“目”是具体的内容，一般由段落构成，在文中，段落的首句常常被设为主旨句，用来提示段落的主旨内容，显示段落与层次的关系，以及段落与全文主线的关系。纲目式结构，是最能体现篇章条理性特征的一种结构形式。

## 二、文体结构的内容

文体的结构内容，是指文体结构的构成要素。文体结构的构成要素包括三个方面：一是文体顺序的构成要素，有开头、主体、结尾等内容；二是文体结构的构成要素，有层次、段落等内容；三是用于文体结构间的连接要素，包括过渡、照应等。

### （一）文体顺序的构成要素

构成文体顺序的要素有开头、主体、结尾三个部分，是内容在文中展开的顺序。

1. 开头

开头是全篇的开始部分，全文的内容要从这里开始展开。开头具有统领全篇的作用，是写好全篇的关键所在。在写作实践中，应用文的开头方式多种多样，常见的举例如下：说明写作目的或者根据的开头方式；以提出问题为开头的方式；以叙述缘由为开头的方式；以概述全篇为开头的方式；以介绍背景或者前提为开头的方式等等。文章开头的具体方式，在后面各文种的文体知识介绍中，都做了详细讲解。

2. 主体

主体是文章中心内容的展开部分，是全文核心之所在。在这一部分里，作者要运用所掌握的材料，对文章的中心思想进行叙述、说明和论证。由于表述方式不同，每篇文章主体部分的结构形式也各有不同。例如就文章的叙述顺序来说，有按照事件发生的时间顺序，或者先后次序来安排的；也有按照事件之间的关系来安排顺序的。文章所采用的论证方法不同，构成结构之间的逻辑关系也不同，因而主体部分的结构形式也就会不同。文章采用的说明方式不同，也会形成不同的结构形式。

3. 结尾

文章的结尾是全文的结束部分，具有对全文内容做出归纳概括，或者点题的作用。在文体的结构上，结尾还能够起到首尾呼应的作用，使文章首尾相连，使结构紧凑完整。

结尾的方式常见的有归纳总结式、号召展望式、补充说明式等等。这一点，在后面各文种的讲解中做了具体介绍。

**（二）文体结构的构成要素**

文体结构的构成要素有层次和段落，层次和段落的形式安排，是按照表达主题的要求，对材料进行组织设置的次序。

1. 层次

层次是构成文章整体的基本单位，是由语句和段落构成的、具有比较完整内容的结构要素，是文章思想内容的外现。

有时，为了突出层次的次序，或者层次的中心内容，还经常采用小标题，或者序数词来表示层次、揭示层次的主旨内容。

2. 段落

段落，是构成文章层次的基本要素，是最小的，与整体内容有着一定意义关联的结构单位。它小于层次，而大于句子。在文章中，层次大于段落，往往一个层次要由几个段落构成，但是，有时一个段落也可以构成一个层次。一些简短的文章，如某些公文的全文，往往只有一个自然段，这种情况下，层次和段落就合而为一，成为一体了。

在文章中，段落前面常常采用序数词来标出段落的次序。为了能够显示段落的主旨内容，有时还把段落的开头一句，设置为主旨句（也叫做首括句），这种方式可以突出段落的独立性，体现段落与层次之间的关系。

例如下面的一篇“总结”，其主体部分的两个段落，每段的首句就是主旨句：

一是完善企业内部决策和监督机制。企业改制后，根据《中华人民共和国公司法》

及相关政策规定，修改充实了公司章程，进一步健全了以股东会、董事会、监事会和经营层为主要形式的法人治理结构，特别是建立了董事会在法人治理结构中的关键地位。形成了分工明确、相互制衡的内部运行机制。

二是建立不拘一格的用人机制，奖优罚劣。不论资历深浅，不论年龄大小，不论学历高低，只要有能力，有水平，有政绩，就会被提拔重用。重视人才的用人机制，为广大员工提供了平等竞争，施展才华和抱负的良好环境，也增强了员工的竞争意识和创新意识。

……

**（三）文体结构间的连接要素**

文体结构之间的连接，要由过渡和照应来完成。

1. 过渡

过渡，是在文章内部结构之间，起着承转、衔接和关联作用的要素。文章的层次与层次之间，段落与段落之间往往需要过渡句或过渡段来衔接。过渡句或者过渡段，经常用于文中的内容，由一个层面转入另一个层面之间，或者用于前后不同的表达方式之间。过渡的作用可以使全文条理清楚，气势贯通，结构严紧。

2. 照应

照应是一种连接文章脉络的结构要素。这一要素经常被设置在文中的主体部分，或者结尾部分的内容中，有时还蕴含在标题里，一般不以独立段落的形式出现。照应，有使文章的中心突出，结构紧凑、文脉清晰的作用。如：用于结尾部分，来呼应开头的内容，用于标题之中，与文章主旨内容相照应等，既可以在文中串联上下文的内容，也可以构成结构上的首尾呼应。

## 三、文体结构的逻辑关系

文章结构的关系，指的是文章结构的构成关系。文章结构的形式，是作者思维过程的外在体现。作者思维的逻辑，决定了文章层次结构设置的逻辑建构，是安排文章层次的依据。对事物思考分析的方法不同，逻辑关系的建构也会不同，对文章结构形式的设置就会不同。应用文体层次结构的逻辑关系，有下面几种常见的形式。

**（一）归纳式**

归纳式，就是以归纳推理的结构形式，安排文章层次结构的一种文体形式。从内容层面看，就是在前一部分安排具体的事例，然后，进行分析论证，最后安排结论。

这种结构形式的设置，要使各层次内容间，具有由个别到一般的归纳式逻辑关系。具体步骤如下：① 分析材料。在安排文章的层次次序之前，先要分析材料，把所占有的材料进行分类，从每个个别性的材料里，找出它们之间的内在联系，即各材料所具有的共同性；然后进行归纳分析，从所有个别性的材料中，推出一个一般性的结论。② 设置层次。按照这种逻辑思维形式，把个别性的材料作为第一部分，再把分析过程作为中间部分，把结论放在后面，作为结尾部分。有时结论部分也可以放在前面，论据部分放在后面。前者是分总式的结构形式，是总分式的一种变形，后者是总分式的结构形式。

**（二）演绎式**

演绎式，就是采用演绎推理的方法，对材料进行分析处理，然后，依照这种逻辑思维形式，安排结构层次的一种文体形式。

具体步骤如下：① 分析材料。通过对材料的整理分析，从所有的材料里，提炼出一个一般性的结论作为前提，或者把已有的观点、原理作为前提。然后，在这个一般性的前提与结论之间，建立起具有内在关联的逻辑关系，从而推导出一个具有个别性的结论。② 设置层次。这种逻辑思维形式，反映在文体形式上，是由大前提、小前提、结论建构的，一种三段论式的文体形式。在写作时，可以把大前提、小前提、结论依次安排成三个层次。

**（三）比较式**

比较式：是采用类比或者对比的方法，对材料进行分析处理，然后依照这种思维形式，安排结构层次的一种文体形式。

类比法：是通过对材料进行分析归类，将两个或者以上具有相同，或者相似的材料进行比较分析，从而得出一个结论的方法。

对比法：是对两个或者以上具有不同或者相反的材料，进行比较分析，从而得出一个结论的方法。

比较式文体形式设置的具体步骤如下：按照类比或对比这两种思维形式安排结构，将经过分析比较划分出来的两方面材料，各安排作为一个层次，再把结论安排为一个层次，这样就构成了比较式的文体形式。

逻辑形式不仅限于以上三种，思维方法也是多种多样的，文章的结构形式也是会随之对应变化的。这里只列举上面常见的三种结构形式，供学习写作参考。

## 第四节　选择表达方法

表达方法，就是运用文字语言，把作者的思想、情感、观点、态度、意图等，以一种文体形式表现出来的方法。表达方法有多种，经常见到的有叙述、描写、议论、抒情、说明五种。应用文最常用的表达方法是叙述、说明、议论三种。

**一、叙述的方法**

叙述就是对事物的发生、发展、变化的过程，或者对人物的行为，做出的述说和交代。作为一种表达方法，叙述的方法广泛用于应用文的写作之中。叙述的作用就是告人以事。

应用文的叙述方法通常有两个层面：一个是叙述角度，另一个是叙述的顺序。

**（一）叙述的角度**

叙述的角度也称为叙述视角，是在叙述的语言中，对事件或者人物行为，进行观察和讲述的特定角度。叙述角度通常是由叙述人称来决定的，叙述的人称分为第一人称、第二人称、第三人称三种。

第一人称：是作者以当事人的身份出现，在文中叙述“我”的所见所闻，所思所想。采用第一人称的好处，是能够给人以亲切感和真实感。如本书第三部分“总结”的例文《发展集团探索科技成果产业化新体系》，就是采用第一人称写作的。

第二人称：是叙述事件者，在文中以第二人称“你”的称谓出现。这种叙述方法，在应用文写作中运用得不多。

第三人称：是作者从与事件无关的第三者的角度，对叙述的对象进行述说的叙述方法。采用这种叙述方法的好处，是在叙述中没有了视角限制，因此叙述者的叙述比较灵活。由于第三人称的叙述，是站在第三者立场上进行的，因此能够比较客观地反映事物的本质。例如，本书第三部分“总结”的例文《2011年佛山市机械工程学会工作总结》，就是采用第三人称写作的。

**（二）叙述的顺序**

叙述的顺序也称为叙述的时间次序。从文学叙述学角度来说，叙述的顺序是在客观事件产生、发展的时间中，各构成事件接续的前后顺序，与文中对事件产生、发展时间的叙述，所构成的语言排列顺序，两者相互对照形成的关系。通常有顺叙、倒叙、插叙、补叙几种类型。

1. 顺叙

顺叙是一种按照事物产生、发展、结果的自然顺序，或者是时间顺序，进行叙述的表达方法。如某生产企业欲制作一篇上半年生产总结，可以先写在第一季度的生产中，各项计划指标完成情况，再写第二季度的生产中，各项计划指标完成情况。这种按照时间顺序叙述的方法，就是一种顺叙的方法。

2. 倒叙

倒叙就是先写事物的结果，然后再按照事物发展的过程，进行叙述的一种表达方法。例如“工作总结”采用的“倒三角”结构形式，实际上就是一种倒叙的叙述方法。这种结构形式，要求先写“回顾”，再写“反思”，最后写“打算”。其实，写“回顾”，就是写已经完成了的工作情况，即事物的“结果”。

3. 插叙

插叙就是在叙述过程中，将叙述的线索暂时中断下来，插入一段与主题有关的，另一个事件的叙述方法。这种叙述方法，可以使文章的内容更加充实，文章的主题也会得到深化。

4. 补叙

补叙是在叙述的过程中，对与叙述的事件的有关情况，做出的一些补充、说明。这种方法可以使对事物的表达更加细致，清楚。

## 二、说明的方法

说明的表达方法，就是对事物的特征、性质、状态、构造、功能以及事物的规律、本质等进行介绍、剖析、解说的一种方法。说明的作用是给人以知。

应用文常用的说明的方法有如下几种。

### （一）定义说明

定义说明，是对被说明事物的概念做出阐释的一种说明方法。这种对事物本质属性所进行的定义和诠释，要求语言的运用应该具有概括性、精确性、严密性。

### （二）分类说明

分类说明，是在说明的对象比较复杂，如果只从单方面进行说明，不容易说清楚的时候，根据事物的形状、性质、功用等不同的属性，将其分成若干类别，然后逐一进行说明的一种方法。分类说明，要求对事物的分类标准要具有统一性，不要互相交叉重叠，避免出现模糊不清的现象。

### （三）比较说明

比较说明，是把被说明的事物，与其同类或不同类事物的性质、特征进行比较，或者将同一事物不同发展阶段的情况、变化进行比较，借以揭示所说明事物的特征、性质和变化的一种说明方法。其中，同类事物做正面的比较，不同类的事物做相反的比较。使用这种说明方法要注意，两种用来相比较的事物要具有可比性。

### （四）程序说明

程序说明，是对说明对象的制作过程、工艺流程，或者实施进度等进行的说明解释。使用这种说明方法，要注意程序之间的衔接和贯通的问题。

### （五）数据说明

数据说明，是列举具体的数据，从事物的量上来说明事物的性质、状况、功能的一种说明方法。这种说明方法，要求所采用的数据要具有准确性，采用的指标标准要统一。

### （六）图表说明

图表说明，是利用图片表格等手段，对事物进行说明的一种方法。使用这种说明方法，可以给读者产生一种直观性，提高表达的效果。

## 三、议论的方法

议论是运用事实材料来阐明道理、表明态度、见解和主张的一种表达方法。议论的作用是晓人以理。

作为表达方法，议论在文中有时不一定要求论点、论据、论证三个要素俱全，而只是作为能够对事物直接做出评价、表明态度观点的一种表达方法。与作为一种表达方法不同，在一些具有论证、证明性质的文章中，通常要求论证的三个要素俱全，使文章结构具有完整性，以便把论证过程完整等表达出来。

下面从议论构成的要素、议论的方法两个方面进行介绍。

### （一）议论的要素

议论的构成要素包括论点、论据、论证。

论点是作者要论述的问题，要表明的观点和主张。论点的确立要正确，要抓住问题的本质，论点的表达要求明确简要。

论据是进行议论说理，以证明观点的根据。可以作为论据的材料，有事实材料和理论材料两种。论据的选择要具有真实性和典型性，论据的真实性和典型性，可以保证议论的正确性和科学性。

论证是运用论据对论点进行阐述证明的过程，是作者思想观点在文中的体现。在论证过程中，要建立起论据与论点之间的逻辑关系，以使论点得到充分的证明。

**（二）论证的方法**

论证的方法有很多，这里只举常用的归纳、演绎、比较三种。

1. 归纳法

归纳法是一种以事实为论据，从诸多“个别”的事例中，找到其共有的属性，从而得出一个一般性结论的方法。

常见的例子如：

金，能够导电；
银，能够导电；
铜，能够导电；
铁，能够导电；
……
金、银、铜、铁都是金属，
所以，金属是能够导电的。

这个例子中，论据金、银、铜、铁等能导电，是其各自所具有的个别的属性，结论“金属是能够导电的”，则是所有金属具有的一般性的属性。

2. 演绎法

演绎法是一种采用演绎逻辑推理的方式，从“一般性”的结论中，推演出一个具有“个别性”论断的方法。

常见的例子如：

凡金属都是导电的。
铁是金属，
所以，铁能够导电。

在例中，论据“金属导电”属于一般性的原理，在这里作为大前提，论据“铁是金属”作为小前提。从“凡金属都是导电的”，这一一般性的原理，推导出“铁能够导电”

这一个别性的结论。

3. 比较法

比较法有两种，一个是类比，另一个是对比。

类比法就是把两个或者以上相同的事物，或者相似的事物，放在一起进行比较，从而得出一个结论。这种论证方法就是类比法。

常见的例子如：

> 红外线具有穿透力，能使微生物细胞中的成分发生变化。
> 紫外线具有穿透力，能使微生物细胞中的成分发生变化。
> 红外线具有灭菌作用，所以紫外线也有灭菌作用。

例中："红外线具有穿透力……"和"紫外线具有穿透力……"，分别是两个在"穿透力"这一点上具有相同性质的论据，通过对这两个相同事物进行比较，得出"紫外线也有灭菌作用"的结论。

对比法就是把两个或者以上不同、相反的事物，放在一起进行比较，从而得出一个结论的论证方法。

对比法的例子如：

> 同类产品的生产：
> A种生产工艺流程，成品率98%。
> B种生产工艺流程，成品率93%。
> 两相比较得出：A种生产工艺流程为最佳的结论

例中："A种生产工艺流程……"与"B种生产工艺流程……"，分别是两个不同的生产工艺流程，通过比较，得出"A种生产工艺流程"为最佳生产工艺流程的结论。

## 思考与练习

一、谈谈积累材料对写作的作用。

二、为什么提炼主题要具备正确的思想？

三、应用文的文体结构有哪些特点？

四、应用文常用的表达方法有哪些？

# ◆第二部分◆

# 企业常用公文的写作

公文是具有权威性、约束性的实用文体，属于应用文的一种。企业在日常工作和生产中，经常要使用公文来布置工作，安排生产任务，传达各级领导部门的决定、指示、方针、政策，以及用来反映工作和生产的执行、实施情况，或者帮助各单位和部门之间处理事务、沟通情况等等。公文是企业实施管理的工具。因此，会写作和使用公文，是企业员工必须具备的素质。作为未来的企业员工，学习公文的写作，以及学会使用公文去处理工作中的事务，是具有重要意义的。

在这一部分里，分别介绍公文的基础知识，企业经常使用的几种公文，以及企业常用公文的写作方法。

# 第一章　公文的基础知识

公文是党政机关、人民团体、企事业单位等，用来处理公务活动中的各种事务，并具有特定格式的公务文书。

作为应用文的一种，公文的概念有两种含义。从广义来说，一切公务活动中，使用的文书都可以称为公文，包括政府机关、企事业单位及社会团体，在公务活动中使用的所有文书。我们通常把这类文书称为事务性文书，或者通用文书。从狭义来说，是指国家法定的公文，即国务院在2000年颁布，于2001年1月1日施行的，《国家行政机关公文处理办法》（以下简称《办法》）规定的十三种公文。这十三种公文是政府机关，社会团体及各种组织，企事业单位现行使用的公文。《办法》对这十三种公文的使用、归档、格式等等做出了规范。这里介绍的“企业常用公文”，就是法定十三种公文中的几种。

## 第一节　公文的概述

**一、公文的性质**

公文是国家机关，以及依法成立、能够以自己的名义行使权力、承担义务的组织，按照隶属关系和职权范围，在行政管理过程中形成的，具有法定效力和规范体式的一种公务文书。公文是依法行政和进行公务活动的重要工具。

按照制作公文的法定规范，不同的国家系统拥有自己的公文体系，如《中国共产党机关公文处理条例（试行）》，属中国共产党系统使用的公文。《中国人民解放军机关公文处理条例》，属中国人民解放军系统使用的公文。《办法》规定的《国家行政机关公文处理办法》，属于其他社会团体和企事业组织使用的公文。

《办法》中规定的十三种公文，从使用范围来说，包括国家机关和企事业单位，以及依法成立的社会团体。由于公文的内容代表着发文机关的意志，公文因此也就具有了权威性和行政约束力，对公务活动有着法定的效力。

**二、公文的特点**

《办法》规定的十三种公文（以下简称“公文”），与其他公务文书相比，无论是内容还是形式，都有着明显不同。在内容和形式上，《办法》对公文作了特别的规定。

首先从公文内容来看，公文是由特定的作者，为了一定的目的而写作的。这个作者就是政府机关、社会团体、依法成立的组织以及企事业单位，写作的目的是处理和解决工作中的事务。这便决定了公文必须要有明确的写作目的，公文的内容，必须要明确地表明需要解决什么问题，作者对问题所持的观点、态度和意见是什么等。公文的这一特性是其他文体不具有的。

其次从结构形式来看，公文是一种具有固定格式的文书。不但公文的结构形式具有规范性，对版式和构成要素也有着特别的规定。什么行文方向，使用什么样的版式，在哪些情况下，需要选用哪些要素，这些要素应该安排在版面的什么位置等，都有着法定的规范。若公文的结构形式不符合规范要求，则可以被视为无效公文。而对一般公务文书，则是没有这些要求的。

概括地说，公文与普通公务文书的不同之处，表现在如下几点。

**（一）行政的约束力和权威性**

公文是被赋予了权威性和行政约束力的文书，受文单位和部门，必须要针对公文内容中提出的事务，给予办理，或者按照公文中提出的要求去实行。这种权威性和行政约束力，是其他公务文书所不具有的。

公文的约束力来自公文的内容。公文的内容代表着发文机关的意志、态度和意见。在实际工作中，上级向下级行文，颁布法规，指示工作，提出要求等等，都需要用公文这一载体来完成。公文是一种管理工具，对下级的工作实施，具有指导性和约束力，下级在实施过程中必须执行，不可以违反和敷衍。

公文的权威性来自作者的特殊身份。公文的作者与其他公务文书的作者不同，必须是依法成立的组织、机构、团体的代表者。而公文的内容则代表着作者的意志，如对问题的观点、态度、意见、主张等，这就使公文具了有法定的权威性。如上级向下级行文，对下级工作的指导、要求和规定等等，下级必须要认真地遵照执行。即使下级向上级的行文也是如此，因其代表着下级对工作中问题的看法、意见或者态度，代表着一级组织或者单位的意志，上级是不可忽略的，更不可置之不理。

**（二）行文的方向性和时效性**

公文的行文是具有行文方向的。其行文方向，要根据发受公文者的不同级别，以及单位、部门之间不同的关系来决定。公文的行文，可以分为下行文、上行文、平行文三个方向。下行文是上下级之间，上级发给下级的公文。上行文是上下级之间，下级发给上级的公文。平行文是平级单位部门之间的行文，也包括不相隶属的上下级之间的行文。公文不允许越级行文。在《办法》的第四章里，对公文行文的规则做了具体规定。

**（三）文体的规范性和程式性**

《办法》对十三种公文的体式做了严格的规范，公文的规范，是公文权威性和有效性的保证。公文是不可以随意来写作的，一篇公文从文种名称，到行文方向，从制发程序，到对公文的处理，从对内容的要求，到文体的结构形式，《办法》都做了严格的规定。写作公文时，不可以无视内容需要和行文方向的规定，而随意使用文种名称，随意行文，随意改变《办法》所规定的体式，要按照规范写作，以保证公文的权威性和有效性。

**（四）内容的简明性和目的性**

公文的内容要简单明确。简单，就是要求公文的内容要简明扼要，就事说事，不铺垫渲染，要删繁就简，语言不追求辞藻华丽。所谓明确，就是指作者在公文中所表达的立场和观点、主张和态度要明确，要一看便知，不要使人费解，让读者猜测揣摩才能明白。语言的使用，要求用词恰当，遣词造句要以能够明确地说明事物为准。

公文的目的性，是指作者在公文中，要明确地表达出作者的写作目的，要求既能够显示出作者明确的写作动机，又要让读者很容易地明白要解决什么问题。公文的写作要有针对性，不同的写作目的，需要使用与之相应的文种。

**三、公文的作用**

公文是一种实用文体，是用来处理公务活动中的事务的，在这一点上，公文的用途与一般的公务文书是相同的。但是作为一种文体，公文在实际应用上，还具有一些特别的功用，具体有以下几点。

**（一）是上级政策、法规和指示精神的载体**

《办法》中所规定的十三种公文，是国家行政机关行政，以及企业事业单位进行有效管理的工具。在工作实践中，上级为了协调统一下面的工作行为，明确工作任务，要求下级严格遵守，或者执行的有关政策法规等，都要用公文向下级行文来完成。而下一级也要使用公文与上级联系工作、沟通信息，通过公文来了解上级的指示、意图和要求。公文的这种载体功用，是其他公务文书所不具有的。

**（二）是处理上下级，单位部门间事务的工具**

在工作实践中，公文是用来传达上级的政策和意图，了解下级工作情况的工具。而下级机关或者单位、部门，在工作中遇到的问题，如对上级指示精神产生的意见，或者向上级请求的事项，以及需要上级帮助解决的问题等，也都要使用公文来向上级反映、汇报，以求上级给予帮助和解决。即使没有隶属关系的上下级，或者平级的部门单位之间，也会有许多工作上的事务需要协调、办理和商洽，这些都要凭借公文这一工具，来进行沟通、联系、解决和办理。由此可见，处理政府机关，企事业单位，上下级，以及平级间的事务，是公文的主要功能。

**（三）可以作为工作的依据、备查的凭证资料**

公文是进行日常工作的依据。作为下一级，在工作中需要做什么，怎么做，何时做，何时完成等，往往都是由上级来做出指示，并用公文向下行文进行安排的。下级要按照上级的指示精神，去具体落实和施行。这样，上级的公文，就成为了下级施行工作的依据了。

公文还具有凭证资料的作用。按照《办法》中有关公文管理的规定，很多公文是需要归入档案立档的。这些公文，记录了以往对工作安排和处理的过程，是查询既往的工作情况，借鉴工作经验，制定新的政策，确立新的工作目标等，最可靠的资料和凭证。

## 四、公文的种类

公务活动中的事务比较庞杂，事务的性质和种类繁多，公文的制作目的也各不相同，因此，需要根据实际需要，使用不同种类的公文，来处理各种不同的公务事项。不同种类的公文，所代表的发文机关的职权、地位是不同的。不同身份的作者，决定着公文行文的不同方向。不同行文方向的公文，所具有的职能也不相同。因此，学习写作公文，一定要先熟悉各类公文所具有的职能，行文方向，和所适用的作者身份等问题。如果不了解各类公文的性质，就不能正确地写作和使用公文，不能很好地运用公文这一工具，去解决工作中的问题。

根据《办法》规定，行政机关和企事业单位使用的公文有命令（令）、决定、公告、通告、通知、通报、议案、报告、请示、批复、意见、函、会议纪要十三种。这十三种公文各自有着不同的功能和性质，如果用不同的分类方法，可以将十三种公文分成不同的类别。

### （一）按照不同的行文方向来划分

按照行文方向的不同，可以把公文分为上行文、平行文、下行文三类。

1. 上行文

上行文是下级机关、单位，向上级机关呈送的公文，如报告、请示、等。“报告”是用来向上级汇报工作，反映情况的公文。“请示”是用来向上级请求指示或者批准的公文。

2. 平行文

平行文是平级机关、部门、单位之间，以及没有隶属关系的上下级之间，处理公务、商洽事务时，相互送发的一种公文。平行文主要有函。函是“适用于不相隶属机关之间，相互商洽工作，询问和答复问题，请求批准和答复审批事项”的公文。

3. 下行文

下行文是上级机关，向下级机关发送的公文，主要有命令、通报、通知、批复等等。其中“通知”具有向下级安排布置工作，颁发或者转发文件的作用。是“适用于批转下级机关的公文，转发上级机关和不相隶属机关的公文，传达、要求下级机关办理，和需要有关单位周知，或者执行的事项，任免人员”的公文。批复是“适用于答复下级机关的请示事项”的公文。

### （二）按照公文的用途来划分

1. 法规性的公文

法规性的公文，是指可以颁布法律法规，以及法令的公文。这一种类公文，还包括对某些问题做出规定的公文，如命令、决定等。这一类公文属于下行文。

2. 指示性的公文

指示性的公文，是指能够直接表达上级的决策意图，或者对有关工作做出指令和指导的公文。表达上级对有关事项的处理意见、方法、态度等的公文，也属于指示性公文，如命令、决定、通知、批复、意见等等。这一类公文属于下行文。

3. 知照性的公文

知照性的公文，是用来向有关方面告知情况、事项的公文，如通知、函等。这一类公文往往具有下行文和平行文两种功能。

4. 报请性的公文

报请性的公文，是指下级机关向上级机关汇报工作，请示工作，或者请求事项的公文，如报告、请示等。这一类公文属于上行文。

5. 联系性的公文

联系性的公文，是一种用于各机关、部门、单位之间，联系工作，商洽事务的公文，如函。这类公文属于平行文。

6. 实录性的公文

实录性的公文，是一种真实地记录有关活动内容，以便于传达的公文。“会议纪要”就是这种公文，其行文方向具有多向性，一般不单独行文，经常借用其他公文“转发”的方式来行文。

还有一些公文的分类方法，这里只介绍上面几种与写作有关的分类。有关的问题可以参阅本章所附《国家行政机关公文处理办法》。

## 第二节　公文的体式

### 一、公文格式的构成要素

《办法》规定：“公文一般由秘密等级和保密期限、紧急程度、发文机关标识、发文字号、签发人、标题、主送机关、正文、附件说明、成文日期、印章、附注、附件、主题词、抄送机关、印发机关和印发日期等要素构成。”这些要素有的是公文格式中必须具备的项目，有的是根据实际需要进行选用的项目。

公文的构成要素和格式安排方式，具体如下：

**（一）秘密等级和保密期限**

属于秘密的公文，要注明秘密等级，密级有“绝密”“机密”“秘密”三个等级。保密期限分别为三十年、二十年、十年，密级与保密期限用五角星间隔。秘密等级和保密期限属于公文的选择项目，位置在公文眉首的右上角。另外，公文如果是有密级的，还需要在公文眉首部分的左上角用阿拉伯数字编上序号。

**（二）紧急程度**

属于紧急的公文，要注明紧急程度。紧急程度有“特急”“急件”两种。如果是紧急电报，则要按照紧急程度注明“特提”“特急”“加急”“平急”。紧急程度是选择项目，位置在右上角，“密级”的下方。

**（三）发文机关标识**

发文机关标识也称公文版头，由发文机关全称，或者规范化简称加上“文件”两字构成，如“国务院文件”“××市政府文件”“××部（局）文件”“××公司文件”等等。位置在公文眉首的正中间。如果是两个部门、单位的联合行文，主办者的名称要排在前面。发文机关标识是公文的必备项目。

**（四）发文字号**

发文字号也简称为“文号”，是发文机关在同一年度，发出公文的排列顺序号。内容包括机关代字、年份、序号三个要素。如果是联合发文，只注明主办者的发文字号，非主办者在拟文稿的“会签”一项内注明发文字号。向社会公开发布的公告、通告，有时（除存档的公文）可以省略发文字号。发文字号的位置在发文机关标识下面居中。发文字号是公文的必备项目。

**（五）签发人**

签发人指发文机关主要负责人。此项用于上行文的公文，在上行文中要注明签发人、会签人的姓名。签发人是上行文必备项目。另外，公文中的“请示”，应当在附注处注明联系人的姓名和电话。

上行文要在签发人下面，印刷一条与版心等宽的红线，下行文在发文字号下面，印刷一条与版心等宽的红线，红线以上部分称为公文的眉首。

以上五项是用于公文眉首部分的构成要素。

**（六）标题**

公文的标题要能够准确、简要地概括公文的主要内容（事由），并要标明公文的文种，一般还要标明发文机关。在公文的标题中，除法规、规章的名称加书名号以外，其他一般不用标点符号。标题是公文的必备项目。

**（七）主送机关**

主送机关，是指对公文负有处理责任的受文机关，即要求对公文内容所载事宜，给予主办或者答复的单位。能够准确认定公文的主送机关，是公文及时有效地传递和实施的关键。对于具有普发性（泛指性）的公文，如用来向社会发布的“命令”“公告”“通告”“通知”等，可以省略主送机关这一项。如果需要两个以上机关，掌握有关情况的上行文，应该以抄送的形式发文。普发性的下行文，需要向多个机关下发，主送机关就不止一个，这时，需要确定合理的顺序。公文中的“请示”，一般只写一个主送机关。主送机关这一项是公文的必备项目。

**（八）正文**

正文是对公文内容进行具体表述的部分。正文的写作不仅有规范化的格式要求，更加重要的是如何立意谋篇，以及如何运用语言，来进行准确、简明地表达。这一问题在后面的内容里要做专门讲解。正文是公文的必备项目。

**（九）附件说明**

附件说明是个选择项。对于有附件的公文，应该在正文的下方，注明附件的名称和序号。如果只有一个附件则不需要序号。

**（十）成文日期**

成文日期是指公文生成的时间，即生效日期。生效日期以领导人签发的日期为准，如果是联合行文，则以最后签发机关的领导人签发日期为准，如果是电报形式的公文，以电报发出的日期为准。成文的时间在正文末尾右下方，发文机关名称之下。年月日应用全称，以汉字数词书写。成文日期是公文的必备项目。

**（十一）印章**

公文除“会议纪要”和以电报形式发出的以外，应当加盖印章。联合上报的公文，由主办机关加盖印章；联合下发的公文，发文机关都应当加盖印章。印章是公文具有合法、有效、负责的重要标志。印章要与正文同在一页，如果此页排满，安排不下印章，应该调整行距或者字距来解决，不得将印章单放在正文的下一页。如果以复印件作为正式公文时，应当加盖复印机关证明章。此项是除“会议纪要”以外的公文必备项目。

在公文生效标识的内容中，按照惯例，单一机关制发的公文，在落款处不署发文机关名称。三个机关以上联合行文的公文，为防止出现空白印章，应该将发文机关名称（可用简称），排在发文日期和正文之间。主办单位在前。

**（十二）附注**

附注是对公文使用方法、传达范围、名词术语等的解释说明。例如：“此件发至县团级”“此件可自行翻印”“此件可张贴”等等。“附注”的位置在落款下端的左侧，加括号。如果经过批准，在报刊上发表而不需另行行文的公文，应该在报刊发表时注明：“此文可视为正式有效的公文”。附注是公文的选择项目。

**（十三）附件**

公文的附件，是指插入的附件材料的全文。附件是公文的连带部分，也是公文的有效组成部分，是公文的选择项目。

以上第六至十三项是公文主体部分的构成要素。

**（十四）主题词**

主题词是对公文内容，和归属类别的概括性词语，其作用是作为公文检索的标记，以适应电脑管理公文的需要。凡是正式的公文，都应该在公文末页抄送栏的上面标注主题词。公文的主题词一般用三五个规范化的名词，或者名词性的词组构成，最多不要超过七个。每个主题词之间应留出一格的间隔。主题词分别由反映公文主要类别的词，即类别词；反映公文具体内容的词，即类属词；反映公文形式的词，即文种词这三个内容构成。国务院和地方政府都编有主题词表，以供选用。主题词是公文的必备项目。

**（十五）抄送机关**

抄送机关，是主送机关以外需要执行或者知晓的其他机关。在公文制作的实践中，下发的重要公文，应抄送给直接上级机关，越级行文应抄送越过的机关。双重领导的单位发文，除了主送给直接有关的上级外，另一上级采用抄送。上级向受双重领导的下级行文，必要时应当抄送其另一上级。抄送机关的名称应使用规范化简称，有时上行文简称“抄报”；平行文简称“抄送”；下行文简称“抄发”。“抄送机关”的位置，放在公文末页下端，主题词的下面，印发机关和时间之上。抄送机关是公文的选择项。

**（十六）印发机关**

印发机关是指机关的办文部门，通常是“办公厅（室）”，或者文秘部门。如果是翻印的公文，还应同时标出翻印机关的名称。

**（十七）印发日期**

公文的印发日期不同于发文时间，一般用付印日期，即公文开印的具体时间。

以上十四至十七项是公文版记部分的构成要素。

**二、公文的版式**

国家质量监督局发布的《国家行政机关公文格式》（GB/T9704—1999，2000-01-01）的国家公文标准，规定了公文构成要素，在公文版式里排列的格式，是公文格式的标准。

**（一）公文的用纸等要求**

公文的用纸必须采用A4型纸。

公文的排版：正文用3号仿宋体字，一般每面排22行，每行排28字。

公文的装订：采用左侧装订，不许掉页。

**（二）各要素在公文版式中的布局**

按照规范，构成公文格式的各要素，在公文的版式中是有固定位置的。下面列举的公文版式示意图，以供参考。

**附图一：下行文首页版式**

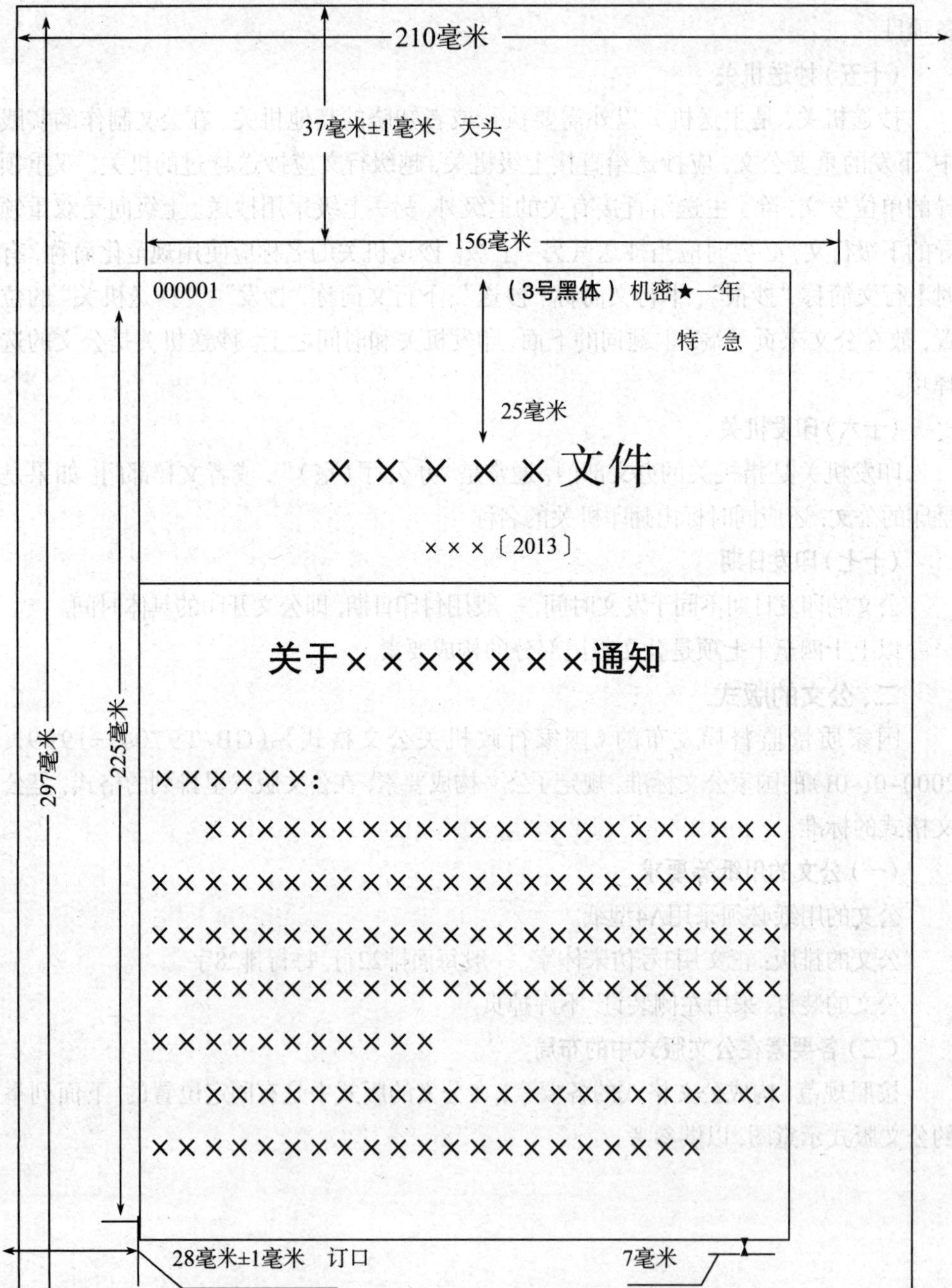


注：A4型公文用纸页边、版心尺寸及版心实线框仅为示意，在印制公文时并不印出

**附图二：上行文首页版式**

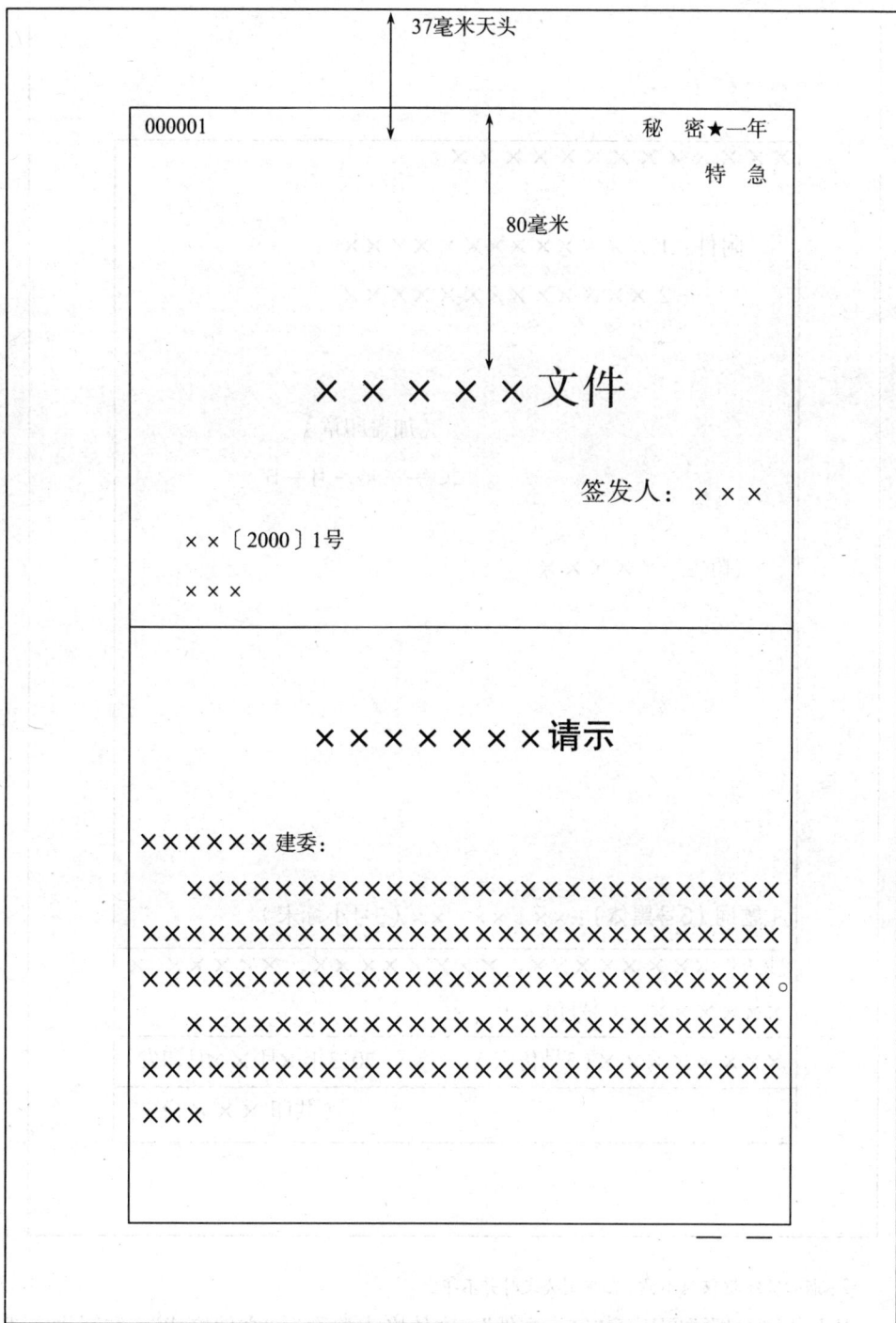

37毫米天头

000001

秘 密★一年

特 急

80毫米

× × × × × 文件

签发人：× × ×

× ×〔2000〕1号

× × ×

× × × × × × × 请示

× × × × × × 建委：

× × × × × × × × × × × × × × × × × × × × × × × × × × × ×
× × × × × × × × × × × × × × × × × × × × × × × × × × × × ×
× × × × × × × × × × × × × × × × × × × × × × × × × × × × ×。

× × × × × × × × × × × × × × × × × × × × × × × × × × × ×
× × × × × × × × × × × × × × × × × × × × × × × × × × × × ×
× × ×

— 一

注：版心实线框仅为示意，在印制公文时并不印出

**附图三：公文末页版式**

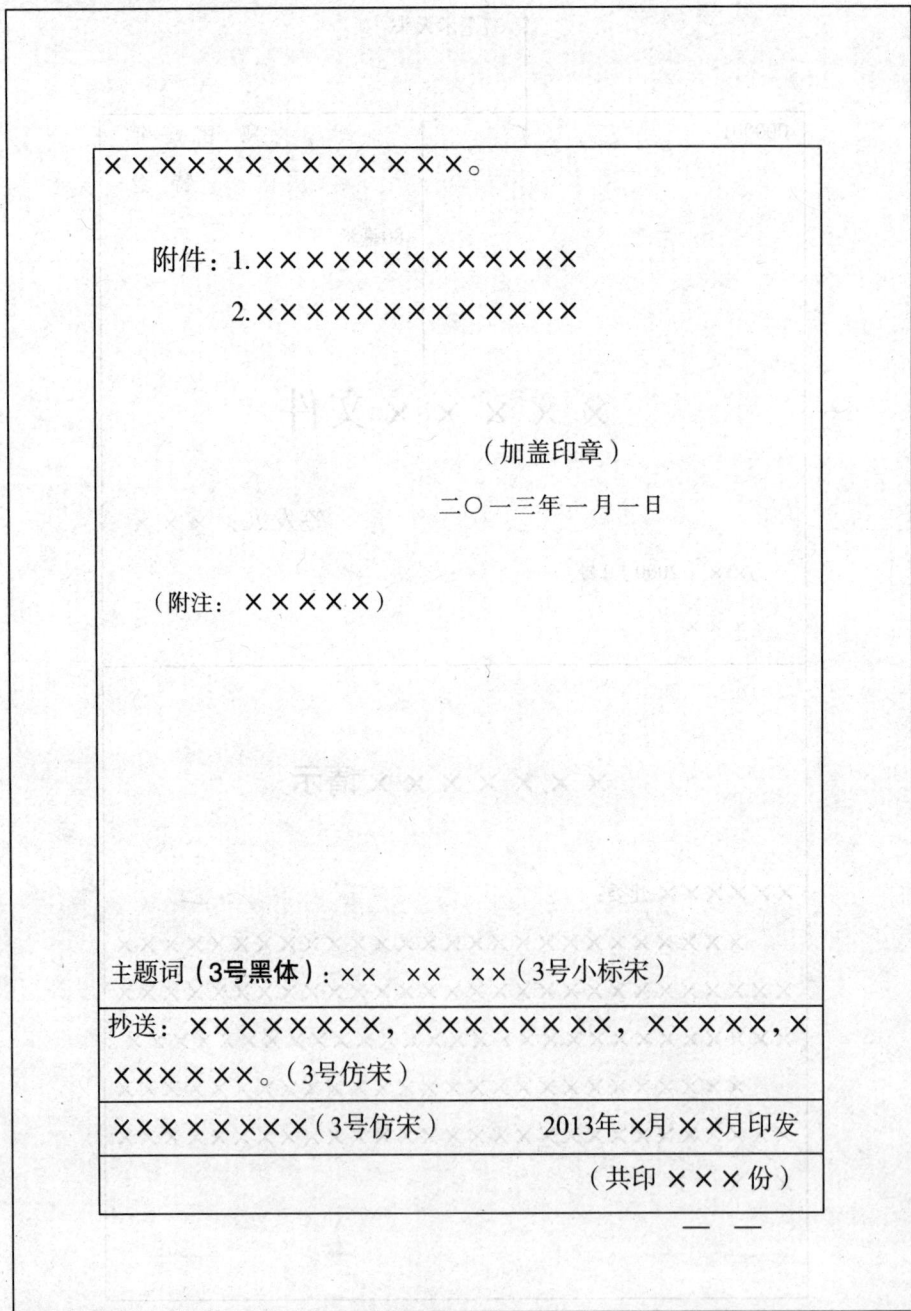

×××××××××××××××。

附件：1.××××××××××××××

2.××××××××××××××

（加盖印章）

二〇一三年一月一日

（附注：×××××）

主题词（**3号黑体**）：××　××　××（3号小标宋）

抄送：×××××××××，×××××××××，××××××，×××××××。（3号仿宋）

×××××××××（3号仿宋）　　2013年×月××月印发

（共印×××份）

— —

注：版心实线框仅为示意，在印制公文时并不印出

以上公文的板式图用于“红头文件”，这种格式常称为“文件格式”。在写作实践中，部门单位内的机构、单位之间进行工作联系时，大多采用“信函式”的公文格式，这种形式的公文也被称为“白头文件”。其篇章内容主要由标题、发文字号、主送机

关、正文、落款几项公文要素构成。企业里使用的公文，常常采用这种形式。

## 思考与练习

一、什么是公文？现行公文有哪些种类？说说公文的使用范围有哪些。

二、公文的行文方向有哪些？拟定一个公务事例，研究一下如果行文的话属于那个行文方向？

三、公文有哪些特点？公文的作用有哪些？

四、熟悉构成公文格式的要素，说说哪些要素是必备的，哪些是选择性的项目。

**例文：**

# 北京市人民政府文件

京政发〔2010〕44号

---

## 北京市人民政府关于废止部分规范性文件的通知

各区、县人民政府，市政府各委、办、局，各市属机构：

按照《国务院办公厅关于做好×规章清理工作有关问题的通知》（国办发〔2010〕28号）要求，本市开展了规范性文件清理工作。经清理，决定对不符合法律、法规、规章规定，或者相互抵触、依据缺失以及不适应经济社会发展要求的147件规范性文件予以废止。

附件：决定废止的规范性文件目录

二〇一〇年十二月三十日

# 第二章　企业常用公文的写作知识

## 第一节　公文的写作步骤

公文的种类虽然很多，各种公文的写作方法也有很大不同，但是，公文的格式是有着法定规范的文体，这使公文的写作有了共同遵守的规则。掌握这些写作规则，按照合理的方法进行写作，就会写出合格的公文来。

下面从四个方面来介绍公文写作的步骤。

### 一、做好写作前的准备工作

做好写作前的准备工作，是写好公文的第一步。下面从几个方面来介绍，动笔写作公文之前应该准备好的工作。

#### （一）明确写作的目的

在动笔写作前，要明确写作公文的目的，即：需要解决、处理什么问题。有了明确的写作目的，才能够拟定公文的内容。同时，还要考虑是在什么前提，或者背景情况之下产生的问题，以作为写作的依据。完成了这一步，便是为动笔写作公文做好了事前准备。

#### （二）熟悉有关政策

作为政府或者企业的管理工具，公文的内容，不能与国家、企业的方针政策相违背。在写作公文之前，要注意了解和掌握与其内容相关的法规、政策，以保证公文与国家，或者企业的既定目标相一致。例如：要写作一篇《×集团公司×分公司上半年工作报告》，其内容，必然要涉及总公司有关指示精神的落实情况，生产计划指标的完成情况等等。这就必须要对上级的指示精神、计划指标等，有一定的了解和掌握。熟悉了有关政策，才能找到写作的依据，才能写出一篇好的报告。

#### （三）掌握相关的技术和业务知识

企业常用的公文，经常会涉及一些专业工作，或者生产技术方面的知识。因此，掌握相关的生产技术和管理的知识，是写作一篇好公文必须具备的条件。例如，为某生产企业写作一篇布置生产工作的“通知”，如果不懂生产技术或者管理业务，就会说些外行话，让读者费解。这样，不但达不到写作的目的，还会给工作造成混乱。

### 二、正确选用公文文种

正确选用公文文种，是实现写作目的、使公文发挥应有作用的重要前提。写作公文时，一定要清楚地掌握各类公文的功能和特点，以及适用的对象和范围，以便根据需要正确选用公文文种。

确定公文的文种，要明确下面两个问题。

**（一）要明确行文关系**

行文关系，是指发文单位与受文单位之间的关系。发受文单位之间的不同级别，有无隶属关系，所适用的公文种类是不同的。正确选择公文的文种，首先要知道本单位的职权范围，以及自己所处的层级位置与受文单位的关系，以保证行文的正确有效。例如，同样是一篇请求受文机关或者单位，帮助解决某一问题的公文，如果自己是隶属于对方的下级，就要选用上行文的“请示”；如果与对方是平级单位，或者是没有隶属关系的上下级，适用的文种则应该是“函”。

**（二）要明确发文目的**

公文发文的目的不同，所适用的文种也不同。例如，行文目的是向上级汇报某一阶段工作情况，适用的文种应该是“报告”。而行文目的是请求上级帮助解决某一问题，适用的文种则应该是“请示”。如果发文目的是对下级“请示”的答复，适用的文种就应该是“批复”，而不应该是“决定”。

**三、正确拟写公文标题**

公文的标题也称为公文式标题，它不但是文书的题目，还具有使受文者直观了解公文内容的作用。公文的标题要能够表示出公文的文种，还要准确简要地揭示公文的内容，有时还要在标题中，表明发文机关的名称和时限。

公文标题的形式通常有以下几种。

**（一）发文机关名称、加时限、加事由（或者内容）、加文种四个要素构成的标题**

这是一种构成要素最齐全的标题形式。其中，发文机关的名称和时限，两个要素位置的前后排列顺序，可以变换。例如：《×市××局2015年第四季度廉政工作落实情况的报告》，这是由四个要素构成的公文标题，其中“×市××局”是发文机关的名称，“2015年第四季度”是时限，“廉政工作落实情况”是内容，“报告”表示文种。再如：《2014年××公司关于施行对困难职工生活补助办法的通知》，这个公文标题，是由时限加名称加事由加文种，四个要素构成的，与前一个标题不同，第一个要素是“时限”。

**（二）由发文机关名称、加事由、加文种三个要素构成的标题**

这是一种常见的公文标题形式，在标题中，三个要素前后位置的排列顺序是固定的。例如：《北京市劳动和社会保障局关于转发人力资源和社会保障部、工业和信息化部等十三部委<关于进一步做好预防和解决企业工资拖欠工作的通知>的通知》，这是由三个要素构成的公文标题，其中“北京市劳动和社会保障局”是发文机关名称，“关于转发人力资源和社会保障部、工业和信息化部等十三部委《关于进一步做好预防和解决企业工资拖欠工作的通知》”是事由，“通知”是文种。再如：《××机械厂关于第二车间设备损坏事故的报告》，这也是由名称加事由加文种，三个要素构成的公文标题。

**（三）由事由、加文种两个要素构成的标题**

这是一种常见的简要式公文标题，“红头文件”的公文标题有时也采用这种形式。在标题中，两个要素前后位置的排列顺序不能改动。例如：人力资源和社会保障部，一份红头文件的标题：《关于进一步加强人力资源市场监管有关工作的通知》，这是由两个要素构成的公文标题，其中“关于进一步加强人力资源市场监管有关工作”是事由，“通知”是文种。再如：某公司下发的红头文件的标题：《关于公司四分厂增设英语翻译人员编制的批复》，这个标题也是由事由加文种，两个要素构成的标题。

**（四）由发文机关名称、加文种两个要素构成的标题**

这种形式的标题，在公开发布的公文中常常会见到。标题中两个要素前后位置排列次序，也是固定的。例如：《国务院紧急通知》，《×公司董事会通报》等等。

**（五）由公文文种一个要素构成的标题**

这是一种省略式的标题形式，例如：《通知》《报告》《请示》《函》等等，只用文种一个要素构成。这种形式的标题一般适用范围比较小，如在政府机关内部，或者企业内部，有时会见到这种公文标题。一个要素构成的标题，并不是很正规的公文标题。写作公文的标题，还是采用上面第一、二、三种形式的标题比较好。这三种形式的标题对公文的时限、来源、事由、文种都有比较明确的体现，可以方便工作，提高工作效率。

以上是几种公文标题的常见形式。从这几种标题形式中可以看出，公文标题的构成要素，唯一不可省略的是“文种”。标题中的“文种”，是公文式标题的标志，在写作实践中，习惯上把这种公文式标题也称为“文件式标题”。

**四、写好公文的正文**

公文的正文是公文内容的展开部分。公文的种类很多，行文目的各有不同，涉及的内容也是五花八门，多种多样，篇幅也是各取所需，长短不一，写作方法更是不同。但是无论什么种类的公文，其正文的结构形式都是基本相同的。公文正文的构成，主要有主送机关、开头、主体、结尾、落款五部分内容，下面分别介绍。

**（一）主送机关**

公文的主送机关，是指对公文能够负责答复，或者办理的对方机关。正确认定主送机关，是公文的有效之关键。主送机关是公文的必备项目。上行文一般只写一个主送机关，如还涉及其他机关，应该另行发文或者抄送。下行文如果涉及其他机关，主送机关名称的排列，要按照合理的顺序。只有一些具有泛指性的公文，或者直接向社会发布的公文，如“公告”，或“通知”等等，才可以省略主送机关。

**（二）公文开头部分的写作**

与其他文体的开头要讲究写作技巧，要具有艺术性不同，为了便于读者能在用最短的时间，知道公文的内容，公文的开头部分，一般要按照一些惯用的方式来写作。例如以写明发文的缘由、根据、目的、要点等内容的开头，可以让读者在阅读开头部分时，就能对公文内容有大概了解，以提高工作效率。当然，一些内容比较少，篇幅很短的公文，也可以直接入题。但是内容较多，篇幅比较长的公文，如何写作开头就很重要了。公文的种类、行文方向和内容的不同，开头的方式也会不同，但是，经长期的写作实践，形成了一些惯用的开头方式。

1. 目的式开头

目的式的开头，就是在叙述具体事项之前，先写明发文的目的，使读者通过第一句话，就能够先了解到作者的主要意图。这种开头的方式，常常使用“为……”，“为了……”等词语。例如下面这篇公文：

## 北京市劳动社会保障局关于转发人力资源和社会保障部、工业和信息化部等十三部委《关于进一步做好预防和解决企业工资拖欠工作的通知》的通知

各区（县）劳动和社会保障局：

为进一步做好预防和解决企业工资拖欠工作，切实保障劳动者的合法权益，维护劳动关系和谐稳定。现将人力资源和社会保障部、工业和信息化部等十三部委《关于进一步做好预防和解决企业工资拖欠工作的通知》（人社部发〔2009〕5号），转发给你们，请接合本区县的实际情况，并按市局有关具体部署认真贯彻执行。

二〇〇九年二月四日

这是一篇转发通知，开头一句：“为进一步做好预防和解决企业工资拖欠工作，切实保障劳动者的合法权益，维护劳动关系和谐稳定”，交代了发文目的。

2. 问题式开头

问题式的开头，是在叙述具体内容之前，先提出问题，以突出公文的主旨内容。这种方式的开头，经常使用“现将……”，“兹将……”等等词语。

例如下面这篇公文：

## ××市工商行政管理局关于转发《国家工商局广告司广审字〔20##〕6号文件》的通知

各区、县工商局，各广告经营单位：

现将国家工商局广告司广审字〔20##〕6号文件转发给你们……

这篇公文的开头：“现将国家工商局广告司广审字〔20##〕6号文件转发给你们”一句，交代了公文内容涉及的问题。

3. 根据式开头

根据式的公文开头，是在叙述具体事项之前，先写明公文所依据的有关政策、法规、方针，以及上级的有关指示精神等，以此作为发文的根据。这种开头方式能够增加公文的权威性和严肃性。以这种方式开头的公文，第一句常常使用“按照……”“遵照……”“根据……”“依照……”等等词语。

例如下面这篇公文：

## 关于进一步搞好工业经济体制改革的请示

市政府：

遵照党中央、国务院关于城市改革的指示精神和对北京城市建设总体规划《批复》的要求，以及国务院发布的关于进一步扩大国营工业企业自主权的暂行规定，为了进一步调动企业和职工的积极性，打破国家与企业、企业内部的两个“大锅饭”，把经济搞活，提高企业素质，提高经济效益，尽快把北京市的工业转到适合首都特点的轨道上来，现对进一步搞好本市工业经济体制改革提出以下几点意见：

……

这篇公文的开头：“遵照党中央、国务院关于城市改革的指示精神和对北京城市建设总体规划《批复》的要求，以及国务院发布的关于进一步扩大国营工业企业自主权的暂行规定”一句，写明了发文的根据。

4. 缘由式开头

缘由式的公文开头，是在叙述具体事项之前，先写明与发文目的，或者与内容相关的情况、原因等，以说明发文的缘由，使读者对公文内容产生重视。以这种方式开头的公文，常常使用“由于……”“鉴于……”“基于……”等等词语。

例如下面这篇公文：

## ××市电信公司综合营业大厅迁址通告

由于电信业务发展迅速，公司原营业大厅不能适应营业需要，本营业大厅订于××年×月×日，从现址××路××号迁至××路××号××大厦办公，……

上面是这篇公文的开头一句，交代了发文的缘由。

5. 颁转批复式开头

颁转批复式的公文开头，经常用“……收悉”“现将……”“同意……”等等词语，以揭示公文的主旨，突出中心。例如下面这篇公文：

## 关于同意市北区卫生局<br>在浮山新区组建社区卫生服务体系的批复

市北区卫生局：

你局《关于在浮山新区组建社区卫生服务体系的请示》（北政卫生字〔2007〕9号）收悉，现批复如下：

……

这篇批复的开头："你局《关于在浮山新区组建社区卫生服务体系的请示》（北政卫生字〔2007〕9号）收悉"一句，是颁转批复类公文惯用的开头方式。

以上是公文开头方式的一些惯用形式，公文的开头写作，不一定要局限于以上几种形式，上面几种公文的开头形式，只不过是一些写作惯例。在实际工作中，还有一些短小的公文，常常不用开头语就直接写正题了。因此，写作公文时要根据实际需要来开头，不要受拘束。

**（三）公文主体部分的写作**

公文的主要内容要在主体部分里展开，在主体部分里，要对公文的主旨进行叙述、说明、阐述。一般来说，这一部分的内容较多，占用的篇幅也较长，因此，主体部分的写作要做到中心突出，内容充实，层次清晰，逻辑紧密，明白晓畅。

1. 公文主体部分层次结构的设置

（1）用小标题，序数词标注层次。内容少一些的简短公文，主体的结构也比较简单，通常采用以自然段的结构形式来构成。而内容比较多，篇幅较长的公文，为了使读者能够快速地理解公文内容的主旨，明确文中提出的具体问题和要求，常常采用标注层次的方法，来分出层次结构，并提示内容。常见的有采用小标题，序数词，或者小标题加序数词的方式，来表示层次。例如：一篇《关于进一步做好预防和解决企业工资拖欠工作的通知》的公文，正文部分的结构层次。

各省、自治区、直辖市人民政府、国务院各部委、各直属机构：

近期，受国际金融危机的影响，企业生产经营困难加剧，部分企业停产倒闭，拖欠职工工资甚至欠薪逃匿问题突出。为落实党中央、国务院应对当前经济形势做出的一系列重大决策部署，进一步做好预防和解决企业工资拖欠工作，依法保障职工劳有所得，维护社会稳定，经国务院同意，现就有关问题通知如下：

一、健全工资支付保障制度，预防产生工资拖欠问题

地方各级人民政府要进一步督促企业落实预防和解决拖欠工资的主体责任，推进建立工资支付保障机制。……

做好预防和解决企业工资拖欠工作，关键在于鼓励和支持中小企业的发展。……

二、加强对企业工资支付监控，及时消除拖欠工资隐患

地方各级人民政府及其有关部门要注意了解掌握当地企业的生产经营情况，加强对企业工资支付的监控。各级劳动保障部门要进一步加强劳动保障日常巡视检查，督促企业依法支付职工工资，对发现的拖欠工资行为，限期整改，妥善解决。进一步畅通举报投诉渠道，做好对涉及拖欠工资问题的举报投诉案件的调查处理工作。……

三、加大调处工作力度，依法处理因拖欠工资引发的劳动争议

……

四、完善应急预案，妥善处理因拖欠工资问题引发的群体性事件

……

五、加强组织领导，建立健全部门联动机制

……

这是一篇布置工作的通知，列举的是正文部分内容。文中的层次结构，就是采用序数词加小标题的方式来表示的。

(2)用首括句提示层次。首括句，就是用一个句子来概括段落的中心意思，然后放在段落的前面，作为首句，以提示或者突出本段落的主旨内容。这样会使这一部分中心内容突出，便于读者阅读。例如：一篇《关于××年工作总结和××年工作安排的报告》的公文，正文的一部分内容：

省政府：

现将××市××年工作总结和××年工作安排报告如下：

一

××年，我们在省政府领导下，认真贯彻落实中央的指示精神，主要做了以下工作：

进一步调整了国民经济结构。农业上，针对东部山区、中部平原和西部风沙区的不同情况，分别提出了不同的发展方针，调整了作物的种植结构。工业上，关停并转了14个企业，建立了24个专业协作联合体较大幅度地压缩了基本建设。

进一步落实农业生产责任制，积极发展多种经营，全区农业生产获得了持续丰收。××年粮食总产量增长了7.9%，创历史最高水平。油料作物比上半年增长33%……

很抓了公交、财贸的整顿提高工作。工业企业70%以上，财贸部门60%以上都建立了各种不同形式的经济责任制，普遍开展了增产节约、增收节支活动。……

深入学习中央××全会的《决议》，……对中央方针政策的认识进一步统一了。……

加强了文教、科技工作。进一步调整了学校布局……。医疗服务质量有所提高。广泛开展了科普和学术交流活动。……

……

这是一篇呈报性的综合情况报告，其主体部分的结构设置，采用了首括句的方法（见首句加点的部分），即在每个段落前面，把第一句话作为首括句，用来提示段落的主旨内容，以方便读者快速掌握公文的内容。

2. 公文主体部分的结构形式

在公文的主体部分里，使用材料安排结构的方式，会形成主体的结构形式。能够把公文写得言之有序、言之有理的关键，在于如何使用材料安排公文的结构。公文主体部分的结构形式有很多，下面列举纵式结构和横式结构两种。

（1）纵式结构。纵式结构，是按照事物产生、发展、变化的过程来安排材料，或者按照时间顺序来安排材料的一种结构形式。在写作实践中，常常按照事物发展顺序，或者时间顺序，把主体部分的内容分为几个阶段来写。这样的结构形式即有利于读者了解事情的原貌，又能使读者把握事情的重点。但是采用这种结构形式要注意区分主次，要详略得当。

如《南京质量联盟组织企业赴外地质量管理优秀企业学习考察的情况报告》的一部分：

一、基本情况

学习小组先后考察了全国质量获奖单位昆山好孩子集团和浙江三花股份有限公司，以及全国质量工作先进单位成都彩虹电器有限公司，重点就卓越绩效管理模式的推广、先进管理方法应用等方面的工作进行学习交流，并实地参观了生产现场、实验基地，亲身感受质量管理优秀企业持续追求卓越的过程。

好孩子集团创立于1989年，2010年11月在香港联合交易所上市，是世界儿童用品行业的重要成员之一，是目前中国规模最大的专业从事儿童用品的企业集团，主导产品荣获“中国驰名商标”和“中国名牌产品”称号，并荣获第十届全国质量奖和2011年度亚太质量组织颁发的世界级全球卓越绩效奖。企业在全球儿童用品行业中率先应用“从摇篮到摇篮”的绿色发展理念，产品销往全世界70多个国家和地区，其中婴儿车产品在中国连续15年销量遥遥领先，在欧美市场连续多年销路领先。

三花股份成立于1994年，2005年6月在深交所上市，是一家集科研、生产、销售制冷、空调控制元器件于一体的专业公司，主导产品荣获“中国名牌产品”称号，并荣获第八届全国质量奖。产品远销美洲、日本、韩国、中国香港、中国台湾等几十个国家和地区，成为松下、大金、三菱、东芝、日立、LG、三星、格力、美的、海尔等世界著名的制冷空调主机厂的战略供方和合作伙伴。主导产品四通换向阀、截止阀品种齐全，市场占有率位居全球第一。

彩虹电器创立于1955年，是我国电热毯行业和卫生杀虫产品行业的龙头骨干企业，是集成品制造、研发、商贸、物流为一体的集团企业。主要产品有彩虹电热毯、干鞋机、取暖器具；彩虹电热蚊香片、液体蚊香、杀虫剂、蚊香；涤纶短纤维及针刺无纺布等。主导产品“彩虹”牌电热毯年生产能力达1 000万床，电热蚊香片达2 000万盒，均荣获“中国驰名商标”和“中国名牌产品”称号。2011年9月企业荣获全国质量工作先进单位称号。

选文是这篇报告的第一部分，内容是说明实际考查对象的基本情况。在实际考查工作中，对考查对象进行考查的先后顺序依次为：好孩子集团、浙江三花股份有限公司、成都彩虹电器有限公司。报告的结构就是按照实际考查工作的先后次序安排的，在报告中构成了一种纵式的结构形式。

（2）横式结构。横式结构是根据事物之间的不同性质，按照一定的逻辑关系进行分类安排，把材料分成几个部分，或者几个方面，来共同说明一个中心思想。这种依材料内在的逻辑关系，把材料排列起来，依次阐述中心思想的结构形式，就是横式结构。这种结构方式，要注意对各部分内容既要建构起内在的联系，又要围绕一个中心来安排材料。

下面列举一篇横式结构的例文：

## 20××年食品药品监督检查工作的报告

区政府：

××年，××区食品药品监督管理局严格落实食品药品安全各环节监管责任，严厉打击各类违法行为，保障我区没有发生一起食品、药品安全事故。具体工作开展如下。

一、食品加工监管环节

（一）全面摸底调查。全区共有食品加工企业429户，其中，大型73户，中型150户，小型206户。今年以来，我局共出动执法人员3 840人次、执法车辆960车次，检查生产加工单位3 003户次，其中警告317户次，责令改正90户次，责令停产停业17户次，吊销许可证11户次，整改合格率达100%

（二）扎实开展打击违法添加非食用物质和滥用食品添加剂专项整治工作。××年，我局对全区“重点产品、重点单位、重点区域”集中开展了打击违法添加非食用物质和滥用食品添加剂专项整治工作。累计出动执法人员600余人次，检查食品企业320户次，整改合格率100%。

（三）严厉打击黑窝点专项整治行动。整治针对城区及城市周边、城乡结合部等区域的无证、环境差、不符合操作规范的加工企业。我局共出动执法人员600余人次、出动车辆180余次，共打击黑窝点80余户。通过打击黑窝点，有效的净化了我区食品加工市场环境，全区群众的饮食安全提供有力的保障。

（四）开展节日期间食品安全专项整治活动。今年以来我局开展元宵节专项整治行动、中秋月饼专项整治行动。共出动出动执法人员853人次，执法车辆85车次，检查生产加工单位340户次。通过专项整治，为百姓过上安全的节日提供了有力保障。

二、餐饮服务监管环节

(一)摸底走访排查，强化餐饮环节食品安全监管。全区现共有餐饮服务单位2 132户。其中特大型餐饮35户，大型餐饮110户，中型餐饮319户，小型餐饮952户，快餐店31户、小吃店491、饮品店39户、学校幼儿园71户、机关企事业单位食堂57户、建筑工地食堂27户。

(二)深化专项整治，解决餐饮安全突出问题。着力开展重点品种和重点领域专项整治。以食用油、肉类、乳制品、酒类、食品添加剂为重点，巩固和扩大专项治理工作成果。全年共开展各类专项整治11项，累计检查餐饮单位16 728户次，出动执法人员7 258人次，下达监督意见书3 427份，整改合格率100%。

(三)加大对全区无证餐饮单位的打击力度。由于近年来我区拆迁范围大，撤销许可证的餐饮网点多，且经营者流动性大，无证经营的问题较严重。目前为止，全区共有无证餐饮单位511户，为有效的遏制无证经营行为，维护了群众的合法权益，我局组织监督人员多次开展“打黑”行动，并在文明城市验收工作期间，联合各有关部门对全区无证餐饮经营单位的食品安全工作进行周密安排部署，现已取得了阶段性的成果。

(四)全力做好重大活动餐饮服务食品安全保障。圆满完成了各项重大活动餐饮安全保障任务，确保了国家食品安全工作会议、内蒙古自治区老年柔力球大赛、第62届世界小姐总决赛、黄河饮食文化节、厨师大赛、第二届国际那达慕大会、第三届中国蒙古舞大赛等多项重大活动期间全区无餐饮环节食品安全事故。

三、药品监管环节

(一)加强药品、医疗器械流通使用环节监管。我局在药品医疗器械流通环节，严肃查处购销渠道不合法、挂靠经营、过票销售、出租柜台、擅自改变经营方式和经营范围等违规行为，对不具有经营条件的企业和因违法违规行为多次受到处罚的企业强制其停业整顿；认真开展GSP跟踪检查，对××年进行GSP认证的28家药品经营企业全部进行跟踪检查，对存在问题的企业，要求其限期整改，确保不出现GSP认证后滑坡现象；严格按照市局××年新出台换证标准，督促东胜区药品经营许可证于××年到期的药品零售企业，开展换证工作，确保企业持有效证件营业。在药品使用环节，推进“规范药房”建设，切实规范医疗机构的药品使用行为。在医疗器械流通使用环节，加强医疗器械专项整治，通过规范进货渠道、仓储管理和医疗器械使用记录，切实扭转医疗器械监管薄弱的现状。

××年，共计出动执法人员2 548人次，检查涉药单位637家次.共计立案查处案件258件(其中，不合法渠道购进药品案件114件、非药品冒充药品案件70件、其他药品违规案件14件；医疗器械违规案件47件；查处无证经营案件13件)。在铬超标胶囊剂药品专项检查中，共计查处药品批发企业9家，药品零售企业140余家。共计暂控国家局公布铬超标胶囊剂药品生产企业生产的药品54个品种，114 955粒。配合修正药业集团营销有限公司、吉林制药股份有限公司、大连天山药业有限公司及上海华源安徽仁济制药有限公司等药品生产企业开展药品召回活动，共计召回41个品种。

（二）坚持药品市场专项整治不放松。开展医用氧气、齿科药品医疗器械、中药材中药饮片、铬超标胶囊制剂药品、非药品冒充药品、药品生产流通使用领域、保健食品、隐形眼镜、无菌和植入类医疗器械、医疗器械市场、药品安全、集中整治“两非”、易制毒类药品专项整治共13项专项整治。××年，共查处无证经营药品、医疗器械案件13起，查处非药品冒充药品案件70件，查获非药品冒充药品80余种，没收110批次。

（三）以规范化药房建设为抓手，进一步提升医疗机构药品质量管理水平。医疗机构药房管理一直是药品安全监管工作的薄弱环节。在××年规范化药房建设工作取得的基础上，××年3月，经验收，区人民医院药房被评定为“规范化药房”。

（四）规范保健食品、化妆品经营企业经营行为。严格按照市食品药品监督管理局下发的保健食品、化妆品经营企业经营行为规定，对全区兼营保健食品、化妆品的药品零售企业开展规范化整治工作；严格要求经营企业进行备案；建立保健食品、化妆品流通台账，规范保健食品、化妆品流通渠道，确保产品质量。××年，全区已有112家药品经营企业完成兼营保健食品备案工作，97家药品经营企业完成兼营化妆品的备案。

以上报告，请阅示。

××区食品药品监督管理局

20××年1月29日

这是一篇汇报工作的专题报告，内容是食品药品监管工作实施的情况。这篇报告用小标题把内容分为三个方面：① 食品加工监管环节，② 餐饮服务监管环节，③ 药品监管环节。三个部分的写法大致相同，分别用序数词分出层次，先写明“落实食品药品安全各环节监管责任，严厉打击各类违法行为”工作的具体做法，然后再写工作成果。报告采用了横式结构，三个内容形成了一种并列的逻辑关系，围绕全文的中心依次进行说明。文中的语言简练明晓，多用具体的数据来表达抽象的工作成果，即有说服力又有科学性。

**（四）公文结尾的写作**

公文结尾部分的内容，主要是归纳总结全文主旨、提出要求、发出号召等等。结尾收束有力，是对公文结尾部分写作的要求。在结构上，有的结尾与开头的内容相呼应，起着首尾联系的结构作用。由于公文的文种不同，行文方向不同，以及内容的不同，公文结尾的写法也就不尽相同。但是在长时间的写作实践中，还是形成了一些惯用的结尾方式，例如多数公文不单设结尾段，而采用一些固定的结尾语句来结尾。这些结尾语句具有一定的规范性，现列举如下：

1. 常用于上行文的结尾语句

（1）请上级必须答复的公文，结尾常用“请批复”“请审批”“请指示”，“请批示”“请即示复”等语句。

（2）只是向上级汇报工作，不要求答复的公文，结尾常用“特此报告”“以上各点请审查”等语句。

（3）希望上级给予转发的公文，结尾常用“以上报告如无不妥，请批转各地区、各有关部门执行”“以上报告如无不当，请批转各地参照执行”等语句。

2. 常用于下行文的结尾语句

（1）要求下级必须遵照执行的公文结尾，常用“以上规定，望遵照执行”“以上事项，应公告全体公民周知、遵守”“希遵照办理”“希依照执行”“希认真贯彻执行”“凡与本意见的规定内容不一致的，今后以本意见内容为准”“本通告自公布之日起生效”等语句。

（2）允许下级在工作中结合本地区、本单位实际情况实施办理，或者提供参考的公文，结尾常用“请研究执行”“请参照执行”等语句。

（3）试行性的、有待在工作中进一步完善的公文，结尾常用“请研究试行”“希研究试行，有何意见随时告知”等语句。

3. 常用于平行文的结尾语句

（1）知照性平行文的公文，结尾常用“特此函达”“特此函告，希即查照”等语句。

（2）请求、询问、商洽性平行文的公文，结尾常用“特此函请，请予……”“请即函复”“妥否，请复函”等语句。

（3）答复性平行文的公文，结尾常用“特此函复”“特此函告，希即查照”等语句。

在写作实践中，许多公文不单设结尾段，常常把放在后面的事项作为一个段落，然后以结尾语句来结尾，以结束全文。这样的写法可以使公文内容简化，缩短篇幅。

**（五）公文落款的写作**

公文的落款是公文正文中的一个必选要素，是公文产生法定效力的标识。落款部分的内容，包括成文时间和生效标识两个要素，如果在标题里没有写明发文单位名称，则要在成文时间的上方写明单位名称。标题中写明了单位名称，在落款里可以不再写。

1. 成文时间

公文的成文时间，是指公文成文的年、月、日，具体日期应该以负责人的签发日期为准。成文日期以汉字数词标注，年月日要完整，“零”应该写作“〇”。

2. 生效标识

公文的生效标识，是由公文的成文日期，以及加盖在成文时间上的印章组成的。其位置在公文正文下面，同时印章不可以压在正文上，印章下面也不再落款。

印章是发文机关或单位权力的象征，是公文产生法定效力的标志。除了“会议纪要”和以电报形式发出的公文，都要加盖印章。联合行文的上行文，应该由主办机关或者单位加盖印章。联合行文的下行文，所有发文机关、单位都应加盖印章。

# 第二节　报告的写作

报告是下级机关、企业单位、基层部门等，向上级汇报工作、反映情况、解决问题的上行公文。在工作实践中，能够写作一份合格的报告，是基层管理者应该具备的基本素质。

## 一、报告的作用和性质

《办法》规定：报告是“适用于向上级机关汇报工作，反映情况，答复上级机关的询问”的公文，是一种陈述性的上行文。无论是机关企业，在使用公文实施管理的过程中，报告的使用频率都是很高的。

报告的作用有下面几个方面。

企业实施管理的过程中，报告可以帮助上级及时、准确地了解下级的工作情况，以便更好地指导下级的工作，报告还可以为上级决策提供参考和依据。在工作实践中，上级对下级工作的了解和掌握，大部分是通过下级的报告来实现的，这是因为报告反映情况的内容，可以比较广泛，例如：落实、执行上级制定的有关方针政策的情况；工作或者生产经营计划完成的情况；基层工作遇到的具体问题；取得了哪些经验教训等等。

报告的性质具有下面几点。

(1) 陈述性。报告主要采用叙述手法，以第一人称据实直陈己事。例如：向上级机关讲明自己做了哪些工作，是如何做的，有哪些经验体会，还存在哪些问题，今后有什么打算等等。报告的内容要具体，要条理清晰，一般不采用推理论证，不使用祈使句，也不用恳请语气。在工作实践中，下级单位做的工作“总结”，有时需要上报给上级时，这个“总结”就成为了公文的报告。

(2) 行文的单向性。下级部门、单位向自己的上级，或者业务主管部门汇报工作、反映情况，旨在让上级全面了解下面的工作，以便更有效地对下级工作进行指导。报告只是一种单向的行文，并不需要上级给予回复。

(3) 事后行文的特性。报告与请示二者同属于上行文，却有着本质的不同。如：报告对上级没有肯定性的批复要求，而请示则相反，上级必须要对下级的请示给予批复。上级对下级的报告可做批示（批注意见），也可以不做批示，一切由上级酌情处理，如确需批示，也只能采用与批示相当的文体。可是请示则不然，不论请示的事项，上级同意与否，都应该及时地做出批示，上级的批示使用的公文只能是“批复”。在行文时间上，报告是事中或者事后的行文，而请示则是事前行文。

## 二、报告的种类

报告的种类很多，用不同的划分方法可以将其分为不同的种类。

常见的划分方法有下面几种:

**(一)从范围角度划分**

1. 综合报告

这是为了让上级全面了解自己的工作情况,而制发的一种报告。综合报告的内容常常涉及到工作的全方面,具有总结的性质。

如某省政府向省人大作的工作报告:《××省政府××年工作报告》,再有,某公司年终向董事会作的报告:《××年度××公司工作报告》等,都属于综合报告。

2. 专题报告

专题报告是一种专门反映某一项,或者某一方面工作情况的报告。专题报告的内容比较单一,有一定的针对性,常常是对上级布置的某一项工作任务,完成情况的汇报,或者向上级反映工作中出现的某一事件。如:《××地区森林火灾事故责任的报告》《××公司因水灾造成设备损失的报告》《关于××型××规格产品申请生产定型情况的报告》等等。

**(二)从内容角度划分**

1. 汇报工作的报告

汇报工作的报告,通常是按照规定的工作程序,需要主动向上级汇报工作的一种报告。一般包括这样两方面内容:① 本单位职责范围内,整体工作实施过程情况的汇报,② 工作中专项工作进展或者完成情况的汇报。例如:上级安排布置的工作任务完成的情况;新的政策、新的规定执行的情况;灾害事故或者对某项工作失误,造成的损失情况;各项工作检查结果等等。在报告中要把前一阶段工作的基本情况,取得的主要成绩,存在的主要问题以及经验教训等,全面地写在报告里。如:《×公司驻××办事处第一季度工作报告》《第二季度生产计划完成情况的报告》等等。

2. 反映情况的报告

反映情况的报告,是针对工作中出现的问题,或者某一事件,向上级反映情况的一种报告。如:《××市政府办公室关于公车私用情况的报告》《××集团××电视机公司关于上半年销售业绩大幅下滑情况的报告》等等。

3. 答复询问的报告

答复询问的报告,是用来答复上级询问下级某一工作、事务办理的结果,或者针对上级要求下级,上报某一方面情况时写作的报告。如某市环保局的一篇报告:《关于治理水污染问题的报告》,再如某公司某车间的一份报告《关于新设备运行情况的报告》等等。

按照这种划分方法,还可以分为工作调研报告、自查报告、述职报告等等。

**(三)从行文目的角度可以分为**

1. 呈报性的报告

呈报性的报告是一种只向上级汇报工作,反映情况的报告。它的制发不要求上级给予转发。在报告中只陈述情况,不提出请示和要求。如:《关于上半年生产计划执行情况的报告》等。

2. 呈转性的报告

呈转性报告的内容涉及面一般比较广，常常在需要其他一些平级的、不相隶属的部门和单位，对报告的内容要知晓、执行和实施，而本身所处的层级，又不便于行文的情况下使用，以请求上级审阅后批转给有关部门、单位，以便于开展工作。这种报告通常既要反映情况，又要提出建议，要对具体问题做出规范或者制定规章。如某市外事办的一篇需要上级批转的报告：《关于在我市开展侨、台情况普查工作安排意见的报告》，还有《××公司保卫部关于进出厂车辆检查制度的报告》等。

除以上三种分类方法外，还可以从其他角度把报告划分成更多的种类。实际上，在企事业单位的日常工作中，经常使用的报告主要有综合报告、专题报告两种。一些以其他划分方法分出的报告种类，如工作报告、反映情况的报告、答复报告等等，其实也都可以划归到综合报告或者专题报告当中。

## 三、报告的写作

### (一) 报告的立意与内容

写文章首要的是立意，“千古文章意为高”，立意，就是确立文章的灵魂，是文章成败的关键。所谓“意在笔先”，要避免无立意而行文。

报告的种类多，立意也各有不相同，但是立意的基础一定是在内容之上。因此，分清报告种类与内容的关系，是正确立意的前提。汇报工作的报告，反映的是“本体”的工作，主要写自己既往的本职工作。如：工作完成的情况，采取了什么措施，取得了哪些成效，出现或者存在的问题，有什么经验教训等等。反映情况的报告，反映的则是“客体”的情况，内容涉及的是与自己工作有关的情况。在报告中需要对情况进行概述，然后进行分析评价，表明态度等等。答复询问的报告，则要求针对上级要求答复的问题做出回答，包括答复的依据和答复的事项两部分内容。

### (二) 报告的结构形式

报告的文体结构一般包括标题、主送机关、正文、落款等内容。下面具体介绍报告的写法。

1. 标题

报告的标题采用的是公文标题，例如：下面例文的标题：

**关于2012年上海市**
**中小企业服务年活动安排情况的报告**

中小企业司：

……

这个标题是公文标题，由事由加文种二个要素构成。从标题的事由来看，这是一篇汇报工作的专题报告。

2. 主送机关

报告只能有一个主送机关，主送机关要顶格写。如果需要报送给两个以上的上级时，可以采用抄送的方式呈送给有关上级。一般情况下报告都需要写明主送机关。

如上面例文的主送机关是："中小企业司"。

3. 正文

报告的正文一般分为开头、主体、结尾三部分。

(1) 开头部分。报告的开头也称为前言、导语等。这一部分的内容，通常要介绍所"报告"事项的原因、依据、目的等等，也可以用概括的语言，说明报告的中心意思。最后，以类似"现将有关情况报告如下"的惯用语句，来承启并转入下文。

例如上面《关于2012年上海市中小企业服务年活动安排情况的报告》一文的开头部分（例文有改动）：

中小企业司：

根据3月22日工信部电视电话会议精神以及工信部《关于印发中小企业服务年活动方案的通知》，市经信委领导高度重视，对服务年活动提出了"积极响应、精心策划、广泛发动、认真组织、着力推进"的工作要求。市中小企业办结合上海市2012年中小企业工作的总体安排，在总结"2011年上海中小企业服务月"活动的基础上，对2012年上海市中小企业服务年活动方案作了进一步的修改完善，现将相关工作汇报如下：

这篇报告的开头部分，说明了报告的依据和背景，交代了"报告"的目的，即汇报："结合上海市2012年中小企业工作的总体安排"而做的"中小企业服务年活动方案"。最后，用报告开头的惯用语"现将相关工作汇报如下"，来过渡转入下文。

(2) 主体部分。报告的核心内容要在主体部分展开。汇报工作报告的主体部分，要写明工作进展或者完成的情况，在工作中采取了哪些措施，有什么成绩或者不足等内容。反映情况报告的主体部分，要写明事情发生的具体情况（包括时间、地点、事件的经过），以及事情发生的前因、后果，对事情的分析评价，处理的结果或者意见等内容。

再以上面例文的主体部分为例：

一、提高认识，统一思想

根据工信部服务年活动要做到"三个结合"，抓好"五个环节"的要求，我们进一步提高认识，统一思想，以"创新转型促发展，聚焦小微助成长"为主题，以深化公共服务体系为支撑，以促进"专精特新"中小企业发展和助力小型微型企业成长为工作重点，为中小企业送政策、送信息、送服务，全面提升上海中小企业自身素质和水平，进一步营造全社会关注、服务中小企业的良好氛围，推动中小企业“稳中有进”。

二、精心策划、明确目标

根据本市中小企业的发展现状和实际需求，我们安排今年的服务年相关活动坚持问题导向和需求导向，进一步集聚资源，联合15家市政府各委办局，组织本市17个区县，引导32家首批示范平台和150家公共服务机构共同参与服务年活动；进一步深化服务内容，在工信部要求的六大类服务的基础上，又增加了科技质量、市场拓展、人员培训、法律法规等内容，扩大服务覆盖面，整个服务年活动不少于400项，服务中小企业不少于10万户；进一步完善服务体系，提升服务体系的协同服务能力，增强解决中小企业共性需求和个性化需求的能力。

三、广泛发动，创新机制

中小企业服务年活动遵循政府倡导、社会参与、协同推进的原则，全面推动上海中小企业工作迈上新台阶。一是充分发挥上海市促进中小企业发展领导小组成员单位的作用，积极制定扶持中小企业特别是小微企业发展的政策措施，推动现有各项政策，特别是两个“三分之一”的落实；强化部门之间合作，依照各自职能为中小企业提供多方位的支持。二是加强协同配合，将服务年活动与其他专项活动紧密结合起来，使促进中小企业发展工作融入到“创新转型”的各个环节。三是发挥市、区两级中小企业服务机构和各中小企业公共服务平台单位优势，在所属地区和相关领域带头开展服务年活动。四是加强宣传报道，依托主流、综合运用现代和传统媒体，向领导报情况、向社会发声音、向企业传资讯。

四、结合实际，完善内容

针对中小企业需求，2012年上海中小企业服务年活动共分政策咨询、投资融资、创业创新、转型升级、管理提升、舆论宣传、科技质量、市场拓展、人员培训、法律法规等10个板块，44个大项（详见附件），由401个具体活动组成。并将在服务年活动开展的过程中进一步充实新的内容和活动场次。

1. 政策咨询服务方面：如全年开展的54521128中小服务热线，中小企业诉求直通车；3月，杨浦科技创业中心、上海科佑企业发展有限公司举办的科技企业税收新政与风险控制解读；4月，浦东新区认定办、上海浦东软件平台有限公司举办的高新技术企业认定及复审政策宣讲会；5月，工商金山分局举办的金山区中小企业工商政策咨询会。

2. 投资融资服务方面：如全年开展的中小企业改制上市系列培训，餐饮中小企业与投资基金的对接；3月开展的小微企业金融服务周；2月、5月、8月、11月，上海莘泽创业投资管理有限公司、浦东新区创投协会举办的投融资项目系列推介会；2月，上海商报、中国银行上海分行徐汇支行举办的2012年中小企业融资服务对接会；3月16日，上海市征信管理办公室、渣打银行等银行、担保公司、小额贷款公司、上海市信用服务行业协会、上海维诚志信金融信息服务有限公司等举办的2012上海中小企业信用融资创新模式主题论坛；全年，工商杨浦分局、区大学生服务中心、区大学生基金会举办的为大学生创业微型企业转型升级提供政策、融资等服务。

3. 创业创新服务方面：如全年开展的中小企业人才超市，青年创业创新成果展示计划，创业、创新技能提升，上海市青年发展服务中心、各区县就业促中心等举办的大学生创业起跑线计划；3月5日，上海市就业促进中心举办的开业指导专家“学雷锋”创业咨询活动；5月，上海康桥先进制造技术创业园有限公司举办的创业导师“一对一”活动；5月开展的民营企业招聘周。

4. 转型升级服务方面：如全年开展的走千家企业促进经济发展方式转变，强服务、稳增长，携手企业，共谋发展——闵行区领导班子与企业手牵手，小微企业运行监测和孵化；5月，浦东新区中小企业推进服务中心、上海晓村企业管理咨询事务所举办的中小企业转型发展的战略和策略；5月6日，上海新跃物流企业管理有限公司举办的“2012中国物流行业庆典大会暨第四届物流日”活动；6月10日，松江区经济委员会、松江区工业企业联合会举办的企业创新驱动、转型发展论坛；6月，闸北区中小企业服务中心举办的闸北区中小企业节能知识宣传活动；下半年开展的浦东新区联动登记模式推广。

5. 管理提升服务方面：如全年开展的“公共服务平台擂台赛”；3月、6月，上海漕河泾新兴技术开发区科技创业中心举办的领导力沙龙；6月企业经营问题诊断；8月，上海都市工业设计中心有限公司举办的科技型中小企业经营管理、市场营销专场培训；年内，黄浦区商务委、黄浦区中小企业服务中心组织开展部分重点中小企业主要管理人员考察江浙中小企业。

6. 舆论宣传服务方面：如全年向中小企业免费发放《上海中小企业信息速递》，市中小企业办与解放日报、上海商报等共同制作宣传中小企业创新转型、中小企业服务年的栏目，在园区LED屏宣传中小企业服务年；2月，上海市工商局与解放日报共同制作“创新思维破解难题”的专题报导；每月一次，上海漕河泾新兴技术开发区科技创业中心组织《中国孵化器》杂志对开发区内企业进行报道。

7. 科技质量服务方面：如市中小办、市中小企业发展服务中心举办的“技术创新对接行”活动；9月，上海市质量监督检验技术研究院、电子电器家用电器质量检验所举办的2012年中小企业质量宣贯会；10~12月，上海科学技术情报研究所及上海中心图书馆、情报服务联盟等机构举办的“借他山之石，创企业之新：国内外最新科技动态借鉴与推广”活动；市质监局举办的卓越绩效培训和专精特新中小企业质量管理现状大调查。

8. 市场拓展服务方面：如5月，上海国际传媒产业园招商中心、汇谷（上海）企业登记代理有限公司举办的第二届“创意、传媒、商界”CEO交流会；全年，科促会举办的8次“大手牵小手”活动——中小企业科技项目为大企业集团配套服务、对接交流；第九届中博会和第七届APEC技术交流会。

9. 人员培训服务方面：如全年，市中小企业办与上海复旦大学、交通大学共同举办的10场“专精特新”企业、小微企业的管理人员培训，6场改制上市企业管理人员培训，中小企业大讲堂；6月和8月两新组织高层次人才培训；9月中小企业在线学习平台；10月，上海知识产权园有限公司和上海五角场高新技术产业园举办的知识产权数据情报实务培训；中小企业产业园区服务人员培训。

10. 法律法规服务方面：如4月20~26日，静安区知识产权局、区中小企业服务中心举办的“世界知识产权日”宣传周活动；全年，盈科（上海）律师事务所举办的10场中小企业法律大讲堂；全年的中小企业法律伴我行活动。

五、落实分工、加强保障

1. 加强领导，明确分工。依托市中小企业发展领导小组的协调推进机制，充分发挥各成员单位的作用，市中小企业办、市中小企业发展服务中心负责中小企业服务年活动的组织协调工作，定期会商、研究、落实服务年活动安排，考评各区县各单位活动开展情况等。各区县经委（商务委）将服务年活动纳入年度工作计划，明确本区县服务年活动责任主体和任务分工，保证各项活动顺利完成。

2. 加强合作，协同推进。充分动员政府相关委办、行业协会、各公共服务平台单位、各园区服务机构等社会各方面力量，汇聚各方面的智慧与资源优势，加强合作，共同开展服务中小企业活动。建立定期沟通机制，加强工作引导，创新方式方法，务实开展活动。

3. 加强考评，务求实效。加强调研，及时了解各区县、各单位活动组织开展情况。发现典型，宣传典型，利用《解放日报》、《上海商报》、《上海中小企业》杂志、《信息速递》、上海中小企业网等定期编发服务年活动专栏、专刊。及时总结、交流推广好的经验和做法，建立考评机制，对服务年活动开展评估问效，对活动开展好、成效突出、影响面广、中小企业满意度高的区县和单位给予表彰。

这是一篇汇报工作的报告。内容是：本年度，中小企业服务年活动安排工作的完成情况。文中把所安排的工作方案以及具体措施，分成五个小标题来叙述，小标题下面是具体的实施方法。文体形式采用了横式结构。全文用分条列项的方法，分出层次，然后再逐条逐项进行说明。条理清楚，叙述详细。

（3）结尾部分。报告的结尾部分，通常采用公文上行文惯用的结尾语句，来结束全文。有时也可以不单设结尾语句，直接将最后一段作为结尾段。

如上面例文的结尾语句是：

特此报告

附件1：2012年上海市中小企业服务年重点活动安排（略）

附件2：2012年中小企业服务年活动安排计划表（略）

这个结尾用“特此报告”一句结束全文，是一种只汇报情况不需要答复的上行文，惯用的结尾用语句。本文因为有附件，所以加了附件说明一项。

4. 落款

报告的落款部分由名称和日期两个要素构成。例如上面例文的落款：

上海市促进中小企业发展协调办公室

2012年4月9日

这个落款写明了单位名称和时间，是一个比较完整的落款形式（因为做例文所以不加印章，以下同）。如果报告在标题里写明了名称，那么在落款中可以不写单位名称，只写明日期即可，否则要在落款中写明报告单位的名称（其他公文同此）。

## 四、写作报告需要注意的事项

报告是政府机关和企事业单位经常使用的公文，能够写作一篇合格的报告，或者学会使用报告来处理工作中的事务，是能够做好日常工作的实际需要。在写作报告时应该注意以下几点：

### （一）立意要准确

报告的立意要准确鲜明，主题要与内容有必然联系，要建构好主题与内容的内在关系。

### （二）内容要翔实明确

报告必须要客观、真实、准确地反映实际情况，不可随意夸大或者掩盖事实。报告的内容一定要属实。

报告的内容比其他公文要多，如下级单位的工作总结，工作情况汇报，回答上级的询问等，都可以用报告来处理。这些事务往往内容比较多，报告的篇幅也比较长。因此，写作报告要做到内容具体而翔实，表达要明确清楚。要避免东拉西扯，旁征博引，让人不知所云。

### （三）行文要讲时效性

及时行文，是报告自身性质的要求。及时呈交报告，有利于上级在最短的时间里掌握情况，指导部署工作，以提高工作效率。

### （四）写作目的要单一

报告的写作目的通常是反映某一具体事项，如工作的进行情况，或上级对下级某一具体指示的落实情况等，只能反映一项事务。写作报告要注意做到一文一事，不可一文多事，尤其不可夹带请示事项等内容。

# 第三节 通知的写作

在十三种公文中，通知是适用范围比较广泛，使用频率最高，种类也较多的一种公文。政府机关、企事业单位在管理的实践中，需要经常使用通知，把通知作为开展工作、实施管理的工具。

## 一、通知的性质和作用

### （一）通知的性质

《办法》对通知的定义是“适用于批转下级机关的公文，转发上级机关和不相隶属机关的公文，传达要求下级机关办理和需要有关单位周知或者执行的事项，任免人员”的一种公文。

通知属于下行文，通知的对象必须是明确的（周知性的通知除外），一般是具有工作或者业务关系的部门和单位，这一点不同于其他具有周知性的公文。

通知具有公文的权威性和严肃性，当下级收到通知后，必须按照通知的要求去认真执行。

### （二）通知的用途

通知的用途很多，具体如下。

1. 颁转文件

通知具有“颁转”“传达”上级机关公文的功能。通知可以用来批转下级机关的文件，即上级机关对下级机关呈报上来的呈批，或者呈转性的上行文进行批转。通知也可以用来转发上级机关的公文，即下级单位部门转发上级单位部门的公文。还可以转发没有隶属关系机关的文件，印发不相隶属机关单位的文件时，按照规定需要使用通知来转发。

2. 指导和布置下级的工作

通知还可以用来要求下级机关办理事项，向下级阐述政策，布置工作等。在工作实践中，上级经常使用通知，来向下级布置安排工作任务，向下级阐明在工作中应当遵守的原则，向下级提出对某项工作的具体要求等。

3. 告知事项

在各类的通知中，有的是具有周知性质的，这一类通知被称为周知性通知，或者称作知照性通知。制发这种通知的目的，是为了向某些通知的对象告知事项，或者告示情况。如任免人员，设置或者撤并机构，扩展、缩小、中止部门单位的某些职权，发行债券，召开会议。

启用或者更换印信等等，都经常使用这种通知。

**二、通知的种类**

在十三种公文里，通知是种类比较多的公文。通知的种类有好多种划分方法，如果按照通知的功能来划分，可以把通知分为四个种类。

**（一）颁转性通知**

颁转性通知，是用来转发另一个文件的一种通知。如转发上级的文件、发布本部门本单位的文件、批转下级的文件，或者印发不相隶属机关单位的文件等。例如前面的例文：《北京市大兴区人民政府办公室转发市政府办公厅关于请示报告意见和函等文种使用意见（试行）的通知》，从标题就可以知道这是一则转发通知，转发的文件是《北京市人民政府办公厅关于请示报告意见和函等文种使用的意见》（试行）。

**（二）指示性通知**

指示性的通知也称为规定性的通知。这种通知带有指示性，常常用来向下级阐述政策、布置（安排）工作、答复询问等等。如《国务院办公厅关于做好全国节日放假期间有关工作的通知》，从标题中就可以看出，这是一则安排工作的通知，安排的工作内容是“节日放假期间有关工作”。

**（三）周知性通知**

周知性通知也称作知照性通知。使用这种通知，只是为了向有关单位部门告示情况。周知性的通知，一般不要求通知对象具体完成什么任务，只是就某一事项向通知对象打招呼，向其说明对某项问题要注意什么，不需要解释为什么，只要把通知对象必须知道的有关事项、情况说明白就可以了。

**（四）会议性通知**

会议性的通知是用来告知受文单位出席会议的通知，也是周知性通知的一种。与其他通知不同，会议通知具有特定的内容：在文中要写清楚会议名称（或者会议的主旨）、会期（起止时间）、开会地点（重要会议要写明报到时间和报到地点）、出席对象、出席人数和条件、必须携带的材料、以及其他要求等等。

下面的例文是一篇指示性的通知（有改动）：

## 交通运输部安全委员会
## 关于开展2016年“安全生产月”活动的通知

各省、自治区、直辖市、
新疆生产建设兵团交通运输厅（局、委），
交通运输中央企业，部属各单位：

根据《国务院安委会办公室关于开展2016年全国“安全生产月”和“安全生产万里

行”活动的通知》（安委办〔2016〕1号）部署，我部定于2016年6月开展“安全生产月”活动。现将有关事项通知如下：

一、指导思想

深入贯彻落实党的十八届三中、四中、五中全会精神和中央领导关于安全生产工作重要批示指示，牢固树立安全发展理念，……为经济社会发展和人民群众安全便捷出行提供更高效、更优质、更可靠的交通运输服务。

二、主要内容

（一）组织主题宣讲。一是部领导将撰写“打造本质安全，共享平安交通”署名文章。省级交通运输管理部门、行业中央企业党政主要领导要结合地域（领域）特点和安全特征，论本质安全、话平安交通，在媒体上发表署名文章。二是省级交通运输管理部门、行业中央企业要组织宣讲团深入基层，重点围绕法规制度、典型案例和防范措施开展宣讲，强化安全理念，普及安全知识，促进责任落实。三是交通运输管理部门要选择典型事故案例，制作警示教育片，通过警示教育展览、专题研讨和媒体展映等形式，对基层一线开展警示教育。

（二）推动学习共进。……

（三）实施专项行动。……

三、有关要求

（一）强化组织领导。部安委会全面负责交通运输“安全生产月”活动的组织领导工作，部安委办具体承担交通运输“安全生产月”活动的日常工作。各部门、各单位要成立“安全生产月”活动组织机构，制定活动方案，认真部署动员，精心组织安排，务求取得实效。

（二）强化跟踪督导。……

（三）强化信息报送。……

部安委办联系人：刘#娜，电话：010-65293###，

传真：010-65293###，邮箱：awb@mot. gov. cn。

交通运输部安全委员会

2016年4月26日

这是一篇指示性通知，例文是原文的省略内容。文中针对开展2016年“安全生产月”活动，向地方政府，及有关单位的对口单位，安排具体工作内容，并提出了要求。

下面是一篇转发通知的例文（有改动）：

# 北京市大兴区人民政府办公室
# 转发市政府办公厅关于请示报告
# 意见和函等文种
# 使用意见（试行）的通知

**京兴政办发〔2007〕87号**

各镇人民政府，

区政府各委、办、局（公司）、中心，

各街道办事处：

现将《北京市人民政府办公厅关于请示报告意见和函等文种使用的意见》（试行）转发给你们，请认真遵照执行。

北京市大兴区人民政府办公室

二〇〇七年九月三十日

文中的《北京市人民政府办公厅关于请示报告意见和函等文种使用的意见》，是要求下级必须执行的文件，即：在工作中使用“请示、报告、意见和函”等公文的规则。

下面是一篇会议通知的例文（有改动）：

# 关于召开2016年度全省高新技术企业
# 认定管理工作会议的通知

各市、州、直管市、神农架林区科技局，各国家高新区管委会：

为全面贯彻落实2016年全省科技工作会议精神，认真做好2016年高新技术企业认定管理工作，省科技厅定于4月20日召开2016年度全省高新技术企业认定管理工作会议。

一、会议时间及地点

1. 会议时间：4月20日上午8点30分，会期全天；

2. 会议地点：湖北省宜昌市##饭店。

二、参会人员

1. 各市、州、直管市、神农架林区科技局，主要负责人，和负责高新技术企业认定管理工作的科（处）长。

2. 国家各高新区，负责高新技术企业认定管理工作的分管领导，及科技局长。

三、会议内容

总结交流2015年高企认定工作经验，表彰2015年高企认定工作先进典型，研究部署

2016年高企认定工作，参观考察宜昌市高新技术企业。

四、有关要求

1. 请参会人员将参会回执于4月15日上午12：00前，发邮件至：lig@hbstd.gov.cn

2. 请参会人员于4月19日下午，在湖北省宜昌市##饭店报到。

联系人：×××电话：027-87135797

附件：参会回执

湖北省科技厅

二〇一六年#月#日

这是一篇会议通知，写明了召开2016年度全省高新技术企业认定管理工作会议的有关事项：会议的时间地点，参会人员，会议内容及有关要求等。

**三、通知的写作**

通知的种类虽然较多，但文体的结构要素却基本相同，都是由标题、主送机关、正文、落款四个要素构成。下面分别说明：

**（一）标题**

通知的标题采用的是公文标题。通知经常采用名称，加事由，加文种三个要素形式的标题，如：《××公司关于做好安全生产检查工作的通知》。有时，在企业内部行文还可以采用省略式的标题，即省略发文单位名称，只用事由，加文种两个要素，如：《关于规范公司旅差费核销手续的通知》。在企业内部发出的周知性的通知，有时还可以同时省略名称事由两个要素，只用文种"通知"一个要素。

请看下面例文的标题：

**关于进一步加强**
**人力资源市场监管有关工作的通知**

……

这篇通知的标题是公文式标题，由事由加文种两个要素构成。从标题中事由要素所反映的内容看，这是一篇布置工作的通知。

**（二）受文机关**

通知大多是下发到有关部门，或者单位的公文，一般情况下，都应该明确地写明受文机关的名称。如果是在政府机关、企事业单位的内部，或者通过媒体传播，以及需要张贴的周知性的通知，有时也可以省略受文机关。

上面例文的受文机关是这样的：

## 关于进一步加强
## 人力资源市场监管有关工作的通知

各省、自治区、

直辖市人力资源社会保障(人事、劳动保障)厅(局),

新疆生产建设兵团人事局、劳动保障局:

……

这篇通知的受文机关,共涉及五个不同级别的单位,文中按照一定的顺序依次作了排列。

**(三)正文**

通知的正文是全文内容展开的部分。通知的内容多少不同,篇幅的长短也不一样。内容多,篇幅较长的通知,正文由开头(通知的缘由)、主体(通知的事项或者通知的要求)、结尾(结语句)三部分构成。内容少,篇幅短的通知,有时只设一个自然段即可。

不同种类的通知,正文的结构内容也有所不同。颁转性通知的正文一般要写:是谁、经过谁批准,或者因为什么原因、根据什么、制定什么内容的公文,现将此公文发送给谁,要求如何执行等等。指示性通知正文的内容,一般由行文的依据、目的,通知的事项、通知的要求等构成。周知性公文的内容比较简单,只写缘由依据和通知的事项即可。会议性通知的内容,要写清会议名称(或者会议的主旨)、会期(起止时间)、开会地点(重要会议要写明报到的时间和报到地点)、出席会议的对象、出席人数和条件、必须携带的材料等等。

如前面一则指示性的通知例文的正文部分:

## 关于进一步加强人力资源市场监管
## 有关工作的通知

……

当前,在稳步推进人才市场、劳动力市场逐步整合和统一规范的人力资源市场建设的进程中,为做好人力资源服务机构的管理工作,特别是加强经营性人力资源服务机构(包括职业中介机构、人才中介服务机构等)的监督和管理,引导经营性人力资源服务机构健康发展,培育统一规范、竞争有序的市场化服务体系,现就有关工作通知如下:

一、明确监管职责。各级人力资源社会保障部门要围绕促进就业和优化人才配置,大力加强对人力资源市场行为的监管……

二、统一换发许可证。对原劳动保障行政部门、人事行政部门发放的职业中介许可证、人才中介服务许可证进行统一换发,新的许可证名称为“人力资源服务许可证”，由人力资源社会保障部统一印制并免费发放……

三、做好新设立服务机构的审批工作……

四、加强人力资源市场监督检查。各级人力资源社会保障部门要加大市场监管力度，维护市场正常秩序，防止发生突发事件……

五、指导和鼓励经营性人力资源服务机构积极参与社会公益服务……

六、推动经营性人力资源服务机构诚信服务……

七、做好调查摸底工作。各地要根据建立统一规范人力资源市场的要求，按照部里的统一安排，认真开展经营性人力资源服务机构调查摸底工作。通过调查摸底，全面、准确掌握本地区各类服务机构状况，以及从业人员基本情况、业务开展情况、诚信守法情况和市场发展趋势。要建立工作台账，编制服务机构目录，并对外发布公示，接受社会监督。

八、做好调查摸底工作。各地要推动经营性人力资源服务机构管理信息系统建设，提高日常监管工作信息化水平。要研究探索适合本地区实际的市场动态监测机制，建立市场供求信息变化快速调查制度，及时、准确掌握市场动态。要加强对市场供求信息的归类和分析，形成权威性数据并定期发布，引导劳动者合理有序流动，为促进就业提供决策参考和依据。

各级人力资源社会保障部门要根据“民生为本、人才优先”的工作要求，在推动人才强国战略和扩大就业发展战略的实施过程中，高度重视，加强领导，采取切实有效措施，不断推进统一规范的人力资源市场建设。

这是一篇规范工作行为和布置工作通知的正文部分。第一自然段是开头部分，说明了通知的缘由和目的。主体部分用序数词把内容分为八个自然段，分别写明了“加强人力资源市场监管有关工作”的事项与要求。最后一自然段是结尾部分，向受文单位提出号召和要求，结尾处没有使用结语句。这篇通知的主体部分采用序数词分出层次内容的方法，八方面内容构成八个层次，层次之间构成了并列关系，是一种横式结构。这篇通知的语言简练，表达清楚。落款部分包括名称、日期两个要素，由于标题中没有名称要素，所以落款部分写明了发文单位的名称。

再看一篇颁转性通知的正文：

## 北京市人民政府办公厅<br>关于转发市教委等四部门制订的<br>《进城务工人员随迁子女接受义务教育后<br>在京参加升学考试工作方案》的通知

各区、县人民政府，
市政府各委、办、局，各市属机构：

市教委、市发展改革委、市人力社保局、市公安局制订的《进城务工人员随迁子女接受义务教育后在京参加升学考试工作方案》已经市政府同意，现转发给你们，请认真按照执行。

共同做好进城务工人员随迁子女接受义务教育后在京参加升学考试工作是一项系统工程，各区县政府和各有关部门要高度重视，加强组织领导，明确责任分工，密切协作配合，形成齐抓共管的工作格局。

由市流管办、市公安局牵头，市发展改革委、市教委、市财政局、市人力社保局、市住房城乡建设委、市人口计生委等部门参加，抓紧完善进城务工人员服务管理制度。市教委牵头研究出台与之相挂钩的进城务工人员随迁子女升学考试具体实施办法。市招生考试委员会要统筹做好进城务工人员随迁子女升学考试工作，负责联络协调教育部等部门和各省市招生考试部门。市、区两级教育部门应加强中小学电子学籍管理系统建设，及时公布进城务工人员随迁子女在京参加中考、高考报名和考试录取的具体办法及办理程序，会同有关部门做好考生报名组织、考试实施以及招生录取等工作。

公安部门要加强对流动人口的服务管理，及时提供进城务工人员及其随迁子女的居住登记等相关信息；人力社保、工商、税务等部门和乡镇（街道办事处）要按照职责为进城务工人员提供从事合法稳定职业证明和缴纳社会保险证明；住房城乡建设部门、流动人口管理机构要完善进城务工人员合法稳定住所的登记和管理系统并提供相应证明；新闻宣传部门要采取多种形式加强对进城务工人员随迁子女升学考试政策的宣传解读，做好舆论引导工作，积极营造本市做好进城务工人员随迁子女升学考试工作的良好舆论氛围。

附件：

《进城务工人员随迁子女接受义务教育后在京参加升学考试工作方案》

这是一则颁转性的通知，同时对具体工作提出了要求。第一自然段是开头部分，说明本通知所转发文件名称和依据，第二自然段至最后是主体部分，提出了落实、执行《进城务工人员随迁子女接受义务教育后在京参加升学考试工作方案》的要求。本文没有采用结语句。落款由名称和日期两个要素构成。本文有附件。

**（四）通知的落款**

通知的落款部分由名称和日期两个要素构成，如果标题里面写明了单位名称，落款部分可以省略。例如上面两篇例文的落款，依次为：

人力资源和社会保障部

二〇一〇年一月二十九日

北京市人民政府办公厅

二〇一二年十二月二十九日

### 四、写作通知需要注意的事项

在企业的管理实践中，通知的使用频率很高，所以，作为未来企业的员工，应该掌握通知写作的必要知识，要学会写作通知，准备好做一位有技术，懂管理的现代企业人。

写作通知需要注意下面几个问题。

（1）通知是下行文，告知上级的事项不能使用通知。但需要注意的是，在不相隶属的部门单位之间，也是可以使用通知的。

（2）内容要有针对性，要具体、简明、清楚。一般要求一事一文。

（3）通知具有较强的时效性，使用通知时要注意工作效率的问题。

（4）作为公文的一种，通知是具有行政约束力的文书，所以，写作通知一定要严肃认真，叙述要周密详尽，语言要庄重明确。

## 第四节　请示与批复的写作

在工作中，下级需要请求上级帮助解决问题，或者获得指示，解释政策时，就要使用请示来向上级行文。上级则使用批复来答复下级的请示。

### 一、请示的性质与作用

《办法》规定：请示是“适用于向上级机关请求指示、批准”的公文。

请示是一种期复性的公文，是典型的上行文。上级对于下级的请示，必须按照规定的期限给予答复。“请示”必须按照隶属关系行文，不得越级行文，也不得抄送下级。如果行文单位同时受双重领导，文中的主送机关也只能有一个，对另一个非主送机关，则采用“抄送”的方式行文。

在工作实践中，请示主要用于这样几种情况：未获得上级答复，下级的工作就难以实施；下级机关对于拟办的事项已经有了主张，但是无权，或者没有能力施行，某项工作如果不能获得上级的支持、帮助和指示，就不能进行。对于这一类的问题，下级需要制作公文“请示”，来请求上级给予支持、帮助和指示。

### 二、请示的种类

请示的种类不多，按照请示的内容和行文的来目划分，可以把请示分为请求批准的请示，和请求指示的请示两种。

#### （一）请求批准的请示

请求批准的请示，其行文的目的是作为下级，无权、或者没有能力办理的事项，以求得到上级的批准，或者帮助解决。例如增加经费，设置机构，调动人员，批准项目等等。有时当业务部门或者单位，对带有普遍意义的问题提出看法，希望上级领导将请示批转给有关单位时，所制发的请示也属于请求批准的请示。

**（二）请求指示的请示**

请求指示的请示，其行文的目的是为了让上级给予某项政策，或者请求上级对某一法规政策给予解释、疑义。

在工作实践中，请求批准的请示使用的频率是比较高的，而请求指示的请示使用量则不大。

**三、请示的写作**

两种类型的请示，其行文的目是不同的，文书的内容也各有不同，写法上也略有差异。因为在实际工作中，请求批准的请示使用很普遍，所以，下面只介绍请求批准的请示写作的知识。

请示的结构由标题、主送机关、正文、落款等要素构成。

**（一）标题**

请示的标题是公文标题，通常由名称，加事由，加文种三个要素构成。如一则某分公司写给总公司的请示，标题为《××分公司关于任用××同志为分公司副经理的请示》，这个标题是由名称、事由、文种三个要素构成的。有些请示常常采用省略式的标题，即只包含事由、文种两个要素，如《关于为公司技术人员配备电脑的请示》，其中标题的构成要素，只有事由和文种两个。

请看下面例文的标题：

**关于召开南京市科学技术协会**
**第九次代表大会的请示**

这是一个由事由，加文种两个要素构成的标题，也是请示常用的标题形式。

**（二）主送机关**

请示是向上级请求批准或者指示的上行文，其主送机关只能有一个。如果行文单位同时受双重领导，那么，可以采用“抄送”的方式行文，而不能使用两个主送机关。如下面例文的主送机关是：

**关于召开南京市科学技术协会**
**第九次代表大会的请示**

市委：

……

例文中的主送机关是"市委"。

**(三)正文**

请示的正文结构由开头、主体、结尾三个部分构成。

1. 开头

开头的内容要写明请示的缘由,包括提出请示事项的理由、背景和依据等等。

如下面例文的开头部分:

## 关于召开南京市科学技术协会第九次代表大会的请示

市委:

市科协第八次代表大会于2007年8月召开,第八届委员会到今年8月任期届满。按照《南京市科学技术协会实施〈中国科学技术协会章程〉细则》规定,市科协代表大会每五年举行一次。

6月11日,市委常委会听取市科协党组汇报,同意于今年8月下旬召开市科协第九次代表大会,并要求市科协做好大会的筹备工作。现将会议筹备有关事项请示如下:

这是一篇请求批准的请示,并需要请上级领导给予转发。文中选的是第一二自然段,是开头部分,说明了请示事项的背景和依据。后面"现将会议筹备有关事项请示如下"一句,是转承句,有承上启下的作用。

2. 主体

主体部分要写明请求的事项,即请求事项的内容。请示的内容一般包括针对某一事务提出的意见、看法和态度,需要上级帮助解决的事项等等。

如下面例文的主体部分:

一、大会的指导思想和主要任务

指导思想:高举中国特色社会主义伟大旗帜,以邓小平理论和"三个代表"重要思想为指导,深入贯彻落实科学发展观,团结、动员和带领全市广大科技工作者,紧紧围绕科学发展主题和加快转变经济发展方式主线,解放思想,开拓进取,凝聚科技智慧,推动自主创新,提升科学素质,服务科学发展,为率先基本实现现代化、建设现代化国际性人文绿都做出更大贡献。

主要任务:

1. 听取和审议市科协第八届委员会的工作报告;2. 修改《南京市科学技术协会实施〈中国科学技术协会章程〉细则》;3. 表彰先进集体和先进工作者;4. 选举市科协第九届委员会。

二、代表的名额、比例、条件和产生办法

1. 代表名额

根据我市科协工作的实际，市科协第九次代表大会拟定正式代表600名，特邀代表30名。

2. 比例安排

市级学会、协会、研究会代表234名，占39%；区县科协（街、镇科协）代表120名，占20%；企事业科协代表210名，占35%；市科协机关及有关单位36名，占6%……

3. 代表条件

热爱祖国，坚持四项基本原则，认真贯彻执行党的路线、方针、政策，具有优良的学风和严谨求实的科学精神，在科学技术研究、促进科技与经济结合、学术交流、科学技术普及等工作中勇于探索、积极进取，热心科协工作，在科技界有一定影响的科技人员和科协工作者。

4. 代表产生办法

正式代表经学会团体或科协组织充分酝酿、民主推选；特邀代表由市科协同有关单位民主协商产生……

三、委员会组成及产生办法

……

四、大会的组织领导

拟成立大会主席团，负责大会组织工作。主席团成员由市科协党组成员、本届常委、各代表团团长及我市部分专家和科技人员代表组成。

这篇例文的主体部分，针对大会的筹备工作提出了自己的意见、看法和态度。文体形式，以小标题分出层次，共采用了四个小标题，分别说明大会筹备工作的具体内容，对大会安排作了详细的计划，以请求市委批准。

3. 结尾

结尾部分可以用一个自然段对全文进行总结，或者强调意义、重要性等。也可以不设结尾段，以结尾语句作为结尾。请示的结语句采用的是上行文的惯用结尾语句。请示一般不可以省略结语句。

如上面例文的结尾部分：

市科协第九次代表大会对于贯彻中国科协“八大”精神，全面落实省、市党代会战略部署，团结和动员全市广大科技工作者，为建设中国人才与创业创新名城做出更大贡献，具有重要意义。各区县及市各有关部门党政领导，应加强对各级科协和学会、协会、研究会的领导，支持和帮助各级科协做好各项筹备工作，确保大会圆满完成预定的各项任务。全市各级科协组织及广大科技工作者要进一步解放思想、求真务实、凝心聚力、开拓创新，以饱满的热情、扎实的工作和优异的成绩，迎接党的十八大胜利召开。

以上请示如无不当，请批转。

这是例文最后两个自然段，是结尾部分，强调了召开这次大会的重要意义，结语句采用了请示结尾的惯用语。

**（四）落款**

请示的落款与其他种类的公文一样，包括行文单位印章和日期两个要素。如上面例文的落款是：

中共南京市科学技术协会党组

2012年7月10日

这个落款是由名称和日期两个要素构成的。

再如下面一则请求帮助的请示例文：

## ××集团××分公司<br>关于急需调派高级工程师的请示

集团总经理：

上半年在集团的支持下，我公司进口了德国××型整套生产设备。安装后，在两个月的生产运行中，出现了下脚料过多的问题。经过技术人员分析，确定了××型生产设备的软件系统存在问题，需要按照我公司产品生产情况进行升级维护。因此请求集团派遣高级工程师一名，到我公司工作，帮助我们解决此项问题，以保证今后生产的正常进行。

妥否，请批复。

××分公司

二〇一五年十一月十日

这是一篇请求帮助的请示，内容是需要上级给予调派高级工程师，以帮助解决在生产中遇到的技术问题。标题由名称、加事由、加文种三个要素构成。由于内容比较少，正文只采用了一个段落层次，前三句说明请示的缘由，后面写请示的事项，结尾采用了上行文惯用的结尾语句。落款由名称和日期两个要素构成。

### 四、写作请示需要注意的事项

请示是企业在管理实践中，使用频率比较高的公文。在工作中，经常会遇到请求上级，或者其他对口的上级部门、单位，帮助解决一些自己在工作中没有能力，或者无权解决的问题。因此学会写作请示，会有利于工作的进行。写作请示应该注意以下几个问题：

**（一）不要多头请示**

请示只能向具有隶属关系的主管上级单位行文，文中不可有两个以上的主送机关。如果需要向两个以上主管单位行文，对于没有直接隶属关系的单位，可以采用“抄送”的方式行文。

**（二）不能越级请示**

请示的行文，只能用于有隶属关系的上下级之间的上行文，不能越级请示，更不能横向行文和抄送下级单位。

**（三）要一事一文**

请示要一文一事，不可在一篇请示中，请示多个事项。

**（四）不要与报告混淆**

请示与报告都是上行文，但是，又属于两个不同的公文文种，二者不可混淆。从写作目的来区别：请示用于请求指示和批准事项，报告主要用于汇报工作，反映情况。从时限区分：请示用于事前，报告则用于事后。从行文特点上看：上级处理请示时必须要做出批复，而报告则不一定要回复，更不需要批复。写作请示时要注意这些区别，以避免造成文种使用的混淆。

**五、批复的性质与作用**

“批复”是与“请示”相对应的下行公文，适用的范围窄，使用量很小，这里只做简单介绍。

**（一）批复的性质和用途**

批复是一种对下级请示的答复方式，是具有针对性的下行文，只用于答复下级机关的请示，与请示是一组对应的的公文。《办法》规定：批复是“适用于答复下级机关请示事项”的公文。

**（二）批复的文体特点**

与其他公文相同，批复的文体结构由标题、主送机关、正文、落款四个部分构成。

批复的标题是公文式的标题。

主送机关只能是一个，即请示事项的下级。

正文由批复的引语、批复事项、结语三个部分构成。

落款包括名称、时限两个要素。

例如下面的例文（有改动）：

**青岛市知识产权局**
**关于同意##高新区管委科技局**
**开展专利委托执法的批复**

##高新区管委科技局（知识产权局）：

你局《关于授权开展专利委托执法工作的请示》（#高新知字〔2008〕1号）收悉。根据《青岛市专利保护规定》第二十条规定，经研究批复如下：

一、同意你局在青岛市知识产权局的严格指导下，开展专利委托执法工作。

二、你局开展专利委托执法的行政区域为青岛高新区管辖范围（含新产业团地、新材料团地）。

三、你局可以查处下列专利违法行为：

（一）假冒他人专利的；

（二）以非专利产品冒充专利产品、以非专利方法冒充专利方法的；

（三）为假冒他人专利或者冒充专利行为提供便利条件的；

（四）同一行为人对同一专利权再次实施侵权行为的；

（五）拒不提供或者隐匿、转移、销毁与案件有关的合同、图纸、发票、帐簿、标记等资料以及有关物品和设施的；

（六）擅自启封、转移、隐匿、毁损、处理已被封存的资料、物品和设施的。

特此批复。

青岛市知识产权局

二〇〇八年十二月五日

这是一篇针对“关于授权开展专利委托执法工作的请示”的批复。标题是公文式标题，由名称加事由加文种三个要素构成。主送机关是请示事项的单位：青岛高新区管委科技局。第一自然段是正文，采用了批复惯用的引语开头，下面三项内容是批复的事项。落款包括名称和时间两个要素。

## 第五节　函的写作

函是使用频率很高的公文，适用的范围也非常广泛，上至国务院，下至最基层的单位；从政府机关到企业单位，都广泛地使用函联系工作，商洽事务。学习函的写作知识，会写作和使用函来处理工作中的事务，可以提高处理工作中事务的能力和工作效率。

### 一、函的性质与作用

《办法》规定：函是“适用于不相隶属机关之间相互商洽工作，询问和答复问题，请求批准和答复审批事项”的公文。函的使用范围广泛，各种事务都可以使用函。但是与多数公文不同，函不具有指令性和行政约束力。

从行文关系上来说，所谓“不相隶属”，包括两种关系：一是平级单位部门之间的关系，如一个公司与另一个公司之间、区政府与市政府某部门之间的关系等等。这种“不相隶属”关系之间的单位，进行工作联系、业务商洽等，应该使用函。二是不相隶属的上下级的关系，如某区园林处与市交通局之间就是不相隶属的上下级关系，两个单位商洽工作、询问问题、联系业务等，应该使用函。

有时，上级的业务主管部门，对下级单位某一方面工作有所要求，或者对下级的公文做出回答，因为不具有直接的隶属关系，所以也使用函来行文。有直接隶属关系的上下级之间，一些单纯询问，或者催办某一具体事务时，有时也可以使用函来行文。

函与请示在行文方向上有着明显的区别。对于同属于“请求批准和答复审批事项”的事务，如果发文单位与受文单位之间没有隶属关系，则用函，有直接隶属关系，就要使用请示。

公文的函不同于日常生活中使用的便函，作为十三种公文之一，函的文体结构是具有一定规范性的。如标题、发文字号、主送机关正文，结语、落款等等，都要符合公文格式的要求。而便函对格式没有固定的规范，往往和普通书信相似，如果说有一些惯用的格式，也不像公文函的结构形式那样，有着法定的规范。

**二、函的种类**

函是十三种公文中，种类最多的一种公文。函的种类，可以根据内容和用途分为以下几种。

**（一）商洽函**

商洽函是用于平级机关单位，和不相隶属机关单位之间，商洽工作、联系有关事宜的一种公文。商洽函发文的目的是洽谈业务，联系协作等。如一则《关于协助培训技术人员事宜的函》，就是一篇关于为本公司培训技术人员，与某大学之间联系商洽，以求得帮助的函。

**（二）请求函**

请求函是一种请求批准，或者请求批复事项的函。通常用于，发文单位向没有隶属关系的业务主管部门，或者对口单位，请求批准某一事项。如《关于办理现金结算证的函》，这是×公司，向开户银行申请办理现金结算证的一篇函，公司与银行是横向单位，没有隶属关系，所以请求批准某一事项要使用函。再如《关于调整×产品出厂价格的函》，这是一个公司要求供货公司，降低产品出厂价格事宜的函，两个公司是横向关系，处理此事务的公文需要使用函。

**（三）催办函**

催办函是一种催促受文单位，尽快办理某一事项的函。这种函的行文前提，是已经向受文单位发出过请示，或者请求函，但是没有得到回复，因此发函催促对方尽快办理，如《×公司关于催办出口许可证的函》。

（四）询问函

询问函是不相隶属的单位之间，询问事项时使用的函。这种函主要用于询问问题，征询意见等事项。如《××公司关于询问全市机械制造企业技能大赛比赛项目的函》，这是×公司向市科技局询问技能比赛具体内容的一篇函。

（五）答复函

答复函是单位与单位之间，对来函所商洽的事项，询问问题的复函。如《××市科技局关于全市举办企业技能比赛具体项目的复函》，这是回复企业询问比赛内容的复函。

有时答复函不一定只对来函进行答复，也可以对某些请示进行答复。当对口的上级部门，在回复下级单位请示时，由于没有隶属关系，所以一般要使用函，如《×市财政局关于×区×协会组织列支问题的复函》，就是一篇市财政局回复区政府询问的函。

（六）邀请函

邀请函是一种因公务活动而发出邀请的函件。邀请函是一种礼仪性函件，它是为表示郑重邀请有关人员参加重大会议、重要仪典、业务洽谈、科技会议、及纪念性活动等等，而发出的函。当邀请纯属一种礼仪时，邀请函便相当于便函，因此也称为邀请书、邀请信。有时因单位系统内部的活动，需发出邀请，也可以使用通知，如果礼遇较高的邀请，一般用印制精美的标准请柬，以示礼貌和庄重。但无论什么形式，其内容都是函，结构要素要符合公文函的基本要求。

函的种类还有很多，在上面几种类型的函中，答复函属于复函，其余类型属于发函。

三、函的写作

函的种类虽然很多，但是文体的结构形式却基本相同，只是发函和复函正文的构成要素有所不同。从结构形式上看，函的文体结构是规范的公文格式，由标题、主送机关、正文、落款几部分构成。

（一）标题

函的标题采用的是公文标题，常采用名称、事由、文种三个要素，如《××公司关于办理运输许可证的函》。在写作实践中，还经常采用省略式的标题，即由事由，加文种两个要素构成的标题，如《关于银行支票挂失止付的函》。有时还只用文种一个要素来作为标题，这也是常见的标题形式。

例如下面例文的标题：

**关于推荐上海市政府采购供应商的**
**第一批中小企业名单的函**

这是一个由事由，加文种两个要素构成的标题，是函常用的一种标题形式。

**(二)主送机关**

函的主送机关一般只有一个，但有时也可以有多个主送机关，如邀请函，有时需要将所邀请的多个单位，作为主送机关。多个主送机关的排序，一般按照受函单位的主次，依次排列。如果是复函，主送机关即是来函单位。

如上面例文的主送机关：

## 关于推荐上海市政府采购供应商的第一批中小企业名单的函

市政府采购中心：

……

例文中"市政府采购中心"是这篇函的主送机关。

**(三)正文**

由于发函与复函的不同，构成函的正文要素也不同。

发函的正文由开头（发文的缘由或者目的）、主体（需要商洽、请求、询问等的事项）、结语三个要素构成。

复函的正文由开头（复函的依据，包括来函的标题、发文字号、时间等）、主体（答复的意见、态度）、结语，三个要素构成。

例如前面一篇发函：《关于推荐上海市政府采购供应商的第一批中小企业名单的函》的正文部分（有改动）：

## 关于推荐上海市政府采购供应商的第一批中小企业名单的函

市政府采购中心：

按照《中华人民共和国中小企业促进法》及市委、市政府领导相关指示精神等要求，为进一步促进上海中小企业发展，鼓励中小企业积极拓展国内外市场空间，有效参与政府采购活动。我办结合目前掌握的中小企业情况及企业产品与"市政府采购产品目录"的相关性，对部分中小企业及产品进行了推荐。现将"上海恒生电讯工程有限公司、上海鸿泰实业有限公司"等，政府采购供应商的第一批1654家中小企，业推荐给上海市政府采购中心（名单见附件）。

特发此函。

附件：第一批上海市政府采购供应商的中小企业名单

上海市促进中小企业发展协调办公室

二○○九年五月十八日

这篇函可以归类于商洽函，发文的目的是洽谈业务，联系协作。函的第一二句是开头部分，说明了发文的缘由和目的。最后一句“现将……”至结束，是函的主体，是联系协作的事项。函的结语“特发此函”采用的是平行文的惯用结语句。此篇函在结语句下面注明有附件。落款部分与其他公文落款相同，包括名称和日期两个要素。

再如下面这篇复函：

# 市发展改革委关于调整机动车驾驶人补领换领信息卡收费标准的复函

市公安局公安交通管理局：

《关于再次降低机动车驾驶人补换领牡丹交通卡收费标准的请示》（交装财字〔2007〕5号）收悉。根据《北京市实施〈中华人民共和国道路交通安全法〉办法》和原国家计委、国家金卡工程协调领导小组、财政部、中国人民银行《关于印发〈集成电路卡应用和收费管理办法〉的通知》（计价格〔2001〕1928号）的有关规定，现将驾驶人补领、换领信息卡（牡丹交通卡）收费标准调整如下：

持有本市核发的机动车驾驶证的驾驶人，或者持有外省市核发的机动车驾驶证驾驶本市注册登记的营运机动车的驾驶人，因丢失、损坏到工商银行北京分行营业网点补领、换领驾驶人信息卡（牡丹交通卡），收费标准调整为每卡21元。

各发卡收费场所应按规定明码标价，接受社会监督。

本函自2007年3月1日起执行。《关于驾驶人信息卡补领换领收费标准的函》（京发改〔2005〕802号）同时废止。

特此函复。

二○○七年二月十七日

这是一篇答复函，答复的事项是“关于调整机动车驾驶人员补领换领信息卡收费标准”的询问。标题由名称、事由、文种三个要素构成。正文第一自然段是开头部分，写明发文单位的“请示”标题、发文字号和复函的依据，第二、三自然段是主体部分，写明所答复的具体内容和意见、态度。此函结尾部分有一个事项说明，相当于附注，交代了相关文件的执行与废止的时间。由于标题中写明了名称，所以落款部分省略了名称，只写明了复函的日期。

## 四、写作函需要注意的事项

（一）内容要简洁明确，语言要郑重、真诚、平等，语气平和有礼。

（二）复函要注意回复问题的针对性，答复的事项要具体、明确，不能模棱两可，含糊不清。

（三）使用函办理公务，要一文一事，不要一文多事。

（四）要注意函的时效性。特别是复函，更应该迅速、及时，要像对待其他公文一样，及时处理函件，以保证工作的正常进行。

## 思考与练习

一、举例说明公文的行文方向与文种的联系？写作公文要事先做好哪些准备？

二、公文的标题有哪些构成要素？公文的正文由哪些要素构成？具体说明公文的开头部分有哪几种形式？

三、举例说明公文的主体结构有几种形式。不同行文方向的公文、结尾各采用怎样的结语？

四、报告的作用是什么？有哪些种类？具体说明报告主体部分的构成要素有哪些。

五、概括说明通知的性质。说明通知有哪些用途。通知主体部分的构成要素有哪些？

六、请示有什么用途？请示与报告、函各有什么区别、请示的主体构成要素有哪些？

七、函有什么用途？函有哪些种类？请求批准的函与请示有什么区别？函的主体构成要素有哪些？

八、用学过的公文写作知识分析后面的例文。

**例文一：**

### ××造纸厂关于第三分厂车间重大火灾事故的报告

总公司：

2012年8月15日21时40分，我厂第二、三生产车间发生重大火灾，经过市消防队扑救，于9时扑灭全部明火。此次火灾造成的损失非常严重，车间内的半成品包装箱和原材料全部被烧毁，厂房部分屋顶坍塌，损失初步估计约为560万人民币。

经初步调查，这次火灾属于安全责任事故。火灾的直接原因是非生产车间设备维修电焊引燃原材料纸板造成的。当晚维修工×××在第二车间维修设备，进行焊接作业时为按照安全要求清理周围易燃物，致使原料纸板被引燃，负有主要安全责任。同时，厂维修班班长×××未按规定在现场带班，工作未尽职守，致使维修工违章作业未被及时发现纠正，也负有一定责任。

这次火灾事故损失巨大，教训惨痛，暴露了我厂在安全生产方面的许多问题：一是领导对安全问题重视不够，二是安全意识不强，三是安全管理制度执行不到位，四是存在严重的违章作业行为。

火灾发生后，我厂迅速成立了以厂长为组长的安全事故处理小组，认真调查事故原因，处理善后事务。事故处理小组经过认真调查取证后，对相关调查取证后，对相关责任人员处理如下：

一、对主管安全副厂长通报批评，本人做出书面检查，扣发全年奖金，工资降一级，降职留用。

二、撤销第二车间主任×××车间主任职务，扣发全年奖金，工资降一级，留厂查看。对于维修工×××，维修班长×××开除出厂，停发工资奖金，不排除对其提起法律诉讼的处理选择。

今后，我们一定要吸取教训，切实加强对安全工作的领导，建立安督查制度，落实安全岗位人员责任制，努力做到防患与未然，为企业创造良好的生产秩序和生产环境。

××集团公司××造纸厂

二〇一二年九月十二日

**例文二：**

## 关于2016年度防汛检查和汛前准备工作情况的报告

县人民政府：

2016年是实施“十三五”规划的开局之年，防汛防台抗旱工作事关全局、责任重大。为切实做好2016年防汛防台抗旱工作，确保安全度汛，根据上级防指有关文件精神，我县早部署早落实，各镇（街道）、防指成员单位于2月全面开展各自辖区、行业内的自查自纠。在此基础上，县防指由防指指挥、分管副县长亲自带队，分5个检查组，于2月底3月初对各镇（街道）、海塘（含围垦）、南排、城防、水文设施等进行了重点检查。现就此次防汛检查及准备工作情况汇报如下：

### 一、准备情况

根据今年汛前检查的总体安排，各镇（街道）、有关单位在接到县防指通知后，均及时部署落实了防汛自查和准备工作，并向县防指反馈了自查情况和结果。从自查和县防指检查的情况来看，各级各部门思想重视，措施落实到位，具体表现在：

1. **防汛责任制落实**。从检查反馈情况看，各镇（街道）、相关管理单位对防汛工作高度重视，领导亲自动员部署和参与防汛检查工作，通过召开会议、实地检查、教育学习等多种形式，进一步贯彻落实了以行政首长负责制为核心的防汛安全责任制。

2. **组织机构完善**。针对今年的情况变化，各镇（街道）、防指成员单位在指挥领导机构和人员、防汛组织自身建设、应急工作组AB岗制度、基层防汛防台网格责任人数据库等方面更新调整到位，同时按照市防指要求整理汇总并上报备案，落实镇级责任人数218人次，村级972人次，网格数1 273个1 730人次，各级防汛抢险队伍145支共

2 370人，建立人员明细档案，配备必要的抢险装备。住建、交通、公安、安监、电信、电力等重点防指成员单位也各自落实多支专业应急抢险分队。

3. **预案修编启动**。针对去年暴露的隐患问题及今年的新形势新情况，县防指、镇（街道）、相关工管单位正抓紧各自防汛防台预案的修订更新，内容涉及各级责任人员（责任单位）变动和职责分工、危险区域和隐患的排查防控、转移人群及安置措施、抢险队伍的排摸调查、村级预案的图表化等方面的调整，将于汛前全面完成并报批备案。同时，按照上级防指要求，严格督促城防、圩区等重点在建水利工程管理单位，抓紧修编和落实度汛预案。

4. **物资储备增添**。通过去年基层防汛防台体系规范化建设，目前县、镇（街道）、村（社区）三级均设立了各自的防汛仓库，并储备水泵627台、救生衣2 666件、编织袋19.5万条、麻袋7.8万条、铁锹2 052把等物资和设备，由专人负责保管，做好防汛抢险物资的检修保养和外借收缴工作，保持进出库台账清楚。与相关厂家企业签订委托储备协议，代储木材、石料、编织袋及大型机械车辆的调用等，保证防汛关键时期能拉得出，用得上。为进一步推动基层防汛物资的规范化管理，县防指办于今年初采购一批灭火器、温湿度计、平板推车等工具，已分发至各镇（街道），借此提高基层的物资管理意识和水平。

5. **开展长效管理机制探索**。通过去年的规范化建设，我县基层组织已具备初步的防汛基础和条件。为加快推进我县基层防汛体系管理创新，全面提升基层防汛体系管理水平，我县今年在各镇（街道）开展长效管理示范村（社区）的推荐申报工作。对被确定的示范村（社区），县防指办将加强跟踪指导，出台相关扶持政策，树立一批典型样板，打造一批特色亮点品牌，以点带面整体推进长效管理工作。

6. **防汛信息系统运行良好**。今年与电信部门续签会商系统代管协议，委托专人做好每月的定期联调和每两个月一次对县、镇（街道）两级的上门巡检保养，并提供重要视频会议的现场保障服务，经近期检查和调试运行，整套系统运转良好，图像、声音情况反应正常。同时，做好对已建成的防汛信息平台、短信群发平台、防汛微信公众号、“防汛热线”的日常管护，确保汛情信息及时发布、查询等应用。

7. **水利工程运行管理正常有序**。一是海塘工程。场前标准海塘临江段加固加高工程于2014年10月开工，2015年9月完工，完成总投资2 434万元，全长659 m，按百年一遇标准设计建设。今年县海塘管理所对沿线海塘养护继续实行市场化外包服务，已通过招投标落实相关养护单位对海塘开展日常保洁、巡查和养护工作。二是城市防洪工程。城防岁修工程于2015年底开始，总投资40多万元，累计完成约60%的工程量，目前正在抓紧施工作业，预计3月底完工。三是水文设施。在汛前做好水尺零高的校测和水准点的复测，检查维护各水雨情监测点，对各管理房进行安全隐患排查。澉浦潮位站改造工程已于2015年8月验收并投入使用，为及时掌握县域外上游、圩区的水雨情数据资料，将于今年投资200万元建设6处县域出入界的河流巡测线项目，将投资25万元实施圩区水雨情在线监测项目。

二、存在的主要问题

从检查的情况来看，各镇(街道)、有关单位为防汛抗灾做了许多的准备工作，但随着近几年极端天气的频繁发生及水利项目的大规模建设，从这次防汛检查和我县防汛工作的主客观条件来分析，我县今年的防汛防台形势仍面临着许多困难和薄弱环节，需引起高度重视，主要有以下几点：

1. **水利工程管护体制机制不健全**。随着圩区整治工程的陆续建成，圩区的后期运行管护亟需解决。当前存在着设施产权不清晰、资产值未评估、责任主体不明确，缺乏专业管理人员，尚未建立日常维护机制和科学的运行调度机制，管护模式单一，运行管护资金不足等问题。同时，在海塘、城防等水利工程管理上，对照上级要求的水利管理标准化和周边县市，也有着技术人员、资金配备不足的情况。

2. **基层防汛防台体系规范化长效管理有待跟进**。我县去年的基层防汛防台体系规范化建设只是起点，对照上级标准和实战要求，在基层网格的梳理划分、预案实用操作性的完善、村级防汛仓库的管理、水雨情灾害预警预报等方面仍有一定的差距。对于基层防汛体系如何更高效、规范地运行管理，有待进一步摸索解决。

3. **工程设施隐患较多**。近年来，我县在海塘加固、中小河流治理、圩区建设等方面取得了显著成绩，全县防汛工程性措施逐步完善，防汛能力不断增强，但安全隐患依然不少，成为当前防汛工作的“硬伤”。南排干河沿线护岸建成时间早，受长期冲刷水土流失坍塌严重；黄沙坞围垦海塘建成后长期未验收，缺少正常规范的建后管护机制；澉浦长山临港工业区外围沿海标准封闭堤未形成，防潮防浪风险大；东段围垦海塘上港口码头、污水管线等交叉建筑物较多，围垦区块排涝贯通工程未经过实战考验。

4. **防汛重视程度不相适应**。近几年的水利大建设和非工程措施不断完善，使我县防汛抗灾能力有了一定提高，因此部分干部群众不同程度地存在麻痹思想和侥幸心理，导致对防汛防台工作极端重要性认识不够，责任意识不强。加之部门、镇、村领导调整较为频繁，出现的新手多，存在工作情况不熟悉，组织领导衔接不够，缺乏必要的专业技术知识和实战经验，容易造成在应急响应期间工作落实不到位。

5. **水雨情预报预警水平较低**。通过2015年几次台风、局地强降雨发现，在降雨的预测预报方面，精准度不高、预警响应时间过短。水雨情预测预警系统尚未完全建立，对上游和周边的来水掌握程度不清，对水系的分布流向出路分析不深入，水雨情动态主要靠上报统计和分析气象、水文资料，科学监测手段不够，指导准确性不够，直接影响总体汛情的预判和指挥决策。

三、下一步工作情况

根据这次汛前检查出来的问题，结合今年的防汛形势和任务要求，为此，县防指着重做好五方面工作：

1. **高度重视，进一步狠抓防汛责任制落实**。针对检查和以往暴露出来的问题和薄弱环节，梳理细化防汛预案、工作方案，并做到认真学习，内容程序清楚；完善责任体系网格化动态管理和重要岗位AB岗制度，逐级签订责任状，对全社会公示公布；严肃值班纪律，加强汛期24小时值班制度和抽查通报机制，认真做好监测和各类汛情信息的上传下达；加强督查整改机制，通过不同方式和途径对责任落实、工程建管情况、物资队伍准备等方面来查找隐患和问题，对督办情况尤其是往年出现的薄弱环节，要及时处理并跟踪落实根治；结合各主题日和防汛防台关键节点，借助电视报刊、网络微信、公交车台、设点摆摊普及防汛防台知识，巧用善用多媒体和网络新技术，"接地气"地组织开展业务专题培训学习。

2. **加快步伐，提升防汛排涝工程防灾能力**。根据县城城市总体规划，开展海盐县区域（武原片区）防洪排涝工程中心区（主城区+武原新区）一期工程初步设计工作，启动实施城防工程中心城区提升工程；抓紧上年度已开工圩区项目的建设进度，推进今年内计划开工建设的圩区项目前期及启动工作；积极配合上级，加快做好扩大南排政策处理与协调工作，使扩排工程早日建程发挥作用。

3. **集中精力，加强对水利工程的管护监督**。进一步推广水利工程管养分离模式，加强对圩区、海塘、城防等工程的管理，落实公益性工程维修养护补助政策，建立工程管护长效机制，切实发挥工程效益。做好对各在建工程安全施工和防汛度汛预案措施的检查，针对跨汛施工的，必须督促及时编制度汛预案，落实修复、加固计划，消除隐患。

4. **巩固深化，建立健全基层体系规范化长效管理机制**。研究制定适合本地的管理政策，以示范点先行引路作为突破口，树立镇、村两级标准化典型形象，通过长效管理手段，巩固提升创建成果，整体推进基层防汛体系规范化长效管理，持续不断地发挥基层体系在各项防汛具体工作中的的最大实效。

5. **精心组织，完善应急机制的深化提升**。在监测预警、抢险队伍、物资储备等应急响应机制上，以应对最不利情形为前提作进一步完善和提升。健全完善水文信息的数据库和汛情预警系统，开展县域境内水文巡测线和圩区水雨情遥测点的建设；逐步建立现代化、规范化的物资仓管体系，提高防汛物资采购品种的科技含量和易用性；"以练代训，以练代战"，以提高抢险队伍战斗力为首要目的，开展水利专业抢险队伍的实战演练和防汛设备的操作训练。

××县防汛防旱指挥部

二〇一六年三月十四日

**例文三：**

## 深圳市规划和国土资源委员会依法行政 2009年度工作报告

依法行政是现代法治政府的基本原则，依法治市是法治政府建设的客观要求。2009年，我委紧密围绕"加大规划实施统筹、提高用地保障水平、提高房地产市场调控能力、提升城市资源安全管理质量”的规划国土管理理念，以强化法制建设为重点，以推进依法行政为抓手，切实服务科学发展，全面提高政府工作的法制化水平。

## 一、2009年依法行政工作情况

### （一）加强组织领导，推进依法行政各项工作

我委以新一轮政府机构改革为契机，大力加强法制工作组织领导，在内部机构设置及其职能配置上，大力充实法制力量，在委员会一级内设政策法规处的基础上，在下属的七个派出管理局设置法制科，切实强化委员会对各派出机构的法制指导，加大对基层落实依法行政工作的监督力度，以保增长、保民生、保稳定为目标，及时研究解决基层组织在日常管理中遇到的社会影响大、利益协调难的各类法制问题，为规划国土法制工作向基层纵深开展提供有效保障。

### （二）加快完善立法，健全依法行政法制体系

在立法工作层面，一是制定实施《深圳市房地产登记若干规定（试行）》、《深圳市城市更新办法》《深圳市房地产抵押登记贷款证券化所涉抵押权转移登记管理办法》等规章，以进一步规范房地产权登记行为，推进我市城市更新改造；二是按照《城乡规划法》的基本原则和要求，推进《深圳市城市规划条例》修订工作，形成《深圳市城市规划条例》（二次修改稿）上报市政府法制办审查；三是加快《深圳市住房保障条例》《深圳市房地产行业管理办法》《深圳市基本农田保护区管理规定》《深圳市地质灾害管理办法》、《深圳市年度土地利用计划编制实施管理办法》《深圳市限价商品房管理办法》、《关于加强深圳市房地产历史遗留问题登记处理工作的若干意见》等重要文件的起草及报审工作。

在规范性文件管理层面，我委于2009年4月初开始集中对2001年以来发布实施的涉及规划和国土房产管理职能的市政府规范性文件及原两局制定发布的规范性文件进行了全面清理，及时废止与上位法相冲突或与实际情况不相适应的规章及规范性文件，对于确需保留适用的，围绕服务科学发展、维护市场秩序、保障公平竞争的现实要求，结合当前管理工作的需要对规范性文件进行修改完善。

### （三）精简审批事项，不断完善行政制度和程序

第一，严格贯彻落实《行政许可法》，切实以服务科学发展为根本出发点，按照精简审批事项、优化审批流程的原则，进一步压缩各类审批项目，推进重大项目并联审批工作。同时，结合政府信息公开工作，制定发布行政许可实施办法，对职权范围内行政许可的依据、条件、申请材料、受理机关、程序进行了具体规定；对于非行政许可及行政服务类事项，也相应参照行政许可实施办法制定具体操作规程。第二，对业务受理程序进行细致设计，严格按照行政许可法等行政法律法规的要求设定办文时限，优化办文流程，推进并联审批，提高执法效率。第三，规范公告、公示、听证等制度，推行政务公开。第四，建立了行政许可事项的监察和过错责任追究制度，促进行政许可和行政审批事项按时、优质完成。第五，强化了行政执法考核制度。先后制定和实施了政务公开规则、行政执法监督考核办法、行政监督联席会议规则、抄告行政监督工作情况和移送行政违法

违规问题暂行办法等多个内部规范性文件，行政执法制度不断完善，行政执法水平不断提高。

**（四）加强普法宣传，努力营造依法行政良好法律环境**

根据部、省、市的法制工作安排和规划国土法制建设状况，我委大力加强法规培训力度，有针对性地对干部队伍进行专业法律法规和行政执法知识培训，不断提高工作人员的法律素养和依法行政水平。此外，还充分利用电视电台、各大报刊、宣传专栏、宣传手册等宣传工具，对规划国土法律法规及规范性文件进行全方位、宽广度、多层次的宣传；12月4日，我委组织政策法规处、市房地产权登记中心等单位业务骨干参加全市举办的法制宣传日活动，为广大市民现场答疑，收到了良好的宣传效果。

**二、依法行政工作存在的主要问题**

尽管我市依法治理工作取得重要成效，但我们也充分认识到，我市依法治理工作仍存在一些问题，需要加以改进和完善：

一是对于一些新情况、新问题，在重点领域亟须出台相关立法加以规范。在土地资源紧约束条件下，深圳城市发展的重心已由增量空间转移到存量空间，存量土地的二次开发利用已成为经济社会可持续发展的主要保障。在新的发展形势下形成的城市更新、闲置用地处置、土地的市场化流转、土地历史遗留问题处理等重大问题，需要一些新的政策法规予以规范；

二是随着新一轮政府机构改革的推进，原规划局、国土资源和房产管理局的原有职能有待进一步整合优化。部分涉及多个业务部门的办理事项存在程序衔接不畅，业务分工过于分散的问题，不利于行政效能的提高；

三是普法工作方式较为单一，普法效果有待进一步提高。我委下一阶段将继续强化对机关公务员的法制培训工作，同时扎实推进“法律六进”活动，积极通过“民心桥”“直通车”“12·4法制宣传日”等活动扩大对广大公众的普法宣传教育，捕捉公众关注热点，及时回应群众诉求，牢固把握规划国土法制工作的服务导向。

**三、2010年依法行政工作展望**

**（一）继续完善规划国土立法，为我市依法行政各项工作再上新台阶提供坚实保障**

**继续推进《深圳市城市规划条例》修订工作**

规划国土委成立后，规划、土地管理发生了新的变化，包括恢复划拨方式提供土地使用权，核发规划选址从行政许可事项变更为主动履行职责、加强规划监督检查等内容，2010年我委将会同市政府法制办就上述内容对《深圳市城市规划条例》进行二次修订，并尽快报市政府审议；继续开展《深圳经济特区房地产登记条例》（修订）、《深圳经济特区规划土地监察条例》（修订）、《深圳市经济特区土地使用权出让条例》（修订）、《深圳市基本生态控制线管理条例》《深圳市地名管理条例》五项地方法规及《深圳市地价管理规定》《深圳市收地拆迁管理办法》《深圳市近期建设规划年度实施计划及土地利用年度计划管理办法》《深圳市土地收购办法》《深圳市土地资产管理办法》《深圳市临时用地与临时建筑管理规定》等政府规章的起草或完善工作。

**（二）加快推进行政服务手册制定工作，严格规范规划国土管理**

2010年度上半年，我委将在原两局制定的依法行政手册基础上，按照本次政府机构改革精神，进一步精简审批，创新管理体制，合理划分我委和各管理局的职能分工，进一步优化整合业务办理流程，制定《深圳市规划和国土资源委员会行政服务手册》，严格区分行政许可、非行政许可和登记事项，细化各项业务事项的法定依据、申请条件、申请材料、受理程序、责任主体等内容，切实规范程序，提高行政服务水平。

**（三）高度重视人大建议、政协提案的办理工作，关注民生，服务民生**

进一步完善人大建议、政协提案的办理机制，继续做好我委人大建议与政协提案办理的协调工作，尤其是在"两会"期间，与人大、政协代表充分沟通，主动宣传规划土地政策和管理理念，实现政府机构与人大、政协的良性互动。

**（四）加大普法经费投入，强化行政机关队伍建设**

一是保证落实普法工作经费，探索创新普法活动形式，增强我委官方网站在线办事和互动交流板块的法制宣传力度，寓法制教育于在线答疑之中，切实提升公众法律素质；二是加大对机关队伍法制教育的投入，通过情景模拟应对、实时行为纠正、执法知识专项培训等方式，提高机关工作人员依法行政的自觉性和主动性，全面提升整个机关队伍的依法行政工作水平。

二〇一〇年二月二十五日

**例文四：**

## 关于进一步做好预防和解决企业工资拖欠工作的通知

人社部发〔2009〕5号

各省、自治区、直辖市人民政府，国务院各部委、各直属机构：

近期，受国际金融危机的影响，企业生产经营困难加剧，部分企业停产倒闭，拖欠职工工资甚至欠薪逃匿问题突出。为落实党中央、国务院应对当前经济形势做出的一系列重大决策部署，进一步做好预防和解决企业工资拖欠工作，依法保障职工劳有所得，维护社会稳定，经国务院同意，现就有关问题通知如下：

**一、健全工资支付保障制度，预防产生工资拖欠问题**

地方各级人民政府要进一步督促企业落实预防和解决拖欠工资的主体责任，推进建立工资支付保障机制。要进一步建立工资保证金制度，将工资保证金制度的实施范围由建设领域逐步扩大到交通、水利等领域。要充分发挥协调劳动关系三方机制的作用，进一步指导、推动企业建立工资集体协商制度，促进职工工资根据企业经营状况合理调整。进一步建立健全企业欠薪报告制度，企业确因经营困难等原因须延期支付工资的，要征得本企业工会或职工代表同意，并向当地劳动保障部门报告。

做好预防和解决企业工资拖欠工作，关键在于鼓励和支持中小企业的发展。地方各级人民政府要贯彻落实党中央、国务院在当前经济形势下支持中小企业发展的各项政策措施，帮助中小企业解决生产经营中遇到的困难，为预防和解决企业工资拖欠提供有利条件。

**二、加强对企业工资支付监控，及时消除拖欠工资隐患**

地方各级人民政府及其有关部门要注意了解掌握当地企业的生产经营情况，加强对企业工资支付的监控。各级劳动保障部门要进一步加强劳动保障日常巡视检查，督促企业依法支付职工工资，对发现的拖欠工资行为，限期整改，妥善解决。进一步畅通举报投诉渠道，做好对涉及拖欠工资问题的举报投诉案件的调查处理工作。要加大对出口为主的劳动密集型制造企业、发生过拖欠的建筑施工企业等工资支付情况的排查力度，对曾发生过拖欠工资行为和存在拖欠工资隐患的企业实施重点监控。银行要积极配合各级劳动保障部门加强对企业工资支付情况的监控，认真做好企业工资支付账户的查询、信息提供等相关工作。基层工会要充分发挥密切联系职工群众的优势，及时掌握工资发放情况，发现拖欠工资问题及时要求企业纠正。

**三、加大调处工作力度，依法处理因拖欠工资引发的劳动争议**

各地劳动争议调解组织和仲裁机构要积极引导职工通过律责任。

**四、完善应急预案，妥善处理因拖欠工资问题引发的群体性事件**

地方各级人民政府要采取有力措施，预防和快速处置群体性事件。建立健全处理因拖欠工资问题引发群体性事件的应急工作机制，统筹应急周转金，完善应急预案。对因企业无力支付拖欠工资或欠薪逃匿问题引发的群体性事件，政府及有关部门负责同志要主动到一线接待群众，根据实际情况启动应急机制，果断采取有力措施，快速、稳妥处置，坚决防止事态蔓延扩大，所需费用通过应急周转资金、工资保证金和其他资金等渠道统筹解决。要坚持正确的舆论导向，及时、准确发布信息，深入做好耐心细致的教育疏导工作，有效稳定职工情绪。要妥善做好群体性事件的善后处置工作，认真研究解决职工提出的合理诉求，并按照信访工作责任追究的相关规定，严肃查究责任单位和责任人的责任。

**五、加强组织领导，建立健全部门联动机制**

进一步做好预防和解决企业工资拖欠工作，事关职工切身权益，事关社会稳定大局，是各级人民政府的重要职责。地方各级人民政府及其有关部门要从深入贯彻落实科学发展观，实现好、维护好、发展好人民群众最关心、最直接、最现实的利益的高度，把预防和解决企业工资拖欠工作作为当前一项十分重要的任务摆到突出位置，切实加强组织领导。要进一步健全预防和解决企业工资拖欠问题工作协调机制，由政府负责同志牵头、有关部门参加，做到各司其职，分工负责，协调联动，形成工作合力。人力资源社会保障部门要加强对预防和解决企业工资拖欠工作的组织协调和指导督促，加大劳动保障监察力度，规范企业工资支付行为。工业等部门要引导中小企业依法保护职工合法权益，预防拖欠工资。国有资产监管部门要负责督促所监管企业解决工资拖欠问题，落实企业依法支付职工工资的责任。建设部门要加强对建筑市场的监管，促进建立规范的建筑劳务分包制度，严肃查处因拖欠工程款造成拖欠工资的案件。司法行政机关要积极引导法律服务机构和人员为依法预防和解决企业工资拖欠问题提供法律服务和法律援助。财政等其他相关部门要根据职责分工，积极支持配合做好解决企业工资拖欠工作。各地区各有关部门要按照分级管理、谁主管谁负责的原则，明确任务，强化责任，切实把预防和解决企业工资拖欠问题的各项措施落到实处。

中华人民共和国人力资源和社会保障部<br>
中华人民共和国工业和信息化部<br>
中华人民共和国公安部<br>
中华人民共和国监察部<br>
中华人民共和国司法部<br>
中华人民共和国财政部<br>
中华人民共和国国土资源部<br>
中华人民共和国住房和城乡建设部<br>
中国人民银行<br>
国务院国有资产监督管理委员会<br>
中华人民共和国国家工商行政管理总局<br>
国家信访局<br>
中华全国总工会<br>
二〇〇九年一月十三日

**例文五：**

## 北京市发展和改革委员会<br>转发国家发展改革委<br>关于降低国内成品油价格文件的通知

发改〔2012〕1880号

各区（县）发展改革委、

中石化北京石油公司、中石油北京销售分公司、

北京龙禹石油化工集团有限公司：

现将国家发展改革委《关于降低国内成品油价格的通知》（发改电〔2012〕206号）转发给你们，并就有关事项通知如下，请一并遵照执行。

一、本市汽、柴油最高零售价格自11月16日零时起，每吨分别降低310元和300元（具

体价格见附件)。各成品油零售企业可在不超过最高零售价格的前提下,自主制定具体零售价格。

二、按照国家发展改革委要求,本市汽、柴油质量标准升级后暂按现行价格水平执行。

三、本市汽、柴油最高批发价格,合同约定由供方配送到零售企业的,按照最高零售价每吨扣减300元确定;合同未约定配送的,按照最高零售价每吨扣减300元和运杂费(最高零售价格的1%)确定。

四、各成品油经营单位要严格执行国家成品油价格规定,实行明码标价,在明显位置公布油品价格。

五、各级价格主管部门要加强市场价格监测和监督检查,严厉打击各种价格违法行为,切实维护成品油市场稳定。

附件:北京市汽、柴油价格表(略)

二〇一二年十一月十五日

**例文六:**

## 关于开展青岛市高新技术企业认定管理检查工作的通知

青科高字〔2013〕9号

各区市科技局、财政局、国税局、地税分局,高新区、保税区科技(发改)局、财政局、国税局、地税分局,各高新技术企业,从事高新技术企业专项审计的中介机构:

根据科技部、财政部、国家税务总局联合下发的《关于开展高新技术企业认定管理工作检查的通知》(国科发〔2012〕1220号)要求,经市高新技术企业认定管理办公室研究确定,全市高新技术企业认定管理检查工作,按照各责任单位自查和市高企认定管理办公室抽查两个步骤组织实施。现将具体事宜通知如下:

**一、各责任单位自查**

1. **初审**。请各区市科技、财政、税务部门按职责分工,就高企认定初审审查流程、审查内容、审查结果、发现问题及整改措施等方面分别进行自查和总结,于4月5日前将各自自查情况总结报送市高企认定管理办公室,并同时抄送各自市局对口主管部门。

2. **专项审计**。请各从事高企认定专项审计的中介机构认真总结以往专项审计工作,并对照专项审计机构资质条件和工作要求认真填写《中介机构资质自查表》(附件1)和《中介机构高企专项审计情况自查表》(附件2),于4月5日前上报市财政局。

3. **企业自查**。请各有效期内的高新技术企业,认真比对《高新技术企业认定管理办法》(国科发火〔2008〕172号)和《高新技术企业认定管理工作指引》(国科发火〔2008〕362号)中高新技术企业认定条件要求,填写《高新技术企业自查表》(附件

3），并于4月5日前上报市高企认定管理办公室。

二、市高企认定管理办公室抽查

在各相关单位自查工作基础上，市高企认定管理办公室将组织相关人员于4月26日之前，对中介机构和有效期内的高新技术企业进行抽查。检查的内容包括：① 中介机构出具审计报告及收费情况；② 高新技术企业申报材料真实性及享受税收优惠情况。其中对中介机构检查由市财政牵头，会同市科技、税务部门进行；对企业检查由市科技局牵头，会同市财政和税务部门进行；对享受税收优惠政策检查，由市国税或市地税（按企业纳税登记所属局划分）牵头，会同市财政、科技部门进行。

三、工作要求

1. 请各自查主体或责任单位高度重视，明确责任人，根据检查要求认真及时落实自查工作任务，并按规定时间上报自查工作情况。

2. 自查过程中，各单位应及时沟通、互相协作，以推动自查工作的顺利开展。

3. 各单位要认真学习领会文件精神、准确把握政策要点，妥善保存检查材料，对检查中发现的重大问题应进行纠正，并上报市高企认定管理办公室；在检查过程中发现的弄虚作假行为，将按相关规定严肃处理。

四、联系方式（略）

附件：

1. 中介机构资质自查表

2. 中介机构高企专项审计情况自查表

3. 高新技术企业自查表

青岛市科技局青岛市财政局

青岛市国税局青岛市地税局

二〇一三年三月十五日

例文七：

## 关于召开“矿产资源勘查开发与生态保护”学术研讨会的通知

各有关单位：

为深入贯彻落实十八大重要精神，积极践行生态文明建设，国土资源部信息中心和中国矿业联合会矿产资源委员会拟召开“矿产勘查开发与生态保护”学术研讨会。围绕十八大关于生态文明建设的战略部署，分析矿产勘查开发的新格局、新进展和未来发展的新趋势，宣传矿山生态环境恢复治理的典型经验，研讨促进矿产资源节约集约利用的措施建议，交流矿产资源政策研究的新成果，探索支撑生态文明建设的科学途径。现将研讨会相关事宜通知如下：

**一、会议主题**

矿产资源勘查开发与生态保护

**二、研讨主要内容**

1. 矿产勘查开发格局优化

2. 矿产资源节约利用

3. 矿山生态环境恢复治理

**三、论文征集和应用**

请各单位或个人参照研讨主要内容或自行选题提交论文。组委会将出版研讨会论文集，并推荐部分论文在公开刊物刊载，从提交论文中筛选优秀论文进行专题发言。

**四、研讨会组织形式**

包括大会特邀报告，分会场专题报告等。

**五、会议论文**

请各单位或个人于2013年6月30日前，将论文以Word形式报中国矿业联合会矿产资源委员会秘书处。

论文要求：字数3 000~6 000字。依序为：论文题目、作者、作者单位、摘要、关键词、主体内容和参考文献等，并附第一作者简介和联系方式（邮编、电话、电子信箱）。

格式要求：题目小二黑体，作者小四宋体，作者单位五号宋体，摘要和关键词小四楷体，一级标题四号宋体加粗，二级标题小四黑体，正文五号宋体，均为单倍行距。请将论文的word格式电子版提交到gf×u@infomail.mlr.gov.cn。

**六、会议重要日期**

2013年4月12日：会议第1号通知

2013年5月05日：会议第2号通知

2013年6月30日：论文提交截止日期

2013年7月01日：会议第3号通知

**七、研讨会时间与地点**

研讨会初步定于七月中旬召开。具体时间和地点另行通知。

**八、会议费用**

会议期间食宿自理。

联系人：徐××　郭××

联系电话：010-66558…、18611840…、13501184…

电子邮箱：×××@infomail.mlr.gov.cn

联系地址：北京市西城区阜内大街64号国土资源部信息中心

国土资源部信息中心

中国矿业联合会矿产资源委员会

二〇一三年四月十二日

例文八：

# 南京市统计局关于申请 开展私营个体经济统计调查工作经费的请示

市政府：

为贯彻落实市委、市政府《关于进一步加快私营个体经济发展的决定》（宁委发〔2002〕11号）文件精神，加强我市私营个体经济统计工作，全面、真实反映我市私营个体经济规模和发展速度，为地方政府的相关决策提供科学依据。我市结合地方实际和国家、省统计方法制度的要求，制定了《关于加强私营个体经济统计工作实施方案》，建立健全个私统计方法制度，加强我市私营个体经济统计工作。

一是按照国家统计方法制度要求，严格将一定规模以上的私营个体企业纳入正常统计年定报范围。

二是以工商、税务行政主管部门行政记录为基础，建立规模（限额）以下私营个体统计抽样调查制度和科学推算方法。

三是围绕党委和政府的中心工作，强化对私营个体经济发展状况的分析研究。比较分析不同地区、不同行业私营个体经济发展状况，在此基础上深度分析研究我市私营个体经济发展特征、存在问题及制约因素。

为了保证此项工作的顺利实施，本着节约的原则，经初步测算，需专项调查费用捌拾万元整，其中五十万为市工商局协助开展此项调查所需经费。

以上请示，请予以批准。

附：1.《南京市个体户和私营企业调查工作经费预算表》

2.《工商局协助开展此项调查所需经费预算》

二〇〇三年元月二十三日

例文九：

# ××公司××市分公司 关于购买客货两用车的请示

总公司：

我公司在××市建成并投产已经两年多了，两年来一直超计划完成生产销售任务，今年前两季度销售收入计划已经完成。眼下为方便工作，保证销售工作更加有效地进行，销售部门特需购买××牌××型客货两用车两辆，价值人民币66万元。由于我公司经费不足，因此请求总公司帮助解决。

请给予批。

××总公司××市分公司
××年××月××日

**例文十：**

## 关于调整本市非居住区停车场白天收费标准的函

京发改〔2010〕2222号

市交通委：

贵委运输局《关于进一步调整本市停车价格的函》（京交运函〔2010〕49号）收悉，根据《北京市人民政府关于进一步推进首都交通科学发展加大力度缓解交通拥堵工作的意见》（京政发〔2010〕42号），为引导车辆合理使用，削减中心城交通流量，经公开征求社会意见，并报请市政府同意，自2011年4月1日起调整本市非居住区停车场白天（7：00~21：00）收费标准。现将有关事宜函复如下：

一、本市非居住区停车场划分为3类区域。一类地区为三环路（含）以内区域及中央商务区（CBD）、燕莎地区、中关村西区、翠微商业区等4个重点区域（具体范围详见附件1）。二类地区为五环路（含）以内除一类地区以外的其他区域。三类地区为五环路以外区域。

二、本市居住区停车场，驻车换乘停车场、远郊区、县旅游景点停车场等其它各类停车场收费标准和停车场长期包租停车位收费标准及全市停车场夜间收费标准不变，仍按现行规定执行。小区居民车辆凭有效证明停放在小区周边道路，收费标准按照居住区露天停车场收费标准执行，具体实施操作措施由各区（县）政府制定。就医患者车辆凭有效证明停放在医院内部停车场，收费标准可适当降低，具体操作办法由各医院自行制定。

三、本市非居住区白天临时停车收费计时单位调整为以15分钟为1个计时单位，不足15分钟按15分钟计算。各区域停车收费标准详见附件2。

四、停车收费调整是一项综合工作。为保障本市停车收费调整平稳有序，有效发挥缓解交通拥堵的作用，请贵委同步推进各项配套措施：一是大力发展公共交通，优化调整公交线路，增加公共交通运力，改善公共交通乘坐环境，提高公共交通服务水平，吸引市民公交出行。二是加大停车设施建设力度，因地制宜在老旧小区建设简易式、机械式停车库，并利用体育文化设施、绿地等建设地下停车场，解决市民基本停车问题。积极推进驻车换乘停车场建设，方便市民选择公共交通工具出行。三是协调各区县制定小区居民居住区周边道路停车、就医患者医院停车收费优惠的具体操作实施办法。四是提高停车科技化管理水平，加强精细化管理，建设停车信息管理平台，推进重点地区、重点路段，特别是医院、学校周边道路非人工收费系统建设，减少收费纠纷。五是加强停车经营企业资质和从业人员资格管理，启动占道停车经营退出机制，实行停车收费人员持证上岗制度，在政务网站公布全市停车场车位、经营单位等基本情况。督促停车经营企业办理收费标准变更手续，认真做好明码标价工作。六是完善向占道停车经营企业征收占道费制度，加强征收力度，做到应征尽征。

五、本函自2011年4月1日起执行。本函未作规定的，按照现行有关文件执行。

专此函复。

附件1：4个重点区域范围

附件2：非居住区停车场白天临时停车收费标准

二〇一〇年十二月二十三日

**例文十一：**

## 重庆市文物局关于轻轨交通第二轮建设规划项目涉及文物的函

重庆市轨道交通（集团）有限公司：

你公司《关于征求轨道交通第二轮建设规划项目文物保护意见的函》（渝轨道函〔2011〕6号）收悉。2011年1月我局委托重庆市文物考古所对重庆市轨道交通第二轮建设规划线路进行了初查，共发现地面文物19处（见附件），其中，国家级文物保护单位3处，市级文物保护单位11处，包括8处申报第七批全国重点文物保护单位，区级文物保护单位3处，文物点2处。

根据国务院公布的《重庆市城乡总体规划（2007—2020）》（国函〔2007〕90号）第四章第十一节的规定，市级以上单体文物建筑的保护范围外缘线的最小范围分别为：革命纪念建筑物、古建筑、历史纪念建筑物、石窟寺等主体构筑物外墙线以外30米，或主体构筑物外围墙外围线以外9米；革命遗址、历史遗址、古城墙的外围线以外80米，或主体部分外围线以外30米；不可移动文物的主体外围线以外30米。建设控制地带外缘线的最小范围，原则上不得小于上述各项规定值的2倍。

该项目涉及的19处文物中有11处文物保护单位的保护范围、建设控制地带在建设范围内。请你公司调整轻轨线路，对发现的文物点应避绕，如若无法避绕，请按照《中华人民共和国文物保护法》第十七条、第十八条、第二十条的规定履行相关报批程序。

特此函复。

附件：轻轨交通第二轮建设规划项目涉及文物一览表

二〇一一年五月十日

**例文十二：**

## ××市港务局××公司催办函

××机械公司：

贵公司在2013年2月15日为我公司建造安装的××型龙门吊车，交工至今已四个多月了，可是当时欠装的空调设备至今尚未安装。为此事我公司曾去函向贵公司催办此事，以求尽快给予解决，但是至今未见贵公司落实此事。现在已经进入夏季，由于吊车没有空调设施，严重影响了生产任务，造成了很大的经济损失。为此再次函请贵公司尽快为我公司安装空调设备，以免继续影响正常生产。

此致

敬礼

二〇一三年六月十日

**例文十三：**

## 二〇××年中国青岛国际啤酒节人才交流大会邀请函

各有关单位：

为进一步贯彻国家、省、市有关促进高校毕业生就业的政策，更好地为用人单位选拔人才和毕业生择业，搭建优质的服务平台，崂山区人社局人才服务中心定于20××年8月18日（周三）举办"20××中国青岛国际啤酒节人才交流大会暨崂山区高校毕业生就业见习洽谈会"。诚邀各用人单位参会。

### 一、时间地点

（一）时间：20××年8月18日（周三）8：30~12：00。

（二）地点：青岛市中高级人才市场（海尔路178号，乘102、125、230、313、362、312、223、314、602、375、606颐中体育场站下车。）

### 二、参会范围

各类用人单位。

### 三、摊位费用

摊位费：400元/个。

### 四、服务内容

（一）媒体宣传：本届大会将在《半岛都市报》、青岛崂山人才网（www.qdg×rc.com）等多家媒体进行广泛宣传。

（二）为每个招聘摊位提供饮用水及工作桌椅一套。

（三）为参会单位提供《招聘海报》和《应聘人员登记表》。

（四）前50个报名单位可免费在崂山区人才网（www.qdg×rc.com）发布招聘信息30天。

**五、参会办法**

参会单位按要求填写《人才需求登记表》，持营业执照副本（或其他有效证件）及复印件于8月15日前到崂山区人才服务中心办理参会手续，并按报名顺序安排摊位。

**六、联系方式**

报名地点：崂山区秦岭路12号，崂山区人才服务中心（崂山区检察院西二楼）联系电话：8889××××，8889××××（传真）8889××××，8889××××

邮箱：lsrencai@163.com

附件：

人才需求登记表

崂山区人才服务中心

××年××月××日

# 第三部分

## 通用文书的写作

通用文书，也称作常用文书。从广义来说，各行各业和各层次机关单位，在处理公务时，普遍使用的应用文，我们称之为通用文书。如法定的公文、规章制度、计划、总结、调查报告等等。从狭义来说，是指法定公文和专业文书以外的，那些常用的公务文书。

通用文书与法定公文的区别如下：法定公文，是由国家行政机关做出规范的文书，专指《办法》规定的十三种公文。而通用文书则不是法定规范的文书，没有公文那样的行政约束力，不具有指令性。在结构形式上，通用文书也有一定的规范性，只不过不像“十三种”公文那样，是通过立法来进行规范的。通用文书结构形式的规范，是在长期的写作实践中，约定俗成而形成的惯例，写作时也需要遵守。否则，会造成文书形式五花八门，结构形式就会没有了统一性，这样会影响沟通，降低工作效率。

通用文书与专业文书的不同在于：专业文书是某一行业，在工作实践中专用的一些应用文书。如财经专业经常使用的审计报告、经济合同、经济活动分析报告等等；科技专业经常使用的科技实验报告、科研成果报告、科研计划任务书、技术合同、科技建议书、产品说明书等等，这些文书只适用于所对应的专业。而通用文书，则是各个专业都能使用的那些文书。由于通用文书的使用频率比较高，所以也被称作常用文书。

归纳起来，通用文书具有以下特点：

（1）通用文书具有比较固定的结构形式。通用文书的结构形式，不像公文那样有着严格的规定性，但是在长期的写作实践中，也形成了一些惯用的、比较固定的格式。通用文书的结构形式是约定俗成的，写作时必须遵循。

（2）通用文书表述的事项要具体，写作目的必须明确，要有针对性。

（3）通用文书使用的材料要符合客观实际。通用文书的主题通常要在客观事实中提炼，不可使用间接的材料，或者摘引的材料来提炼主题。

（4）与公文一样，通用文书具有时效性。写作及时是有效性的保证，是提高工作效率的关键。

通用文书种类很多，根据职业院校教学的需要，这里只选取“计划”“总结”“人事管理文书”几种文体来介绍。

# 第一章　计划的写作

计划是确定未来工作的任务与指标，统筹安排与协调未来的工作，使部门与单位之间，在同一任务与目标指导下成为一个体系，相互间紧密配合，形成凝聚力，提高效率的一种工作行为。

在政府和企业的管理过程中，有关部门把通过计划制订下来的工作方案、生产任务和指标、远景规划等，用书面文字写成文书，这种文书就叫计划书，也简称为“计划”。

## 第一节　计划的性质和用途

### 一、计划的性质

计划是通用文书的一种，不是法定的公文，因此也就不具有行政的约束力。但是如果经过上级批准，或者提交给一定的会议通过，或者使用公文进行颁转，这时，计划就会成为对未来工作和行动具有指导性、纲领性、约束性的文书。执行和实施该计划的单位、部门，负有贯彻实行的责任和义务，如果违反，或阻碍了计划的实施，就要承担相应的责任。

在长期的写作实践中，形成了计划文体的惯用形式，这种文体形式的惯式，是写作计划时必须遵守的格式规范。

在实际工作中，为了简化工作，有时计划的执行者所接受的计划，只是计划文书的一部分内容。比如：上级只是把计划中的“任务和指标”部分，以生产指令单的形式下达给执行者，而具体的实施方法——“措施与步骤”，则需要实施者根据实际情况去设计安排。企业里的基层管理组织——生产班组，就是把上级下达的生产指令单，作为生产的依据，按照生产指令单来进行生产作业的，而生产指令单的内容，通常只是计划文书中“任务和指标”部分的内容。

计划的适用范围很广泛，政府机关的行政管理、企业的生产经营管理，都要用计划来下达任务和指标，实施单位要以计划书为准，进行工作和生产。在宏观管理过程中，计划文书同样具有重要作用，如以《××重点》《××规划》《××纲要》《××设想》《××打算》《××方案》《××安排》等为标题的计划，都属于宏观管理使用的计划文书。

## 二、计划的用途

计划的用途主要有以下几点。

### (一)组织和指导作用

行政机关要用计划来贯彻方针、政策,计划的执行单位要把上级的决策和布置的工作任务,落实到实际的工作中去。企业单位要按照计划来完成生产任务,实现计划所制定的产量和质量指标。无论政府行政,还是企业生产与经营,都需要管理,而管理的核心问题就是计划管理。

### (二)平衡和协调作用

在工作实践中,各个部门和单位之间,都存在着相互联系、相互制约的复杂关系。一般来讲,工作任务和生产指标的完成,往往需要其他的相关部门或单位的配合,否则是无法完成的。协调好这些关系,是工作、生产顺利进行的保证。要协调和平衡这些关系,就要事先做出计划,进行统筹安排,争取获得各部门、单位的协作配合,以便顺利地完成计划任务和指标。即使是企业里最基层的生产单位——生产班组,在接到生产指令后,也要根据计划所提出的生产任务,在一定的时间、空间里,再对生产指令做进一步细化,安排和协调好人员关系,把任务指标层层落实到每道工序中,和每个班组成员身上,如具体做什么、由谁来做、什么时候去做、怎么去做、什么时候完成等问题。同时,还要根据具体的生产任务,与原材料、库管等部门联系,按照计划要求做好协调工作。

### (三)激励和制约作用

激励员工的生产积极性,制约每一位计划实施参与者的工作行为,是计划的一个重要用途。一篇好的计划文书,能够激励员工工作和生产积极性,使大家团结一致,为实现计划所提出的目标而努力。同时,在实际工作中,计划又可以有效地约束员工的工作行为,使员工的所有工作行为,都能够与实现计划目标相一致,以保证计划的任务和指标顺利地完成。

# 第二节 计划的种类

计划的种类有很多,从不同的角度可以把计划分为不同的类别。

## 一、按照计划的时限划分

这种分法可以分为按日期、时段制订的计划,以及按工作阶段制订的计划两类。按日期制订的计划如《××公司××季度生产计划》,按工作阶段制订的计划如《关于技术职称评定工作的方案》等。

## 二、按照计划的功能划分

按功能可以把计划分为，规划性的计划和实施性的计划两类。规划性的计划，着重于提出任务或目标的方向，如《××公司××年企业文化建设工作要点》；实施性的计划，除提出具体的任务指标外，还要说明实现计划任务指标的具体措施和步骤，如《××公司生产成本控制计划》等。

## 三、按照计划的性质划分

按性质可以把计划分为，综合性计划和专题性计划。综合性计划也称全面计划，内容涉及一个单位各个方面的工作，如《××公司××年工作安排》。专题性计划也称单项计划，只涉及某一方面的具体工作，如《××公司××年生产计划》等。

## 四、按照计划的内容划分

按内容可以分为工作计划、生产计划、工程计划、营销计划等等。

从其他角度，还可以来给计划分出一些类别，这里仅举以上几种。

企业经常使用的是生产计划和工作计划两种。在企业的生产管理过程中，计划的制订，通常先由管理层制订总体计划，然后再经过生产执行部门、生产实施部门、生产操作部门等各层级，一层层分解总体计划的任务指标，到最后，生产计划常常会以工单的形式，下发到生产操作部门——班组。由于这一章要讲的是通用文书的计划，生产工单形式的计划放在后面介绍。

# 第三节　计划的写作

## 一、计划的文体结构

计划的种类比较多，但是不管哪一种计划文书，文体的结构形式是比较一致的，其内容包括标题、正文、落款三个部分。

### （一）计划的标题

计划的标题采用公文式标题，由时限、名称、内容、文种四个要素构成。如《××年××公司生产成本管理计划》，其中“××年”表示时限，“××公司”是名称，“生产成本管理”是内容，“计划”表示文种。但是，在写作实践中，常见的计划标题，往往采用省略式，如《××年生产成本管理计划》或《××公司生产成本管理计划》，这两个省略式标题，前者由时限，加内容，加文种三个要素构成，后者由名称、内容、文种三个要素构成。计划的标题还有更简约的，即在标题中只采用两个构成要素，如《生产成本管理计划》，这个标题就是由内容加文种，两个要素构成的。选择使用什么样的标题，应该根据实际情况来决定，但是，无论标题怎样简约，内容和文种两个要素是不可缺少的。

**（二）计划的正文**

计划的正文是计划内容展开的部分。无论哪种类型的计划，正文一般都采用“三要素”的格式来写。“三要素”构成的文体内容，是计划正文部分惯用的结构形式。其中，第一要素是“背景和前提”；第二要素是“任务和指标”；第三要素是“措施和步骤”。

计划的正文，通常将“背景和前提”作为开头部分，这一部分也称作前言，在这里要写明的是“为什么要做”的问题。把“任务和指标”，“措施和步骤”作为主体部分，这一部分要写明“做什么”和“怎么做”的问题。结尾通常可以略去不写，如果要设结尾的话，结尾部分的内容可以总括全文，表明完成计划的决心或者提出希望、发出号召等。下面具体介绍计划文体正文的内容。

1. 背景和前提部分

背景和前提是计划正文的开头部分，一般有这样几种写作方式：一是提出制订本计划的指导思想。这是计划制订的根据和目的，是计划的前提条件。这种方式的开头，可以引用党和国家的方针政策，或者上级的指示精神，以作为计划的指导思想或者依据。二是以说明基本情况的方式来写作开头。这种开头方式，要把一些相关的情况作为计划制订的背景，与计划相关的情况包括前期工作或生产任务完成的情况，与目前的工作或生产有关的形势及现状等。三是把提出本计划的必要性或可能性，作为开头的内容来写。

例如：《上海市实施商标战略中长期规划纲要》（2011—2020年），开头部分的内容：

为进一步提高上海的商标注册、运用、保护和管理能力，充分发挥商标在上海加快实现“四个率先”、加快建设“四个中心”和社会主义现代化国际大都市中的积极作用，推进上海创新驱动、转型发展，根据国务院发布的《国家知识产权战略纲要》、国家工商行政管理总局《关于贯彻落实〈国家知识产权战略纲要〉大力推进商标战略实施的意见》、上海市人民政府《关于本市实施国家知识产权战略纲要的若干意见》，以及《上海市国民经济和社会发展第十二个五年规划纲要》，制定本规划纲要。

……

这是这篇计划的开头部分，说明了制订该计划的前提。内容包括制作计划的目的和指导思想。

再如下面这篇：《×公司年度质量管理工作计划》的开头部分：

随着我国加入WTO多年来，企业的外部环境发生了很大变化，进入国际市场的机遇越来越多，面对的竞争也越来越激烈。提高产品质量，降低产品成本，已成为增强企业竞争能力的重要手段。2014年是本厂产品质量升级、品种换代关键的一年，为进一步提高产品质量，特制订本计划。

……

例文是这篇计划开头部分的内容，这个开头，是以说明本计划制订的背景开篇的，同时指出了计划制订的必要性。

再以下面这篇×市《2011年度国土资源工作计划》的开头部分：

2011年是"十二五"规划实施的开局之年，做好国土资源管理工作，对于实现良好开局、推动建设中国特色世界城市迈出坚实步伐具有重要意义。重点做好以下六方面工作：

……

这篇计划的开头，写明了本计划制订的必要性。

2. 任务和指标部分

"任务和前指标"是计划的主体部分，也是全文内容的核心部分。其中"任务"通常是指定性的工作任务，如：某一企业制订的《生产安全与防火工作的计划》，涉及的就是工作任务。"指标"是指定量的工作，即实现一项任务所要达到的数量、质量、时间、速度等等，例如生产计划中，需要完成的产品加工数量与质量等。

一般来说，综合计划侧重于阐明"任务和指标"，以便进行宏观管理，而专题计划则偏重于安排和设计如何实施的"措施和步骤"，以便于在工作中落实、执行。

如上面例文《×公司年度质量管理工作计划》中，"任务与指标"部分的内容：

一、质量工作目标

1. 一季度增加2.5米大烘缸二台，扩大批量，改变纸页温度。

2. 三季度增加大烘缸轧辊一根，进一步提高纸页的平整度、光滑度。此项指标要达到GB标准。

3. 四季度改变工艺流程，实现里浆分道上浆，使挂面纸板达到省内同行业先进水平。

例文在这一部分里写的是计划的"任务和指标"，文中任务明确，指标具体、清楚。

3. 措施和步骤部分

"措施和步骤"也是构成计划主体部分的内容。其中，"措施"指为完成任务指标要采用的具体办法；"步骤"是要在时间和顺序上，合理地安排实施计划的工作进程。一般情况下，管理层制订的计划，主要侧重于任务和指标的下达，实施层制订的计划，则要侧重于实施的措施与步骤。"措施与步骤"的这一部分内容要写得具体、细致、周全、符合实际。在写作实践中，有时也可以直接把这一部分作为结尾。

例如，还是上面《×公司年度质量管理工作计划》这篇计划的"措施与步骤"部分：

二、质量工作措施

1. 强化质量管理意识，进行全员质量意识教育，培养质量管理干部。

2. 成立以技术副厂长×××为首的技改领导小组，主持提高产品质量以及产品升级设备引进、技术改造工作，负责各项措施的落实和检查工作。

3. 由上而下建立好质量保证体系和质量管理制度，把提高产品质量列入主管厂长、科长及技术人员的工作责任，年终根据产品质量水平分配奖金，执行奖惩办法（奖惩办法由劳资科负责拟定，1月15日前公布）。

4. 本计划纳入2003年全厂工作计划。厂部负责监督、指导实施。各部门、科室要协同配合，确保计划的完满实施。

二〇一四年一月五日

在这一部分里，文中将具体的实施办法，分条列项地逐一表述出来。细致周到，便于在实际工作中实行。

**（三）计划文书的落款**

计划文书落款部分的内容包括单位名称、日期以及生效标识。落款内容写在全文结束的右下方。如果标题里写明了单位名称，在落款部分可以不再写单位名称。如前面例文《×公司年度质量管理工作计划》的落款，除生效标识外，就只写明了日期。

**二、计划的文体形式**

计划的文体形式有条文式和表格式两种。

**（一）表格式**

"表格式"，就是把计划主体的"任务和指标"数字化，然后，集中填在表格里，必要时再辅以文字说明。一般情况下，在企业的内部管理中，为方便本企业生产的实际需要，经常会使用这种形式的计划。例如，以数据指标为内容的计划，就经常采用这种形式。这种形式的计划有时需要辅以文字说明，否则会缺少明确性。

如下面一份表格形式的生产计划：

××宠物食品公司十月份（上半月）生产计划

| 物料编码 | 物料名称 | 产能 | 单位 | 合计 | 9月22日 | 9月23日 | 9月24日 | 9月25日 | 9月27日 | 9月28日 | 9月29日 | 9月30日 | 10月7日 | 10月8日 | 10月9日 | 10月10日 | 交货日期数量 | | |
|---|---|---|---|---|---|---|---|---|---|---|---|---|---|---|---|---|---|---|---|
| 23905000027 | 全豆40 g小袋 | / | 袋 | 678 528 | | | | 74 880 | 74 880 | 74 880 | 74 880 | 74 880 | 74 880 | 74 880 | 74 880 | 74 888 | | | |
| 23905000028 | 四谷40 g小袋 | | 袋 | 678 528 | | | | 74 880 | 74 880 | 74 880 | 74 880 | 74 880 | 74 880 | 74 880 | 74 880 | 74 888 | | | |
| 23905000035 | 全豆75 g小袋 | | 袋 | 0 | | | | 74 880 | 74 880 | 74 880 | 74 880 | 74 880 | 74 880 | 74 880 | 74 880 | 74 880 | | | |
| 23905000032 | 亚麻籽小袋 | | 袋 | 0 | | | | | | | | | | | | | | | |
| 23905000036 | 五谷体验主料包 | | 袋 | 200 800 | 70 000 | 70 000 | 60 800 | | | | | | | | | | | | |
| 23905000037 | 五谷体验辅料包 | | 袋 | 200 800 | 70 000 | 70 000 | 60 800 | | | | | | | | | | | | |
| 23905000038 | 米润浓浆主料包 | | 袋 | 0 | | | | | | | | | | | | | | | |
| 23905000039 | 米润浓浆辅料包 | | 袋 | 0 | | | | | | | | | | | | | | | |
| 13901200105 | 五谷内置盒装 | 9 360 | 盒 | 0 | | | | | | | | | | | | | | | |
| 13901101201 | 丽智销售装 | 9 360 | 袋 | 0 | | | | | | | | | | | | | | | |
| 13901500101 | 五谷食尚体验装 | 70 000 | 袋 | 200 800 | | | 70 000 | | | | | | | | | | | | |
| 13901500201 | 米润浓浆体验装 | 70 000 | 袋 | 0 | | | | 70 000 | 60 800 | | | | | | | | | | |
| 13901100110 | 五谷食尚销售装 | 9 360 | 袋 | 20 016 | | | | | | | | | | | | | | | |
| 13901200106 | 五谷内置袋装 | 产能 | 袋 | 64 800 | | | | | | 9 360 | 9 360 | 1 296 | | | | | | | |
| 13901100404 | 全豆销售装 | | 袋 | 0 | 9/22 | 9/23 | 9/24 | | | | | 8 064 | 9 360 | 9 360 | 9 360 | 8 064 | | | |

（二）条文式

“条文式”的结构形式，是把计划主体部分的“任务和指标”“措施和步骤”部分，完全采用文字进行叙述说明，从而形成的一种结构形式。在文中，常常采用小标题或者序数词的形式，来表示层次。

在主体部分中，第二个要素“任务和指标”和第三个要素“措施和步骤”的结构安排方式，可以分为“分列式”和“结合式”两种形式。

1. 分列式

“分列”式就是把“任务指标”和“措施步骤”分开来写。

例如：上面的例文《×公司年度质量管理工作计划》，就是一种分列式的结构形式。

2. 结合式

结合式是把“任务和指标”“措施和步骤”二者融合在一起来写。

例如，下面这篇某政府机关《今后八个月工作的计划》（例文省略了开头部分）一文，主体部分的结构形式：

……

一、 进一步深化企业改革。我们在全面推行厂长（经理）任期目标责任制的基础上，从实际出发，有针对性地分别实行租赁、承包、百元工资税利制和工资总额与企业经济效益包干等经营方式，把责、权、利落实到企业及其经营者身上，使企业真正成为相对独立的经济实体，成为自主经营、自负盈亏的社会主义商品生产者和经营者，较好地调动企业厂长职工的积极性，增强企业活力，促进生产发展，并使这一改革能够健康发展，深入持久地坚持下去，采取有效措施加以保证。

二、加快新项目和技术改造项目的建设速度，确保这些项目预期投产，发挥效益。主要抓好苎麻纺织、引燃工程等项目，并实行目标责任制管理，使这些项目预期投产，早日发挥效益。

三、进一步加强企业管理，提高企业经济效益。我们坚持以改革为动力，促进企业的发展，加强管理，提高企业经济效益，把增产节约、增收节支的工作作为提高企业经济效益的重要工作来抓，要求企业产品总成本、企管费及车间经费都要下降。

具体措施是：

1. 调整企业产品结构，大力增产适销对路产品，实现多产快销。

2. 加强企业管理，挖掘企业潜力，调整定额，向管理要效益。

……

上面是这篇计划文书的主体部分，文中把“任务和指标”“措施和步骤”结合在一起来写。每一个自然段开头一句是首括句，用来说明提示“任务”的内容，接下来再写实施的具体“措施”。这种写法的好处，是便于执行者在工作中落实和施行。

再看一篇“分列式”计划文书的例文(有改动):

# 上海市实施商标战略中长期规划纲要

(2011—2020年)

……

三、工作目标

**(一) 建立健全商标政策法规体系,营造良好的商标法治环境**

加强上海市著名商标认定与保护工作的地方立法,完善现有法规中与商标工作相关的内容,切实落实现有的商标发展和保护政策。进一步强化商标在经济建设、社会建设、文化建设中的作用,鼓励各区县及有关部门制定实施促进商标发展和保护的产业政策、科技政策、贸易政策、人才政策等,不断优化商标工作的法治环境。

**(二)促进商标数量增长、结构改善,与上海经济发展的规模和结构相适应**

注册商标数量保持稳步增长,尤其要努力提高服务领域商标的注册量,调整完善商标的结构。到2015年,上海国内有效注册商标总量达到30万件左右,其中服务商标注册量占三分之一左右。到2020年,力争上海国内有效注册商标总量在现有基础上翻一番,达到40万件左右,其中服务商标注册量占50%左右。

**(三)大力提升商标内在质量,实现商标从量到质的突破**

鼓励企业在依法注册和培育商标的同时,着眼于转变发展方式,着力于提高商标的使用率,大力开发利用商标的内在价值,有效提升商标的信誉、知名度和附加值,从而提高企业的市场竞争力和经济效益。同时,积极发挥中国驰名商标、上海市著名商标对本市商标发展的引领作用,使上海成为高知名度商标的集聚地。到2015年,上海市著名商标数量达到1 500件左右,中国驰名商标数量达到150件左右。到2020年,上海市著名商标数量达到2 000件左右,中国驰名商标数量达到200件左右,并培育形成一批具有国际影响力的商标。

**(四)全力加强商标保护工作,维护上海公平竞争的市场秩序**

强化商标保护制度建设,构建以企业诚信自律为主体、行政和司法保护相结合、社会公众广泛参与监督的商标保护体系。加强法制宣传,大力倡导责任、诚信的价值取向,增强全社会保护知识产权的意识。进一步完善商标保护工作的体制机制,更加注重常态和长效管理,依法保护各类合法注册的商标,严厉查处生产流通领域的各种制假售假行为。经过一段时间持续不断的努力,在大中型企业和主要商业街基本杜绝制假售假行为,在服饰和小商品市场内规模性的售假情况明显得到有效遏制,努力维护诚信经营、公平竞争的市场秩序。

**(五)加快建设商标公共服务平台,推动上海成为全国商标运作中心**

2015年前,建成以“商标运作”为核心,功能齐全、辐射全国、面向世界的商标公共服务平台。通过合理布局、有效覆盖和优质服务，有计划、分阶段建立完善集商标代理、咨询、评估、交易和法律服务等诸多功能为一体的商标服务体系，进一步集聚商标、集聚产业，把上海建设成为全国商标运作中心、交易中心和服务中心。

**（六）加大商标专业人才培养和引进工作力度，打造上海商标人才高地**

大规模培训企业从事商标工作的专业人员，到2020年培训5万人左右，其中近5年培训2.5万人左右。积极创造条件培养和引进高层次商标专业人才，到2020年，力争培养和引进熟练掌握国内外商标法律法规与实务技能的高层次商标专业人才500名左右，其中近5年培养和引进200名左右。各级工商行政管理部门定期组织对商标监管执法人员进行业务培训和知识更新。

**（七）不断增强全社会保护知识产权的意识，进一步营造尊重和保护商标的社会氛围**

积极发挥政府的引导作用，形成相关部门的工作合力，加大对商标发展和保护的支持和服务力度。进一步发挥企业在商标工作中的主体作用，发挥市场机制对商标发展和保护的基础性作用，树立“培育商标就是培育市场、自主创新、改善经营、发展生产力”的理念，鼓励企业以商标为纽带组织生产经营活动，不断提升商标的信誉、附加值和影响力。进一步增强行业协会的服务功能，发挥其沟通协调、信息咨询、维权服务、业务培训等作用。动员社会力量，善于运用各种媒体特别是新兴媒体，广泛开展各种形式的宣传活动，进一步增强尊重和保护商标等知识产权的意识，努力形成有利于商标发展和保护的良好社会氛围。

**四、工作措施**

**（一）促进商标工作的政策法规体系进一步完善，营造有利于商标发展和保护的法治环境**

1. 加快商标工作的地方立法进程

近期，推动《上海市著名商标认定和保护办法》以政府规章形式颁布实施；在充分调查研究和论证的基础上，争取早日出台上海商标工作的地方法规，为引导、促进上海商标的发展和保护提供更有力的法治保障。

2. 推动制定实施各类支持商标发展和保护的政策措施

结合产业政策、科技政策、贸易政策、人才政策等，支持制定并实施各种有利于商标发展和保护的政策措施，支持建立完善各种激励机制。支持各区县制定有区域特色的商标战略，服务区域经济社会又好又快发展。

3. 推动落实有关商标出资、质押等政策措施

进一步推动商标出资、质押等融资工作。在浦东新区先行先试的基础上，向全市推广商标专用权出资政策；加快制定并组织落实商标质押融资与评估管理的相关政策措施，建立统一、科学的商标评估体系，为中小企业融资提供便捷、高效的服务。

**（二）促进商标权的创造和运用，服务上海加快转变经济发展方式**

1. 大力培育发展现代服务业商标

在金融、航运物流、现代商贸、信息服务、旅游会展等服务业重点领域，大力培育发

展一批具有全国影响力和一定国际竞争力的商标。力争到2020年，服务商标在上海市著名商标中的比重达到40%左右，在中国驰名商标中的比重达到30%左右。

2. 积极培育发展战略性新兴产业商标

在新一代信息技术、高端装备制造、生物、新能源、新材料、节能环保、新能源汽车等七大战略性新兴产业，重点培育发展一批在国内外具有一定影响力和较强竞争力的商标。

3. 重点培育发展文化创意产业商标

以建设国际文化大都市，打造国际时尚文化中心、创意设计之都为契机，在媒体业、艺术业、工业设计业、建筑设计业、时尚产业等领域，重点扶持发展一批具有全国影响力并能参与国际竞争的商标。

4. 加快培育发展农产品商标和地理标志

加快发展一批有代表性和竞争力的特色农产品商标，支持社会主义新农村建设。引导和鼓励地理标志产品注册集体商标和证明商标，推动地理标志商标的广泛使用。大力引导和鼓励涉农企业和农村经济组织运作商标，走产业化、市场化、规模化的经营之路，促进农业增产、农民增收，保障“菜篮子”工程和食品安全。

5. 积极培育发展园区商标

培育发展一批在全国具有领先优势的园区商标，进一步发挥各级各类开发区、功能区和产业园区（产业基地）的集聚、辐射和示范带动作用。注重在园区内形成商标集群效应和规模效应，以商标集聚资金、人才和产业，提高产业园区的综合功能和影响力，促进各类园区及园区内企业持续健康发展。

6. 不断推进中小企业的商标培育及运作

鼓励自主创新能力强、成长性好、有发展潜力的中小企业培育发展自主商标。加强对中小企业商标培育运作的指导、协调和服务，不断增强中小企业的市场竞争力。

7. 进一步充分发挥老商标作用

对有一定信誉和影响的老商标资源进行梳理整合，科学有效地加以利用。对运作良好的老商标，支持其做大做强、创新发展。对有发展潜力的老商标，努力挖掘其商标价值，帮助其提升商标竞争力。对闲置不用的老商标，积极指导予以盘活或通过交易转让促使其价值再现。

8. 充分发挥商标战略实施示范城区的示范作用

积极支持商标战略实施示范城区结合区域特点制定和完善促进商标发展的各项政策及配套措施，优化结构布局，发挥比较优势，形成区域特色，推动区域商标持续科学发展。及时总结推广商标战略实施示范城区的好经验、好做法，充分发挥商标战略实施示范城区的示范引领作用。

**（三）完善商标保护机制，营造公平有序的市场环境**

1. 建立完善商标假冒侵权行为的发现和举报机制

进一步发挥“12315”消费者申（投）诉、举报热线和遍布全市各“消费者权益保护联络点”的作用，鼓励广大群众提供商标假冒侵权的线索，对在发现和查处商标假冒侵权行为方面作出突出贡献的单位、个人给予奖励，营造“打击商标假冒侵权人人有责”的良好社会氛围。

2. 建立完善商标保护协作机制

进一步加强与相关执法部门的协作，提高商标保护的行政执法效能。完善行政执法与刑事司法相衔接的工作机制，加强涉嫌商标犯罪案件向司法机关移送工作，积极研究解决商标侵权案件中的物品估价、真伪鉴定、证据规范等问题。建立协助商标侵权案件办理的专家库，为行政执法提供法律、技术等方面的咨询意见。

进一步加强华东六省一市商标管理协作和长江三角洲地区商标监管合作，大力推进跨行政区域的商标保护协作，共同维护公平竞争的市场秩序。

3. 建立完善商标假冒侵权行为源头打击机制

按照“疏堵结合、惩防并举”的原则，更加注重源头治理，不断加大对生产制造领域和商标印制领域的执法检查力度，加强对定牌加工企业和商标印制企业的宣传教育，从源头上制止侵权行为的发生。

加强相关部门间的密切配合，对公路道口、铁路车站、机场码头等重点区域建立常态化的执法检查机制和长效管理机制，防止假冒侵权商品流入上海市场。

4. 建立完善企业维权机制

推动企业提高自我管理和商标保护水平，增强企业维权意识和解决商标纠纷的能力，指导企业制定商标纠纷应对机制和预警制度，提升企业在国际贸易、对外投资等跨国经营活动中的商标运作能力和水平，完善商标海外市场保护合作制度。

5. 建立完善流通领域防范售假长效管理机制

充分发挥商业主管部门的行业管理优势，在全市各大中型商业企业中全面推广使用《上海市商业企业商品销售商标管理办法》和配套管理软件，督促企业加强诚信建设，建立完善商标管理制度，落实商标管理人员，加强对商品销售商标的查验和管理。

综合运用民事制约、行政处罚和刑事制裁等手段，着力解决目前上海服饰和小商品市场售假行为比较突出等问题。加强相关部门的协作配合，落实“综合治理、长效管理”的日常监管机制。加强源头治理，推动各区县完善商业布局规划，严格控制开办低端业态的服饰和小商品市场数量，严格控制市场铺位分割出售；倡导市场主办单位和商户健康转型；引导市场商户守法经营、诚信经营；全面推行使用《商品交易市场进场经营合同示范文本》。

6. 建立完善商标纠纷行政调解机制

加强商标纠纷的行政调解工作，在切实保障权利人合法权益和社会公共利益的前提下，引导双方当事人以行政调解方式解决商标纠纷，及时化解社会矛盾，维护社会稳定。

**（四）推进商标公共服务体系建设，努力建成全国商标运作中心**

1. 加快商标公共服务平台建设

在知识产权公共服务平台框架下，加快建设“立足上海、面向长三角、服务全国”的商标公共服务平台，通过市场化机制，开展商标代理，实现商标产业化运作，提升上海商标产业的服务功能。建立专业化的商标数据库，满足企业、社会公众和商标执法监管等各方面的需求，全面提高商标服务社会的水平。

2. 促成国家商标局在上海建立地区总部或分支机构

积极推动国家商标局在上海建立地区总部或分支机构，方便上海及周边地区乃至华东地区企业就近办理部分商标业务，发挥中心城市的功能与作用，进一步促进商标生产要素的集聚和辐射，提升上海服务全国的能力和水平。

3. 筹建上海商标展览馆

在科学合理论证的基础上，积极筹建上海商标展览馆。力争在2015年前建成全国首个公益性、常设性的商标展览馆，全面展示上海商标发展和保护的历史及成果，反映上海商标的文化底蕴及内涵，体现上海商标工作发展的方向和要求，并为各类商标交流、研讨、培训、教育活动提供公共平台，使其成为上海乃至全国商标教育宣传的重要阵地。

4. 充分发挥行业协会和商标中介服务组织的作用

充分发挥行业协会在政府与企业间的桥梁纽带作用和商标信息沟通与服务作用。鼓励行业协会大力开展商标工作的教育培训和商标专题活动，发挥行业协会在商标运作及商标维权方面的指导、协调作用，进一步增强行业协会的服务功能。

引导上海商标中介服务业持续健康发展。推动上海商标中介服务业从单一的注册服务向综合全面的商标中介服务转变。积极引导本土商标中介服务机构通过多种形式和渠道进行资源整合，做大做强。积极引进国内外有影响、有实力的大型商标中介服务机构，促进上海商标中介服务业总体水平提升。

**（五）加强商标宣传教育，营造重视商标发展和保护的良好社会氛围**

1. 广泛开展商标工作社会宣传教育活动

充分发挥电视、电台、报刊、网络等媒体作用，引导企业和社会公众树立“尊重商标、保护商标”的意识。加强对实施商标战略优秀企业和典型事例的宣传报道，大力推广实施商标战略成功的经验，引导企业运用自主商标开拓市场，提升市场竞争力。同时，要及时公布被查处的违法典型案例。坚持每年以“4·26”世界知识产权日为载体，广泛开展各类商标知识讲座、培训、座谈和咨询等活动。选择重点行业和企业开展各种商标宣传推介活动、维权活动。

2. 积极培养和引进商标专业人才

支持制定完善培育和引进商标专业人才的政策措施，为实施商标战略提供有力的人才支撑。积极鼓励本市高等院校开设商标专业课程，培养高层次商标专业人才。通过政府有关部门和行业协会组织专题培训、高校综合培养、专业机构专门培训、企业自主培养等渠道，拓宽商标专业人才的培养途径，重视引进国内外高层次商标专业人才，建立高素质的商标专业人才队伍。

3. 进一步加强商标领域的国际合作与交流

建立完善信息沟通交流机制，加强与国际知识产权组织和有关协会、世界各国知识产权机构、知名跨国公司等的交流与合作。大力开展商标专业人员对外培训交流，提升商标人才素质。加强上海商标保护工作的对外宣传。继续加强与国外商标权利人之间的沟通协调，不断补充完善涉外高知名度商标保护名录，并在服饰和小商品市场继续开展禁止违法销售的专项行动，加大对国外商标的保护力度。

4. 抓住"世博后"机遇实施商标"走出去"战略

紧紧抓住上海"世博后"重要机遇，运用商标手段积极开拓国内外市场，不断提高自主品牌产品的出口比重。加强海外商标注册和维权的宣传、教育和培训，指导企业开展商标国际注册，尤其是马德里商标国际注册，帮助企业有效开展海外商标维权，积极参与国际竞争。进一步落实企业海外商标注册及维权的资金扶持政策等。充分发挥自主品牌建设专项资金作用，支持"龙头"企业、大型骨干企业的商标向国际化发展。

**（六）组织保障**

建立健全市区（县）两级实施商标战略的工作机制和责任机制，明确职责、加强协调、密切协作、形成合力，切实抓好规划和工作落实。

积极推动各区（县）制定实施区域商标战略及相应的工作计划，把实施商标战略工作统筹纳入地区经济发展总体规划中；推动政府有关职能部门齐抓共管，协同配合，综合运用法律、经济、行政、教育、宣传等手段，为商标发展和保护提供政策、资金、技术、人才等方面的保障。

鼓励指导重点商标企业根据自身发展和维护合法权益的要求，制定实施商标战略，提升企业注册、运用、管理和保护商标的能力。引导企业建立商标工作的考核、激励机制，促进企业健康、持续和创新发展。

大力支持行业协会根据各行业特点制定行业性商标建设指导意见，实施行业商标战略，不断提升本行业的有关商标的影响力和竞争力，促进业内相关企业诚信经营、公平竞争。

这是一篇规划性的计划，对2011至2012十年的工作进行了规划安排，属于长期计划。为了讲解方便，选文略去了前面的"背景与前提"部分，只选了计划中"任务与指标""措施与步骤"的主体部分。这一部分采用了"分列式"的结构形式，主体部分把工作目标（即任务和指标）和工作措施（即措施与步骤），用小标题分出两个独立的层次。"工作目标"部分，又将"目标"分解成七个方面内容进行详细阐释，在"工作措施"部分，具体地说明了实现"目标"的六项措施。

## 第四节　写作计划文书需要注意的事项

### 一、要符合有关的方针政策

计划文书的制作，要能充分体现国家的有关方针政策，以及上级决策层的发展目标，和有关指示精神，要符合企业的中期、长期发展规划。否则计划就会失去正确性，或者偏离方向，不能够起到积极的作用。

### 二、要写得具体明确

计划的内容要写得具体、明确。尤其是“任务和指标”部分，一定要写得具体而确实，不能含混不清。“措施和步骤”部分要写得周到、细致、具体，符合客观实际，要有内容、有层次、有条理，以便于在实际工作中依照实行。

### 三、要有侧重点

一般来说，由于作者所处的层级不同，写作计划时，对计划中“三个要素”的写作，侧重点也会不同。管理层的计划文书，通常侧重于“任务和指标”；实施层则侧重于“措施和步骤”；有时甚至可以不写“背景和前提”。但是，不管什么情况，“任务和指标”这一要素都是不可缺少的。

### 四、要经过集体讨论

计划文书制作的程序中，不可缺少的一项内容，是计划要经过集体或群众的研究和讨论，然后才能形成正式的计划文书。这样的写作程序，能够集思广益，避免错漏。通过这个环节，能够把上级的意图和下级的实际情况结合起来，以便充分地调动群众的积极性，发挥集体的力量，最终实现计划目标。

## 思考与练习

一、计划文书有哪些用途？

二、计划的开头部分内容通常从那几个方面来写？

三、计划文书的结构形式有哪些？

四、计划文体的结构是由那些要素构成的？

五、请教实习老师，了解实习任务，自己拟写一篇“实习计划”。先选用分列式的结构形式写，然后再改写成结合式的结构形式写来进行练习。

六、用学过的“计划”文体知识分析后面的例文。

**例文一：**

# 2011年度北京市国土资源工作计划

2011年是“十二五”规划实施的开局之年，做好国土资源管理工作，对于实现良好开局、推动建设中国特色世界城市迈出坚实步伐具有重要意义。重点做好以下六方面工作：

1. 保障土地供应平稳有序，促进经济社会平稳较快发展。

全力确保首都科学发展用地需求。认真做好“十二五”期间土地供应中期计划和2011年度土地供应计划编制实施工作。科学预测、全力保障首都经济社会平稳发展所需的用地需求。加强对投资和消费的引导，合理安排增量和存量建设用地。切实保障重点工程、重大项目的顺利落地。保障中关村国家自主创新示范区等重点发展的功能区和产业带的项目用地。加强“四个服务”，合理安排科教文卫体等社会事业、民生工程所需用地，加大交通设施用地供应力度。确保北京新机场建设用地供应，加快中心城两条新线、地铁6号线、S1号线、8号线二期等轨道建设用地审批。中心城将建设地下交通干道，应积极跟进研究相关供地政策和土地权属管理问题。

积极加强和改善民生。优先优质安排保障性住房建设用地，编制并确保完成政策性住房用地供应计划。确保2011年保障性住房建设用地占住宅用地供应的比例要超过50%，确保保障性住房、棚户区改造和自住性中小套型商品房用地不低于住宅用地供应总量的70%，确保2011年新开工、收购20万套保障性住房用地供应。

继续发挥好土地储备在参与宏观调控、实现城市规划、统筹城乡发展、重大项目落地方面的重要作用。按照“控制新增、消化存量、有效储备、有序供应”的原则，合理确定土地储备开发时序和投资计划，优化土地储备结构、空间布局，完成储备开发投资1 000亿元。有效消化存量项目，保持合理储备库容，力争完成50个重点村中涉及项目、首钢新兴产业基地的储备开发投资。拓宽融资渠道，加强对土地储备资金使用的监管。加速资金回笼，研究市区储备开发贷款偿还机制。尽早研究国务院新出台的《国有土地上房屋征收与补偿条例》对土地储备开发工作的影响。

健全完善宏观调控机制，维护市场平稳健康发展。坚决贯彻中央房地产调控政策措施，进一步发挥市场配置土地资源的基础性作用，进一步加强地价动态监测工作，完善基准地价更新成果，深入开展地价形成机制和应用政策研究。系统总结2010年完善招拍挂出让制度采取的有效措施，合理规范提升为制度性政策。加强市场监管，注重供需双向调节，加大土地市场信息公开力度。探索推进城乡统一建设用地市场建设。

2. 严格保护耕地，有序推进集体建设用地利用，促进率先形成城乡经济社会发展一体化新格局。

健全完善耕地保护制度。着力加强耕地和基本农田保护的长效机制建设。会同有关部门迎接好2010年度耕地保护责任目标考核，按要求完成划定永久基本农田工作。严格落实耕地占补平衡任务，切实保障年度国家和我市重点工程的顺利落地。积极探索建立耕地保护经济补偿机制。加强土地开发整理工作力度，积极推进农村土地整治工作。

积极稳妥推进集体建设用地利用。继续推进征地制度改革。完善征地补偿机制，进一步完善征地补偿区片价，继续推进征地补偿多元化，切实保护被征地农民合法权益。探索缩小征地范围的途径和方式。继续完善设施农用地管理政策，继续研究深化加强土地管理推进小城镇建设的实施意见。合理规范、有序引导在加快郊区城镇化和新农村居民社区建设过程中的集体土地利用。

3. 引导建设用地节约集约利用，促进经济结构战略性调整。

促进土地利用方式转变。根据首都的产业功能定位和发展方向合理安排土地供应的总量、结构、布局，实行差别化的供地政策，引导产业结构向更加符合首都功能定位的方向调整，优先支持战略新兴产业用地。鼓励存量挖潜，合理开发利用地下空间，进一步完善节约集约用地标准并扩大覆盖范围，促进各类产业向园区集中，深化开发区评价成果，为制定开发区管理政策和宏观决策提供依据。全面深入开展国土资源节约集约模范县（市）创建工作。积极破解闲置土地处理难题，促进农村土地集约化使用。

优化土地利用空间布局。土地供应要有利于加快构建城乡一体、多点支撑、均衡协调的发展格局，促进加快形成“两城两带、六高四新”的发展格局。要强化功能定位对区县发展的引导作用。加快郊区城镇化步伐，加强对现状工矿用地和农村居民点的空间整合力度，努力推动区域协调发展。

加大国土资源执法监察力度。进一步发挥土地执法预防和惩戒作用，强化问责制，落实耕地保护责任。加大案件查处力度，加强共同责任机制建设，健全违法违规重点地区的约谈制度，坚决遏止违法违规行为的抬头。加强国土资源卫片执法检查和常规监测，实施长效、广域、动态巡查，把违法用地行为消灭在萌芽状态。利用科技手段严厉打击偷挖盗采、非法开采矿产资源行为。

4. 深化本市地质矿产管理，更好为城市建设服务。

规范矿业权管理。进一步推进矿业权市场建设，提高矿产资源开发利用水平。做好矿山关闭后的环境治理工作，鼓励和扶持山区经济转型。

推广科学应用清洁能源。根据建设低碳城市目标，进一步加强重点地区地热资源综合评价和利用规划工作，加快地热及浅层地温能监测示范项目建设，推进部市共建全国浅层地温能研究推广中心和国家级重点实验室，完善地热能资源可持续利用政策措施和监管机制。

加强城市地质工作。积极推进地质资料信息服务集群化产业化工作。稳步开展城市地质土壤调查与评价工作。加强地质灾害防治工作，落实好防灾应急预案。完成北京平原区活动断裂监测专项地质调查工作。进一步加强地质遗迹保护工作。探索地质勘查行业管理新思路新办法。

5. 加强基础性工作，坚持依法行政，提升国土资源管理水平。

严格规划管理。继续做好建设用地预审工作，严格落实城市规划和土地利用总体规划，加强新一轮规划实施评估。力争上半年完成乡镇级土地利用总体规划审查和上报工作。

加强地籍管理。全面推进农村集体土地确权登记颁证工作。切实做好二调成果推广应用。健全完善土地变更调查新机制。认真抓好《地籍管理办法》贯彻落实。加强对地籍调查测绘市场的管理和规范。积极解决历史遗留土地权属纠纷。进一步做好新生成档案的数字化工作。

提高信息科技水平。严格按国土部"一张图"和国土资源综合监管平台总体建设方案要求开展工作，筹划综合监管信息平台总体框架，尽快将国土资源遥感监测"一张图"数据上图入库。加快推进金土工程二期总体方案和国土资源信息化"十二五"规划的编制工作。加快科技研究成果转化和应用，对局标准化工作进行系统管理。推广普及地球科学知识，积极申报"国土资源科普基地"。完善国土资源统计指标体系，加强数据口径准确性、一致性；推动基层统计工作管理规范化。

提高行政效率和质量。以深化改革为动力，减少前置条件，并联中间过程，充分发挥区县在推进项目中的主体作用，提高行政审批效率。加强国土资源管理依法行政制度建设，加大对抽象行政行为的监督力度。加强复议工作，发挥行政复议在监督行政执法、化解行政争议等方面的作用。充分认识加强国土资源新闻宣传工作的特殊意义，切实发挥新闻宣传和文化建设的特殊作用，为中心工作的开展提供精神动力和舆论支持。确保资金安全、规范、高效使用，保障各项工作合理开支。更加认真细致做好信访维稳工作，化解信访突出问题，维护社会和谐稳定。继续提高行政办公运转效率，建立和完善工作规则和相关制度。继续做好后勤保障工作和老干部工作。

6. 加强党群工作、廉政建设、干部队伍建设。

积极推进学习型党组织建设，认真开展纪念建党90周年活动，深入进行"三进两促"活动，扎实推进创先争优活动，进一步加强基层党组织建设，抓好服务党员干部群众工作。加强机关党建工作的组织领导，组织落实机关党委换届选举工作。深入开展"两整治一改革"专项行动，加强制度建设。深入推进廉政风险防范管理工作，深化和完善惩治和预防腐败体系建设。进一步推动干部人事制度改革，加强领导班子建设。深化落实"三定"方案。编制国土资源系统"十二五"人才规划。抓好干部教育培训工作，做好干部轮岗交流工作，加快干部人才队伍的有序流动和良性循环，促进年轻优秀干部脱颖而出。继续推进国土所标准化建设工作。

二〇一一年八月十一日

**例文二：**

## ××年二季度生产计划

上季度的生产我们取得了非常好的成绩。在公司领导的指导下，对第一季度生产计划完成情况作了认真总结，肯定了成绩，找出了不足，为做好今后的工作提供了重要参考。为使第二季度生产取得更好的成绩，在此基础上同时参照全年的生产计划的任务指标，经过厂内各相关部门研究，制定了今年第二季度的生产计划。

本年第二季度，我们要继续执行年初制定的×成套产品的全年生产计划，在一季度完成的生产任务的基础上，决定到六月末累计完成全年计划的62%。其中，产品产量完成4 570套，成品率为98%；生产剩余材料利用率达到84%。

为了保证完成本季度的生产任务和指标，我们制定了如下的具体工作措施：

**一、重视一线管理者的带头作用，加强生产的组织性**

各工段和班组长是基层生产组织的中坚力量，生产计划完成得如何，他们往往起着决定性的作用。我们要组织基层管理者，尤其是一线班组长认真领会理解生产计划的内容与要求，加深加强计划的任务指标意识，并作为工作的目标，杜绝不利于计划实施的行为发生，有效地组织一线员工圆满地完成生产任务。

**二、调动生产一线员工的生产积极性，齐心协力完成生产任务**

工作中要广泛宣传生产计划，激励生产一线员工的工作热情，增强主人翁意识。鼓励他们发挥自己的工作潜能，协同团结，努力并超额完成生产任务。

**三、继续发挥技术骨干的作用，保证产品的精度和质量**

生产技术是产品精度和质量的可靠保证，我们要继续重视发挥技术骨干的作用，从生产实际出发解决出现的技术问题，提高生产技术水平，确保产品的质量要求。

**四、努力挖掘生产剩余边角料的利用空间，降低生产成本**

剩余边角料的利用率是降低生产成本的直接办法。生产中，要以生产技术人员为核心，在边角料的利用开发方面努力扩大利用空间，把生产成本降到最低。

**五、密切各工段工序的协同配合，提高生产效率**

×成套产品的生产工序多，各工段协调关系比较复杂。因此，我们要致力于各工段工序的协同配合，多组织工段管理人员开协调意见沟通交流会，以提高生产效率。

×公司二分厂

×年×月×日

例文三：

## ××市计算机学会2012年工作计划

在新的一年中，我会将在市科协的领导下，以科学发展观统领全局工作，围绕市委、市政府大局和中心工作，找准定位，发挥优势，求真务实，开拓创新，积极做好为经济社会全面协调可持续发展服务、为提高全民科学文化素质服务。为适应新形势的要求，进一步增强计算机学会的凝聚力，扩大计算机学会在计算机专业及相关专业科技人员中的影响，为本市的信息化建设做出更多贡献，特制订如下工作计划。

### 一、完善学会网站建设

进一步完善计算机学会网站建设，使其成为会员的网上之家，通过完善会员交流管理功能，会员可以借助网站进行信息交流，加强沟通。学会也可以通过网站发布学会工作进展等消息，使会员及时获得学会的运转状况，并提出建设性意见，群策群力，推进计算机学会的各项工作。

### 二、加强与省计算机学会的交流合作

履行与省计算机学会签订的"省、市计算机学会联体合作、携手营运创新发展合作协议书"中的承诺，利用本地资源，推动与广东省计算机学会的合作体制创新，促进双方的交流合作活动和项目合作。

### 三、开展科研、科普和培训工作

在2012年拟召开理事会两次，举办学术交流两次。

1. 智慧农业专题讲座，2012年5月左右，由市计算机学会主办，广东省计算机学会和市科学技术学院协办。

2. 智慧校园建设研讨会，2012年11月左右，由市计算机学会主办，广东省计算机学会和市科学技术学院协办。

另外，科普工作是科技工作者义不容辞的责任，计算机学会将组织会员和企业开展形式多样的科普宣传活动，为普及信息技术知识做出应有的贡献。

学会也将根据企业和市场的需要，举办各种形式的培训班，为本市的信息化建设提供满足企业要求、适应市场需要的IT专业人才。

在新的一年，市计算机学会将在市科协的领导下，在省计算机学会的业务指导下，努力为会员和企业服务，争取把计算机学会建设成为市的优秀学术团体之一。

××年××月××日

# 第二章　总结的写作

总结是对过去一个阶段的工作进行回顾、分析、评价的认识过程，总结的目的，是为今后的工作提供参考和经验。认识是人们行动的先导，一个正确的决策首先要取决于正确的认识。总结过去的工作，可以提高人们的认识水平，掌握工作规律，获得好的经验，以便把工作做得更好。如果把总结这个认识过程用文字表述出来，所形成的文书就叫总结文书，通常简称为“总结”。

在生产企业里，各级管理部门，或生产任务的实施单位，经常会在上一个阶段工作完成后，或者在工作进行一个阶段时，采用总结的方式，对已完成的工作进行回顾、反思，由此获得生产、工作的经验、方法和教训，用以指导下一步的工作。这种工作方式，还常常被作为事后控制的管理方法，以保障生产、工作在正确的轨道上进行。从长远发展来说，总结还是探寻未来的工作方法，和发展规律的重要手段。

## 第一节　总结的性质和特点

### 一、总结的性质

总结文书也称作“××回顾”“××小结”等。向上级提交的工作总结，也称作汇报性总结，因为是向上级行文，于是就具有了公文报告的性质。公文中汇报工作的报告，其主体内容实质上就是一篇工作总结。因为要向上级行文，在总结的标题里，常常要加上“报告”这一构成要素，来表示文种，如：《××的工作总结报告》《××总结报告》等。

总结和计划相反，计划的对象是未来的工作，制订计划的目的是为了把未来工作做得更好。总结的对象是过去了的工作，是对已经完成了的工作进行回顾、反思、评价和分析。在特定条件或前提下，计划文书可以被赋予行政的规范性和约束力。而总结则没有行政约束力，只是通过总结的方法，来发现工作中存在的问题，以提高认识，从而解决问题，或者用来推广先进经验，即使以公文方式来行文，也只是具有汇报工作、反映情况的性质，要解决的只是认识上的问题。

总结文书的观点，要产生于总结对象的客观事实，形成于对客观事实的理解和深刻的认识，不能脱离客观事实去臆造观点。总结文书的材料也是来自客观实际，文中使用的材料要符合客观事实，不可以凭想象编造材料。

**二、总结的特点**

总结的特点主要表现在客观真实性、理论概括性、结构程式性、内容公开性等几方面。

**（一）客观真实性**

客观真实性是总结的特点之一。总结是对已经完成了的工作，进行回顾和客观评价的过程。因此，一篇有价值的总结文书，其内容应该是以工作实践为基础，以客观事实为依据，对实际工作情况作出客观真实反映。基于这一点，总结文书所使用的材料必须是客观存在的，是真实的事实。所采用的数据也都是准确无误、真实可靠的。文书中对过去工作进行的评价、作出的结论，也是要符合客观真实的。

**（二）理论概括性**

理论概括性是总结文书的又一特点。在总结的过程中，要对客观事实进行分析研究、归纳概括，从中找出事物的规律性，以指导今后的工作。总结的写作过程，是一个从感性认识上升到理性认识的过程，要在客观的、感性的材料中，找出基本的、突出的、本质的、有规律性和有代表性的东西来，这是对客观事物进行科学分析，和理论概括的一个过程，在文中要对总结出来的经验与教训，即升华了的认识，做出理论的阐述，以证明其正确性与代表性。

**（三）结构程式性**

总结文书具有结构形式程式化的特点。长期的写作实践，形成了总结文体的一些惯用的格式，例如，工作总结的“倒三角”结构，经验总结的“正三角”结构等，已经成为了总结文体约定俗成的结构形式，写作时要遵守。

**（四）内容公开性**

总结文书具有内容公开性的特点。总结文书是公开的，是可以向外宣传，对外推广和传播的。尤其经验总结，是用来介绍、宣传和推广先进经验的，因此，总结可以通过会议进行学习交流，必要时可以通过媒体来传播。

## 第二节　总结的种类和用途

**一、总结的种类**

总结的种类很多，如果采用不同的划分方法，可以把总结分成不同的种类。但是无论哪一种总结文书，从功能特点来划分，都可以分为工作总结和经验总结两种。要是从语体形式分，可以把总结分为评述体和叙述体两类。

**（一）从功能特点划分**

以功能特点为划分标准，可以把总结分为工作总结和经验性总结。

1. 工作总结

工作总结也叫汇报性总结，是一种可以用来向上级汇报工作的总结文书。在生产企业里，管理层写作的工作总结，一般要针对前期全面计划完成的情况进行总结。实施层写作的工作总结，要针对上一个生产计划，或者工作计划完成的情况进行总结，文中要针对上一个阶段计划的实施过程、完成情况等，进行分析和评价。

2. 经验性总结

经验性总结也叫典型性总结文书。经验性总结的作者，一般是受到上级嘉奖，或者受到舆论好评的先进单位，或者工作先行的试点单位。有时，经验性总结的作者，也可以是自己认为所取得的经验，值得向外推广的单位。经验性总结是一种用来介绍、传播、推广先进经验的总结文书。

**（二）从语体形式划分**

以语体形式为划分标准，可以把总结分为评述体总结和叙述体总结。

1. 评述体的总结

评述体的总结以议论为主，文中的叙述是议论的基础。在结构形式上，常用小标题加序数词和首括句，来分出层次段落。

2. 叙述体的总结

叙述体总结的特点是以叙述为主，也可夹叙夹议。叙述体总结的结构一般按照时间顺序，或者事件发生的前后顺序来安排。有时也使用小标题来划分层次，小标题的作用通常是为了表示时段，揭示事件的内容，表示事物发生的先后顺序等。从文体内容方面说，使用小标题，可以起到提示内容，突出层次等作用。

**二、总结的用途**

总结的用途总体来说有以下几点。

**（一）有助于深入了解情况，对工作进行正确调整**

在总结的写作过程中，首先要对以往的工作进行分析研究，并做出结论，然后才能写作成为文书。这个写作过程，有助于客观真实地掌握工作的实际情况，通过对工作情况的深入分析和研究，能够找出工作中的优点和成绩，缺点和不足，从而提高认识，以便及时地做出工作调整，为做好以后的工作打下基础。

**（二）是了解下级工作情况的一种方式**

在工作实践中，上级往往要通过下级的“工作报告”，来了解基层工作的实际情况，以便正确地指导下级的工作，及时为下级解决工作中遇到的问题与困难，或者把下级的先进经验推广出去，以带动面上的工作。因此，向上级汇报工作情况、提供信息，是总结文书的主要功能。而“工作总结”常常会作为“工作报告”向上级行文，其目的，就是为了让上级能够及时掌握下级的工作情况。

**（三）传播和交流先进经验的工具**

总结文书中的经验性总结，具有介绍、传播先进经验的功能。经验性总结，在文中要写明工作中的做法与取得的成效，并写明从中获得的先进经验，这些先进的经验，是做好今后工作的基础，可以带动面上工作的进步。因此，经验性总结是公开性的总结，所获得的先进经验，可以通过媒体进行宣传，或者通过会议进行交流推广，以更好地发挥其先进作用。

**（四）是下一步计划的背景、前提和依据**

在政府机关和企事业单位的管理中，总结文书是下一阶段工作计划或者生产计划制订的基础和起点，上一个阶段的总结是下一个计划的前提和依据。以前一阶段的工作总结为基础制订的计划，可以使新计划有可靠的基础和客观依据，可以更加贴近实际，更加符合正确的发展规律，使计划更具有可行性。

**（五）对方针政策的检验作用**

一个方针政策的正确与否，需要经过实践的检验。某一方针政策，或者试行的方针政策，在实施过程中，可以通过阶段性的总结，来找出其存在的问题，分析其正确性，总结其普遍的意义，以便做出及时调整，或者推广普及，以求获得最好的实际效果。

## 第三节 总结的写作

总结文体的结构形式，在长期的写作实践中，被约定俗成，并形成了一些惯用的、比较固定的规范，写作时需要遵守。总结文书有一些不同的种类，其文体结构的构成要素也不同。前面我们从总结的功能划分，把总结划分成了工作总结和经验总结两大类，这是在实际工作中常见的两种总结，因此，这一章我们只讲解这两种总结的写作。由于这两种总结的功能和内容不同，其结构要素也不同。下面分别介绍二者的写作方法。

### 一、工作总结的写作

工作总结也称为汇报性总结，是某项工作完成后，或者当工作进行到一定阶段的时候，对已经完成的工作进行总结，而形成的文书。构成工作总结文体的结构要素，包括标题、正文、落款三个内容。

**（一）标题**

工作总结一般采用公文式的标题，构成要素包括名称、时限、内容、文种。写作时，可以采用全部的要素，也可以采用其中的一二个要素，如：名称加文种，时限加文种，或者名称加内容加文种，时限加内容加文种等等，但是不论怎样选择，都不能缺少文种这个要素。

如下面某厂“工作总结”的标题：

## ×公司二分厂二季度生产总结

这篇总结的标题，是由名称加时限，加内容，加文种四个要素构成的。

### （二）正文部分

工作总结与经验总结的正文部分，都是由开头、主体、结尾三个部分构成，但是二者的构成要素却完全不同。工作总结的结构形式如下：

1. 开头部分的写作

工作总结有时可以不用设置开头部分，可以直接写主体部分，进入正题。如果要设置开头，开头的内容，通常是写总结对象的背景或前提，也可以写当初的工作目标，或者所完成工作的重点，用以概述情况。一般来讲，开头的内容比较简要。

2. 主体部分的写作

工作总结的主体部分，通常采用“倒三角”的结构形式来写。“倒三角”结构，就是把事物的时间顺序倒过来，先写过去了的事情，中间写对已完成了的工作的反思，最后写对今后工作的打算；即先写回顾，再写反思，最后写打算。

“回顾”部分，要写的是“做了什么”。“反思”部分，要写明“做得怎么样”，即对过去的工作进行评价。“打算”部分，需要写明对下一步工作的打算，即下一步工作的计划或想法。

（1）回顾部分。回顾部分要写明已经完成了的工作情况，即叙述说明过去“做了什么”，一般情况下，要讲明取得的主要成绩，或者计划完成的情况等等。在写作实践中，通常把“回顾”作为全文的开头部分，其内容占全文的比例较大，要求写得全面详尽。

如上面例文《×公司二分厂二季度生产总结》的回顾部分：

我们二分厂在公司的领导下，认真地落实和执行了全年的生产计划，在超额完成今年第一季度生产计划的任务和指标前提下，全厂员工齐心努力，又超额完成了二季度生产计划的任务指标。其中，产品产量完成4 790套，超计划指标5%；成品率为99.5%，超计划指标6%；生产剩余材料利用率达到85%，超计划指标5%。

这是这篇例文的第一自然段，是回顾部分。在文中，这个部分被用作全文的开头。在这一部分里，写明了总结的背景情况，即第二季度的生产计划完成情况。

（2）反思部分。如果说“回顾”部分是叙述客观事实，说明实际情况，那么“反思”部分，则要对过去的工作情况进行分析和做出评价，通过分析找出工作中还存在的问题或者困难、错误、缺点等，并做出评价。在这一部分里要回答“做得怎么样”的问题。

再如上面例文《×公司二分厂二季度生产总结》的反思部分：

第二季度，生产取得了很好的成绩，成绩的取得，在于我们在工作实践中重点做了以下几项工作：

一、认真执行年初计划，抓好各项计划指标的落实工作。

年初以来，我们一直认真地执行年度生产计划，以完成各项计划指标为工作目标，按照计划的措施和实施步骤做好生产的安排和管理，把计划的任务和指标逐项落到实处。同时做到了工作细致踏实，能够及时排除和解决工作中出现的问题，保证生产按计划顺利进行。

二、领导和技术骨干带头，把好生产流程的每一关。

我们坚持领导到生产一线参加生产，并带领技术骨干解决工作中的具体问题，把好生产流程的每一关。工作中把各级管理人员分工段随班参加生产，保证每一流程的生产质量，提高成品率。起到了很好的效果。

三、确定工作重点，集中力量攻克难题。

由于管理人员工作在生产一线，能够及时发现生产中的问题，这样便可以随时调整工作重点，集中力量攻克工作中的难题。把问题解决在最短的时间内，最小的范围里。

但是，在实际工作中我们还有不足之处，由于技术力量欠缺，不能更好地开发利用生产剩余料，加工精度还有提高的空间。这些都需要我们在今后工作中重视技术人才，加强充实技术力量。有些员工缺少团队意识，说明我们还没有调动全部员工的积极性。以上有待于在今后工作中改进。

这是这篇总结的反思部分，在这里，对完成第二季度生产计划任务和指标的情况，进行了分析，并从三个方面作了总结。通过反思最后找出了尚存在的不足，提高了思想认识，为做好今后的工作奠定了思想基础。

（3）打算部分。“打算”部分的写作，是在“回顾”“反思”的基础上，对今后的工作提出想法，作出初步的安排方案。还以上面例文的反思部分为例：

对于今后的工作我们做以下打算：

一、继续做好生产组织的宣传工作

年初以来，我们尝到了搞好宣传工作的甜头。实践中，我们重视宣传全年生产计划，使生产任务和指标人人皆知，人人心里有数。及时通告生产情况和出现的问题，调动了全体员工的生产积极性，促进了生产，是非常好的工作手段。

二、努力提高生产技术水平

技术能力是完成生产计划的保障，在现有条件下，我们将有目的地组织技术人员以生产为核心确定研发目标，确保成品率和剩余材料利用率的提高。

三、坚持做好领导者的带头作用

榜样的力量是巨大的，工作中全体管理人员到生产一线参加生产，起到了模范带头作用，促进了生产的发展。实践证明这是一个非常有效的工作方法。

四、重视发挥集体力量

生产任务的完成首先是依靠集体力量，在今后工作中我们将致力于打造一支具有先进技术和集体意识的团队，将全体员工凝聚到公司发展的轨道上来，增强使命感和责任感，以一个具有全局意识的、有战斗力的团队迎接更大的挑战。

二〇一六年七月五日

这是这篇工作总结的打算部分，在这里，为今后的工作做出了详细的筹划，做了四点安排，比较具体、切实。

3. 结尾部分的写作

工作总结有时也可以不单独设置结尾段，可以直接把主体的“打算”部分做为结尾。如果要设置结尾部分，那么结尾部分的内容，通常是表示决心，提出号召；形成与开头的呼应，使文章首尾相应、结构完整。

如上面例文《×公司二分厂二季度生产总结》的结尾部分：

回顾过去，我们信心倍增，展望未来，我们干劲十足。让我们团结一致，齐心协力，更好地完成下一个季度的生产指标，为公司的发展贡献更多的力量！

这是这篇总结的结尾部分，是以表达决心，提出号召为内容的。

**（三）落款**

总结落款的内容一般包括：作总结的单位或个人名称，时间。如果单位名称在标题中出现过，落款也可以不写单位名称，只写日期即可。如上面例文的落款只写了时间：“二〇一六年七月五日”。因为此文在标题里已经写出了单位名称，所以这个落款就只写了年月日。

## 二、经验总结的写作

经验总结也称作典型总结。经验总结要通过对具体事例的分析，从中找出具有典型性的先进经验，把在工作实践中获得的正确的工作方法、先进的工作经验上升为理论认识。作为一种认识过程，经验总结的目的是介绍和传播先进经验，从而达到以点带面的效果。如果把这一总结过程写成文书，就是一篇经验总结。

经验总结文书的内容，一般只反映一个单位，一项工作，或某一方面工作的完成情况和取得的经验，不需要做全面的总结。经验总结的作者一般多为第三者。

**（一）经验总结文体的构成**

经验总结的文体由标题、正文、落款三个部分构成。

1. 标题

经验总结经常采用文章式标题。文章式标题也称作新闻式标题，这种标题要求在标题的内容中能够概括文章的主旨。文章式标题与公文标题的区别，是在标题里没有文种这一要素。

如下面一篇经验总结的标题：

**产能未增效益增**

——石钢特钢精品战略显效

这是一个双行标题，正标题揭示了文章的主旨内容，副标题对正标题做了补充说明（关于多行标题，在后面第六章第二节科技新闻中作具体介绍）。

2. 正文

经验总结的正文结构，由开头、主体、结尾三个要素构成。

（1）开头部分的写作。经验总结一般不需要全面地反映一个阶段、或某项工作的内容，所以写作时一般要设置开头，在开头部分里要对有关情况做出介绍。经验总结开头部分的内容，可以用来限制文章的范围，或者说明写作的缘由，或者写经验的由来及意义，还可以概括取得的成绩、介绍基本情况，或者与原先存在的问题进行对比，以说明前后的变化与不同等等。

如上面《产能未增效益增——石钢特钢精品战略显效》（选自《中国工业报》有改动）例文的开头部分：

今年以来河北钢铁集团石家庄钢铁有限公司（以下简称石钢），在市场形势不好的情况下，一直都是满负荷生产，而且订单已经排到下个月。黑皮材去皮后变成银亮材，每吨可多卖15 00~2 000元，今年投产的这两条20~80 mm精品银亮材生产线已成为石钢新的效益增长点。据了解，银亮材二期工程也在紧锣密鼓地筹备中。

银亮材生产线是石钢整体经营情况的缩影，该公司以产业结构调整、产品结构优化和绿色低碳发展为主线，实施差异化特钢精品战略，走专业化、精品化、特色化发展道路。十年来，石钢产能没有增加一吨，却实现了企业经济效益和综合实力的稳步提高，由2002年营业收入28.8亿元，巨变到2011年实现营业收入119亿元，成为国内最主要的特殊钢专业棒材生产企业这是一篇发表在报纸上的报道，也是一篇由第三者写作的经验性总结。这篇总结的开头部分由两个自然段构成，第一自然段介绍了背景情况；第二自然段总括取得的成绩。

（2）主体部分的写作。与工作总结的主体部分不同，经验总结的主体，通常采用"正三角"的结构形式来写。所谓"正三角"，是由做法、成效、体会三个要素构成的结构形式。"做法"，就是写怎么做的，要使用真实充分的材料来写，最好有实例，有数据。"成效"，是写这种做法的结果怎么样，取得了哪些成效，写作时要求这一部分的内容要具体。"体会"，就是在"做法""成效"的基础上，从感性的事物层次，上升到理论层次，把取得成效的个例，抽象为具有典型性的普遍规律，以供大家学习借鉴。

以上文的主体部分为例：

## 普转优、优转特

17年前，石钢还是一个名不见经传的"小普钢"。自1995年开始，石钢不再扩张产能，而是独辟蹊径，走出了一条"普转优、优转特"的结构调整之路。石钢率先以转炉长流程工艺生产优质钢、合金钢，搜索特殊钢生产降低成本、提高生产效率的方法。2002年，与丰田的合作刚启动时，石钢冶炼"丰田钢"的难点在于降低钢中氧气量。石钢主动提出在一年内将所产钢中氧含量由$60\times10^{-6}$降到$30\times10^{-6}$，接受丰田技术专家的7次"会诊"，终于在2003年将钢中氧含量将至$30\times10^{-6}$以下，一举取得丰田的认证，实现了普钢企业向优质钢生产的转身。目前，石钢产品的钢中氧含量已经稳定控制在$15\times10^{-6}$以下，轴承钢的钢中氧含量则将至$7\times10^{-6}$以下。稳定供货10余年，未发生过一起质量异议。

从2005年开始，石钢加快由优钢向特钢型企业转变，重点发展高端齿轮钢、弹簧钢、轴承钢、易切非调质钢等钢种。

2010年3月，石钢加入河北钢铁集团后，结构调整和产品研发进一步提速，努力在"特"字上做好大文章，来打造特钢精品基地，成为集团钢铁主业中具有较强竞争力的特钢板块。

## 三提高一研发

石钢坚持以市场为导向，以"三提高一研发"产品结构调整思路为重心，即不断提高齿轮钢、轴承钢、弹簧钢的质量档次、市场占有率及高端用户比例，重点研发和拓展易切非调质钢。瞄准特钢高端领域，努力向市场前景好、技术含量和附加值高的产品要效益。

石钢坚持用技术创新和技术进步来调整产品结构，拥有石家庄市首批以职工姓名命名的“王强创新工作室”；还开创了技术营销的新模式。去年，石钢技术人员在走访客户时，了解到客户希望寻找一种低温高强度弹簧钢。回厂后，立即成立攻关组，对此钢种进行公关，经过多次实验取得成功。该弹簧钢种可在低温-40度以上环境内正常工作。正是靠此钢种，石钢一举超越日本竞争对手，获得世界最大工程机械制造商卡特彼勒公司的认可，目前，该钢种以实现批量供应。

石钢现已形成多系列、多钢种、多规格的产品体系，产品畅销全国并出口到40余个国家或地区。“高端、高价、高效”高附加值产品比例从2009年的18%增加到目前的57.8%，今年上半年开发新产品36个，创效8 500万元。多项产品分别获得国家冶金产品实物质量金杯奖，圆钢获省名牌产品称号。公司产品，已达到并通过国标、日标、美标、欧标等标准要求，获得丰田、API、卡特彼勒、阿文美驰、采埃浮等多家供应商二方资格认可，以及中国、德国、美国、英国、挪威、韩国等船级社认证。

## 打造绿色石钢

因为石钢地处河北省会石家庄二环以内，寸土寸金在这里体现得更为突出。石钢见缝插针、栽花种树，采取庭院式、园林式布局，以主题雕塑、小品文化见长，成为令人心旷神怡的工业花园。

2010年，石钢积极推进节能减排和厂区环境综合治理工程。2011年3月，被称为钢铁企业污染之源的烧结工序整体搬迁出市区。一年来，拆除旧建筑物面积5万多平方米，休整道路4.5万平方米，整治管线3.3万多平方米，新增绿化面积11万平方米。东、西两个职工生活服务区相继建成并投入使用，为职工的洗浴、更衣、洗衣、餐饮提供了极大的便利。目前石钢的污染物排放量消减80%以上，绿化率达到45%；吨钢综合能耗实现585 kg标准煤，吨钢耗新水3.39 t，远低于国内水平；吨钢烟尘排放量降低到0.45 kg以下，吨钢$SO_2$排放量降低到0.25 kg以下，以进入国际先进行列。

目前，石钢各种实时变化的生产、订单、物流、能源的数据。与其他企业的能源中心相比，石刚自主设计的管控中心增加了订单、物流环节的管控。这里就像一个指挥部，24小时的管控，实现了生产监控、物流管控和能源运行的集中管理和清洁生产，工序匹配能力大大提高。

石刚不仅要使环境变绿，秩序变好，还要生产绿色产品，从根本上打造绿色钢企。被称为绿色钢中的非调制钢是许多国家政策扶持的环保型更高端钢种，逛泛用于汽车、工程机械的关键部位。石钢公司承担了国家“十一五”科技部支撑计划中的“转炉——连铸工艺生产非调制钢关键技术”专题项目，几年来，逐步形成了低成本、高效率的以转炉——连铸工艺产高品质易切非调制钢的关键核心技术，开发出了轿车轮毂轴用钢，汽车半轴用钢、汽车前轴用钢、汽车发动机活塞用钢等一系列高洁净度、高抗疲劳的非调制钢。

这是例文的主体部分，由于这篇经验总结的作者是第三者，所以没有写“体会”，只写了“做法”和“成效”。文中采用了“纲目式”的结构形式，其中把小标题“做法”作为纲，小标题下面的内容，写明这种做法取得的具体成效，并以此为目。这篇经验总结层次清楚，内容具体明白。

(3) 结尾部分的写作。经验总结文书的结尾与工作总结一样，可以不单独设置结尾，常常把“体会”部分直接作为结尾段。如果一定要设置结尾的话，主要是起文体的结构作用，使首尾呼应。结尾的内容通常是表明态度，提出号召等。

3. 落款

经验性总结的落款与工作总结一样。上面的引文因为是一篇刊登在媒体上的报道，所以没有落款。

**（二）经验总结主体部分的结构形式**

经验总结主体部分采用“正三角”的结构形式，其中“做法”“成效”“体会”三个要素，构成了相互关联的三个部分。在写作实践中，对三个要素的结构设置，有三种惯用的安排方式，具体如下。

1. 单列式

单列式就是只写“做法”一个内容，或者侧重写“做法”，在对“做法”的叙述中，有时可以加进效果的介绍。

2. 并举式

并举式要求文章的主体部分，要把“正三角”的三个要素至少写两个。这样，三个要素便有这样几种构成方式：做法加体会；做法加成效；做法加成效加体会，这种写法能够使各要素成为一个独立的部分，有利于使各要素的内容分别得到表述。

3. 纲目式

纲目式就是在文中采用小标题的方法，把全文内容分成层次，以小标题为纲，层次下面的内容为目。写作时，可以把“体会”作为纲，揭示层次的主旨内容；把“做法”作为目，写明层次的具体内容；或者以“成效”为纲，“做法”为目。钢目式的结构，能够使各层次的内容醒目，能鲜明地表达作者的观点，突出主体内容，便于读者阅读。

上面引用的《产能未增效益增——石钢特钢精品战略显效》的例文，其主体的结构形式，就是采用了并举式的结构形式，同时也是纲目式的结构。文中把做法作为纲，以小标题形式表示出来，把取得的成效作为目，逐项写明。

## 第四节 写作总结文书需要注意的事项

总结文书的写作，是一项繁重的工作。一篇总结文书，往往不是由作者一个人独自写出来的，写作的过程需要多部门、多单位配合，需要他们提供材料和参与修改。文书完成后，还要能够在本单位的群众中通得过。一般来讲，写作总结文书通常需要做到下面几点。

**一、要扩大视野，了解专业知识**

写作总结文书，要用全局视野来拓展思维的高度和广度，要站在更高层次上，从纵向与横向的角度，全方位地看待问题，分析问题。要把本企业、本单位的生产情况，放在同行业和全局中来分析评价，最大程度地发挥总结文书参考价值的作用，以及推广先进经验的作用。促进思想认识的提高，帮助做好今后的工作。写作一篇好的总结文书，必须要掌握一定的专业技术知识，熟悉本企业的生产技术和管理业务。这样才能客观地反映实际情况，对事物做出有一定深度的分析研究，写出具有专业特色的总结来。

**二、要客观实际，坚持实事求是**

从客观实际出发，尊重事实，是写作总结文书的基本原则。首先，作者自身要深入实际，掌握生产工作的全面情况，才能获得第一手材料。占有了大量的第一手材料，才能做到客观地看待问题、分析问题，从而写出好的总结文章来。其次，要坚持实事求是的态度，避免把总结文书的写作，变成为顺应领导的意志、看风使舵、追赶形势、哗众取宠的汇报材料。

**三、要观点明确，合理使用材料**

写作总结文书要避免堆砌材料，避免文中缺少分析和评价。只靠堆砌材料写成的总结，会使文章的中心思想模糊不清，文中的观点失去支撑力。一篇好的总结文章，应该是材料的使用安排要合理，观点和材料要统一，要使文章的观点明确，重点突出。对于那些原始的，琐碎事例的材料，以及数据指标的材料，要进行分析评价，建立起材料与观点之间的内在联系，以使观点得到充分的证明。

**四、要依靠集体力量，广泛征求大家意见**

企业单位写作的总结文书，内容涉及企业方方面面的工作，作者仅凭一己之力往往难以独立完成写作，要对写作工作做出统筹安排才行。在写作总结文书的工作程序中，需要协调一些相关的部门和单位，以充分地获得写作材料。还要深入到生产一线去了解情况，获取第一手材料。按照写作程序进行，是写作总结文书的实践基础。作者要亲自参加到实际工作中去，掌握第一手材料。文书形成后还要广泛征求大家意见，让他们提出修改建议，以保证写成的总结文书观点正确，有实用价值，能够对今后的工作有指导作用。

## 思考与练习

一、说明总结文书的性质和特点。

二、总结文书的用途有哪些？

三、什么是工作总结？

四、什么是经验总结？

五、解释什么是“倒三角”、“正三角”结构？

六、写作总结文书需要注意的事项有哪些？

七、用学过的总结文体知识分析后面的例文。

**例文一：**

## 2011年××市机械工程学会工作总结

2011年是我国十二五计划开局之年。一年来，我会在××市科协和省机械工程学会的领导下，始终坚持为广大会员服务的方向，积极开展多项活动，不断提高学会凝聚力，促进学会的发展。

### 一、一年来的主要工作

**（一）积极开展学术交流活动**

今年，我会改变了已往的开展学术交流活动的方式，不再是组织会员坐在课堂上一个个照本发言，而是深入企业，通过观看车间现场、听取企业介绍、阅读相关资料等活动后，然后就当中某一个大家共同关心的问题，展开发言议论。发言的内容，既有产品在设计及制造工艺上的专业技术问题，也有企业现代管理学方面的学术问题。我会先后在市水泵厂有限公司、市恒力泰机械有限公司、南海银象焊接技术有限公司、市泰格威德机电设备有限公司采用这种形式召开了四场学术交流会。

**（二）开展市船舶与配套产业调研活动**

我国是世界造船大国，广东是我国造船大省，广州是我省造船的核心基地。有造船，就必然有配套。本市毗邻广州，“广州造船，本市配套”是广×两地经济发展一个极其难得的合作机遇，也将为我市机械制造企业带来难得的商机。今年5月，在市科协的领导下，成立了《市船舶与配套产业调研》课题组，课题组由我会副理事长、驻本市大学副校长范彦斌教授、博士任组长，会员由我会专家、市船舶行业协会及省相关部门专家组成。课题组学习了国家相关政策，查阅了大量国内外船舶工业的资料，发放了近20份调查问卷，深入10多家企业调研，召开了20多次企业座谈会、研讨会等会议，考察了本市周边和省外城市，历时4个多月，《市船舶与配套产业调研报告》10易其稿，最终完成。调研报告对市船舶及配套产业的发展优势、存在的薄弱环节、面临的机遇和挑战作了全面的分析，提出了市船舶与配套产业的发展思路和建议。报告将作为2012年市两会的一份提案，为政府决策提供咨询和建议。

**（三）继续开展机械工程师认证的培训工作**

机械工程师认证工作是与国际接轨的一项常规性工作。国际上，众多国家的机械工程师的资格认证都是由本国的机械工程学会审查确认的。今年，是我会开展此项工作的第7个年头。由于宣传发动工作深入细致，今年报名参加学习的学员比去年大幅增加，共有42人，是去年人数的一倍，也是全省报名人数较多的地区之一。去年，机械工程师认证的全国统考第一次在我市设置考场，由于我会配合省机械工程学会做好考场的各项工作，圆满地完成考试任务。今年，全国统考继续在我市设置考场，中国机械工程学会派员亲临考场视察，对我市考场的工作表示满意。

按照中国机械工程师认证的有关规定，科技人员在取得机械工程师认证资格后，每隔3年，其资格证书要进行再注册。今年，我会有9名机械工程师在我会指导下，顺利通过了再注册。

**（四）开展了我市机械工程系列的中、初级技术职称的评审工作**

长期以来，我国的专业技术人员的职称评审工作是由各级政府的人力资源和社会保障部门负责的。这项职称评审工作与上述的机械工程师认证工作是同一个问题的两条路径。机械工程系列中的中、初级技术职称的评审工作几年前已下放给市科协负责。去年，我会积极协助市科协开展机械工程师的职称评审工作，较好地完成了评审任务。今年，市科协继续委任我会开展这项工作。今年申报职称的科技人员比去年多，共有52人申报中级，42人申报初级。我会积极做好评审委员会会前的各项准备工作，认真组织好评委会会议。13名评委严格按照评审条件，细心地审查各种资料，公正地评价每一位申报人的任职资格，地顺利完成评审任务，得到市科协的认可。

**（五）继续办好《×市机械》杂志**

今年，《×市机械》杂志如期编印了四期（季刊），杂志质量不断提高，发表了论文10篇，免费为会员企业刊登宣传广告4篇，提高了杂志的影响力。

**（六）积极开展各类培训活动**

今年我会主要开展了两类培训活动。一是继续教育培训活动。为了不断提高广大科技人员的素质，及时更新他们的专业知识，国家有关部门规定，科技人员每年必须有72学时以上的继续教育活动，并以此作为科技人员晋升专业技术职称的必备条件。为此，我会举办了一期《优化设计》培训班，15名学员参加了学习，既满足了学员申报职称之需求，也学到了新知识。二是为企业农民工的就业技能培训牵线搭桥。根据市政府人社局的文件精神，为了提高企业农民工的就业技能，企业的农民工可以免费参加一次就业技能培训，培训费用由政府承担，具体的培训工作由有资质的社会培训机构实施。为了利用好这项政策，我会向各会员单位做好宣传发动工作。会员单位根据自身企业的实际，积极报名参加培训。我会会员单位以申报焊工、电工的培训居多。我会将申报人员的名单分门别类推荐给相关的培训机构。

**（七）充实网站内容，搞好网站建设**

几年前，我会建立了一个网站，并将其挂靠在市科协的网站内。为了更好发挥该网站的作用，今年我会进一步充实完善网站的内容。网站内既有学会的简介、章程、理事会组成名单，也有会员单位的简介，包括单位的主要业务、产品照片、联系方式等。此外，我们还将我会办的《×市机械》杂志放在网站内，会员们通过网站也可以阅读这份刊物。若有单位或个人要求加入我会，也可以在网上申请登记，操作十分方便。

**（八）热心为会员办实事**

（1）帮组企业引见政府相关部门的人员，向政府有关部门咨询企业需要的政策内容，解答企业的疑难问题。

（2）利用我会的人脉资源，为会员企业拓展市场份额跑业务，或为企业寻找和介绍合作伙伴。

（3）为会员企业物色推荐人才。

（4）及时向会员企业传递市场信息和动态，供企业决策作参考。

## 二、存在问题

（1）学会活力不够。主要是思想不够解放，缺乏创新思路，没有新的突。

（2）开展活动不多。主要是学会人力有限，资金有限，常常是有心无力。

## 三、明年的工作设想

一是开展对会员单位的走访活动，深入了解会员单位的需求，有针对性地为会员服务。二是积极组织学术交流活动，开设多种形式的讲座，提高会员的专业学术水平。三是开办多种培训班，包括机械工程师认证培训班、继续教育培训班、各技术工种培训班等，满足会员多层次的需要。四是办好《×市机械》杂志，提高其影响力。五是做好机械工程师职称评审的宣传工作，让广大科技人员知道机械工程师的评审工作已由市人社局委托市科协负责，具体由我会实施，让广大科技人员明年积极到我会递交申报材料，申请评审机械工程师任职资格。（此文摘自网络）

**例文二：**

# 发展集团探索科技成果产业化新体系

中关村发展集团（简称发展集团）自成立两年多来，至今已储备了重大科技成果，成果产业化项目687个，投资落地项目153个，投资合同额19.09亿元，带动其他投资111亿元，项目达产后预计实现产值过千亿元。在中关村创新平台统领下，集团通过代持政府统筹资金并运用自有资金，创新工作方法，实现了国有资本以股权方式投入，形成了科技成果产业化工作新机制，促进企业成为技术创新主体，培育壮大高端产业。

## 挖掘产业化项目

面向重大项目和重要科技成果主要来源渠道，聚焦大院大所大学、聚焦央企和军民融合项目、聚焦国内外有影响力的高端人才和高端项目，发展集团重点关注技术先进性、知识产权独立性和市场需求可行性，建立成体系的项目挖掘和培育机制，初步形成了七类可持续的项目发掘通道。

其中，通过与中科院、清华大学、北京大学等30余家院所高校建立市场化的项目合作关系，发展集团探索出了项目快速转化的新模式，共支持院所高校的转化项目34个，“千人计划”、“海聚工程”、“高聚工程”等高端领军人才项目27个。

此外，发展集团还与国机集团、航天科技集团等央企和军工企业广泛开展项目对接，逐步形成机制，吸引其重大项目和重要科技成果在京落地转化。与创投机构、知名投资人和各类孵化器等密切合作，深挖有成长潜力的好项目，参与发起成立中关村创业投资和股权投资基金协会并出任会长单位，融入示范区投资人体系。

在引进国外项目方面，发展集团也取得了突破。引进自美国的2011年全球十大创新药“癌症干细胞靶向药物”项目已在京注册落地。集团推动成立的中以（色列）、中芬（兰）技术转移中心等，成为吸引国外前沿项目的转移和孵化平台。

## 引领机构“跟投”

作为新元素，发展集团进入科技投资领域，体现出引领带动作用，国有资本特别是财政资金的放大作用十分明显。

利用品牌号召力和专业特点，发展集团有力地带动了其他投资机构“跟投”。据了解，发展集团联合宽带资本等7家投资机构，组成了“资本群”，投资云计算产业。而在投资兆易创新项目后，华山资本等创投也跟进投资1亿元。

发展集团还参股设立子基金16只，总规模64亿元，资金放大倍数12倍。通过组织银行、担保机构，对集团投资项目实行“跟贷”、“跟保”，形成“投保贷”一体化支持。

为重点支持中早期项目，发展集团推动设立了小微科技企业专项投资资金，发挥国有资本支持科技创新的特有作用，所投企业中，处于成长期和初创期的占91%。

## 投资产业集群

在中关村示范区的规划中，到2020年，将形成2~3个具有技术主导权的产业集群。

围绕产业集群培育目标，发展集团遴选战略性新兴产业重点领域高成长企业，进行覆盖产业链关键环节的集群投资，密切上下游企业间的关联度，已集中投资物联网、云计算、智能交通、北斗导航等产业集群企业共30余家。

在实际工作中，发展集团还积极推动企业并购重组，通过培育龙头企业带动产业发展，确保了行业第一位置。

通过成立专项工作组，发展集团集中力量挖掘有影响力的大项目，已遴选出芯硕半导体核心装备、理工亿普专用处理器等5个项目予以重点跟进。

## 促进产业和区域发展

发展集团作为市政府统筹资金的代持机构，加强产业发展规律和趋势研究，建立一支具有宏观视野和强烈“技术偏好”、熟悉市场规则的投资队伍，按照专业投资机构标准建立项目评估、筛选、决策、投后管理规程，进行专业化操作，实现了政府产业扶持资金的可聚焦、可评价、可放大、可循环。

根据企业需求创新投资方式，发展集团目前已形成了以股权投资为主，灵活运用委托贷款附认股权、知识产权共享等多种投资方式组合，并成立知识产权商用化公司，具备了覆盖企业不同成长阶段的专业投资服务能力。

两年多来，集团所投企业发展态势良好，产业化速度加快，2011年营业收入和利润平均增幅超过25%，远远超过行业平均水平。

目前，一批技术研发型项目在国际和国内取得了重大突破，如天智航公司完成了骨科机器人研发，成功获得医疗器械注册许可证；国智恒公司的“北斗卫星授时系统”产品已进入国家电网和石化系统，并作为中美高层领导对话合作项目进入了美国电网系统。发展集团所投资项目实现了战略性新兴产业和“一区十园”的全覆盖，对产业发展和区域经济起到了良好的促进作用。

（选自2012-10-27《中国科学报》；有改动）

# 第三章 人事管理文书的写作

人事管理文书，是指企事业单位人事管理部门常用的，对员工进行评审、存档的一些文书，个人求职、晋级、参与竞选、评优等活动使用的文书，也属于人事管理文书。本章主要介绍在企事业单位人事管理中，用于个人提交的，几种常用人事管理文书的写作知识，如自我鉴定、个人简历、应聘书和求职信等。

## 第一节 自我鉴定的写作

自我鉴定，是本人对自己在一段时间里的工作、学习等表现情况做出的总的评价，是个人向人事部门提交的，具有自我介绍性质的一种文书。

### 一、自我鉴定的特点

#### （一）内容的概括性

自我鉴定的内容，需要对自己各个方面的表现情况进行评价，不但在面上涉及得广，还要写得深刻；不但要写优点，还要写不足。而一般来讲，自我鉴定使用的字数，限定在四百字左右。这就要求写作自我鉴定时，对自己在各方面的表现情况，要以很短的篇幅，来概括地写出来。

#### （二）语言的高度凝炼性

自我鉴定要写明自己在政治思想、工作态度、业务能力、工作成绩等几方面的表现情况，内容多，篇幅小，要在有限的篇幅里写这么多内容，就要求语言运用要有高度的凝炼性，要以最精炼的文字，来写明上面几个方面的全部内容。

#### （三）语体的评论性

自我鉴定的语体属于评论体，语言运用要以评论为主，全篇都是对自己的评价。语体的评论性，使自我鉴定文书具有了观点多，材料少；评论多，叙述少；只重议论，少有叙述说明的语言特点。

### 二、自我鉴定的用途

#### （一）为单位或组织了解自己提供依据

在企事业单位的人事管理中，自我鉴定通常会保存在个人的档案里。自我鉴定是自己对自己的评定，应该是比较符合事实的，也是比较准确的。因此，自我鉴定就成为企业或组织了解自己的可靠依据。

**(二)对自己今后的工作具有促进作用**

写作自我鉴定的过程,实际上也是自己对自己工作表现情况的一次检查。在找出自己做得好的优点时,还要找出自己的不足,或者需要改正的地方。这一自我省察过程,可以促使自己在今后的工作中,发扬已有的成绩,改进存在的不足,提高自己的主观认识,为做好今后的工作奠定思想基础。

**三、自我鉴定的种类**

因为每个人所在的企业、单位、组织的性质有所不同,每个人的身份也各不相同,写作自我鉴定的目的,也不是一样的,于是不同的管理方式、不同的作者、不同的写作目的等,就形成了不同种类的自我鉴定。

下面介绍在学校和企业里,经常需要写作的几种自我鉴定。

**(一)毕业生自我鉴定**

毕业生自我鉴定,是学生在学校学习期满毕业时,需要写作的一种自我鉴定。文中要对自己在校学习期间的各方面表现,做出客观的评定。

**(二)实习生自我鉴定**

实习生自我鉴定,是学生在实习结束后,经常写作的一种自我鉴定。文中要对自己在实习期间的各方面表现,做出客观的评定。

**(三)企业员工自我鉴定**

企业员工自我鉴定,是企业或其他组织的在职员工,为了建档、晋职、评优等目的而写作的一种自我鉴定。是对自己在一定时期,或者一个阶段的工作中各方面表现情况做出的客观评定。

**(四)先进工作者自我鉴定**

先进工作者自我鉴定,是写作者被企业或组织评为先进个人时,写作的一种自我鉴定。上面的"企业员工自我鉴定"中,为"评优"写作的自我鉴定,也属于这一类自我鉴定。先进工作者自我鉴定,是对自己在特定阶段里的工作表现,做出客观的自我评定。

**四、自我鉴定的文体形式**

自我鉴定的文体形式通常有两种,一种是由自然段落构成的并列式结构形式,一种是采用序数词来表示层次结构,所构成的条文式结构形式。

**(一)并列式**

并列式就是除开头外,主体部分把优点和不足两方面的内容,分为两个层次,层次间的内容形成一种并列关系的结构形式。

如下面一则自我鉴定的例文:

## 自我鉴定

本人于2012年12月参加工作，2014年开始在公司数控车间任技术员。

在工作中，本人热爱祖国，遵守公司的各项规章制度，团结工友，待人诚恳，尊敬师傅，服从工作安排。工作认真负责，刻苦钻研技术，熟练地掌握了数控加工生产技术。在2014年评比中，被公司评为技术能手，被车间评为先进工作者。

实际上自己还存在不少缺点，突出地表现在，与周围工友进行工作上的沟通交流还少一些。在今后的工作中一定要改正自己，和大家共同做好生产工作，为公司的发展发挥更大的作用。

赵××

二〇一五年一月十二日

这是一篇并列式的自我鉴定。除开头一自然段外，主体部分将两个层次的内容，用自然段的形式并列地排列出来，每个层次各是一个自独立的部分。

**（二）条文式**

条文式，就是主体部分的结构形式，采用在各项内容前面，冠以序数词的方式，分条列项地进行说明的一种结构形式。

如下面的例文：

## 自我鉴定

本人于2014年1月到公司工作，半年来在公司任保安员，现任公司保安处×班班长。总结半年多的工作，给自己作如下评价：

一、政治上要求进步，能够积极参加公司的各项政治活动，在2015年，被公司党组织吸纳为党的积极分子。

二、认真学习公司的各项规章制度，工作中业务熟练，原则性强，爱岗敬业，遵章守纪。

三、对待工作认真负责，时间观念比较强，很好地完成了工作任务。六月份被公司任命为保安处×班班长。

四、在工作中自己还有一些缺点，需要改正，争取带好全班员工，更好地完成保安工作任务。

李××

二〇一五年六月十日

这则自我鉴定除了开头以外，主体部分采用了条文式的结构形式。文中采用首句冠数词的方法，把各方面的内容逐项地写出来。条理清楚，简洁明确。

## 五、自我鉴定的写作

自我鉴定的文体结构，由标题、正文、落款三部分构成。

### （一）标题

自我鉴定的标题，通常由对象与文种两个要素构成，即直接采用“自我鉴定”即可。其中“自我”是鉴定的对象，“鉴定”表示文种。

### （二）正文

自我鉴定的正文由开头、主体、结尾三部分构成。

1. 开头部分

自我鉴定的开头部分，一般要写明：作自我鉴定者参加工作的时间，工作职务、承担的工作任务、工作内容等情况。

如下面例文的开头部分：

本人自2013年1月参加工作以来，一直在公司×车间流水线工作。现任车间主任助理，甲班班长。

这篇自我鉴定的开头部分，写明了自己参加工作的时间，职务，任职情况等内容。

2. 主体部分

在主体部分里，要写明在这个工作时限内，自己的政治思想、工作态度、业务（或技术）能力等方面的表现情况。对于自我表现，要兼顾优点和缺点（不足）两个方面。

如上面自我鉴定例文的主体部分：

一年来，我拥护中国共产党，爱公司，爱集体，服从领导，团结工友，踏实工作，认真负责。带领班组全体员工超额完成了全年的生产计划，并且被公司评为红旗班组，本人也被评为公司年度劳动模范。

在工作中，对班组工作还存在着不细心、甚至有时还缺一点儿耐性的缺点。在今后的工作中一定要努力改正。

这个主体部分分为两个层次，采用了并列式的结构形式。两个层次的内容，分别写明了优点与成绩，缺点与不足。写得简练，概括性强。

3. 结尾部分

自我鉴定的结尾不是必须要写的，有一些自我鉴定文书，常常把主体内容即“存在的不足”的部分，直接作为结尾。也有一些自我鉴定文书，单设一个结尾段，在结尾部分里，写明自己今后工作的努力方向，或者表示做好今后工作的决心、态度等。如果设置结尾的话，不要写得太长，几句话即可。

如上面例文的结尾部分：

在今后的工作中，我决心努力钻研技术，做好生产一线的好带头人，为公司的发展多做贡献。

这个结尾简要明白，表达了做好今后工作的决心和态度。

**（三）落款**

自我鉴定的落款内容，包括名称（作者签名）、写作时间两个要素。

如上面例文的落款为：

王晓文

二〇一三年三月十五日

**六、写作自我鉴定需要注意的事项**

**（一）真实地写出优点和长处**

在自我鉴定中，要真实地写出自己的优点、长处、取得的业绩等等。对自己优点和长处，要实事求是地写出来，切忌夸大，也不要“含蓄”和吞吞吐吐。

**（二）客观地写出不足或缺点**

一个人，无论在工作中取得了多少成绩，如果通过细细检查，还是会发现自己存在着不足之处，优点再多，也还是会存在缺点的。在自我鉴定中，对存在的不足或缺点要敢于写出来，既不要遮遮掩掩，也不要把自己写得一无是处。对待缺点和不足，要有一个正确的态度。

**（三）内容要全面、深刻、有分寸**

自我鉴定的内容，要求能够对自己进行全面评定，同时还要突出主要方面，以保证有一定的深刻性。在评价自己的优缺点时，要客观、准确，不要过分地夸大，也不要过于缩小，要有一定的分寸。

## 第二节　个人简历的写作

个人简历是个人求职时，需要提交的书面材料之一。是用来向用人单位表明，自己具备的条件，能够满足意向工作所要求的资质、能力，以及用人单位其他要求的一种文书。

现在，大多数在校生在毕业前，都曾进入企业实习，或者参加了各种形式的社会实践活动，这为以后自己谋求一份理想的工作，创造了很好的条件。而写作一篇好的个人简历，是在校生正式走向社会、选择理想的就业岗位必须要具备的写作能力。实践证明，一份好的个人简历，有如一块迈上人生成功之路的敲门砖，或者至少能够保证自己成功地得到面试的机会。对求职者来说，写一份好的个人简历是非常重要的事情。

## 一、个人简历的特点

### （一）工具性特点

个人简历文书，要写明自己能够满足所求工作对知识、能力、技术、经验、品质等要求的内容。向求职的意向公司、单位提交个人简历，实质上就是进行自我推介、自我营销。求职者写作简历的目的，就是要向用人单位说明，自己就是他们所需要的人。所以，一篇好的个人简历，要能够有目的、有重点地向用人单位推介自己，并应该把这一要点作为写作个人简历的准则。实际上，用人单位往往不是在寻找最优秀的人，也不是招聘最聪明的人，而是在选择最合适的人，从这个角度说，个人简历是一种推介自我的工具性文书。

### （二）个性化特点

作为一种文书，个人简历虽然有一些惯用的格式要素，如“个人信息”“求职意向”等等，但却没有固定的文体形式。由于每个人的自身条件不一样，求职意向、目标也不同，这就需要个人简历能够具有个性化，以实现最佳的求职效果。经实践验证，千篇一律，没有明确的求职目标，不能体现出对特定的职位、特定的企业、特定的单位、特定的行业等，有针对性内容的个人简历，往往会遭遇求职的失败。一篇好的个人简历，应该是具有个性化特点的，能够以个性化引起用人单位注意的，所以个人简历的写作，最忌讳“一篇”简历打天下，或者在网上下载个人简历，改成自己的名字，变动一下内容，然后满天飞。

在实践中，很多人通过为自己设计具有个性化的简历，赢得了用人单位的注意。他们根据用人单位的不同情况，来制作各种形式的个性化简历。比如某公司招聘的是公司文秘人员，正好应聘者书法比较好，于是便采用了手写的形式，设计了一份个人简历，结果引起了招聘单位负责人的特别注意，获得了面试的机会。还有的人，把自己的经历设计成用人单位的产品说明书，从而获得了用人单位人事部门的好感。不过，为了稳妥，个人简历还是应该在内容上下功夫，以避免弄巧成拙，如在设置简历内容的时候，通常把所求职位的要求，与自己所具备的条件相对应，分别明确地表达出来，这样会更简洁，使读者一目了然。

### （三）真实性特点

简历的内容一定要真实，不可以为了使自己的资历富有“含金量”，来编造资历、夸大自己的技能，或虚构自己曾获得的成果，更不要脱离实际，满口胡说。简历的真实性，体现了个人的道德品质，也决定着求职的成败。我们强调个人简历的写作技巧，是在真实的基础上，来提高个人简历的写作水平，让用人单位能够充分地了解自己，认识到自己的价值，以此来努力获得面试机会，乃至求职成功。而不是为了显示自己的优越条件，而弄虚作假，去欺骗别人。

**（四）简约性特点**

简历不同于履历，履历是人事管理部门作为个人存档的材料，需要详述，要注重细节；简历则是写给用人单位看的，要求简洁明了，连贯通顺。因此，如果自己的经历不是很丰富，那么简历的篇幅尽量不要超过一页，要使用非常简约的语言来概括内容，对于没有针对性的内容，以及不必要的内容要尽力简化，甚至去掉不写。外表感观“简洁”，“内涵”丰富，才是写作个人简历的最高境界。

## 二、个人简历的用途

**（一）向用人单位提供个人信息**

通过个人简历来了解求职者的情况，是用人单位选聘人才的通行方式，用人单位一般是通过审阅个人简历，来对求职者进行初步了解的。而载有个人信息的个人简历，正好为用人单位提供了这样一个便捷平台。个人简历是用人单位与求职者之间相识的桥梁，求职者借用个人简历这一形式，向用人单位展示了对自己的第一印象。

**（二）是求职文件的重要组成部分**

在求职文件中，一般包括个人简历、求职信、应聘书等材料。在实际的求职过程中，经常要将求职信和个人简历，或者应聘书和个人简历组合在一起，作为求职文件。有时，求职者在与用人单位，通过某种方式已先期取得联系的情况下，用人单位只要求求职者寄上一份个人简历，根据这种实际情况，在求职实践中，个人简历也经常被用作求职材料，来直接使用。

## 三、个人简历的类型

个人简历的类型，是指对格式要素做出不同的安排设计，而形成的几种不同形式的个人简历。不同类型的个人简历，适用于不同的求职需要，可以满足求职者自身的情况和喜好。

下面介绍三种类型的个人简历以及写作方法。这三种个人简历，是在国内向中国企业求职常用的类型。

**（一）时序型**

时序型的个人简历，是逆时序地安排自己的学习或者工作经历，并逐条进行说明的一种个人简历类型。这种排序方法，能够显示出自己持续向上的学习成长过程，和工作技术的进步与技能长进的经历。应届毕业生如果选择写这种类型的个人简历，自身条件应该适合于以下情况：

（1）所申请的工作职位比较符合自己的教育背景，自己有过类似的实习，或者实践的经历。

（2）有在同类，或相似的企业实习的经历。

（3）在实习过程中有很好的表现，并取得了某些成绩。

时序型简历的写作，需要对教育经历、实习经历、实践活动、获奖情况等几个内容要素，按照逆时序的方法来安排自己的经历过程。

如下面一份时序型个人简历的例文：

……

<table>
<tr><td colspan="4">教育背景</td></tr>
<tr><td>2015年7月</td><td>××大学成人教育学院毕业</td><td>电子专业</td><td>本科</td></tr>
<tr><td>2013年6月</td><td>××高等职业技术学院毕业</td><td>机电专业</td><td>专科</td></tr>
<tr><td colspan="4">实习经历</td></tr>
<tr><td>2011年10月至2012年1月</td><td>××公司机加工车间</td><td colspan="2">实习数控车床操作，担任代理生产班长。参与×进口型数控机床的程序维护。做××产品组合配件的生产工作，产品全部合格。</td></tr>
<tr><td>2010年10月至2011年1月</td><td>××公司××生产线</td><td colspan="2">实习。</td></tr>
<tr><td colspan="4">实践活动</td></tr>
<tr><td>2012年1月至2013年3月假期<br>…………</td><td>在××公司机加工车间做临时工</td><td colspan="2">参与车间月生产计划的修订，任生产班长，带领班组人员完成了×产品的单项生产计划，产品检验合格率为100%。</td></tr>
<tr><td colspan="4">获奖情况</td></tr>
<tr><td colspan="4">2012年5月获×市技师大赛×项第二名（排名第2）<br>2010年至2011年获×学校一等奖学金（全校共4名）<br>获×学校优秀学生称号（全校共5名）</td></tr>
<tr><td colspan="4">个人技能</td></tr>
<tr><td colspan="4">参加2010×市大学生书法大奖赛，获三等奖（第3名）喜欢篮球，校队主力后卫</td></tr>
</table>

在这份个人简历的五项内容里，每条内容的排序都是按照逆时序排列的。这种排序方法，突出了自己学习与实践活动取得的成绩，有利于使招聘单位负责人，在第一时间里关注到自己的成绩与优点，为面试或被录用奠定了基础。

**（二）功能型**

功能型的简历也叫技术型的简历，是一种在内容安排上，以重点显示自己的资质和成绩为主的个人简历。功能型的个人简历，要求在写每一项内容时，一开始就强调自己的资质、技能及成绩，以此告诉用人单位，如果聘用了自己将会得到一个什么样的帮手。这种类型的简历适用于在职，或者有工作经历的求职者，应届毕业生为了突出自己的成绩与资质，以求获得用人单位的好感，也可以选择写作这种类型的个人简历。

功能型个人简历通常适用于如下情况：

(1) 适用于跨专业求职者，自己具有求职单位所需要的相关技能。写作时，先综合自己各种工作经历，实践活动，以及教育背景等方面的信息，并将自己的资质和成绩，分类安排在各项内容的前面，突出自己在意向职位方面所具有的能力，以证明自己胜任这一工作。

(2) 适合于缺少在具有一定知名度企业工作的经历，或缺少荣誉、奖励的人。

(3) 适用于自己干了许多不同的工作，或者自己所做的工作，与所求的职位不相干的求职者。对应求职者来说，为了避免给用人单位造成自己频繁更换工作的印象，采用这种形式的个人简历比较好。

(4) 适合接受教育的过程不连贯，或者工作经历有中断，容易被误解的求职者。

写作这种类型的个人简历，需要设置个人信息、本人概况、专业知识、工作经历等内容。这种类型的个人简历，可以使自己的成绩不与原雇主构成联系，这是一个很聪明的写作技巧。

下面是一份应届毕业生写作的功能型个人简历：

| | |
|---|---|
| 个人信息 | …… |
| 本人概况 | 具有数控机床生产操作经验<br>×高等职业技术学校　学历专科<br>认真踏实　活泼合作 |
| 专业知识 | （列举在校期间学习的相关专业的课程名称） |
| 工作经历 | ×大型企业　数控加工岗位　实习七个月<br>加工××型精密元件<br>担任生产班长　带领班组完成×项生产计划<br>…… |

这个例文体现了功能型个人简历的结构特征。可以看出，这份个人简历在内容的安排上，与时序型个人简历有明显的不同，文中没有按照个人的经历排序，而是重点突出了自己的资质、成绩与能力。

**（三）混合型**

混合型个人简历，是一种时序型和功能型二者结合式的个人简历。混合型个人简历在内容安排上，可以先按时序型列举个人信息，然后以突出自己的资质、成绩和优点为目的，来安排内容。应届毕业生可以根据自己的情况，以及求职意向的职位情况，来尝试制作这种类型的简历。

如下面的例文：

……

<table>
<tr><td colspan="3">职业总结</td></tr>
<tr><td colspan="3">（以下为根据自己情况的选项）：<br>相关的教育、培训以及资格认证<br>与意向中的工作相符的成绩、技能<br>与意向中的工作相符的工作年限<br>其他成绩、技能、特点</td></tr>
<tr><td colspan="3">技能总结</td></tr>
<tr><td colspan="3">技术方面的技能<br>工序方面的技能<br>其他方面的技能</td></tr>
<tr><td colspan="3">职业经历</td></tr>
<tr><td>××年—××年</td><td>工作名称、实施的主要技能，公司名称：</td><td>地址：</td></tr>
<tr><td colspan="3">表现自己技能的某一成绩，详述工作技能和职责在工作中获得的经验</td></tr>
<tr><td>××年—××年</td><td>工作名称、实施的主要技能，公司名称：</td><td>地址：</td></tr>
<tr><td colspan="3">表现自己技能的某一成绩，详述工作技能和职责<br>工作中获得的经验<br>……</td></tr>
<tr><td colspan="3">教育过程</td></tr>
<tr><td>××年—××年</td><td>本科学校名称<br>教育形式<br>主修课程：</td><td>专业名称<br>学历或学位</td></tr>
<tr><td>××年—××年</td><td>中等职业技术学校<br>教育形式<br>主修课程：</td><td>专业名称<br>学历</td></tr>
<tr><td colspan="3">其他技能</td></tr>
<tr><td rowspan="3">其他技能</td><td>专业技能认证</td><td>成绩</td></tr>
<tr><td>计算机等级认证</td><td>成绩</td></tr>
<tr><td>英语等级认证</td><td>成绩</td></tr>
</table>

这是一份混合型的个人简历。内容由职业总结，技能总结，职业经历，教育过程等等几个要素构成的。文中按照时序安排结构顺序，在具体内容里主要突出自己的工作能力。求职者可以根据自己的情况选择采用这种类型的个人简历。

**四、个人简历的写作**

在写作个人简历时候，作者大多喜欢把自己的简历写得个性化一些，以求引起人事部门的注意，争取获得面试的机会。

作为一种文书，个人简历是没有统一规范的格式要求的。但是，构成文体的一些基本要素是要具备的，一些惯用的写作方法，还是要遵循的。对于已经约定俗成的几种个人简历类型，写作时可以根据自己的情况，来选择和参考。写作时要考虑这样几个问题：需要让对方重点了解自己哪些方面的情况？在文中如何安排与这些方面相关的个人信息？如何设计简历的形式等等。

一般来讲，构成个人简历的基本要素包括：标题，个人信息，求职意向，教育背景，项目经历（或职业及其他技能情况、以及达到的标准），工作或实习经历，社会实践，奖励情况（可作选择项），以及其他信息等内容。这些要素是个人简历中最基本的内容，不管选择了何种文体形式，在文中都要具有。

下面以一份时序型个人简历的结构内容为例，来分项具体说明。

**（一）个人简历的标题**

个人简历通常采用求职者的姓名作为标题，一般用小一号或二号字（见下面的个人简历例文的标题）。

**（二）个人信息**

个人信息一般要排在开头部分，以方便招聘人员在第一时间里，能够先清楚地知道这份简历属于谁的，如果招聘人员感兴趣而且愿意联系这位求职者，就能够很容易地与之取得联系。这也是设置"个人信息"这个要素的意义所在。个人信息的写作，一定要简单、直观、清晰。

例如下面例文的"个人信息"部分：

**赵小云**

地址：××省××市××区××路××号　　邮编：266032

固定电话：0532-8888-6666　　移动电话：136-0123-4567

电子邮箱：zhaoxiaoyun@163.com

---

这个例文中，个人信息的内容有：姓名、地址、电话、电子邮箱（用QQ号也可）等。注意：地址一项，不是指籍贯，而是自己现在的住址。

姓名一定要用小一或二号字，要加粗，这样可以让看简历的人关注到你的名字。

如果姓名比较生僻，可以注上汉语拼音，以避免因读不出你的名字而被放过。中文的地址要由大及小顺序写出。英文则相反，要由小及大。

电话号码要加上区号，这是因为现在跨地区的企业比较多，如果用人单位有意，也许会传真给本公司异地的分支公司，如果有了区号就便于联系。号码要排序，八位数的号码可以排成4-4-4的分组形式，如：0532-8888-6666，手机号码可以排成4-3-4，或者3-4-4的号码分组形式，如：136-0123-4567。这样，便于招聘人员在最短时间里，读出你的电话号码。

要注意：以上列举的“个人信息”部分的内容，都是必选项目。这部分的内容要素，还有可选择的项目，如：性别、年龄、政治面貌、籍贯、民族、照片等，这些项目外企一般不要求写在简历里，而国内企业则要求在简历中，要体现出这些选择项里的内容。个人简历不一定都要求有照片，自己可以按招聘企业的要求来选择安排，如果需要照片，则要采用标准的简历照，不可用生活照或大头贴，照片要贴在简历的右上角。

**（三）求职意向**

求职意向是指求职者的求职目标，即自己内心所向往的工作岗位或者职务。这一项是个人简历的重点，要放在“个人信息”的下面，其意义在于突出求职的目的，让招聘者在第一时间里，就能够知道求职者的要求。如果个人简历作为求职信或者应聘书的附件，求职意向这一项可以只写意向的公司单位，而具体所求的职位，在求职信或者应聘书当中写明即可。

再如上面例文的“求职意向”部分：

| 求职意向 |
|---|
| ××公司数控车间生产助理 |
| 选择这一职位的理由是： |
| 1. 曾参与制定×公司生产车间季度生产计划，并执笔制作计划书。<br>2. 有生产一线管理经验和技术能力。 |

上面的例子写明了求职目标，并且在求职目标下面，注明了自己求职的理由，是一个很好的办法。

关于求职目标，有人建议要写，也有人不赞成写。建议写求职目标的理由是：显得目标明确，不赞成的理由是：这样会限制自己在别的部门求职的可能性，从而失去机会。但是，通常情况下，建议应届毕业生要写上求职目标，只是需要把握一个“度”，不要过于谦虚，要求太低；也不要超出自己的能力，最终无法实现自己的求职目标。

**（四）教育背景**

所谓教育背景，就是求职者接受教育过程的情况。不同类型的个人简历，在这一项里，对内容的安排方式也有所不同。

如上面的例文“教育背景”部分：

| 教育背景 | | | |
|---|---|---|---|
| 2014年7月 | ××大学成人教育学院 | 数控专业毕业 | 专科 |
| 2012年6月 | ××中等职业技术学校 | 电子专业毕业 | 中专 |

这是一篇时序型个人简历的“教育背景”部分。通常情况下，应届毕业生的个人简历，应该将“教育背景”这一项，放在前边一点的地方；有工作经验的求职者，则应该把“工作经历”放在“教育背景”之前。

**（五）实习（工作）经历**

实习经历通常指在校学生参加社会实践，或者生产实践的经历情况。应届毕业生的个人简历都应该写明这一项。

如上面例文的“实习经历”部分：

| 实习经历 | | |
|---|---|---|
| 2011年10月至2012年1月 | ××公司机加工车间担任代理生产班长<br>参与×进口型数控机床的程序组装工作<br>做××组合配件的生产工作，产品全部合格 | 实习数控车床操作 |
| 2010年10月至2011年1月 | ××公司××生产线 | 实习 |

例文在“实习经历”中，写明了自己两次实习的具体情况。

在个人简历中，这一项内容总称为“工作经历”，包括“实习经历”“兼职经历”“项目经验”等内容，写作时可以根据自己的情况，或者简历的类型来进行选择安排。在文中对这一项内容要逐条叙述。

**（六）实践活动**

实践活动一般指在校学生参加的一些社会活动。

如上面例文中“实践活动”部分的内容：

| 实践活动 | |
|---|---|
| 2012年1月至2013年3月假期 | 在××公司机加工车间做工<br>参与车间月生产计划的修订，并执笔写作计划书<br>任生产班长，带领班组人员完成了×产品的单项生产计划，产品检验合格率为100% |

例文的“实践活动”一项，写明了假期在×公司做工的情况。

其实，这一项也应该属于“工作经历”，通常在校生求职要选择这一项。学生在学校学习期间，参加的各类社团组织的日常工作，或者举办的各类活动，在假期务工，参加志愿者活动等等，都属于社会实践活动。这一部分内容写作的要求与前面“实习经历”的写作要求相同，要逐项叙述说明。

**（七）奖励情况**

这一项包括学生在校读书期间，在学校和社会上获得奖励的情况，以及在职职工在企业单位和社会上获得奖励的情况

如上面例文中“奖励情况”部分：

| 获奖情况 | |
|---|---|
| 2012年5月 | 获×市技师大赛×项第二名（排名第2） |
| 2010—2011 | 获×中等职业技术学校一等奖学金（全校共4名）<br>获×中等职业技术学校优秀学生称号（全校共5名） |

从例文内容看，这是一篇在校学生的个人简历。文中详细说明了，自己在校学习期间获得奖励的情况。

写作获奖情况时，要注意强调奖励的性质和级别，把奖励的难度用数据表示出来，或者说明获奖范围，以体现奖励的含金量。如果获得的奖励很多，不要一一罗列出来，要有取舍，把不相关的奖励去掉，把那些与应聘的职位相关，有含金量的奖励写在简历里。

**（八）个人技能**

个人技能包括求职者的工作能力、或者技术能力、以及其他方面的技能、特长等方面的情况。

如上面例文的“个人技能”一项：

| 个人技能 | |
|---|---|
| 2011 | 代表学校参加省级技工比赛获得车工二等奖 |
| 2010 | 参加×市中学生“散文”大奖赛获三等奖（前三名）<br>喜欢篮球，校队主力后卫 |

这篇个人简历例文在“个人技能”一项里，写明了自己的特长，和自己在车工专业方面的技术能力情况。

**（九）自我评价**

自我评价，是个人在简历中，为自己做的一个简短的“自我鉴定”，即对自己的优缺点作一个简要的评价。

还如上面的例文“自我评价”部分：

| 自我评价 |
| --- |
| 性格开朗，有团队精神，责任心比较强。在工厂实习期间任代班长，带领班组成员完成加工零件××套，全部检验合格。 |

在个人简历文体的构成要素里，上面例文中八、九两项总称为“其他个人信息”，包括兴趣爱好、自我评价等等。在写作实践中，这两项可以根据用人单位的要求选择使用，也可以两项同时采用，或者舍弃不用。

以上所举，是个人简历通常要具有的九项内容。由于个人简历是具有个性化的特点的文体，在写作实践中，根据个人的资质、条件、求职意向，以及用人单位的情况和对求职者的不同要求等，还可以设置一些，与自己工作职位相关的其他内容，如：职业总结、项目经历、学术活动、英语等级等等。

个人简历不但结构形式是多样的，内容也是开放性的。一份好的个人简历，应该根据自己的实际条件，以及用人单位的需要，来设计内容和结构形式。

## 五、写作个人简历需要注意的事项

**（一）在简历中要有意设置关键词**

实践中，一些公司常常采用计算机来筛选简历，以提高工作效率，这对个人简历的写作提出了新的要求。计算机筛选简历，是通过搜索个人简历中的关键词，来选择出合适的人选。求职者的个人简历只有通过这一关，才有下一步面试的机会。鉴于此，在写作个人简历时，一定要考虑在简历中如何加上重要的关键词。我们在写作简历内容时，不要苛求叙述过程的完整性，要以说明要点为主，尽力使用那些能够显示出自己胜任所求职位的特定词语，一定要让这些能够说明要点的词语，出现在自己的简历里。

简历里关键词的选择，一般可以参考三个方面的内容：① 技能、能力、竞争力；② 对于技术的应用能力；③ 相关的教育培训、实习和从业经验。

以前面例文为例，文字下加点的词就是关键词：

| 实践活动 |
| --- |
| 2011—2013.3假期在××公司机加工车间做工，参与车间月生产计划的修订，并执笔写作计划书。任生产班长，带领班组人员完成了×产品的单项生产计划，产品检验合格率为100%。 |

如果用人单位要聘用有生产实践经验，懂得一点生产管理的人选，例文中的关键词语，就都是与求职意向相关的，使用这些词语必然会产生一定的效果，可以最大程度地避免被计算机遗漏掉。

**（二）用数字语言证明自己的实力**

在简历中采用数字语言，是最能说明自己的资质及能力的，最能体现出自己的成果、业绩的。使用数字语言，要比使用一大堆文字说明更具有信服力。因此，在写作个人简历时，要学会有意使用数字语言，来表现自己的优点。

如加上数字语言后的上例个人简历：

| 实践活动 |
| --- |
| 2012年1月至2013年3月假期在××公司机加工车间做工，参与车间二、三月生产计划的制订，并执笔写作计划书一次。任生产班长一个月，带领班组人员完成了×产品的单项生产计划，产品检验合格率为100%。 |

例文中加点的词就是关键词，这些地方用了数字作关键词，来说明自己的工作能力，看得出来，明显比使用文字说明要简约，要有说服力。

**（三）版式和语体要符合规范**

个人简历的版面要整洁，文字要排列整齐，并留有空白，要合理布局，使文字布局疏密有间。要避免大段地叙述，可以在每条内容前加上统一的条目符号，分出层次，使版面对齐。有时按要求需要贴照片的话，照片要用证件照，千万不能用生活照或者大头贴，照片的位置在简历的右上角。

个人简历的篇幅，最好是设计成一页。如果内容实在无法在一页里写完，那么，第二页版面一定要充满三分之二以上，并把最重要的内容或信息放在第一页上。

个人简历的字体要求：标题和小标题可以用黑体字，正文要用宋体。作为标题的姓名，要用小一号或二号字，内容可以用四号或小四号字。教育背景、实习经历等等，每项的小标题可以用黑体字来突出强调。

个人简历的纸张建议使用80克以上的A4打印纸。

## 第三节　求职信与应聘书的写作

求职信和应聘书都是求职文件的构成材料。在求职的实践中，除了个人简历以外，如果在求职文件里再附上一封求职信或应聘书，会增加自己简历的通过几率。

从写作目的和用途两个角度看，求职信和应聘书都是为了求职，二者都是带有自我推荐性质的求职文书。在许多介绍求职文书的专著中，通常不把二者分开，统称作求职信。但是，求职者面对用人单位是否主动招聘，自己是否主动求职时，就要在写求职信，还是应聘书二者之间做出选择了。二者的使用方法不同，不同的用途，文书的内容也是不同的，因此还是分为两种文体比较合理。

在实际求职过程中有两种情况：一种情况是在招聘单位没有公开招聘的前提下，求职者获悉其有用人需求，而自我推荐。这种自我推荐的文书就是求职信。求职信的内容主要是表达求职的意愿，自己具备所求职位或者工作的能力，以及相当的条件。另一种情况是求职者响应用人单位的公开招聘，而写作的一种求职文书。这种文书就是应聘书。与求职信不同，应聘书要对招聘启事中提出的条件，有针对性地做出回答，要陈述自己具备招聘条件的资质和能力，以证明自己符合这个工作岗位的要求。

不同的用途和内容，使求职信和应聘书二者有着不同的写作要求。下面对这两种文书分别介绍。

**一、求职信的写作**

求职信是在用人企业没有公开招聘的情况下，求职者主动表示自己希望到这个企业工作时，写作的求职文书。

从写作动机看，个人简历往往是被动的写作行为，是求职材料里一种必备的求职文件。而写作求职信则是求职者主动的求职行为，是求职过程中经常写作的求职文书之一。

**（一）求职信的用途**

在求职过程中，求职信的主要用途，是为了获得下一步笔试或者面试的机会。求职信不能等同于个人简历，二者的用途也是不一样的。

求职信的用途可以概括为下面几点：

(1) 让用人单位知道自己非常想为他们效力，并且有能力胜任意向中的工作。

(2) 能够进一步补充因简历缺乏描述性语言，而造成的表达上的不足。有利于突出或强调，自己胜任意向中工作的能力与优势。

(3) 写作求职信的目的，不在于马上能获得一份工作，而是以求职信为媒介，达到与用人单位初步沟通的目的，从而引起用人单位的注意，获得阅读自己的个人简历，或其他求职材料的机会，以争取赢得一次笔试或者面试的机会。

由上可见，求职信在求职材料中的地位是十分重要的。

**（二）求职信的写作**

作为一种文体，求职信的结构形式与普通书信大体相同，只不过有时要加上一个标题。求职信的文体结构通常由受信人称谓、正文（开头、主体、结尾）、落款、附件几个部分构成，有的还有标题。

1. 标题

求职信通常是不用标题的，如果使用用标题，那么标题一般是由内容加文种，两个要素构成。如:“求职信”“求职申请书”等,“求职”是内容,“信”“申请书”表示文种。一般情况下,可以不用标题,直接写受信人称谓即可。

2. 受信人称谓

如同普通书信一样,受信人称谓要顶格写。受信人称谓的内容,要根据不同的对象,选择受信人的职务或者身份,来作为称谓。如果写给政府机关,事业单位的人事领导,则称为“××处长”(科长,主任)等,要称其实际职务的名称;如果是企业单位的负责人,则采用“××经理”(主管,或先生,女士)、××厂长等,实际职务或者身份的名称作为称谓。

3. 正文

求职信的正文由开头、主体、结尾三个部分构成。

(1)开头。

求职信的开头部分要写得简洁,要把最重要的信息表达出来。常见的是采用开门见山的方法,说明自己是谁,想要求何职,为什么要求这个职位等。

下面是写给×机械鉴定所的一封求职信,开头部分的内容:

尊敬的王所长:

我是一名刚从××大学机械自动化学院毕业的学生,希望能加入您的团队,到您的机械鉴定所做一名检测操技术员。我深深地知道,对于一个刚刚开始职业生涯的年轻人来说,能够在您的旗下工作,是非常有价值的。

以上是这封求职信的开头部分,一共90多个字,却包括了个人信息、求职意向、求职缘由三方面的内容。注意:求职信的内容不是个人简历的重复,具体的个人信息要写在个人简历里。

(2)主体。

主体是求职信的核心部分。在这里,要集中列出自己胜任所求职位的条件与优势,以最简洁的语言,告诉对方聘用自己的理由。

再如上面求职信的主体部分:

在大学的学习期间,我曾在您的机械鉴定所实习三个月,还在×著名机械厂工程运输机械车间,参加社会实践,还曾在×机械制造公司实习过。我的知识和实践能力,完全能够满足贵所的工作要求,并且可以自信地说,我已经熟悉和适应了贵所的管理。因此,我由衷地希望,能够获得为您的事业效力的机会。

这是求职信的主体部分,内容很简洁,虽然涉及自己的工作实践,自己的技能和经历等方面内容,但是并不像个人简历那样逐条叙述,而只是采用叙述语言进行概括说明。这也是求职信与个人简历不同之处。

(3)结尾。

在求职信的结尾部分，要表达求职者的真诚愿望，或者向受信人表示祝颂。结尾部分的内容，要做到既简洁又有亲切感。同时也可以写清自己的联络方式。

如上面求职信的结尾部分的内容：

感谢您能阅读，衷心期待您的回复。祝您快乐。

我的联络方式：固定电话：********

移动电话：************

4. 落款

求职信落款的内容一般有祝语、致信人姓名、日期几项内容。

如上面例文的落款：

此致

敬礼

李力

××年××月××日

5. 附件

求职信通常要附带其他的求职材料，而最主要的是要有一份个人简历。附件是求职文件的一个部分，如果有附件的话，要求写明附件名称、份数，一般写在正文的左下面。

如上面例文的附件位置：

附件：《个人简历》一份。

此致

敬礼

李力

××年××月××日

## 二、应聘书的写作

应聘书是在用人单位公开招聘的情况下，求职者为了向对方表示自己的求职意愿，需要写作的一种求职文书。应聘书的写作动机与求职信是相同的，都是为了求得一定的工作职位。与求职信不同，应聘书是在用人单位主动招聘的情况下，求职者的主动写作行为。应聘书也是求职过程中，常常要写作的求职文书之一。与求职信一样，应聘书不能等同于个人简历，是一种独立的求职材料。

应聘文书的文体至少包括受信人称谓、正文、落款三个部分，有的还有标题。

1. 标题

应聘书与求职信相同，一般不设标题，如果要设标题，其标题构成的要素为内容加文种两个要素，如“应聘书”。在实际写作中，通常以受信人称谓直接开篇。

2. 受信人称谓

受信人称谓要顶格写，通常是把招聘启事上公布的联系人作为受信人。要根据受信人不同的职位，或者身份来作为称谓。如果是写给政府机关，事业单位的人事领导，则称为“××处长”（科长，主任）等，要称其实际职务的名称。如果是企业单位的负责人，则以“××经理”（主管，先生，女士）等的实际职务和身份的名称为称谓。

3. 正文

应聘书的正文内容与求职信有所不同，求职信是因个人单方面要求，向用人单位求职而写作的，应聘书则是在用人单位公开招聘的前提下写作的。应聘书的主体部分，要在简短的篇幅里对公开招聘的条件，要求等一一做出回应，以表明自己有能力胜任招聘的工作。

应聘书的正文包括开头、主体、结尾三个部分。

（1）开头。

应聘书的开头内容，要写明与招聘职位要求有关的个人信息，自己求职的职位，以及是如何知道该公司的招聘信息的。

例如下面一份应聘书的开头部分：

尊敬的人事部王经理：

我是××技师学院的应届毕业生，现已取得数控专业本科文凭。我于9月20日在×信息报上，读到了贵公司的招聘广告，知道你们欲招聘一名数控车间生产助理，非常想加入到你们这著名企业的工作队伍中去，由衷希望能为贵公司效力。

这篇例文开头部分的内容含有三个信息：一是与招聘职位有关的重要个人信息；二是获知招聘信息的方式；三是表明了求职意向。字数不多，内容明确，比较简洁。

（2）主体。

应聘书主体部分的内容，要针对招聘启事提出的要求，来逐条表述自己与之相符合的条件。如学历、实践、技能等等。

假如一则招聘数控车间生产助理的广告，提出的条件为：① 具有数控加工的生产经验；② 本专业专科以上学历；③ 懂得基层生产管理等等。在应聘书的主体部分，针对这些招聘条件，要说明自己具有与之相符合的条件，以证明自己能够胜任这个工作。这也是应聘书与求职信的区别所在。

例如：

我具备的教育背景，实践经历与工作能力如下：

在××公司机加工车间，实践过数控车床操作，有生产班长的工作经验，在做××组合配件的生产工作中，班组产品全部合格，并超额完成生产计划。实践中我已熟悉了数控车间的生产管理工作。

我在××年取得×大学成人教育学院数控专业本科文凭。×年×月，我曾参与制订×公司生产车间季度生产计划，并执笔制作计划书。我具有较强的团队意识，有较好的组织性纪律性的素养，我相信我的到来，将为贵公司做出很大的贡献。

可以看出，在上面这份应聘书主体部分的内容里，针对招聘条件的要求，做出了相对应的表述。在写作实践中，有时也可以把这一部分设计成，在每项内容前加上一个标段号或者序号，分出层次，以便于阅读。

（3）结尾。

应聘书的结尾与求职信相同，要写明表达祝颂的语言，体现出亲切感。

如上面例文的结尾部分：

感谢您能阅读我的应聘函，祝您万事顺意！

4. 落款

求职信落款的内容一般有祝语、致信人姓名、日期等几项。

如上面例文的落款：

此致

敬礼

应聘人：崔友松

××年××月××日

5. 附件

与求职信一样，应聘书也常常要附带其他求职材料，常见附件的是一份个人简历。如果有附件，在应聘书正文的左下方要写上附件名称。

如上面的例文附件部分：

附件:《个人简历》一份

此致

敬礼

应聘人:崔友松

××年××月××日

## 三、写作求职信与应聘书应注意的事项

求职信和应聘书的写作需要注意的事项相同,为了叙述方便,下面把求职信和应聘书统称为求职书信。

### (一)不要公式化

公式化的,千篇一律的求职文书,是难以吸引读者的。写作时,不要抄袭别人的求职书信,尤其不要把在网上下载的范文进行简单修改后,当做自己的求职书信来提交。每一封求职书信的内容是不一样的,因此,也不可能是通用的,不可照抄照搬,每一篇求职书信都应该具有个性特点,不要公式化。没有个性的,千篇一律的求职书信,只会给自己求职带来失败。

写作求职书信前要仔细阅读招聘启事内容,了解用人单位的要求,有针对性地表述自己能够胜任的条件。求职书信的内容是由用人单位的实际情况,或者招聘单位提出的条件来确定的,一定要从实际出发来写作。

### (二)要简明扼要

求职书信的内容以简洁为原则。主要写清楚与所求职位有关的资历、经验和技能。每一段只写一个重点内容,要注意避免啰嗦重复。如果是应聘,其内容要明确地写明,自己与职位要求相吻合的具体条件,要与招聘启事中要求的条件相对应,其他不相关的内容不要在这里浪费笔墨,篇幅一般不要超过一页。

### (三)对象要清楚

写作前,要了解用人单位的情况,比如打电话询问,或者通过招聘广告获取相关信息,也可以通过其他方法取得联系。一定要搞清你在给谁写信,应该和谁联系,此人的姓名、职务等,以便在求职书信中恰当地使用称谓。如果实在搞不清对方情况,也不要称“领导同志”“有关领导”,应该称作“人事部经理”或者称“××部门主任(处长、科长)”“人事部经理先生(女士)”等等。

### (四)不要写成个人简历

在求职文件里,求职书信与个人简历是相辅相成的关系,介绍个人的信息,是个人简历的重点,不要把求职书信写成段落式的个人简历,切勿全面重复个人简历上的内容。

## 思考与练习

一、自我鉴定的语体特点有哪些?

二、构成自我鉴定文体的结构要素有哪些?

三、练习写一则自我鉴定。

四、个人简历的文体有哪几种类型?各有什么特点?

五、个人简历的内容通常有哪些构成要素?

六、个人简历与求职信和应聘书的关系怎样?

七、根据自己的条件,选择个人简历的一种类型,拟写一份自己的个人简历。

八、求职信和应聘书开头的内容有什么不同?

九、求职信与应聘书的主体部分需要明确表达什么内容?

十、拟写一封求职信给自己假定的企业单位。

十一、下面是一篇招聘启事,阅读后拟写一封应聘书。

### ××公司招聘启事

由于我公司事业发展需要,现招聘电气技师5名。

具体条件:

1. 专科以上学历,电气自动化、机电一体化相关专业;

2. 能够简单绘制和使用电气图纸;

3. 熟悉变频器、PLC、软起动器、触摸屏、组态软件的使用;

4. 有电气技术员工作经验优先。

基本素质要求:

1. 优秀的团队意识,良好的沟通协调能力;

2. 思维敏捷、动手能力强、能吃苦,坚强的意志;

3. 有耐心,坚强的意志,工作勤奋,积极进取,服从工作分配。

本岗位有工作经验者优先,也欢迎应届毕业生应聘。

薪资待遇:

待遇从优、5险1金、带薪年假。

发展空间广阔!

联系方式:地址:*******电话:************

电子邮箱:****@126.com

联系人:人力资源部　×××　×××

××公司

××年××月××日

十二、请运用学过的求职书信知识,分析下面一份求职信在写作方面有哪些不足?

尊敬的领导：

您好！我叫YJBYS，是××工程职业技术学院2013届的一名毕业生，专业是精细化学品生产技术。通过本专业的系统学习，掌握精细化学品生产技术的基本理论和基本知识，化学与化工实验技能、计算机应用化工设计方法的基本训练，在化学分析和仪器分析等方面有着扎实的理论基础和实践经验。有较好的英语听、说、读、写等能力；能熟练操作word、excel、powerpoint等计算机办公软件。

现代社会竞争会越来越激烈，对化工人才的要求也越来越高，使化工人才面临严峻的考验，作为一名有志的年轻人，我希望自己能成为化工领域上的新生力量，并且希望能在自己的勤奋和努力下，成为一名优秀的化工人才！

也许我并不完美，但我很自信，请给我一次机会，我会尽我最大的努力让你满意。大学时期，虽然我的成绩不是最好的一个，但是我是比较努力的一个。作为应届毕业生，虽然工作经验不足，但我会虚心学习、积极工作、尽职尽责做好本职工作，用时间和汗水去弥补。所以我深信自己可以在岗位上守业、敬业、更能创业。

无论您是否选择我，尊敬的领导，希望您能接受我诚恳的谢意！期待着您的回音。

祝您工作顺心！贵公司事业蒸蒸日上！

此致

敬礼？

求职者：YJBYS

年　月　日

**例文一**：

## 自我鉴定

本人自2013年9月，考入××××技师学院，13级技工三班学习制冷技术，第二年任班级生活委员至今。

三年技工学校的学生时代结束，即将步入社会。在三年的学习生活中，本人政治上要求进步，学习目的明确，态度端正。遵守校纪校规，尊敬师长，团结同学，成绩优良。在班级任班委工作，能够做到认真负责，关心同学，热爱集体，有一定奉献精神。

我的缺点是在实训中的实际操作能力不强，这样，距社会实际的需求还存在着一定的差距，我决心在最后一个月的学习中，克服困难，努力提高技术，争做一个合格的产业工人。

13级制冷三班×××

二〇一六年四月十日

**例文二：**

# 工作转正自我鉴定书

本人自××年7月进入××单位以来，已近一年时间了。在近一年的工作和学习中，我深深体会到了理论知识与实践的巨大差异，懂得了自己只有付出更多的辛劳，才能做好本职工作的道理。有幸的是，单位领导和同事们在思想上和工作中，给予了我很多帮助，使我的工作能力有了很大的提高，现在自己能够独立地做好本职工作，达到了财务部门的标准要求。

工作实践中，自己尚有一些不足还需要努力改进。首先是工作存在着浮躁的行为，做事只求速度而忽略了质量，数据和文字出现了两次错误；二是不重视事物之间的关联性，使反映公司财务整体状况的报告出现了前后矛盾的现象或者数据不符的情况。

财务工作是逻辑性极强的工种，今后一定要改正缺点，避免工作中出现差错。作为一个入职刚刚一年的新人，我会继续以朝气蓬勃、奋发有为的精神状态，向有经验的老同事学习，做好本职工作，为公司的发展建设而努力。

**例文三：**

# 牛犇力

电话：0532-8860-6**6　　139-53*2-0*01

电子邮箱：****@126.com　　邮编：261000

求职意向

青岛菲利浦××造船有限公司

教育背景

2009年6月　　青岛市××技师学院毕业　　焊接专业　　中专

2012年7月　　××大学成人教育学院毕业　　机电专业　　本科

实习经历

2009年10月—2010年1月　　在××公司船舶修理厂　　实习船体焊接，焊接件检验全部合格　　担任代理生产班长两个月。

2008年10月—2009年1月　　××汽车维修有限公司××厂钣金车间　　实习焊接。

实践活动

2009年7月—2012年7月　　在××公司机加工车间做技工　任生产班长，班组的产品检验合格率为100%。

职业技能

2009年4月　　获得中级技师资格

能够熟练掌握电弧焊、氩弧焊、埋弧焊、焊管、二氧化碳气体焊等多种焊接技术

能够熟练使用数控车床

获奖情况

2010年5月　获×市技能大赛焊接项目第三名（排名第3）

2007年—2009年　连续获技师学院一等奖学金

2008年—2009年　连续获×技师学院优秀学生称号（全校共5名）

个人爱好

参加2008×市大学生田径运动会跳远第3名

喜欢篆刻艺术

**例文四：**

# 刘　羽

××大学2号楼305室（120000）

020-6651-5200　　136-5893-2340

****@163.com

求职意向

××电器有限公司电冰箱分公司

本人概况

出生年月1995年　性别　男

制冷工程助理工程师

本科学历

××大学××级制冷工程专业

共青团员

专业知识

照片

在四年学习期间，学习了：制冷设备安装操作与维修、制冷自动化、小型制冷与空调设备、制冷压缩机等专业课程，成绩优秀

实践过程

工程部实习技工六个月　×制冷工程有限公司

参与安装×××大型制冷工程　经验收全部合格

其他信息

××市技能考核大赛　获得制冷组二等奖

学生会宣传部长

制冷一班团支部书记

爱好书法　在"学报"杂志上发表过散文

认真踏实　团结活泼　具有沟通、协调和组织能力

**例文五：**

## 王晓妏（wèn）

地址：××市××路××号×号楼××室　邮编《******》

电话：0***-0**-2565-608　电子邮箱：*****128@126.com

个人信息

专科学历化工工艺专业

助理工程师

共青团员　1990年出生　女

求职意向

×××化工集团公司　技术员

职业总结

化工工艺助理工程师

国家化工系统环境监测技术培训　获得环境监测员证书

××化学染料公司　化验员　产品全部合格

化验室负责人

工龄三年

工作踏实，责任心强，业务突出，有团队意识

技能总结

擅长工业分析、仪器分析生产技术

具有化学工艺学专业知识和技术能力

懂得企业生产工序

计算机国家考试2级

英语4级

职业经历

2009年6月—2010年2月

参加×××化工有限公司车间生产实践　生产一线操作工　检验员

公司地址：××市××路××号

2010年6月—2013年6月

××化学染料公司　化验室负责人

带领五人团队负责公司产品质量检验　产品全部合格

公司地址：××市××路××号

教育过程

2009年—2012年　学习毕业于××师范大学　化学分析专业

自学考试　本科　学士学位

主修课程：工业分析、水分析、仪器分析、环境监测等课程

2007年—2010年学习并毕业于××化工高等职业技术学院　化工工艺专业

全日制　专科学历

主修课程：具有：化工设备、化工管路、无机物工艺、有机物工艺等专业课程

其他技能

英语等级4级　能够查阅外语专业期刊

2011年—2012年连续两年被评为公司先进工作者

喜欢文学　在国家级期刊发表过诗歌

**例文六：**

尊敬的人力资源部王经理：

我是一名已经有了三年工龄的年轻人，23岁，男，学士学位。

心中向往贵公司已久，由衷地希望能够加入我仰慕的——国际著名造船公司的团队之中，实现我的工作理想。

三年的学校学习和三年的夜大学习，使我掌握了熟练的焊接技术，具有焊接×级资质。我曾在××公司船舶修理厂实习船体焊接工作，参加工作后，也一直做焊接工作，生产班长。

我的知识和技术，以及对生产一线的管理经验，使我完全胜任贵公司焊接生产助理的工作。恳请您，能够考虑我的请求，帮助我实现梦想！

衷心感谢您能够阅读我的信函，殷切期盼您的回复。谢谢！

此致

敬礼

我的联系方式：电话：0532-8860-6**6　139-5**2-0*01

电子邮箱：****@126.com　邮编：261000

附件：《个人简历》一份、证书复印件3张

牛犇力

××年××月××日

**例文七**：

人力资源部郑先生：

您好！

我是××大学××级制冷工程专业的应届毕业生，男，18岁。于5月4日在网络上得知贵公司在招聘车间制冷技师，因此，向贵公司谋求这一工作岗位。为能够有机会到世界著名企业工作，感到十分高兴。

我所具备的条件如下：

在校期间，学习成绩优秀，制冷专业课的成绩尤其突出。考取了制冷工程助理工程师职称。曾在×制冷工程有限公司实习六个月，参与安装了×××型大型制冷设备工程。

学校培养了我的专业知识，实习企业锻炼了我的技能，塑造了我的组织性纪律性的品质，养成了牢固的团队意识，我自信能够胜任贵公司招聘岗位的工作。

您阅读了我的信，是对我的一次偏爱，衷心地谢谢您！

附件：《个人简历》一份、证书复印件2张。

此致

敬礼

刘羽

××年××月××日

# 第四部分

## 企业生产与管理文书的写作

在企业的生产与管理过程中，应用文不但是一种有效的管理工具，还是各生产流程的信息载体，可以用来记录生产过程和管理活动的全部内容。在这一部分里，要介绍企业规章制度和企业合同文书的写作，以及各生产环节中使用的文书，和单据类文书的写作。

# 第一章　企业规章制度的写作

规章制度是一个集合概念，是用以规范人们社会行为的各种文书的通称。这里所谓的“企业规章制度”，也叫公司规章制度，属于规章制度的一种。在企业的生产与管理实践中，公司利益和员工合法权益的保障与维护，企业全体员工工作行为和职业道德的规范等等，都需要制定一些相关的管理制度来进行约束，这种“管理制度”的文字表现形式，就是规章制度文书。企业规章制度文书是企业管理制度的载体，包括企业及企业内部各级、各类管理部门所规定的章程、规则、制度、标准、守则、规范等。

## 第一节　规章制度的性质与用途

### 一、规章制度的性质

#### （一）层级性和程序性

规章制度的制定是自上而下有层级的，其范围与制定者的职权，必须是相适合的。各级规章制度都要通过立法程序才能生效，《中华人民共和国宪法》和《立法法》规定：规章制度自上而下，可以分为七个层次。具体如下：

第一层级：《宪法》

《宪法》是一切国家机关和武装力量、各政党和社会团体、各企业事业组织的活动准则，所以《宪法》是各个层次规章制度的第一层级。任何一种规章制度的制定，都不可以与《宪法》相抵触、相违背。

第二层级：法律

法律规定着社会的政治和经济，以及其他社会生活，最基本的社会关系和行为准则。法律的制定不可与《宪法》相抵触、相违背。法律以下层级规章制度的制定，不可以与《宪法》、法律相抵触、相违背。

第三层级：行政法规

行政法规是国家行政机关——即国务院制定的，以行政强制力保证实施的，有关行政管理的法规性文件。行政法规以下层级的规章制度制定，不可与《宪法》、法律、行政法规相抵触、相违背。

第四层级：地方性法规

省、直辖市的人民代表大会和常务委员会，可以制定地方性法规。实际上，很多地方性法规，是对国家有关法律和行政法规的补充，有些是国家尚未正式立法，而是根据国家的有关方针政策，结合本地实际情况制定的。地方性法规的制定，必须报全国人民代表大会常务委员会备案，适用范围只限在制定者所辖之内有效。地方性法规以下层级的规章制度不可与《宪法》、法律、行政法规、地方性法规相抵触。

第五层级：规章

规章是国务院各部门、委员会、中国人民银行、审计署和具有管理职能的直属机构，省、自治区、直辖市和较大城市的人民政府，制定的规章制度。是在制定者职权范围内适用的，具有法律约束力的，规范行政管理工作的，规范性文件。规章的制定，不可与以上四个层级的规章制度相违背、相抵触。

以上是有《宪法》《立法法》明确规定的，有立法依据的规章制度。在实践中，还有两个特殊层级的规章制度被普遍使用，一个是基层事务类的规章制度，另一个是道德规范类的规章制度。

基层事务类的规章制度，是为了适应工作的需要而制定的基层事务规章，如各种职务的岗位责任制、各行各业处理工作的规程、人财物的管理制度、各类技术标准等等。

道德规范类规章制度，是为了加强社会道德文明和法制纪律建设，为不同的人群制定的，在不同的人群范围内施行的守则、公约一类的规章制度。

企业规章制度属于基层事务类的规章制度，它的制定也是自上而下有层级性的，其上一层级是《公司法》和《劳动法》等相关法律，然后依次为集团企业、分支公司与机构、部门，以及工厂、车间、班组、岗位等各层级规章制度。企业制定的规章制度不可与《公司法》《劳动法》等相关法律，以及规章以上层级的规章制度相抵触，下一层级制定的规章制度，不可与上一层级的规章制度相抵触。下级的规章制度，必须经过上级的审批后才可生效。

**（二）约束性**

企业规章制度是为了确立员工的工作行为规范，而制定的文书。一旦经过有关上级批准生效后，在特定的范围内便具有了约束性和强制性，成为一定范围内，全体员工行为的规范性文书，任何人不可违反。

**（三）公开性**

企业规章制度在其适用范围内是公开的，并以文书形式使相关人员知晓和执行。在企业管理实践中，为规范企业各方面的工作，企业常常会直接发布一些相关的规章制度，一些较大的企业在发布企业规章制度时，还常常使用公文行文来下发，以强调其法定性，使相关部门及人员广泛知晓，以便在工作中执行。

## 二、规章制度的用途

企业规章制度具有以下用途：

**（一）在企业管理过程中，规章制度是实施科学管理的准则**

企业规章制度可以使企业的各项工作，以及生产经营行为规范化，做到每个岗位的工作都有章可循，有法可依，以使企业按照正常轨道进行生产经营。在实践中，大者，如大型集团公司；小者，如中小型企业；上至管理层，下至生产班组，各个部门、各岗位，都要制定相关的规章制度，以规范其工作行为。一个合理的、完善的企业规章制度，可以保障企业运作的有序化、规范化，能够使员工明确工作标准，提高企业管理水平，保证生产经营计划的实施。

**（二）对于劳动者来说，规章制度是员工合法权益的保障**

企业制定规章制度，不但能够防止管理工作的随意性，还是劳动者合法权益的保障。一个企业，上到管理者，下至普通员工，日常工作都要遵循规章制度，依制度行事，从而排除了领导任意发号施令，乱施处罚的现象发生。

**（三）规章制度还可以明确员工的权利义务和责任**

对员工来讲，服从规章制度，比服从领导随意性指挥更易于接受。制定合理的规章制度，并且在生产经营中去实施，可以使员工有公平感，能够更好地发挥员工的工作积极性。

## 第二节　企业规章制度的种类与名称

### 一、规章制度的种类

如果用不同的划分方法，可以把规章制度划分出不同的种类。例如，从适用的对象分，可以分为政府机关、交通、财贸、科教、卫生、企业等，许多种类的规章制度；从制定的程序分，可以分为原始性规章制度和派生性规章制度；从规章制度的时效分，可以分为暂行的，试用的，或者正式的规章制度。这些对规章制度的划分方法，适用于各级、各种类规章制度的划分标准，我们只介绍企业生产管理常用的几种规章制度。

企业规章制度也可以划分一些不同的种类，具体如下：

**（一）从使用范围来划分**

从使用范围层面划分，可以把企业规章制度分为全面性规章制度，专项性规章制度两种。全面性规章制度，涉及的对象是企业的全体员工，是用来规范企业所有部门及人员的规章制度，如《××公司考勤管理制度》《××工厂生产安全规定》《××公司员工奖励办法》等等。这种规章制度适用于公司全体员工。专项规章制度，涉及的对象是有关的部分员工，是用来规范各职能部门，和各岗位人员的专用规章制度，如《××公司财务支出审批制度》《××公司××岗位工作制度》《××工厂×生产车间着装规定》等等。这种规章制度适用于具体的部门及岗位人员。

**（二）从涉及对象来划分**

从涉及的对象层面划分，可以把规章制度分为企业管理部门规章制度、企业生产单位（或经营部门）规章制度。这两种规章制度同时也属于专项规章制度。管理部门规章制度，是指在公司中，那些非生产（或非经营）的管理部门，所制定的规章制度。公司管理部门的规章制度，如《××公司办公用品管理制度》；生产（或经营）部门规章制度，如《××公司班组长责任制实施办法》等等。

**二、规章制度的名称**

规章制度的名称有很多，国务院办公厅在1987年4月21日发布的《行政法规制定程序暂行条例》，以及国务院于1990年2月18日发布的《法规、规章备案规定》，是规章制度名称化的法规依据。

制作规章制度的时候，能够使用规范化名称的，一定要用规范化名称。有些不适用规范化名称的，如用于表达一个团体所制定的，共同纲领的规章制度，其名称一般采用“章程”；再如，用于人们自觉遵守的，道德行为及规范类的规章制度，可以采用其他名称，如公约、守则、规范、准则、标准等等。

下面就企业常用规章制度的一些名称介绍如下：

**（一）规定**

规定是国家机关、企事业单位，对某一方面工作做出规范管理时，使用的一种规章制度名称。是由本部门、本单位根据上级指示精神，或者工作的实际需要来制定的。这种规章制度，广泛使用于行政管理和企业管理之中，如《××市委、市政府关于党政机关工作人员保持廉洁的规定》《××公司职工休假待遇的规定》等。

**（二）办法**

办法是国家机关、企事业单位，对某一项工作做出具体的实施措施时，使用的规章制度名称。办法一般多针对比较细小的具体事务，在行政管理和企业管理中被广泛使用，如《国家行政机关公文处理办法》《××公司职工奖励工资评定办法》等。

**（三）细则**

细则是把已有的规章制度具体化、详细化后，所产生的新规章制度的名称。细则也称为实施细则，实行细则，实施办法等等。细则比《办法》更加精细，在实践中，对已有的规章制度比较原则的条款，进行解释的时候，或者指出具体实施操作方法的时候，经常使用这一名称，如：《工商企业登记管理条例施行细则》《××公司×车间卫生清理细则》等。

**（四）条例**

条例是国家机关、企事业单位，对某一方面工作做出比较全面、系统的规章制度时使用的名称。在实践中，条例通常对比较重大的问题进行规范时使用，如《中华人民共和国居民身份证条例》《××公司职工住房公积金管理条例》等。

**（五）制度**

制度是国家机关、企事业单位，对某一具体工作或事务，做出行为准则时使用的名称。制度具有明确的范围性和很强的针对性，是企事业单位经常使用的一种规章制度名称，如：《××市政府关于工作人员出国旅游申报制度》《××公司生产车间交接班制度》等。

## 第三节　企业规章制度的写作

规章制度的种类和名称有很多，但是作为一种文书，各种规章制度的写作方法却是基本相同的。

**一、规章制度的标题**

规章制度采用的是公文式标题，一个要素较全的标题，由名称、内容、文种构成。

**二、规章制度的内容**

不论哪一种类的规章制度，也不论内容多少，篇幅长短，规章制度的文体内容都应包括总则、分则、附则三个部分。

总则部分是规章制度的开头，这一部分的内容要说明制定该规章制度的目的、依据、基本原则、适用范围、主管部门等情况。

分则部分是规章制度的主体，在这里要具体阐述有关事项，必须遵守的行为规则等内容，如必须做什么，可以做什么，禁止做什么等等。

附则部分是对规章制度本身的说明，主要是声明法律责任，解释机关或者单位部门，施行时间，以及应当废止的有关文件等。

多层次的规章制度，在第一章一概加“总则”小标题，在最后一章加“附则”小标题。分则部分是主体内容所在，条文多，一般不用“分则”二字做小标题，而是根据内容细分章节，并提炼小标题。

单层次的规章制度，文体的内容也是由“总则”“分则”“附则”构成的，因为单层次的规章制度条文少，无需用小标题来表示层次关系，但是，内容的安排顺序是相对应的，即开头是“总则”性的，中间是“分则”性的，结尾是“附则”性的。

**三、规章制度的结构形式**

无论什么种类、什么名称的规章制度，文体的结构形式一概采用条文式。这种结构形式常常采用小标题，序数词，或者符号，来分出文中的层次和条目内容。条文式结构，可以使规章制度的内容层次分明，纲目清晰。

在写作实践中，可以根据规章制度内容的多少，选择不同形式的篇章结构来表达。规章制度的篇章结构，可以分为多层次和单层次两种形式。

规章制度的落款部分，由名称和日期构成，标题中有单位名称的，落款可以省略名称。实际上，不是所有规章制度都有落款，一般情况下，一些道德规范类的规章制度，可以省略落款这一项。

**四、规章制度的写作**

**（一）多层次规章制度文书**

多层次的规章制度，一般为法规性文件所采用。在实践中，法律及法律以下各层次的规章制度，也都适用这种形式。多层次规章制度的内容，根据需要通常使用第几“编”、第几“章”、第几“节”、第几“条”、第几“款”、第几“项”、第几“目”等序数词，来表示层次。“编”“章”“节”“条”的序号，要使用中文数字来表示，“款”不用编序号，“项”使用中文数字加括号来表示，“目”的序号用阿拉伯数字依次表示。

如下面这篇多层次规章制度的例文：

## ××工厂车辆管理制度

### 第一章　总则

1. 为加强车辆有效调度和使用，保证安全，最大限度地满足厂业务用车要求，促进工厂经济效益的提高，特制定本制度。

2. 本制度适用于本工厂所有机动车辆和机动车辆司机。

### 第二章　车辆使用管理

1. 工厂机动车辆各种证照的保管，车辆年审、车辆保险、养路费缴纳等事务办理统一由行政部负责。

2. ……

3. ……

……。

### 第三章　车辆费用管理

1. 车辆维修、清洗、保养等应由车辆使用人填写“车辆维修申请单”，注明行驶里程，经行政部车辆管理负责人核准后方可送修。

2. ……

3. ……

……。

### 第四章　车辆违规与事故处理

1. 在工作中无照驾驶、或者未经许可将车借与他人使用而违反交通规则或发生事故，由驾驶人员承担损失，同时给予责任人警告、罚款、记过、开除留用察看、开除等处分。

2. 违反交通规则产生的罚款由驾驶司机自行负担。

### 第五章　驾驶岗位责任

1. 在厂办公室车辆管理负责人领导下，认真做好对工厂领导和各业务部门的驾驶服务。

2. 工作积极主动，服从领导工作分配，凭用车申请单出车，未经领导批准不得利用公车办私事。

3. 司机有事提前请假，不得无故迟到、缺勤、早退。

### 第六章　附则

1. 本制度由工厂办公室制定并负责解释。

2. 本制度自2012年1月1日起执行。

这篇规章制度的种类，层级是基层事务类的规章制度，属于企业生产部门的规章制度，也是专项性规章制度，名称是“制度”。虽然这是一篇多层次结构形式的规章制度，但内容不是很复杂，篇幅也不算很长。第一章是总则部分，第二章至第五章是分则部分，第六章是附则部分。文中小标题使用中文数字序号来表示“章”，以此分出层次。章下直接是“目”，用阿拉伯数字序号分出条目，分条列项依次阐述具体事项。层次清楚有条理。

**（二）单层次的规章制度文书**

全文由一个层次构成的规章制度，称为单层次的规章制度。这种结构形式的规章制度，通常在文中使用“第×条”来标注段落，也可以用汉字数词进行标注。

如下面这篇单层次的规章制度：

## 天津市安全生产责任制规定

第一条　为了落实安全生产责任，预防安全生产事故，根据《中华人民共和国安全生产法》和《天津市安全生产管理规定》等有关法律、法规，结合本市实际情况，制定本规定。

第二条　本市行政区域内各级人民政府及政府有关部门、生产经营单位，应当按照安全生产法律、法规和本规定，履行安全生产责任，做好本地区、本系统、本行业、本单位的安全生产工作。法律、法规和规章另有规定的，从其规定。

第三条　本规定所称安全生产责任制是指通过安全生产工作会议、逐级监督、安全生产责任书、隐患排查、检查告知、责任制考核、奖励与处罚等制度，监督各级人民政府及政府有关部门、生产经营单位落实安全生产责任的制度。

第四条　安全生产监督管理坚持安全第一、预防为主、综合治理，实行属地管理与分级管理相结合和谁主管谁负责、谁审批谁负责、谁监管谁负责的原则。

第五条　市和区、县安全生产监督管理部门在本级人民政府领导下，负责安全生产责任制的监督管理工作，并履行下列职责：

（一）对安全生产工作会议决定事项落实情况进行监督检查；

（二）组织推动各级监督责任的落实；

（三）组织实施安全生产责任书的签订，并对执行情况进行考核；

（四）组织推动隐患排查，对隐患整改情况进行督查，并对重大事故隐患挂牌督办；

（五）提出表彰和处理意见。

第六条　各级人民政府及政府有关部门的安全生产责任，按照国家和本市确定的相关职责执行。

第七条　各级人民政府及政府有关部门主要负责人是本地区、本系统、本行业安全生产责任制的第一责任人，对安全生产责任全面负责。

……

第八条　市和区、县人民政府应当每季度至少召开一次安全生产工作会议。会议主要研究下列内容：

（一）通报、分析安全生产形势和现状；

（二）协调解决安全生产中的重大问题；

（三）督促检查本行政区域重大事故隐患治理和事故防范工作；

（四）布置阶段性重点工作；

（五）通报安全生产事故指标控制情况。

会议应当做出决定或者形成会议纪要，明确落实措施和部门。

会议决定事项的落实情况，有关部门应当在10日内向同级人民政府报告。

第九条　各级人民政府及政府有关部门按照下列方式落实安全生产责任制：

（一）上级人民政府负责监督下级人民政府；

（二）各级人民政府负责监督本级人民政府各有关部门；

（三）按照隶属关系和职责规定，各有关部门负责监督本系统、本行业生产经营单位；

（四）乡镇人民政府和街道办事处负责监督辖区内无主管部门的生产经营单位。

第十条　负有监督责任的人民政府及政府有关部门，应当履行下列职责：

（一）指导被监督单位建立健全安全生产责任制；

（二）监督被监督单位排查和治理事故隐患；

（三）协调解决被监督单位安全生产的重大和共性问题；

（四）掌握被监督单位安全生产责任落实情况；

（五）每年对被监督单位进行综合考核并组织实施奖惩；

（六）建立监督工作专门档案。

第十一条　被监督单位应当按照有关规定履行安全生产责任，对负有监督责任的人民政府及政府有关部门的检查指导工作应当予以配合，并报告安全生产责任落实情况和其他重大安全生产事项。

第十二条　生产经营单位应当按照下列方式落实安全生产责任制：

（一）建立健全安全生产责任制度，明确岗位安全生产责任，确定责任人；

（二）逐级签订安全生产责任书，制定奖惩措施，并由责任人签字；

（三）在承包、发包、分包、出租等生产经营活动中，应当按照有关规定，签订安全协议，明确各相关方安全生产责任；

（四）建立安全生产责任制专门档案。

第十三条　每年3月31日前，各级人民政府及政府有关部门按照本规定，与被监督单位签订安全生产责任书。

安全生产责任书应当包括下列主要内容：

（一）安全生产事故控制指标；

（二）安全生产资金投入；

（三）安全生产措施；

（四）安全生产监督检查、考核；

（五）奖励与惩罚。

第十四条　各级人民政府有关部门应当监督本系统、本行业生产经营单位，根据国家和本市有关规定进行事故隐患排查。

……

第十五条　市安全生产监督管理部门会同有关部门组织安全生产责任制考核。

安全生产责任制考核采取自查自评与组织考核相结合、年度考核与平时考核相结合的方法。

……

第十六条　安全生产监督管理部门发现存在涉及安全生产的重大或者普遍存在的问题，应当书面告知负有监督责任的单位……

第十七条　市人民政府对履行安全生产责任制和安全生产责任成绩突出的单位和个人应当予以表彰。评为安全生产先进单位和个人的，由市人民政府授予奖牌或荣誉证书，并给予奖励。

第十八条　安全生产监督管理部门会同监察部门对不履行安全生产责任制、存在重大事故隐患不积极整改和在责任制考核中不合格的人民政府及政府有关部门、生产经营单位的主要负责人进行约见谈话，听取约谈对象有关安全生产管理情况、存在问题及采取措施情况的汇报。约谈情况应当形成记录。

第十九条　市人民政府有关部门、区县人民政府及其所属部门、乡镇人民政府、街道办事处、国有企业的主要负责人不履行安全生产责任制、存在重大事故隐患不积极整改，经安全生产监督管理部门会同监察部门约见谈话后，仍不履行监督责任，导致发生安全生产事故的，由监察部门依法予以处分。构成犯罪的，由司法机关依法追究刑事责任。

第二十条　行政问责包括下列方式：

（一）责令作出书面检查；

（二）责令公开道歉；

（三）调离现工作岗位；

（四）引咎辞职；

（五）责令辞职；

（六）免职。

前款规定的责任追究方式，可以单独或者合并适用。

第二十一条　有下列情形之一的，由安全生产监督管理部门对负有监督责任的单位处2 000元罚款，并对有关责任人员处1 000元罚款：

（一）经安全生产监督管理部门告知，未履行监督责任的；

（二）未建立监督工作专门档案的；

（三）不按规定签订安全生产责任书的；

（四）不按规定进行事故隐患排查或重大事故隐患未及时发现的；

（五）被监督单位发生较大以上安全生产责任事故的；

（六）年度死亡事故超过控制指标的。

有前款规定行为之一，对市人民政府有关部门、区县人民政府及其所属部门、乡镇人民政府和街道办事处相关责任人员应当追究行政责任的，由监察部门依法予以行政问责。

第二十二条　生产经营单位未按本规定履行安全生产责任制的，由安全生产监督管理部门处2 000元罚款，并对主要负责人处1 000元罚款。法律、法规、规章另有规定的，从其规定。

第二十三条　天津经济技术开发区、天津港保税区、天津滨海高新技术产业开发区、天津东疆港区、中新天津生态城等区域的安全生产责任制按照本规定执行。

第二十四条　本规定自2010年1月10日起施行。1987年2月11日市人民政府《关于颁布〈天津市安全生产责任制实施办法〉的通知》（津政发〔1987〕15号）同时废止。

这篇规章制度的层级属于规章，种类是专项性规章制度，名称是“规定”。属于单层次的规章制度。第一条是总则部分，第二条至第二十二条是分则部分，第二十三条、二十四条是附则部分。文中不分章节，采用汉字序数词逐项列出规定的内容，层次清楚。

**（三）道德规范类规章制度的结构形式**

这一类规章制度的结构形式比较特殊，一般不设总则、分则、附则，不用章节，只采用序数词对内容进行分条列项地说明。

如下面一则公约例文：

## 首都市民文明公约

一、热爱祖国　热爱北京　民族和睦　维护安定
二、热爱劳动　爱岗敬业　诚实守信　勤俭节约
三、遵守法纪　维护秩序　见义勇为　弘扬正气
四、美化市容　讲究卫生　绿化首都　保护环境
五、关心集体　爱护公物　热心公益　保护文物
六、崇尚科学　重教尊师　自强不息　提高素质
七、敬老爱幼　拥军爱民　尊重妇女　助残济困
八、移风易俗　健康生活　计划生育　增强体魄
九、举止文明　礼待宾客　胸襟大度　助人为乐

这则规章制度的名称是公约，属于道德规范类的基层规章制度。正文的结构采用数词分出层次，对内容进行分条列项说明。句式整齐，通俗易懂。

很多时候，道德规范类规章制度的文体形式，把整齐的句式排列起来，不设置段落，不用序数词分条列项。而是采用一种方阵式的篇章形式，给人以建筑形式的视觉美感，甚至还像诗歌一样，合辙押韵。

如下面一则某公交公司的守则：

## 机动车驾驶员文明守则

车况车容良好，车技精益求精；
遵守交通规则，绝不乱行乱停；
关心老弱妇幼，行车礼貌文明；
服从交警指挥，安全正点运行。

这是一篇道德规范的基层规章制度，名称是守则。其结构形式每句六个字，全篇八句话，构成一种如诗歌一样的篇章形式，还运用了诗歌式的韵脚，读起来不但节奏感强，而且还朗朗上口。

## 第四节 写作规章制度需要注意的事项

**一、要注意规章制度的层级性**

规章制度的制定是有层级性的，下一层级的规章制度，不得与上一层级的规章制度，有违背和抵触的地方。因此，规章制度要按照自上而下的层级顺序来制定，要了解上面层级规章制度的具体内容，使之与上一层级的规章制度相连贯、相衔接，同时还要与本单位过去的规章制度，以及相关的规章制度相连贯、相衔接。

**二、要使内容周全并具有可实施性**

规章制度代表着一个组织的意志，制定以后经上级批准，在其适用的范围内具有约束力。因此，规章制度的内容要做到合理、周全，不能有漏洞，这样才能使所制定的规章制度，在工作和生产中发挥作用，使相关的工作有法可依，有章可循。否则就会发生生产工作无所适从，管理混乱的局面。制定规章制度一定要从实际出发，掌握生产及工作的实际情况，深入研究所涉及的对象，和与之相关联的事务，了解可能会发生的问题，以使规章制度的内容切合实际，符合企业单位自身的具体情况。此外，规章制度还应该具有可操作性，要做到既能体现其原则性，又具有切实可行性。

**三、要有层次有条理**

规章制度的文体结构要层次分明，要分章列条，做到条目清晰。内容要简约明确，不要出现重复的现象，要避免条目与条目之间的内容交叉混杂。

**四、要做到语言准确、规范、严肃和精练**

规章制度文书必须要使用规范的语言，符合语法和逻辑，要正确使用标点符号，防止词语产生歧义。语言要简洁精练，严肃郑重，避免口语化，要能够体现其权威性。

### 思考与练习

一、说明规章制度制作的层级性。

二、分析本章例文，说明属于什么种类，名称是什么，属于哪种文体形式，包含哪些内容。

三、说明规章制度的用途。

四、具体说明规章制度有哪两种文体形式。

例文一：

# ××公司规章制度

## 第一章　总则

第1条　为规范公司和员工的行为，维护公司和员工双方的合法权益，根据劳动法及其配套法规、规章的规定，结合公司的实际情况，制定本规章制度。

第2条　公司简介（用一两句话简单说明公司的投资者、主要产品和生产规模即可）。

第3条　公司机构（用一两句话简单说明公司的部门划分、管理层次和主要管理人员即可）。

第4条　本规章制度所称的公司是指×××有限公司；员工是指×××有限公司招用的所有人员（包括管理人员、技术人员和普通员工）。

第5条　本规章制度适用于公司所有员工，包括管理人员、技术人员和普通员工；包括试用工和正式工；对特殊职位的员工另有规定的从其规定。

第6条　员工享有取得劳动报酬、休息休假、获得劳动安全卫生保护、享受社会保险和福利等劳动权利，同时应当履行完成劳动任务、遵守公司规章制度和职业道德等劳动义务。

第7条　公司负有支付员工劳动报酬、为员工提供劳动和生活条件、保护员工合法劳动权益等义务，同时享有生产经营决策权、劳动用工和人事管理权、工资奖金分配权、依法制定规章制度权等权利。

## 第二章　员工招用与培训教育

第8条　公司招用员工实行男女平等、民族平等原则，特殊工种或岗位对性别、民族有特别规定的从其规定。

第9条　公司招用员工实行全面考核、择优录用、任人唯贤、先内部选用后对外招聘的原则，不招用不符合录用条件的员工。

第10条　员工应聘公司职位时，一般应当年满18周岁（必须年满18周岁），身体健康，现实表现良好。

第11条　员工应聘公司职位时，必须是与其他用人单位合法解除或终止了劳动关系，必须如实正确填写入职《登记表》，不得填写任何虚假内容。

第12条　员工应聘时提供的身份证、毕业证、计生证等证件必须是本人的真实证件，不得借用或伪造证件欺骗公司。

公司录用员工，不收取员工的押金（物），不扣留员工的身份证、毕业证等证件。

第13条　公司十分重视员工的培训和教育，根据员工素质和岗位要求，实行职前培训、职业教育或在岗深造培训教育，培养员工的职业自豪感和职业道德意识。

第14条　公司用于员工职业技能培训费用的支付和员工违约时培训费用的赔偿问题由劳动合同另行约定。试用期内解除劳动合同和合同期满终止劳动合同，员工不用支付培训费用；员工无过错而由公司解除劳动合同的，员工不用支付培训费用。

第15条　劳动合同对培训费用的支付没有约定时，如果试用期满在合同期内，员工提出解除劳动合同，则公司有权要求员工支付培训费用，具体支付办法是：约定服务期的，按服务期等分出资金额，以员工已履行的服务期限递减支付；没有约定服务期的，按劳动合同期等分出资金额，以员工已履行的合同期限递减支付；没有约定合同期的，按5年服务期等分出资金额，以员工已履行的服务期限递减支付。

第16条　公司对新录用的员工实行试用期制度，根据劳动合同期限的长短，试用期为15天至6个月：合同期限不满6个月的，试用期15天；合同期限满6个月不满一年的，试用期30天；合同期限满一年不满两年的，试用期60天；合同期限满两年以上的，试用期3至6个月。试用期包括在劳动合同期限中，并算作本公司的工作年限。

## 第三章　劳动合同管理

第17条　公司招用员工实行劳动合同制度，自员工入职之日起30日内签订劳动合同，劳动合同由双方各执一份。

第18条　劳动合同统一使用劳动局印制的劳动合同文本，劳动合同必须经员工本人、公司法定代表人（或法定代表人书面授权的人）签字，并加盖公司公章方能生效。

第19条　劳动合同自双方签字盖章时成立并生效；劳动合同对合同生效时间或条件另有约定的，从其约定。

第20条　在本公司连续工作满10年以上的员工，可以与公司签订无固定期限的劳动合同，但公司不同意续延的除外。

××市户口的员工，男性连续工龄满25年、女性连续工龄满20年，且在本公司连续工龄满5年的，可以与公司签订无固期限的劳动合同，但公司不同意续延的除外。

第21条　公司与员工协商一致可以解除劳动合同，由公司提出解除劳动合同的，依法支付员工经济补偿金（按本规定第31条支付）；由员工提出解除劳动合同的，可以不支付员工经济补偿金。

双方协商一致可以变更劳动合同的内容，包括变更合同期限、工作岗位、劳动报酬、违约责任等。

第22条　员工有下列情形之一的，公司可以解除劳动合同：

（1）在试用期内被证明不符合录用条件的；

（2）严重违反劳动纪律或者公司规章制度的；

（3）严重失职，营私舞弊，对公司利益造成重大损害的；

（4）被依法追究刑事责任的；

（5）被劳动教养的；

（6）公司依法制定的惩罚制度中规定可以辞退的；

（7）法律、法规、规章规定的其他情形。

公司依本条规定解除劳动合同，可以不支付员工经济补偿金。

第23条　有下列情形之一，公司提前30天书面通知员工，可以解除劳动合同：

（1）员工患病或非因工负伤，医疗期满后，不能从事原工作，也不能从事公司另行安排的适当工作的（经劳动鉴定委员会确认）；

（2）员工不能胜任工作，经过培训或调整工作岗位，仍不能胜任工作的；

（3）劳动合同订立时所依据的客观情况发生重大变化，致使原劳动合同无法履行，经协商不能达成协议的；

（4）公司生产经营发生严重困难，确需裁减人员的；

（5）法律、法规、规章规定的其他情形。

公司依本条规定解除劳动合同，按国家及本省、市有关规定支付员工经济补偿金（按本规定第31条支付）；未提前30天通知员工的，另多支付员工一个月工资的补偿金（代通知金）。

依本条第一款第（1）项解除劳动合同，除依法支付经济补偿金外，同时支付员工六个月工资的医疗补助费。患重病的增加50%，患绝症的增加100%。

第24条　员工有下列情形之一，公司不得依据本规定第23条的规定解除劳动合同，但可以依据本规定第22条的规定解除劳动合同：

（1）患职业病或因工负伤被确认完全丧失或部分丧失劳动能力的；

（2）患病或非因工负伤，在规定的医疗期内的；

（3）女职工在符合计划生育规定的孕期、产期、哺乳期内的；

（4）应征入伍，在义务服兵役期间的；

（5）法律、法规、规章规定的其他情形。

第25条　公司与员工可以在劳动合同中约定违反劳动合同的违约责任，违约金的约定，遵循公平、合理的原则。

员工违反法律规定或劳动合同的约定解除劳动合同，应赔偿公司下列损失：

（1）公司录用员工所支付的费用；

（2）公司为员工支付的培训费用，双方另有约定的按约定办理；

（3）对生产、经营和工作造成的直接经济损失；

（4）劳动合同约定的其他赔偿费用。

第26条　非公司过错，员工提出解除劳动合同，应当提前30日以书面形式通知公司。

知悉公司商业秘密的员工，劳动合同或保密协议对提前通知期另有约定的从其约定（不超过6个月）。

员工给公司造成经济损失尚未处理完毕的，不得依前两款规定解除劳动合同。

员工自动离职，属于违法解除劳动合同，应当按本规定第25条第二款的规定赔偿公司的损失。

第27条　有下列情形之一，劳动合同终止：

（1）劳动合同期满，双方不再续订的；

（2）劳动合同约定的终止条件出现的；

（3）员工死亡或被人民法院宣告失踪、死亡的；

（4）公司依法解散、破产或者被撤销的；

（5）法律、法规、规章规定的其他情形。

终止劳动合同，公司可以不支付员工经济补偿金；法律、法规、规章有特别规定的从其规定。

第28条　员工在规定的医疗期内，女职工在符合计划生育规定的孕期、产期和哺乳期内，劳动合同期满的，劳动合同的期限自动延续至医疗期、孕期、产期和哺乳期满为止（本规定第22条的情形除外）。

第29条　劳动合同期满公司需要续签劳动合同的，提前30天通知员工，并在30日内重新签订劳动合同；不再续签的，在合同期满前书面通知员工，向员工出具《终止劳动合同通知书》，并在合同期满后3个工作日内办理终止劳动合同手续。

第30条　公司解除劳动合同，向员工出具《解除劳动合同通知书》，并在合同解除后3个工作日内办理解除劳动合同手续。

第31条　经济补偿的支付标准按员工在本公司的连续工作年限计算：每满一年，发给员工一个月工资；满半年不满一年的，按一年计发；不满半年的发给半个月工资。

公司依本规定第21条和第23条第（2）项解除劳动合同的，经济补偿金最高不超过12个月工资；依本规定第23条第（1）、（3）、（4）项等员工无过错情形解除劳动合同时，经济补偿金可以超过12个月工资（不封顶）。

依本规定第23条（1）、（3）、（4）项解除劳动合同时，员工月平均工资低于公司月平均工资的，按公司月平均工资的标准支付。

经济补偿金的月工资以解除劳动合同前三个月员工的月平均工资计算，包括计时工资、计件工资、加班加点工资、奖金和工资性的补贴、津贴。

## 第四章　工作时间与休息休假

第32条　公司实行每日工作8小时、每周工作40小时的标准工时制度；对特殊岗位的员工，经劳动部门批准实行不定时工作制或综合计时工作制的另行规定。

第33条　员工每天正常上班时间为：

上午8：00~12：00，下午13：30~17：30。

第34条　公司根据生产需要，经与员工协商可以依法延长日工作时间和安排员工休息日（星期六、日）加班，但每日延长工作时间一般不超过3小时，并保证员工每周至少休息一天。

第35条　员工加班加点应由部门经理、主管安排或经本人申请而由部门经理、主管批准；员工经批准加班的，依国家规定支付加班工资或安排补休。

第36条　员工的休息日和法定休假日如下：

（1）休息日：星期六、星期日；

（2）休假日：元旦1天、春节3天、五一节3天、国庆节3天。

第37条　员工的其他假期如下：

（1）年休假：工作满一年未满五年者5天，满五年未满十年者7天，满十年未满二十年者10天，满二十年以上者14天。年休假与春节假一起连休。

（2）婚假：员工本人结婚，可享受婚假3天；晚婚者（男年满25周岁、女年满23周岁）增加10天。

（3）丧假：员工直系亲属（父母、配偶、子女）死亡，可享受丧假3天；员工配偶的父母死亡，经公司总经理批准，可给予3天以内的丧假。

（4）产假：女员工生育，可享受产假90天，其中产前休假15天；难产的增加30天；多胞胎生育的，每多生育一个婴儿增加产假15天；实行晚育者（24周岁以后生育第一胎）增加产假15天；领取《独生子女优待证》的增加产假35天，产假期间给予男方看护假10天。

（5）探亲假：在公司连续工作满一年以上的员工，与配偶或者父母不住在一地，又不能在公休假日内回家居住一个白天和一个晚上的，在年休假期间安排探亲，不再另行休探亲假。

第38条　市户口员工患病或非因工负伤的医疗期为3至24个月：

（1）实际工作年限10年以下的，在本公司工作年限5年以下的为3个月；5年以上的为6个月；

（2）实际工作年限10年以上的，在本公司工作年限5年以下的为6个月；5年以上10年以下的为9个月；10年以上15年以下的为12个月；15年以上20年以下的为18个月；20年以上的为24个月。

劳务工（非×市户口员工）的医疗期为15日至90日：不满一年的，为累计15日；满一年的，从第二年起每年增加15日，但最长不超过90日。

## 第五章 工资福利与劳动保险

第39条 员工的最低工资不低于××市最低工资标准，最低工资不包括加班加点工资、住房补贴、伙食补贴、中夜班津贴、高低温津贴、有毒有害津贴和社会保险福利待遇。

第40条 公司实行结构工资制，员工的工资总额包括基础工资、岗位（职务）工资、工龄工资、加班加点工资、奖金、津贴和补贴；员工的基本工资（标准工资）包括基础工资、岗位工资和工龄工资。工资的决定、计算、增减等事项另行规定。

第41条 员工的加班加点工资以员工的基本工资作为计算基数；员工的正常日工资＝基本工资÷20.92天，小时工资＝基本工资÷167.4小时；加班加点工资是正常日工资或小时工资的法定倍数。

第42条 按劳动法的规定，平日加点，支付基本工资的150%的加点工资；休息日加班，支付基本工资的200%的加班工资；法定休假日加班，支付基本工资的300%的加班工资。

第43条 休息日安排员工加班，公司可以安排员工补休而不支付加班工资。

第44条 公司以现金形式发放工资或委托银行代发工资，公司在支付工资时向员工提供其本人的工资清单（一式二份），员工领取工资时应在工资清单上签名。

第45条 公司以货币形式按月支付员工工资；每月15日前发放前一个月的工资；依法解除或终止劳动合同时，在解除或终止劳动合同后3日内一次性付清员工工资和依法享有的经济补偿金。

第46条 公司停工、停产在一个工资支付周期内（1个月内）的，按劳动合同约定的标准支付员工工资；停工、停产超过一个工资支付周期的，发给员工基本生活费，基本生活费的标准不低于最低工资标准的80%。

第47条 员工医疗期在一年内累计不超过六个月的，其病伤假工资为：工龄不满五年者，为本人工资的60%；工龄满五年不满十年者，为本人工资的70%；工龄十年以上者，为本人工资的80%。

第48条 员工医疗期在一年内累计超过六个月的，停发病假工资，按下列标准付给病伤救济费：工龄不满五年者，为本人工资的50%；工龄满五年及五年以上者，为本人工资的60%。

第49条 病伤假工资或救济费不低于最低工资标准的80%。

第50条 因员工原因给公司造成经济损失的，公司可以要求员工赔偿，并可从员工本人工资中扣除，但每月扣除部分不超过员工当月工资的20%，扣除后不低于最低工资标准。

依公司规章制度对员工进行处罚的罚款可以在工资中扣除，但每月扣除部分不超过员工当月工资的20%，扣除后不低于最低工资标准。

罚款和赔偿可以同时执行，但每月扣除的工资总额不超过本人工资的20%，扣除后不低于最低工资标准。

第51条　员工依法享受节日休假、年休假、探亲假、婚假、丧假、产假期间，工资照发。员工因私事请假，公司不予发放工资。

第52条　有下列情况之一，公司可以代扣或减发员工工资而不属于克扣工资：

（1）代扣代缴员工个人所得税；

（2）代扣代缴员工个人负担的社会保险费、住房公积金；

（3）法院判决、裁定中要求代扣的抚养费、赡养费；

（4）扣除依法赔偿给公司的费用；

（5）扣除员工违规违纪受到公司处罚的罚款；

（6）劳动合同约定的可以减发的工资；

（7）依法制定的公司规章制度规定可以减发的工资；

（8）经济效益下浮而减发的浮动工资；

（9）员工请事假而减发的工资；

（10）法律、法规、规章规定可以扣除的工资或费用。

第53条　公司逐步改善和提高员工的各项福利待遇，改善员工的食宿条件和工作条件，增加各项津贴和补贴。

第54条　公司依法为员工办理养老、医疗、失业、工伤、生育等社会保险，并依法支付应由公司负担的社会保险待遇。公司依法为员工缴存住房公积金。

## 第六章　劳动安全卫生与劳动保护

第55条　公司努力贯彻安全第一、预防为主的方针，为员工提供符合国家规定的劳动安全卫生条件和必要的劳动防护用品，对从事有职业危害作业的员工和未成年工定期进行检查。

第56条　公司对员工进行安全生产教育和培训，使员工具备必要的安全生产意识，熟悉安全生产制度和安全操作规程，掌握本岗位的安全操作技能。

第57条　公司实行安全生产责任制，部门经理（或部门主管）对本部门的安全问题负责，法定代表人（或总经理、安全主任）对全公司的安全问题负责。

第58条　公司对女职工和未成年工实行特殊劳动保护，不安排女职工和未成年工从事法律、法规禁止的劳动。法律、法规、规章对女职工和未成年工有其他特殊待遇的从其规定。

## 第七章 劳动纪律与员工守则

第59条 员工必须遵守如下考勤和辞职制度：

（1）按时上班、下班，不得迟到、早退；

（2）必须自己打卡，不得委托他人打卡或代替他人打卡；

（3）因公外出、漏打、错打等特殊原因未能打卡的，必须由本部门经理或主管签卡方能有效；

（4）有事、有病必须向部门经理或主管请假，不得无故旷工；

（5）请假必须事先填写《请假单》，并附上相关证明（病假应有医生证明），在不得已的情况下，应提早电话、电报或委托他人请假，上班后及早补办请假手续；

（6）一次迟到或早退30分钟以上的，应办理请假手续，否则以旷工论处；

（7）未履行请假、续假、补假手续而擅不到岗者，均以旷工论处；

（8）员工因故辞职，应提前一个月向部门经理或主管提交《辞职通知书》，试用期内辞职应提前一周书面通知；

（9）员工辞职由部门经理或主管批准，辞职获准后，凭人事行政部签发的《离职通知书》办理移交手续。

第60条 员工必须遵守如下工作守则和职业道德：

（1）进入或逗留厂区，必须按规定佩戴厂证和穿着工作服；

（2）敬业乐业，勤奋工作，服从公司合法合理的正常调动和工作安排；

（3）严格遵守公司的各项规章制度、安全生产操作规程和岗位责任制；

（4）工作期间，忠于职守，不消极怠工，不干私活，不串岗，不吃零食，不打闹嬉戏，不大声说笑、喧哗等，尽职尽责做好本职工作；

（5）平时养成良好、健康的卫生习惯，不随地吐痰，不乱丢烟头杂物，保持公司环境卫生清洁；

（6）爱护公物，小心使用公司机器设备、工具、物料，不得盗窃、贪污或故意损坏公司财物；

（7）提倡增收节支，开源节流，节约用水、用电、用气，严禁浪费公物和公物私用；

（8）搞好公司内部人际关系，团结友爱，不得无理取闹、打架斗殴、造谣生事；

（9）关心公司，维护公司形象，敢于同有损公司形象和利益的行为作斗争；

（10）上班时间一到即刻开始工作，下班之后无特别事务不得逗留；

（11）上班时间原则上不准会客和打私人电话，因故而经部门经理或主管许可的除外；

（12）遵守公司的保密制度，不得泄露公司的商业秘密。

第61条　员工必须遵守如下安全守则和操作规程：

（1）生产主管和领班要做好机器设备的保养、维修和用前检查工作，在确保机器设备可安全使用后，方可投入使用；

（2）操作机器设备时，必须严格遵守技术操作规程，保证产品质量，维护设备安全及保障人身的安全；

（3）设备使用过程中，如发现有异常情况，操作工应及时告知领班和相关技术人员处理，不得擅自盲目动作；

（4）发现直接危及人身安全的紧急情况，要立即采取应急措施，并及时将情况向领班、部门主管或部门经理报告；

（5）工作场所和仓库的消防通道，必须经常保持畅通，不得放置任何物品；

（6）对消防设备、卫生设备及其他危险防止设备，不得有随意移动、撤走及减损其效力的行为；

（7）维修机器、电器、电线必须关闭电源或关机，并由相关技术人员或电工负责作业；

（8）非机械设备的操作人员，不得随意操作机械设备；

（9）危险物品必须按规定放置在安全的地方，不得随意乱放；

（10）车间和仓库严禁吸烟，吸烟要在指定场所，并充分注意烟火；

（11）严禁携带易燃易爆、有毒有害的危险物品进入公司；

（12）收工时要整理机械、器具、物料及文件等，确认火、电、气的安全，关好门窗、上好门锁。

## 第八章　奖励与惩罚

第62条　为增强员工的责任感，鼓励员工的积极性和创造性，提高劳动生产率和工作效率，公司对表现优秀、成绩突出的员工实行奖励制度。奖励分为表扬、记功、晋升、加薪、发奖金五种。

第63条　员工品行端正，工作努力，忠于职守、遵规守纪，关心公司，服从安排，足为其他员工楷模者，给予通令表扬。

第64条　对有下列事迹之一的员工，除给予通令表扬外，另给予记功、晋升、加薪、发奖金四种奖励的一种或一种以上的奖励：

（1）对于生产技术或管理制度，提出具体方案，经执行确有成效，能提高公司经济效益，对公司贡献较大的；

（2）节约物料，或对废料利用具有成效，能提高公司经济效益，对公司贡献较大的；

（3）遇有灾变，勇于负责，奋不顾身，处置得当，极力抢救，使公司利益免受重大损失的；

（4）敢于同坏人、坏事作斗争，举报损害公司利益的行为，使公司避免重大损失的；

（5）对公司利益和发展作出其他显著贡献的；

（6）其他应当给予奖励的。

第65条　为维护正常的生产秩序和工作秩序，严肃厂规厂纪，公司对违规违纪、表现较差的员工实行惩罚制度。

惩罚分为：警告、记过、罚款、辞退四种。

第66条　员工有下列情形之一，经查证属实，批评教育无效的，第一次口头警告，第二次以后每次书面警告1次，并罚款20至50元；每警告2次记过1次；一个月内被记过3次以上或一年内被记过6次以上的，予以辞退：

（1）委托他人打卡或代替他人打卡的；

（2）无正当理由经常迟到或早退（每次3分钟以上）的；

（3）不戴厂证或不穿厂服进入厂区的；

（4）擅离职守或串岗的；

（5）消极怠工，上班干私活的；

（6）随地吐痰或乱丢垃圾，污染环境卫生的；

（7）浪费公司财物或公物私用的；

（8）未经批准，上班时间会客或打私人电话的；

（9）非机械设备的操作者，随意操作机械设备的；

（10）下班后不按规定关灯、关电、关水、关气、关窗、锁门的；

（11）未经许可擅带外人入厂参观的；

（12）携带危险物品入厂的；

（13）在禁烟区吸烟的；

（14）随意移动消防设备或乱放物品，阻塞消防通道的；

（15）违反公司规定携带物品进出厂区的；

（16）工作时间，与别人闲聊、打闹嬉戏、大声喧哗的；

（17）工作时间打瞌睡的；

（18）对客户的态度恶劣的；

（19）有其他与上述情形情节相当的情形的。

第67条　员工有下列情形之一，经查证属实，批评教育无效的，每次记过1次，并罚款50至100元；一个月内被记过3次以上或一年内被记过6次以上的，予以辞退：

（1）无正当理由不服从公司正常调动或上司的工作安排的；

（2）无理取闹，打架斗殴，影响公司生产秩序和员工生活秩序的；

（3）利用工作或职务便利，收受贿赂而使公司利益受损的；

（4）上班时间打牌、下棋的；

（5）将公司内部的文件、账本给公司外的人阅读的；

（6）在宿舍私接电源或使用电炉、煤油炉的；

(7) 私自调换床位或留宿外人的;

(8) 有其他与上述情形情节相当的情形的。

第68条　员工有下列情形之一,经查证属实,批评教育无效的,予以辞退:

(1) 一个月内累计旷工超过5日或者一年内累计旷工超过10日的;

(2) 提供与录用有关的虚假证书或劳动关系状况证明,骗取公司录用的;

(3) 违反操作规程,损坏机器设备、工具,浪费原材料,造成公司经济损失1 000元以上的;

(4) 盗窃、贪污、侵占或故意损坏公司财物,造成公司经济损失1 000元以上的;

(5) 违反公司保密制度,泄露公司商业秘密,造成公司经济损失1 000元以上的;

(6) 在异性宿舍与异性员工同宿的;

(7) 有其他与上述情形情节相当的情形的。

第69条　员工违规违纪对公司造成经济损失的,除按规定处罚外,还应赔偿相应经济损失。

对员工的罚款,每次不超过员工当月工资的20%。

**第九章　……**

……

**第十章　……**

……

**附则　……**

……

**例文二:**

## 上海市化学工业区管理办法

第一条　目的

为了规范上海化学工业区的管理,促进上海化学工业区及其联动发展区域的建设和发展,根据法律、法规以及国家有关政策,结合本市实际情况,制定本办法。

第二条　适用范围

本办法适用于上海化学工业区(以下简称化学工业区)以及与化学工业区联动发展的金山分区和奉贤分区(以下简称联动发展区域)。

第三条　区域范围

化学工业区东至奉贤区南竹港、杭州湾围海东侧堤,南至杭州湾围垦海堤,西至杭州湾西侧堤（龙泉港出海闸），北至沪杭公路，面积为29.4平方千米。

联动发展区域的四个所至范围，由经依法批准的城乡规划确定。

第四条 发展方向和项目导向

按照国家和本市国民经济和社会发展规划、本市城市总体规划的要求，化学工业区重点发展石油化工、精细化工等产业，联动发展区域重点发展为化学工业区配套的产业，共同建设具有国际竞争力的世界级石化基地。

鼓励国内外投资者按照国家重点鼓励的产业、产品和技术目录以及外商投资产业有关指导目录的规定，在化学工业区投资各类化工项目；鼓励在联动发展区域内投资建设基础设施、产业配套和公用配套项目。

第五条 法律保护

化学工业区及其联动发展区域内投资者的投资、财产、收益和其他合法权益，受国家法律的保护。

第六条 管理职责

本市设立上海化学工业区管理委员会（以下简称管委会）。管委会是市人民政府的派出机构。

化学工业区内的有关行政事务由管委会归口管理，管委会依据本办法履行下列职责：

（一）参与编制区域规划，制定、修改和组织实施发展规划、计划和产业政策；

（二）组织实施开发建设，指导相关单位实施土地前期开发和基础设施建设；

（三）按照规定接受有关行政管理部门的委托，负责相关行政审批工作，为企业提供指导和服务；

（四）负责突发事件的防范与处置等应急管理工作；

（五）协调海关、检验检疫、外事等行政管理部门对企业的日常行政管理；

（六）完成市人民政府交办的其他事项。

联动发展区域的规划、计划和产业政策，以及相关行政审批、安全应急管理等工作，由管委会管理，金山区人民政府、奉贤区人民政府予以协助；联动发展区域的其他公共事务，由金山区人民政府、奉贤区人民政府按照各自职责管理。

市和区有关行政管理部门按照各自职责，做好化学工业区及其联动发展区域的相关工作。

第七条 工作机制

除涉及国家安全、公共安全等事项外，本市各有关行政管理部门涉及化学工业区的行政管理事项，应当征求管委会的意见。

本市在化学工业区及其联动发展区域内建立下列工作机制：

（一）重要情况定期协商机制。管委会牵头，会同金山区人民政府、奉贤区人民政府和有关部门，定期对化学工业区及其联动发展区域内的重要情况进行协商，明确需要解决的问题和各方的责任。

（二）应急管理联动机制。管委会组建由公安、消防、边防、安全生产、质量技术监督、环保、卫生、交通港口、海事、海关、检验检疫、边检等部门和金山区人民政府、奉贤区人民政府参加的应急指挥系统，制定化学工业区及其联动发展区域内突发事件的应急预案，并组织应急演练和突发事件应急处置。

对于联动发展区域内的行政管理事项，管委会和金山区、奉贤区人民政府相关部门应当相互通报情况。

第八条　一门式服务

管委会应当会同口岸服务、工商、质量技术监督、人力资源社会保障、海关、检验检疫等行政管理部门，在化学工业区内设立机构、派驻办事人员或者定期现场办公，提供“一门式”服务，并行使相关行政管理职责。

第九条　专项发展资金

本市设立化学工业区专项发展资金，用于支持化学工业区的开发、建设和发展。专项发展资金应当按照有关规定进行管理和使用。

第十条　规划编制

市规划行政管理部门会同管委会和金山区人民政府、奉贤区人民政府组织编制化学工业区及其联动发展区域规划，并按照法定程序报批。化学工业区及其联动发展区域的各类专项规划，根据相关法律、法规和规章的规定编制。

第十一条　发展规划和产业政策

管委会应当会同市有关行政管理部门、金山区人民政府、奉贤区人民政府，根据国家和本市有关产业发展战略和化学工业区及其联动发展区域的产业发展导向，制定并公布发展规划和相关产业政策。

第十二条　土地储备和前期开发管理

化学工业区的土地储备计划和方案由管委会提出，并按照国家和本市有关规定报批。土地的前期开发和管理，由管委会及其委托的单位组织实施。

联动发展区域的土地储备工作，由金山区、奉贤区人民政府及其有关部门按照国家和本市有关规定实施，有关情况由所在地的区人民政府通报管委会。

第十三条　委托实施行政审批

管委会接受市、区有关行政管理部门的委托，在化学工业区及其联动发展区域内统一实施下列行政审批事项：

（一）投资管理部门委托的企业投资项目的核准和备案；

（二）商务管理部门委托的外商投资企业设立审批，以及加工贸易企业经营状况及生产能力证明、加工贸易业务批准证的审批；

（三）规划管理部门委托的建设项目选址意见书、核定规划设计要求、建设用地规划许可证、建设工程规划设计方案、建设工程规划许可证的审批，以及建设工程竣工规划验收；

（四）建设管理部门委托的建设项目初步设计审查、建设工程施工许可证审批，以及临时占用道路、挖掘道路、增设平面交叉道口的审批；

（五）科技管理部门委托的高新技术企业认定申请的受理和初审，会同申报企业所在地各区科技受理点办理相关工作；

（六）民防管理部门委托的结合民用建筑修建防空地下室审批；

（七）绿化市容管理部门委托的建设项目配套绿化建设方案的审批及竣工验收，临时使用公共绿地和迁移、砍伐树木（古树名木除外）的审批。

管委会接受市土地管理部门的委托，实施化学工业区内国有土地使用权的划拨、出让等建设项目供地预审，但征收农民集体所有土地、农用地转为建设用地、建设项目占用未利用地的除外。

本条第一款、第二款规定的行政审批事项委托的具体内容，由管委会与有关行政管理部门在委托书中予以明确。

管委会应当将接受委托实施行政审批事项的情况报送委托的行政管理部门；委托的行政管理部门应当对管委会实施行政审批事项进行指导和监督。

第十四条　环境保护

进入化学工业区及其联动发展区域的项目，应当进行严格的环境影响评价，并采用先进的清洁工艺组织生产，保证污染物的排放符合国家和本市规定的标准。

管委会协助环境保护部门在化学工业区及其联动发展区域内，开展建设项目环境影响评价、试生产、竣工验收审批以及排污总量控制、环境监测、污染纠纷调查处理、执法检查和事故调查处理等工作。管委会应当加强对化学工业区及其联动发展区域内企业的环境管理，对企业落实环境保护法律制度的情况进行检查；发现违法行为的，应当及时制止，并向环境保护部门报告。

环境保护部门应当对管委会加强指导和监督，并有权进行巡查和抽查。

第十五条　安全生产和特种设备监督管理

化学工业区及其联动发展区域内的企业应当加强安全生产管理，建立、健全安全生产责任制，完善安全生产条件，确保安全生产。

管委会协助安全生产、质量技术监督等部门在化学工业区及其联动发展区域内，开展危险化学品单位安全生产许可、特种设备使用登记、执法检查和事故调查处理等工作。管委会应当配备必要的安全防护设施和专职安全管理人员，开展安全技术咨询、教育培训活动，督促企业落实安全生产、特种设备管理等相关措施；发现违法行为或者事故隐患的，应当依法责令企业立即改正、限期治理或者采取其他措施予以制止，并向安全生产、质量技术监督等部门报告。

安全生产、质量技术监督等部门应当对管委会加强指导和监督，并有权进行巡查和抽查。

第十六条　建设工程管理

化学工业区及其联动发展区域内建设工程报建、招标投标、竣工备案等日常管理工作，由管委会承担，并接受建设管理部门的指导和监督。

第十七条　企业设立

在化学工业区及其联动发展区域内设立企业，申请材料齐全、符合法定形式的，工商行政管理部门应当在3个工作日内办理完毕。

涉及企业设立并联审批事项的，执行本市并联审批的有关规定。

第十八条　统计工作

管委会和金山区、奉贤区人民政府统计机构分别负责化学工业区和所属联动发展区域的统计工作，并定期互相抄送相关数据。

第十九条　信息公开

管委会应当将涉及审批事项的依据、内容、条件、程序、期限以及需要提交的全部材料的目录和申请书示范文本等在办公场所予以公示。

申请人要求管委会对公示内容予以说明、解释的，管委会应当提供准确、可靠的信息。

第二十条　提供相关服务

化学工业区及其联动发展区域应当完善中介服务体系，为企业、机构提供人力资源、财务、金融、标准、档案和计量、专利、法律、公证等各类中介服务。

化学工业区及其联动发展区域可以依法设立报关、报检等机构，为区内企业、机构提供对外贸易方面的服务。

第二十一条　实施日期

本办法自2011年8月12日起施行。2002年1月18日上海市人民政府发布，根据2004年6月24日上海市人民政府令第28号修正并重新发布的《上海市化学工业区管理办法》同时废止。

**例文三：**

## 财政部　商务部<br>关于中小企业国际市场开拓资金管理办法

### 第一章　总则

第一条　为加强对中小企业开拓国际市场开拓资金（以下简称市场开拓资金）的管理，支持中小企业开拓国际市场，制定本办法。

第二条　本办法所称市场开拓资金是指中央财政设立的用于支持中小企业开拓国际市场各项业务的专项资金。

第三条　市场开拓资金的管理遵循公开透明、突出重点、专款专用、注重实效的原则。

第四条　市场开拓资金由财政部门和商务部门共同管理。

商务部门负责市场开拓资金的业务管理，提出市场开拓资金的支持重点、年度预算及资金安排建议，会同财政部门组织项目的申报和评审。

财政部门负责市场开拓资金的预算管理，审核资金的支持重点和年度预算建议，确定资金安排方案，办理资金拨付，会同商务部门对市场开拓资金的使用情况进行监督检查。

## 第二章 支持对象

第五条 中小企业独立开拓国际市场的项目为企业项目；企、事业单位和社会团体（以下简称项目组织单位）组织中小企业开拓国际市场的项目为团体项目。

第六条

申请企业项目的中小企业应符合下列条件：

1. 在中华人民共和国关境内注册，依法取得进出口经营资格的或依法办理对外贸易经营者备案登记的企业法人，上年度海关统计进出口额在4 500万美元以下；

2. 近三年在外经贸业务管理、财务管理、税收管理、外汇管理、海关管理等方面无违法、违规行为；

3. 具有从事国际市场开拓的专业人员，对开拓国际市场有明确的工作安排和市场开拓计划；

4. 未拖欠应缴还的财政性资金。

第七条 申请团体项目的项目组织单位应符合下列条件：

1. 具有组织全国、行业或地方企业赴境外参加或举办经济贸易展览会资格；

2. 通过管理部门审核具有组织中小企业培训资格；

3. 申请的团体项目应以支持中小企业开拓国际市场和提高中小企业国际竞争力为目的；

4. 未拖欠应缴还的财政性资金。

第八条 已批准支持的团体项目，参加该项目的中小企业不得以企业项目名义重复申请同一项目或内容的市场开拓资金支持。

## 第三章 支持内容

第九条 市场开拓资金主要支持内容包括：境外展览会；企业管理体系认证；各类产品认证；境外专利申请；国际市场宣传推介；电子商务；境外广告和商标注册；国际市场考察；境外投（议）标；企业培训；境外收购技术和品牌等。

第十条 市场开拓资金优先支持下列活动：

1. 面向拉美、非洲、中东、东欧、东南亚、中亚等新兴国际市场的拓展；

2. 取得质量管理体系认证、环境管理体系认证和产品认证等国际认证。

## 第四章　资金管理

第十一条　市场开拓资金由财政部会同商务部采取因素法等方式进行分配。地方财政、商务部门结合本地区实际情况，研究确定支持重点和支持额度。

第十二条　市场开拓资金对符合本办法第九条规定且支出不低于1万元的项目予以支持，支持金额原则上不超过项目支持内容所需金额的50%。对中、西部地区和东北老工业基地的中小企业，以及符合本办法第十条第一项的支持比例可提高到70%。

第十三条　财政部将市场开拓资金拨付至省级财政部门。

第十四条　中央项目组织单位组织3省（自治区、直辖市、计划单列市）及以上的中小企业参加境外经济贸易展览会或进行培训，可按规定向商务部和财政部提出项目申请。商务部、财政部按规定审核后，由财政部按照国库管理要求拨付资金。

第十五条　企业项目及地方项目组织单位组织本地区中小企业参加境外经济贸易展览会或进行培训，按规定向地方商务和财政部门提出项目申请。地方商务、财政部门按规定审核后，由地方财政部门按照国库管理要求拨付资金。

第十六条　中小企业获得的项目资金，应按国家相关规定进行财务处理。

第十七条　根据市场开拓资金管理工作需要，可在市场开拓资金中列支相关管理性支出，用于聘请承办单位、项目的评审、论证、审计等，支出比例不超过资金总额的3%，并予严格控制，厉行节约。

第十八条　任何单位和个人不得以任何形式骗取、挪用和截留市场开拓资金，对违反规定的，按照《财政违法行为处罚处分条例》（国务院令第427号）予以处理。

## 第五章　附则

第十九条　中小企业或项目组织单位组织中小企业开拓香港、澳门、台湾地区市场参照本办法执行。

第二十条　省级财政部门和商务部门可根据本办法，结合工作实际制定本地区市场开拓资金的具体实施办法，报财政部和商务部备案。省级财政部门和商务部门每年应对中小企业国际市场开拓资金的执行情况进行总结和效益评价分析，并于次年的3月底将总结报告联合上报财政部、商务部。各级管理部门对中小企业和项目组织单位申报的书面材料，保存期限不少于3年。

第二十一条　本办法由财政部会同商务部解释。

第二十二条　本办法自发布之日起实施。财政部、原外经贸部《关于印发〈中小企业国际市场开拓资金管理（试行）办法〉的通知》（财企〔2000〕467号），原外经贸部、财政部《关于印发〈中小企业国际市场开拓资金管理办法实施细则（暂行）〉的通知》（外经贸计财发〔2001〕270号）同时废止。

二〇一二年六月五日

**例文四：**

## 员工职业道德规范

诚实守信、遵纪守法、遵章守制；勤勉敬业、履行责任、优质高效；忠诚企业、团结协作、务实创新、奉献进取；相互尊重、文明礼貌、共谋发展；以人为本、公平公正、廉洁奉公。

## 文明市民公约

一要爱国守法，不要违法乱纪；二要爱护市容，不要乱设摊棚；
三要讲究卫生，不要乱贴乱扔；四要维护交通，不要乱行乱停；
五要爱护花木，不要毁草伤林；六要移风易俗，不要铺张迷信；
七要言行有礼，不要粗痞斗狠；八要敬业守信，不要失职失诚；
九要团结互助，不要冷漠无情。

## 机动车驾驶员文明守则

车况车容良好，车技精益求精；遵守交通规则，绝不乱行乱停；
关心老弱妇幼，行车礼貌文明；服从交警指挥，安全正点运行。

# 第二章 合同文书的写作

合同也称协议，合同文书是当事人双方所订立合同内容的载体。

企业要以签订合同的方式获得生产订单，来保证企业经营和生产的正常运行。当企业与其他公司、单位之间进行合作，需要引进技术，或者转让技术时，也需要与对方签订合同，然后才能实施运作。订立合同和履行合同，是企业生产经营与管理过程中经常性的工作，因此，学习和掌握一些合同文书的知识，可以为今后的工作打下好的基础。

## 第一节 合同的概述

### 一、合同的性质与特点

合同的性质体现于它的法律约束力，是当事人关于权利和义务的协议。合同一旦签订并依法成立，当事人双方都有履行合同的义务，如有违约，要承担相应的责任。

合同广泛用于社会生活的各个方面，我国《合同法》第二条规定："本法所称合同是平等主体的自然人、法人、其他组织之间设立、变更、终止民事权利义务关系的协议。"

一般来说合同文书主要具有以下特点。

#### （一）合法性的特点

当事人双方订立的合同，要保证其主体、内容、程序、表达形式等方面，都具有合法性。当合同依法成立时，对双方当事人就产生了法律约束力，当事人要做到诚实信用，按照合同的约定履行各自的义务。双方当事人订立合同及履行合同的过程，自始至终都是一种法律行为。凡是违反法律和行政法规规定的，对公共利益有损害的合同，都是无效合同，所以，合法性是合同文书的基本原则。

#### （二）自愿性的特点

所谓自愿性，是指当事人享有自愿订立合同的权利。在订立合同的过程中，当事人有表达真实意愿的权利，在合同文书中要充分体现出这一点。如果一方以欺诈，或者乘人之危，使另一方在违背真实意愿情况下订立了合同，那么，受损害的一方可以通过法律或者仲裁方式，要求撤销或者变更合同。

**（三）平等性的特点**

在订立合同的程序中，要遵循双方当事人法律地位平等的原则。一方如果以胁迫手段，将自己的意志强行施加给对方，在这种情况下，所订立的合同是无效的，造成的损失应当予以赔偿。

**（四）规范性的特点**

合同一般要采用文字书面的形式。国务院制定了在全国规范合同体式的法规，用来推行合同的统一文本格式，并要求在语言方面使用规范的表述方式，如用语、数字、简称、修改符号、计量单位等等，都要按照有关法规标准的要求来使用。同时还要求合同的语言表达要做到准确、严密，措词精准等等。

## 二、合同的种类

在人们的生活和社会实践中，合同的应用范围非常广泛，种类也非常多。按照不同的划分方法，可以把合同分为许多的种类。

下面列举几种常见的划分方法：

**（一）按照表达形式的不同来分**

按照表达形式的不同，可以把合同分为口头形式的合同，和书面形式的合同两种。口头形式的合同，是指以口头语言形式，无形地表现协议内容而形成的合同。这种形式的合同，常用于比较简单的交易，可一旦产生纠纷，则往往得不到合理解决。书面形式的合同包括以合同书、信件、电报、电传、传真、电子邮件等形式订立的合同。

书面形式的合同还可以分为条款式合同、表格式合同、条款加表格式的合同三种类型。

条款式合同，是一种用文字说明方式表述合同内容的合同。条款式合同一般采用"第几条"，或者直接用序数词来分出层次。合同内容比较多的时候，在合同文书中还可以分为章、节等层次。内容复杂繁多，需要用文字来精确说明的合同文书，大都采用这种条款式的形式。如承揽合同、建筑工程合同、技术合同、涉外合同等等。

表格式合同，是一种把合同的内容用表格形式设计出来，然后印刷成范本的合同。在当事人签订合同时，只需要按照达成的协议逐项填写即可。这种形式的合同文书，是在长期实践的基础上设计成型的，体式比较规范，内容比较周全，既不容易产生疏漏，又便于汇总统计。一般情况下，买卖合同、承揽合同、运输合同，以及其他需要大量反复使用的合同文书，都采用这种形式。

条款加表格式的合同，是在表格式合同的基础上，再附加上文字来进行说明的一种合同。这种形式的合同文书优点在于：条款利于表述合同的特殊内容，表格能够使合同文书表达得简明和周全。

**（二）按照时间来划分**

按照合同有效期的长短来划分，可以把合同分为长期合同、中期合同、短期合同等。

**（三）按照性质和内容来划分**

按照合同的不同性质和内容划分，可以分为买卖合同、供电（水、气、热力）合同、赠与合同、借款合同、租赁合同、融资合同、承揽合同、建设工程合同、运输合同、技术合同、保管合同、仓储合同、委托合同、行纪合同、居间合同等等。《合同法》就是按照这种方法来划分合同种类的。

**三、合同文书的结构与内容**

合同的种类和体式很多，而实际上被广泛使用的是书面合同，书面合同中最常用的是条款式合同。下面以条款式合同为例，作具体介绍。

条款式合同文书的结构内容一般包括标题、当事人名称或者姓名、编号、签订地点、签订时间、正文、生效标识等要素。

**（一）合同文书的标题**

合同文书的标题一般由名称、事由（或性质）、文种三个要素构成，有时还可以加上时限，其中“性质”指该合同是买卖合同还是承包合同等，也可以概括为事由。例如《××公司技术转让合同》《工程承包合同》《××年××公司粮食运输合同》等等，其中第一个标题是由名称、加事由、加文种三个要素构成的合同标题，第二个标题是由事由、加文种两个要素构成的合同标题，第三个标题是由时限、加名称、加事由、加文种四个要素构成的合同标题。一般来讲，合同文书的标题，至少应该表示出事由（或性质）和文种两项内容。

**（二）当事人名称或者姓名**

在合同文书中，必须要写清双方当事人的名称或者姓名，名称或者姓名要填写在“甲方”或者“乙方”位置上。当事人名称或者姓名，在文书中如果要使用简称，必须在第一次出现时写全称，并用括号附注上简称，以下才可以用简称来代替全称。

**（三）编号、签订地点和签订时间**

合同文书设置编号，是为了日后查找。设置签订地点和签订时间，是为了表明本合同成立及生效的地点和时间。

**（四）合同文书的正文**

合同文书的正文包括下面三个部分：

1. 开头

合同开头部分，要写明双方当事人签订合同的依据或目的。

2. 主体

合同的主体部分，要具体写明双方当事人协商一致的内容条款。

3. 结尾

合同的结尾部分，要写明有关附则性内容，如对合同本身的说明解释、合同的有效期限、合同的份数和保存等等。

**（五）生效标识**

合同文书的生效标识包括当事人的签字、盖章，当事人的住所、开户银行及账号、电话号码、电报挂号、邮编等内容。

## 四、合同文书的一般性条款

合同文书的内容是由合同的条款来规定的，合同的条款是双方当事人权利义务的约定。如果合同文书缺少了重要的条款，那么，合同则不能成立，或者部分不能成立。因此，合同文书中的条款应该完整、俱全，不能残缺。在实践中，由于合同的种类和内容不同，合同文书的条款也有所不同。但是，无论哪种合同，都必须具备所规定的一些条款，这就是合同的一般性条款。对此，《合同法》第二十条规定了合同的一般性条款，共有八项：当事人的名称或者姓名和住所、标的、数量、质量、价款或者报酬、履行期限、地点和方式、违约责任、解决争议的方法。

在上面八项条款中，第一条里的当事人是合同的主体，是与合同直接相关的自然人、法人或者其他组织，是合同文书首先要明确的条款。第二条“标的”是合同的中心内容，是双方当事人权利义务所指向的对象，如：买卖合同中的货物、租赁合同中的租赁物、技术合同中的技术内容和科技项目等等。第三条“数量”是关于标的的数量，合同文书中的数量，必需写清楚计量单位，计量方法，合理的磅差，正副尾数，损耗标准，技术指标，技术参数，服务期限等等。第四条“质量”，合同的质量是指标的的内在素质和外表形态，在合同中对质量的验收方法、验收的时间地点等，也要有明确的表达。第五条“价款或者报酬”，合同的价款和报酬是指取得标的的一方当事人，向对方当事人支付的代价。通常要使用一定的货币量来表示，在合同文书中要写明标的的单价、总金额，计算标准、结算方式，计价货币的名称等内容。这一条的“价款”是用来支付财物的，“报酬”是用来给付劳务，或者完成某种工作的。第六条“履行期限、地点和方式”，“履行期限”，是指合同双方当事人，实现权利和履行义务的日期界限，就是一方交付标的物，另一方支付价款或者报酬的日期。“履行地点”，是指交付标的物的地点。“履行方式”，是指当事人履行义务的方式，包括时间方式，行为方式，其中，时间方式，是说一次完成还是分几次完成，行为方式，是说交付标的物的方法。如：是送货还是提货，或者是代运。如果是代运，要约定运输方式、到达站（港）和运费负担等等。第七条“违约责任”，合同的违约责任，是指当事人一方（或者双方）不履行合同的义务，或者履行义务不符合规定的，要依法或者依照合同中的规定，承担补救责任，或者承担赔偿责任。违约责任一般以罚违约金、赔偿金，以及退货、更换、返修、重做等方式来体现。如果国家规定了处罚标准的，按照国家规定标准处罚。如果没有国家规定的，按照合同文书中的双方约定处罚。第八条“解决争议的方法”，这一条是指在履行合同的过程中，如果发生争议时，拟采取的解决方法。一般解决争议的方法有和解、调解、仲裁、诉讼等，可供合同当事人选择。

## 第二节　承揽合同的写作

**一、承揽合同的性质与内容**

承揽合同是承揽人按照定做人的要求完成工作、交付工作成果，定做人给付报酬的合同。承揽合同的标的包括加工、定做、修理、复制、测试、检验等工作或工作成果等内容。

承揽合同文书的主体内容，包括承揽的标的、数量、质量、报酬、承揽方式、材料的提供、履行期限、验收标准和方法等条款。

**二、承揽合同的文书范本**

承揽合同的标的内容有许多，在此以承揽加工合同的文书范本为例。

根据提供加工材料方式的不同，承揽加工合同分为委托加工合同和来料加工合同两种，下面分别介绍。

**（一）委托加工合同文书范本（仅供教学参考）**

### 委托加工合同

委托方：_____________（以下简称甲方）

被委托方：_____________（以下简称乙方）

甲方委托乙方加工_________________产品，为维护甲乙双方的利益，经双方协商，就有关代加工事宜达成如下协议，以供双方共同遵守。

第一条代加工内容

甲方委托乙方为其加工系列产品，加工数量、款式（或开发信息）、标准、质量要求由甲方提供，价格由双方协商确定，另在订单上详述。

第二条甲方责任

1. 按计划分季度委托乙方为其加工甲方__________产品。

2. 向乙方提供甲方生产授权委托手续、商标注册证、授权书以及对商业秘密的专有合法证明等相关法律文件

3. 向乙方提供加工品款式（或开发信息）、数量、技术要求、交货时间等。

4. 负责向乙方提供甲方商标各种组合、内外包装及其他标有商标的包装及印刷品等，与乙方加工品有关的内容。

5. 甲方有权对乙方的生产标准、产品质量进行检查监督，并提出意见和建议，确认的样品验收货品。

6. 甲方按照甲乙双方确定的样板和标准进行验收货品。

7. 甲乙双方严守商业秘密。

本合同所签订的上述加工品的商标及图案文字为甲方所有，乙方不得为他人生产或提供。甲方不得将乙方设计生产的样版提供给其他生产商。

第三条乙方责任

1. 严格按照甲方的委托内容及要求从事代加工活动。

2. 甲方确定的款式、数量、质量及生产期限等标准打版进行生产，生产标准符合____________质量要求，不得以任何形式和理由超过订单数量和品种。

3. 负责原材料的采购、验收、供应，并按照甲方确定的原材料质量要求进行。

4. 严格管理甲方提供的商标、包装及印刷品，因乙方管理不善，造成甲方商标、印刷品及包装等丢失，应承担相应法律责任。

5. 不得将甲方提供的款式用于其他商标生产。

6. 严守甲方的商业秘密。

7. 对生产的产品实行三包，三包标准按国家有关规定执行。

第四条付款方式及交货地点

甲方确定委托加工款式、数量、标准后，与乙方签订委托加工通知单，并于签订之日起一星期内乙方支付总货款的____________%作为预付款，乙方提供的货品经甲方验收进仓后财务核实即付款，交货地点为甲方库房。

第五条验收标准

双方在下订单之前确定生产品种样品，甲、乙双方以此及在生产过程中，质量主管之监督要求（以书面内容要求为准）作为验收标准。甲方在乙方送货到指定地点之日起3日内必须对产品进行验收。

第六条违约责任

1. 因乙方未按甲方要求的时间交货，乙方应每天承担此批货总价__________%的违约金；如甲方没按合同要求提货，乙方有权扣除甲方订金。

2. 如乙方擅自生产或销售甲方产品及包装、印刷品等，一经查证，无论数量多少乙方应付甲方人民币__________万元违约金，并追究乙方法律责任。

3. 凡违反本合同之其他各项条款的，责任方应承担此批货价值__________%的违约金。

4. 甲、乙双方如有一方违约，除追究违约责任外，另一方有权终止本合同。因甲方提供的商标及授权手续不完备或虚假产生的法律责任由甲方承担，甲方赔偿因此给乙方带来的经济损失。

第七条合同有效期限

本委托加工合同期限为__________个月，自__________年__________月__________日至__________年__________月__________日止，生产期限以甲方计划通知单确定为准。

第八条合同如遇争议，甲乙双方可协商解决，达不成协议的可向仲裁委员会申请仲裁。

第九条本合同正本一式二份，经双方当事人代表签字盖章后生效。

第十条其他未尽事宜另行订立。

甲方：________________ 乙方：________________

代表人：______________ 代表人：______________

日期：________________ 日期：________________

这是一份委托加工合同文书的范本，属于承揽合同的一种。在合同文书的正文部分里，双方称谓和第一自然段的项目名称是开头部分，第一条至第六条是主体部分，其中，第一二三条是与合同标的有关的内容，第七条至第十条是结尾部分，最后是落款。

**（二）来料加工合同文书的范本（仅供教学参考）**

## 来料加工合同

甲方：________________ 乙方：________________

地址：________________ 地址：________________

电话：________________ 电话：________________

法定代表人：______________ 法定代表人：______________

职务：________________ 职务：________________

国籍：________________ 国籍：________________

兹经双方同意，甲方委托乙方在____________加工____________，其条款如下：

1. 来料加工和来件装配的商品和数量

（1）商品名称：____________；

（2）数量：____________共计____________。

2. 一切所需用的零件和原料由甲方提供，或由乙方在____________或____________购买，清单附于本合同内。

3. 每种型号的加工费如下

（1）____________（大写：____________美元）；

（2）____________（大写：____________美元）；

(3)___________(大写:___________美元)。

4. 加工所需的主要零件、消耗品及原料由甲方运至___________(某地),若有短少或破损,甲方应负责补充供应。

5. 甲方应于成品交运前1个月,开立信用证(或电汇全部加工费)用于由乙方在___________或___________购买零配件、消耗品及原料费用。

6. 乙方应在双方同意的时间内完成___________型标准___________的加工和交运,不得延迟,凡发生无法控制的和不可预见的情况例外。

7. 零件及原料的损耗率:加工时零件及原料损耗率为___________%,其损耗部分由甲方免费供应,如损耗率超过___________%,应由乙方补充加工所需之零件和原料。

8. 若甲方误运原料及零件,或错将原料及零件超运,乙方应将超运部份退回,其费用由甲方承担,若遇有短缺,应由甲方补充。

9. 甲方提供加工___________标准___________零件和原料,乙方应严格按规定的设计加工,不得变更。

10. 技术服务

甲方同意乙方随时提出派遣技术人员到___________的要求,协助培训乙方的技术人员,并允许所派的技术人员留在乙方检验成品。为此,乙方同意支付每人月薪___________美元,其他一切费用(包括来回旅费)概由甲方负责。

11. 与本合同有关的一切进出口手续,应由乙方予以办理。

12. 加工后的标准___________乙方应运交给甲方随时指定的国外买主。

13. 其他条件

(1)标准___________的商标由甲方提供,若出现法律纠纷,甲方应负完全责任;

(2)若必要时乙方在___________或___________购买加工标准___________的零件及原料,其品质必须符合标准并事先需经甲方核准;

(3)为促进出口业务,乙方应储备标准___________样品,随时可寄往甲方所指定的国外买主,所需的零件和原料,由甲方所运来的零件及原料中报销。

14. 本合同一式二份,甲方与乙方在签字后各执一份。

甲方(盖章):___________　　乙方(盖章):___________

代表(签字):___________　　代表(签字):___________

_______年_____月_____日　　_______年_____月_____日

这是一份来料加工合同的文书范本,其中第一条以上是开头部分,第一条至第十三条是合同文书的主体部分,第十四条是结尾部分,最后是落款。

### 三、写作承揽合同需要注意的事项

（1）承揽人应当以自己的设备、技术和劳力来完成主要工作，但当事人另有约定的除外。

承揽人将其承揽的主要工作交由第三方完成的，应当就该第三方完成的工作成果向定做人负责；未经定做人同意的，定做人也可以解除合同。

（2）由承揽人提供材料的承揽合同，承揽人应当按照约定选用材料，并接受定做人检验。

由定做人提供材料的，定做人应当按照约定提供材料。承揽人对定做人提供的材料，应当及时检验，发现不符合约定时应当及时通知定做人更换、补齐或者采取其他补救措施。

承揽人不得擅自更换定做人提供的材料，不得更换不需要修理的零部件。

（3）承揽人应当按照定做人的要求保守秘密，未经定做人许可不得留存复制品或者技术资料。

（4）承揽工作需要定做人协助的，定做人有协助的义务。定做人不履行协助义务，致使承揽工作不能完成的，承揽人可以催告定做人在合理期限内履行义务，并可以顺延履行期限；定做人逾期不履行的，承揽人可以解除合同。

## 第三节　租赁合同的写作

### 一、租赁合同的性质与内容

租赁合同是出租人将租赁物交付承租人使用、收益，承租人支付租金的合同。

租赁合同文书的主体内容包括租赁物的名称、数量、用途、租赁期限、租金及其支付期限和方式、租赁物维修等条款。

### 二、租赁合同的文书范本

由于租赁物的种类繁多，租赁合同的范围也就非常广泛，但是所有的租赁合同文体内容还是基本相同的。下面以一份设备租赁合同的范本（仅供教学参考）为例：

## 设备租赁合同书

出租方（甲方）：____________　承租方（乙方）：____________

地址：____________　地址：____________

邮码：__________　　　邮码：__________

电话：__________　　　电话：__________

传真：__________　　　传真：__________

电子邮箱：__________　　　电子邮箱：__________

甲、乙双方根据《中华人民共和国合同法》的规定，签订设备租赁合同，并商定如下条款，共同遵守执行。

第一条甲方根据乙方的项目和乙方自行选定的设备和技术质量标准，向__________购进以下设备租给乙方使用。

1. __________

2. __________

3. __________

第二条甲方根据与生产厂（商）签订的设备订货合同规定，于__________年__________季交货，由供货单位直接发运给乙方。乙方直接到供货单位自提自运。乙方收货后应立即向甲方开回设备收据。

第三条设备的验收、安装、调试、使用、保养、维修管理等，均由乙方自行负责。设备的质量问题由生产厂（商）负责，并在订货合同予以说明。

第四条设备在租赁期间的所有权属于甲方。乙方收货后，应以甲方名义向当地保险公司投保综合险，保险费由乙方负责。乙方应将投保合同交甲方作为本合同附件。

第五条在租赁期内，乙方享有设备的使用权，但不得转让或作为财产抵押，未经甲方同意亦不得在设备上增加或拆除任何部件和迁移安装地点。甲方有权检查设备的使用和完好情况，乙方应提供一切方便。

第六条设备租赁期限为__________年，租期从供货厂向甲方托收货款时算起，租金总额为人民币__________元（包括手续费__________%），分__________期交付，每期租赁金__________元，由甲方在每期期末按期向乙方托收。如乙方不能按期承付租金，甲方则按逾期租金总额每天加收万分之三的罚金。

第七条本合同一经签订不能撤销。如乙方提前交清租金，结束合同，甲方给予退还一部分利息的优惠。

第八条本合同期满，甲方同意按人民币__________元的优惠价格将设备所有权转给乙方。

第九条乙方上级单位__________同意作为乙方的经济担保人，负责乙方切实履行本合同各条款规定，如乙方在合同期内不能承担合同中规定的经济责任时，担保人应向甲方支付乙方余下的各期租金和其他损失。

第十条因本合同发生争议，按__________项解决；

1. 向__________仲裁委员会申请仲裁；

2. 向__________人民法院提出诉讼。

第十一条本合同经双方和乙方担保人盖章后生效。本合同正本两份，甲、乙方各执一份。

甲方（盖章）：__________ 乙方（盖章）：__________

代表人（签字）：__________ 代表人（签字）：__________

开户银行及账号：__________ 开户银行及账号：__________

______年______月______日 ______年______月______日

担保单位（盖章）：__________ 代表人（签字）：__________

开户银行及账号：__________

______年______月______日

这是一份设备租赁合同的文书范本。第一条以前是开头，第一条至第十条是主体部分，第十一条是结尾，最后是落款。

**三、写作租赁合同文书需要注意的事项**

（1）租赁合同的租赁期限不得超过二十年。如果超过了二十年，那么，超过部分无效。

租赁期届满，当事人可以续订租赁合同，但约定的租赁期限自续订之日起不得超过二十年。

（2）因第三方主张权利，致使承租人不能对租赁物使用、收益的，承租人可以要求减少租金或者不支付租金。

第三人主张权利的，承租人应当及时通知出租人。

（3）租赁物在租赁期间发生所有权变动的，不影响租赁合同的效力。

（4）租赁期间届满，承租人继续使用租赁物，出租人没有提出异议的，原租赁合同继续有效，但租赁期限为不定期。

## 第四节　技术合同的写作

**一、技术合同的性质与内容**

技术合同是当事人就技术开发、转让、咨询或者服务所订立的，确立相互之间权利和义务的合同。其中，技术开发是指知识形态商品的生产；技术转让、技术咨询、技术服务等，是指知识形态商品以不同形式的交换。

实际上，技术合同就是将知识形态商品，进行生产和交换的一种法律形式，是双方当事人就科学研究、技术开发项目、科技成果推广、科技成果应用、技术咨询及服务等达成的设立、变更、终止民事权利义务关系的协议。

技术合同文书主体部分的内容，一般由当事人来约定，通常应该包括以下条款：项目名称，标的的内容、范围和要求，履行的计划、进度、期限、地点、地域和方式，技术情报和资料的保密，风险责任的承担，技术成果的归属和收益的分成办法，验收标准和方法，价款、报酬或者使用费及其支付方式，违约金或者损失赔偿的计算方法，解决争议的方法，名词和术语的解释。

技术合同的标的涉及的对象非常多，下面以技术开发、技术转让、技术咨询三种技术合同文书的范本为例。

## 二、技术开发合同的文书范本

### （一）技术开发合同的概念

技术开发合同是指当事人之间就新技术、新产品、新工艺，或者新材料及其系统的研究开发，所订立的合同。当事人之间，就具有产业应用价值的科技成果实施转化，所订立的合同，也可参照技术开发合同的规定。

技术开发合同包括：委托开发合同和合作开发合同两种。委托开发合同，是指一方委托另一方，进行某项科学技术研究和开发工作的合同。合作开发合同，是指技术交易各方共同投资，共同参与研究开发工作，或者技术交易一方以技术进行投资，与对方联合研制、开发新产品的合同。

### （二）订立技术开发合同要遵循的原则

(1) 标的物具有新颖性，包括新技术、新产品、新工艺或者新材料及其系统。

(2) 技术开发合同的内容是进行研究开发工作。

(3) 技术开发合同是双务有偿合同，合同的履行具有协作性。

(4) 技术开发合同的风险由双方共同负担。

技术开发合同的认定条件，可以参照2001年起实施的《技术合同认定规则》的规定。

### （三）技术开发合同范本（仅供教学参考）

技术开发合同的范本，可以到当地技监局或者工商局查找，下面仅举委托开发合同的范本作为范例。

# 技术开发合同

合同登记编号：

项目名称：__________

委托方：__________（甲方）

研究开发方：__________（乙方）

签订地点：__________省__________市（县）

签订日期：____________________

有效期限：________年______月______日至________年______月______日

依据《中华人民共和国技术合同法》的规定、合同双方就________项目的技术开发（该项目属________计划），经协商一致，签订本合同。

一、标的技术的内容、形式和要求：

二、应达到的技术指标和参数：

三、研究开发计划：

四、研究开发经费、报酬及其支付或结算方式：

（一）研究开发经费是指完成本项研究开发工作所需的成本；报酬是指本项目开发成果的使用费和研究开发人员的科研补贴。

本项目研究开发经费及报酬：________元，其中：甲方提供________元，乙方提供________元。

如开发成本实报实销，双方约定如下：

（二）经费和报酬支付方式及时限（采用以下第________种方式）：

① 一次总付：________元，时间：________

② 分期支付：________元，时间：________元，时间：________

③ 按利润________%提成，期限：________

④ 按销售额________%提成，期限：________

⑤ 其他方式：________

五、利用研究开发经费购置的设备、器材、资料的财产权属：________

六、履行的期限、地点和方式：________

本合同自________年______月______日至________年______月______日在________（地点）履行。

本合同的履行方式：________

七、技术情报和资料的保密：

八、技术协作和技术指导的内容：

九、风险责任的承担：

在履行本合同的过程中，确因在现有水平和条件下难以克服的技术困难，导致研究开发部分或全部失败所造成的损失，风险责任由________承担。（1. 乙方；2. 双方；3. 双方另行商定）

经约定，风险责任甲方承担________%乙方承担________%

本项目风险责任确认的方式为：________

十、技术成果的归属和分享：________

（一）专利申请权：________

（二）非专利技术成果的使用权、转让权：________

十一、验收的标准和方式：________

研究开发所完成的技术成果，达到了本合同第二条所列技术指标，按________

标准，采用方式验收，由__________方出具技术项目验收证明。

十二、违约金或者损失赔偿额的计算方法：__________

违反本合同约定，违约方应当按技术合同法有关规定承担违约责任。

（一）违反本合同第__________条约定方应当承担违约责任，承担方式和违约金额如下：__________

（二）违反本合同第__________条约定方应当承担违约责任，承担方式和违约金额如下：__________

十三、解决合同纠纷的方式：

履行本合同过程中发生争议，由当事人双方协商解决。协商不成，双方同意由__________仲裁委员会仲裁（当事人双方不在本合同中约定仲裁机构，事后又没有达成书面仲裁协议的，可向人民法院起诉）。

十四、名词和术语的解释：__________

十五、其他（含中介方的权利、义务、服务费及其支付方式、定金、财产抵押、担保等上述条款未尽事宜）：

## 填写说明

一、“合同登记编号”的填写方法：合同登记编号为十四位，左起第一、二位为公历年代号，第三、四位为省、自治区、直辖市编码，第五、六位为地、市编码，第七、八位为合同登记点编号，第九至十四位为合同登记序号，以上编号不足位的补零，各地区编码按GB2260–84规定填写（合同登记序号由各地区自行决定）。

二、计划内项目应填写国务院部委、省、自治区、直辖市、计划单列市、地、市（县）级计划，不属于上述计划的项目此栏划（/）表示。

三、标的技术的内容、形式：

包括开发项目应达到的技术经济指标、开发目的、使用范围及效益情况、成果提交方式及数量。

提交开发成果可采取下列形式：

1. 产品设计、工艺规程、材料配方和其他图纸、论文、报告等技术文件；

2. 磁盘、磁带、计算机软件；

3. 动物或植物新品种、微生物菌种；

4. 样品、样机；

5. 成套技术设备；

四、研究开发计划：

包括当事人各方实施开发项目的阶段进度，各个阶段要解决的技术问题，达到的目标和完成的期限等。

五、技术情报和资料的保密：

包括当事人各方情报和资料保密义务的内容、期限和泄漏技术秘密应承担的责任。

双方可以约定，不论本合同是否变更、解除、终止。本条款均有效。

六、其他：

合同如果是通过中介机构介绍签订的，应将中介合同作为本合同的附件。如果双方当事人约定定金财产抵押及担保的，应将给付定金、财产抵押及担保手续的复印件作为本合同的附件。

七、委托代理人签订本合同书时，应出具委托证书。

八、本合同书中，凡是当事人约定认为无需填写的条款，在该条款填写的空白处划(/)表示。

**(四)写作技术开发合同需要注意的事项**

按照《合同法》的规定，写作技术开发合同需主要注意以下事项：

(1) 委托开发完成的发明创造，除当事人另有约定的以外，申请专利的权利属于研究开发人。研究开发人取得专利权的，委托人可以免费实施该专利。

研究开发人转让专利申请权的，委托人享有以同等条件优先受让的权利。

(2) 合作开发完成的发明创造，除当事人另有约定的以外，申请专利的权利属于合作开发的当事人共有。当事人一方转让其共有的专利申请权的，其他各方享有以同等条件优先受让的权利。

合作开发的当事人，一方声明放弃其共有的专利申请权的，可以由另一方单独申请，或者由其他各方共同申请。申请人取得专利权的，放弃专利申请权的一方可以免费实施该专利。

合作开发的当事人，一方不同意申请专利的，另一方或者其他各方不得申请专利。

(3) 委托开发或者合作开发，完成的技术秘密成果的使用权、转让权以及利益的分配办法，由当事人约定。没有约定或者约定不明确，依照《合同法》第六十一条的规定仍不能确定的，当事人均有使用和转让的权利，但委托开发的研究开发人，不得在向委托人交付研究开发成果之前，将研究开发成果转让给第三人。

(4) 在技术开发合同履行过程中，因出现无法克服的技术困难，致使研究开发失败或者部分失败的，该风险责任由当事人约定。没有约定或者约定不明确，依照本法第六十一条的规定仍不能确定的，风险责任由当事人合理分担。

(5) 按照《合同法》第三百三十条规定："技术开发合同应当采用书面形式。"

## 三、技术转让合同的文书范本

### (一)技术转让合同的概念

技术转让合同是指当事人之间就专利权转让、专利申请权转让、专利实施许可、技术秘密转让所订立的合同。技术转让合同包括专利权转让合同、专利申请权转让合同、技术秘密转让合同、专利实施许可合同等四种类型。

**(二)订立技术转让合同要遵循的原则**

(1) 技术转让合同可以约定让与人和受让人，实施专利或者使用技术秘密的范围，但不得限制技术竞争和技术发展。

(2) 技术转让合同的让与人，应当保证自己是所提供的技术的合法拥有者，并保证所提供的技术完整、无误、有效，能够达到约定的目标。

(3) 技术转让合同的受让人，应当按照约定的范围和期限，对让与人提供的技术中尚未公开的秘密部分，承担保密义务。

(4) 专利实施许可合同，只在该专利权的存续期间内有效。专利权有效期限届满，或者专利权被宣布无效的，专利权人，不得就该专利与他人订立专利实施许可合同。

(5) 技术秘密转让合同的让与人，应当按照约定提供技术资料，进行技术指导，保证技术的实用性、可靠性，承担保密义务。

(6) 当事人可以按照互利的原则，在技术转让合同中约定实施专利、使用技术秘密后续改进的技术成果的分享办法。没有约定或者约定不明确，依照本法第六十一条的规定仍不能确定的，一方后续改进的技术成果，其他各方无权分享。

**(三)技术转让合同的范本(仅供教学参考)**

技术转让合同的标的很多，下面只列举一份非专利技术转让合同的范本，其他类型的技术转让合同范本，可以到当地技监局或者工商局查找。

## 技术转让合同

合同登记编号：

项目名称：____________________

受让方(甲方)：________________

法定代表人：________________ 职务：________________

地址：________________ 邮码：________________

电话：________________

转让方(乙方)：________________

法定代表人：________________ 职务：

地址：________________邮码：________________电话：________________

签订地点：________________省________________市(县)

签订日期：________________年____________月__________日

依据《中华人民共和国合同法》的规定，合同双方就________________转让(该项目属________________计划)，经协商一致，签订本合同。

一、非专利技术的内容、要求和工业化开发程度：

二、技术情报和资料及其提交期限、地点和方式：

乙方自合同生效之日起________天内，在__________（地点），以__________方式，向甲方提供下列技术资料：

三、本项目技术秘密的范围和保密期限：

四、使用非专利技术的范围：

甲方：________________________

乙方：________________________

五、验收标准和方法：

甲方使用该项技术，试生产__________后，达到了本合同第一条所列技术指标，按__________标准，采用__________方式验收，由__________方出具技术项目验收证明。

六、经费及其支付方式：

（一）成交总额：__________元。其中技术交易额（技术使用费）：元。

（二）支付方式：（采用以下第种方式）：

① 一次总付：__________元，时间：__________

② 分期支付：__________元，时间：__________

__________元，时间：__________

③ 按利润__________%提成，期限：__________

④ 按销售额__________%提成，期限：__________

⑤ 其他方式：__________

七、违约金或者损失赔偿额的计算方法：

违反本合同约定6，违约方应当按《中华人民共和国合同法》规定承担违约责任。

（一）违反本合同第__________条约定，__________方应当承担违约责任，承担方式和违约金额如下：

（二）违反本合同第__________条约定，__________方应当承担违约责任，承担方式和违约金额如下：

（三）____________________

八、技术指导的内容（含地点、方式及费用）：

九、后续改进的提供与分享：

本合同所称的后续改进，是指在本合同有效期内，任何一方或者双方对合同标的技术成果所作的革新和改进。双方约定，本合同标的技术成果后续改进由方完成，后续改进成果属于__________方；由方完成，后续改进成果属于放方。

十、争议的解决方法：

在合同履行过程中发生争议，双方应当协商解决，也可以请求__________进行调解。

双方不愿协商、调解解决或者协商、调解不成的，双方商定，采用以下第________种方式解决。

（一）申请____________仲裁委员会仲裁；

（二）向____________人民法院提起诉讼。

十一、名词和术语的解释：________________________________

十二、其他（含中介方的权利、义务、服务费及其支付方式、定金、财产抵押、担保等上述条款未尽事宜）：

十三、本合同有效期限：__________年______月______日至__________年______月______日

甲方：________________________________

代表人：______________________________

乙方：________________________________

代表人：______________________________

## 填写说明

一、"合同登记编号"的填写方式：

合同登记编号为14位，左起第1、2位为公历年代号，第3、4位为省、自治区、直辖市编码，第5、6位为地、市编码，第7、8位为合同登记点编号，第9–14位为合同登记序号，以上编号不足位的补零。各地区编码按GB2260—84规定填写（合同登记号由各地区自行决定）。

二、计划内项目填写国务院部委、省、自治区、直辖市、计划单列市、地、市（县）级计划，不属于上述计划的项目此栏划（/）表示。

三、技术秘密的范围和保密期限，是指各方承担技术保密义务的内容，保密的地域和保密的起止时间、泄漏技术秘密应承担的责任。

四、使用非专利技术的范围，是指使用非专利技术的地域范围和具体方式。

五、其他：

合同如果是通过中介机构介绍签订的，应将中介合同作为本合同的附件。如双方当事人约定定金、财产抵押及担保的，应将给付定金、财产抵押及担保手续的复印件作为本合同的附件。

六、委托代理人签订本合同书时，应出具委托证书。

七、本合同书中，凡是当事人约定无需填写的条款，在该条款填写的空白处划（/）表示。

**（四）写作技术转让合同需要注意的事项**

1. 要注意专利与技术秘密的有效性

专利的有效性，主要体现在转让的专利或者许可实施的专利，应当在有效期限内，超过有限期限的，不受法律保护。技术秘密的有效性主要体现在保密性上，即不为社会公众所知，是所有人的独家所有。如果是已为公众所知的技术，就谈不上是技术秘密，当然也就不存在转让问题。

2. 技术的有关情况应当约定清楚

技术是技术转让合同的标的，技术的有关情况应当在合同中详细规定，便于履行。技术的有关情况包括：技术项目的名称，技术的主要指标、作用或者用途，关键技术，生产工序流程，注意事项等。这些数据表明了技术的内在特征，是有效的，同时也是当事人计算使用费或者转让费的依据。

3. 转让或者许可的范围

转让技术或者许可他人实施技术，都应当明确范围。合同中可供选择的条款包括：专利转让的，涉及专利权人的变更，因而其范围及于全国；专利许可的，则要明确在什么区域内可以使用该专利，超过的就是违约；技术秘密转让的，让与人要承担保密责任，其使用范围可以及于全国，也可以只是某个地区。

4. 转让费用的约定

转让费用包括转让费和使用费。在专利转让情况下，受让人应当支付转让费。转让费根据技术能够产生的实际价值计算，通常规定一个比例，便于操作。在实施许可的情况下，则根据使用的范围和生产能力，以及是否是独家等因素考虑转让费或者使用费的数额。受让人未按照约定支付使用费的，应当补交使用费并按照约定支付违约金；不补交使用费或者不支付违约金的，应当停止实施专利或者使用技术秘密，交还技术资料，承担违约责任。实施专利，或者使用技术秘密超越约定范围的，未经让与人同意，擅自许可第三人实施该专利，或者使用该技术秘密的，应当停止违约行为，承担违约责任；违反约定保密义务的，应当承担违约责任。另外，不同类型的技术转让，在签订合同时，还有其应该特别注意的问题。

在订立专利申请权转让合同时，也应注意以下几个问题：专利申请权可以转让，双方当事人应就专利申请权转让签订书面合同，在协商、约定后，审查专利权转让申请合同时，双方当事人应当注意以下问题：

（1）转让的专利申请权，如果是属全民所有制单位所有的，是否得到上级的批准，批准的文件是否列入合同的其他文件备查。

（2）转让专利申请权的受让人是外国人，该专利申请权是否得到国务院的批准，其批准文件是否列入合同的其他文件备查。

（3）转让的专利申请权应是正式的书面转让合同，并经国务院专利局登记并公告。

（4）合同中是否说明：受让人按照合同约定取得专利申请权，因专利申请权或者专利权引起的纠纷，应由专利申请权的转让人承担责任。

(5) 专利申请权转让是否符合《专利法》的相关规定。

(6) 专利申请转让的受让人是否能保证专利的运用，如果受让人是为了个人垄断新技术，客观上起到阻碍新技术的应用、推广、改进，则该合同违法。

(7) 专利申请权转让人是否按合同约定如数、保质地，向受让人移交了相关的技术情报、资料（如工艺设计、技术报告、工艺配方、文件、图纸、技术指标、参数、性能等），使受让人在获得专利权后能正确、全面地运用专利并获取利益。

在签订技术秘密转让合同时，受让人应明确以下几个问题：

(1) 专利申请提出以后、公开之前，当事人之间就申请专利的发明创造，所签订的技术秘密转让合同，受让人应承担保密义务，并不得有妨碍转让申请专利的行为。

(2) 专利申请公开以后，批准之前订立的技术秘密转让合同，申请人（转让人）要求实施其发明的单位，或个人支付适当的费用，合同当事人的权利义务可依照《合同法》第三百四十五条、第三百四十六条的规定确定。

(3) 专利申请被批准以后，技术秘密转让合同当事人所签订的技术秘密转让合同，为专利实施许可合同。

(4) 专利申请被公开驳回，技术秘密转让合同效力终止，但是，经双方当事人协商，可改为技术服务合同。

(5) 转让的技术秘密，经证明是能独立运用、并具有一定的经济价值和技术价值的，只能签订阶段性技术成果转让合同（或协议）。

## 四、技术咨询合同和技术服务合同的文书范本

### （一）技术咨询合同与技术服务合同的概念

技术咨询合同，是就特定技术项目提供可行性论证、技术预测、专题技术调查、分析评价报告等，双方当事人所订立的合同。

技术服务合同，是指当事人一方，以技术知识为另一方解决特定技术问题，所订立的合同，不包括建设工程合同和承揽合同。

### （二）订立技术咨询合同与技术服务合同要遵循的原则

(1) 在技术咨询合同、技术服务合同履行过程中，受托人利用委托人提供的技术资料和工作条件，完成的新的技术成果，属于受托人。委托人利用受托人的工作成果，完成的新的技术成果，属于委托人。当事人另有约定的，按照其约定。

(2) 技术咨询合同的委托人，按照受托人符合约定要求的咨询报告和意见，做出决策所造成的损失，由委托人承担，但当事人另有约定的除外。

(3) 技术服务合同的委托人不履行合同义务，或者履行合同义务不符合约定，影响工作进度和质量，不接受或者逾期接受工作成果的，支付的报酬不得追回，未支付的报酬应当支付。

技术服务合同的受托人，未按照合同约定完成服务工作的，应当承担免收报酬等违约责任。

(4) 法律、行政法规对技术中介合同、技术培训合同另有规定的，依照其规定。

**(三) 技术咨询合同和技术服务合同的文书范本(仅供教学参考)**

下面只列举技术咨询合同范本，技术服务合同范本可以到当地技监局或者工商局查找。

# 技术咨询合同

合同登记编号：

项目名称：________________

委托人(甲方)：____________

法定代表人：____________ 职务：____________

地址：______________ 邮码：____________

电话：______________

受托人(乙方)：____________

法定代表人：____________ 职务：____________

地址：__________ 邮码：_________ 电话：_________

签订地点：__________省__________市(县)

签订日期：__________年______月______日

有效期：__________年______月______日

依据《中华人民共和国合同法》的规定，合同双方就__________项目的技术咨询(该项目属________计划)，经协商一致，签订本合同。

一、咨询的内容、形式和要求：

二、履行期限、地点和方式：

本合同自________年______月______日至________年______月______日在________(地点)履行。

本合同的履行方式：________________

三、委托人的协作事项：

在合同生效后________(时间)内，委托人应向受委托人提供下列资料和工作条件：________________

其他：__________________

四、技术情报和资料的保密：__________

五、验收、评价方法：

咨询报告达到本合同第一项所列要求，采用________方式验收，由________方出具技术咨询验收证明。

评价方法：______________________________

六、报酬及其支付方式：

（一）本项目报酬（咨询费）：_________元；

顾问方进行调查研究、分析论证、试验测定的经费为_________元，由________方负担。（此项经费如包含在咨询费中则不再单列。

（二）支付方式（采用以下第种方式）：

1. 一次总付：__________元，时间：__________

2. 分期支付：__________元，时间：__________

__________元，时间：__________

3. 其他方式：

七、违约金或者损失赔偿额的计算方法：

违法本合同约定，违约方应当按合同法有关规定，承担违约责任。

（一）违反本合同第__________条约定，__________方应当承担违约责任，承担方式和违约金额如下：

（二）违反本合同第__________条约定，__________方应当承担违约责任，承担方式和违约金额如下：__________________

（三）……

八、争议的解决办法：

在合同履行过程中发生争议，双方应当协商解决，也可以请求___________进行调解。

双方不愿协商、调解解决或者协商、调解不成的，双方商定，采用以下第________种方式解决。

（一）因本合同发生的任何争议，申请仲裁委员会仲裁；

（二）按司法程序解决。

九、其他（含中介方的权利、义务、服务费及其支付方式、定金、财产抵押、担保等上述条款未尽事宜）：

## 填写说明

一、“合同登记编号”的填写方式：

合同登记编号为14位，左起第1、2位为公历年代号，第3、4位为省、自治区、直辖市编码，第5、6位为地、市编码，第7、8位为合同登记点编号，第9–14位为合同登记序号，以上编号不足位的补零。各地区编码按GB2260–84规定填写（合同登记号由各地区自行决定）。

二、技术咨询合同是指当事人一方为另一方就特定技术项目提供可行性论证、技术预测、专题技术调查、分析评价报告所订立的合同。

三、计划内项目填写国务院部委、省、自治区、直辖市、计划单列市、地、市(县)级计划,不属于上述计划的项目此栏划(/)表示。

四、技术、情报和资料的保密:

包括当事人各方情报和资料保密义务的内容、期限和泄漏技术秘密应承担的责任。

双方可以约定本合同变更、解除、终止,本条款均有效。

五、其他:

合同如果是通过中介机构介绍签订的,应将中介合同作为本合同的附件。

六、委托代理人签订本合同书时,应出具委托证书。

七、本合同书中,凡是当事人约定无需填写的条款,在该条款填写的空白处划(/)表示。

**(四)写作技术咨询合同需要注意的事项**

(1)当事人在合同中应约定履行期限,委托方应给对方必要的准备时间。履行方式,可以约定采用受托方向委托方提交可行性论证、技术预测、专题技术调查及分析评价报告等方式。

(2)当事人可以约定委托方的协作事项包括:阐明咨询的问题,向受托方提供技术背景材料及有关技术、数据;根据受托方的要求补充说明有关情况,追加有关资料、数据;提供的技术资料、数据有明显错误和缺陷的,应及时修改、完善;为受托方进行调查论证提供必要的工作条件。对这些协作事项的约定应当明确具体,应写明提供资料及工作条件的具体时间、内容、数量和方式等。技术情报和资料的保密条款,参见前文技术开发合同该条款。技术情报和资料的保密条款,参见前文技术开发合同该条款。

(3)技术咨询合同因其成果大都属于软科学范畴,具有无形、难以操作的特点,其验收标准一般不易以硬性指标衡量,当事人应本着科学、公正、实事求是的原则进行验收,不能过于苛刻或显失公平。验收方式,可以约定采用鉴定会,专家评估,也可以约定以委托方认可视为验收通过。不论采用何种方式验收,都应由验收方出具验收证明文件。

(4)当事人应明确约定技术咨询的报酬数额,及支付方式。如果受托方进行必要的调查研究、分析论证、试验测定活动的经费,不包含在合同报酬中,当事人还应约定此经费的负担及支付方式。

(5)当事人应对违约金或者损失赔偿额的计算方法,予以约定,如果合同中约定了违约金的,违约金视同损失赔偿金额,损失赔偿金额不重复计算。也可以特别约定损失超过违约金数额的,应补偿违约金不足部分。违约金不得超过合同报酬总额。损失赔偿金额的计算不得显失公平。

委托方的违约责任:

(1) 委托方未按照合同约定提供必要的数据和资料，影响工作进度和质量的，所付报酬不得追回，未付的报酬应当如数支付。

(2) 委托方未按期支付报酬的，应当补交，并支付违约金或者赔偿损失。

(3) 委托方未按照合同约定提供必要的数据和资料，或者迟延提供合同约定的数据和资料，或者所提供的数据、资料有严重缺陷，影响工作进度和质量的，应当如数支付违约金或赔偿损失。

(4) 委托方逾期两个月不提供，或者不补充有关技术资料、数据和工作条件，导致受托方无法开展工作的，受托方有权解除合同，委托方应当支付违约金或者赔偿损失。

受托方的违约责任:

(1) 受托方未按期提出咨询报告，或者提出的咨询报告不符合合同约定的，应当减收或者免收报酬，支付违约金或者赔偿损失。

(2) 受托方迟延提交咨询报告和意见的，应当支付违约金；咨询报告和意见不符合合同约定条件的，应当减收或者免收报酬。

(3) 受托方不提交咨询报告和意见，或者所提交的报告和意见水平低劣、无参考价值的，应当免收报酬，支付违约金或者赔偿损失。

(4) 受托方在接到委托方提交的技术资料和数据之日起，两个月内，不进行调查论证的，委托方有权解除合同，受托方应当返还已收的报酬，支付违约金或者赔偿损失。

## 思考与练习

一、合同的主要特点有哪些?

二、具体说明书面合同有几种形式，各自有什么特点。

三、构成书面条款式合同的结构要素有哪些?

四、合同的一般性条款有哪些?

五、说明承揽合同、租赁合同、技术合同的用途。

六、订立技术开发合同需要遵循哪些原则? 订立技术转让合同需要遵循哪些原则? 订立技术咨询合同需要遵循哪些原则?

# 第三章　企业用说明书的写作

## 第一节　概述

企业用的说明文书，是指对企业产品的用途、技术、性能、构造、使用方法、维护方法等，进行介绍说明的文书。这一类说明文书，是被用来全面、科学地向用户介绍和说明企业的产品，为用户提供产品使用服务的文书。

### 一、产品说明书的种类

企业用产品说明书有很多种类，这里介绍几种常用的产品说明书。这些产品说明书主要包括产品使用说明书、产品技术说明书、产品维护说明书等。

产品使用说明书，是生产者向使用者介绍产品的用途、性能、特点、使用方法的一种说明性的文书。其作用是指导使用者正确使用和维护产品。一般情况下，产品使用说明书的内容，还常常包含一些对产品构成原理的说明，以及对产品维护的说明等。

如果说明的对象是比较复杂的机电类产品，则需要向使用者提供产品的科学原理，技术参数以及安装调试方法，或者保养维修方法的说明。然而，这些内容是一份产品使用说明书不能够承载的。从文体的功能来说，产品使用说明书对产品的说明，是不具有专业技术深度的，因此，不能更好地为使用者提供与产品相关的技术服务。这时就需要产品技术说明书，或者产品维护说明书，来完成这一任务，帮助使用者掌握产品的技术原理，指导使用者对产品进行安装、使用和维护。

产品技术说明书，是对产品（一般是生产设备）的技术参数、安装方法、工作原理、结构特征、调试维护等进行说明的一种文书。其作用是为技术人员提供产品的安装、操作、维护等方面的技术服务。

产品维护说明书，是为用户提供产品的使用、维修、保养等服务的指导性文书。其作用是指导使用者在产品使用过程中，对产品进行正确的维修和保养。

### 二、产品说明书的内容与形式

产品说明书的结构形式是没有统一范式的，只是经长期的写作实践，形成了一些惯用的格式，这些格式有助于发挥产品说明书的功用，写作时需要遵守。产品说明书的说明对象是具体的产品，然而由于产品的种类、性能和用途各有不同，以及写作目的不同，因此，说明书内容的多少、篇幅的长短等也会各不相同。我们经常会看到长者数万言，短者几句话的产品说明书，而无论产品说明书内容多少、篇幅长短，其文体形式无外乎简要式和专用式两种。

**(一)简要式产品说明书**

简要式产品说明书，大多用于对产品使用方法的说明，因此，简要式产品说明书以产品使用说明书为多见。简要式产品说明书的说明对象，一般是一些结构比较简单、使用方便、维护容易的产品。常见的简要式说明书的内容主要包括产品简介、使用方法、保管方法、注意事项等。一般情况下，简要式产品说明书，多以打印在纸张上的形式，随产品交付给使用者。有一些简要式产品说明书，甚至采用更加直观和简便的形式，直接印刷在产品包装上，提供给用户。

**(二)专用式产品说明书**

专用式产品说明书一般用于对结构复杂，技术含量比较高的产品说明，如机电设备类的产品等。如产品设计说明书、产品技术说明书、产品维护说明书等，都采用专用式产品说明书的文体形式。通常专用式产品说明书的内容较多，篇幅比较长，其内容除简要式说明书的项目外，还应该包括产品的工作原理，技术参数、机械构造，或者电路构成图等内容。专用式产品说明书的形式一般采用书刊式，将说明书装订成册，作为产品的附件与产品一同交付给用户。本章以专用式产品说明书中的产品使用说明书，和产品技术说明书为例，对产品说明书的文体知识进行介绍。

## 第二节　产品使用说明书

### 一、产品使用说明书的性质与用途

产品使用说明书，是一种向用户全面地介绍产品的用途、性能、构造、使用方法、维护方法，以及与产品使用有关事项的说明书。实际上，不是所有产品都必须配有产品技术说明书的，而产品使用说明书则是产品必备的文书。

产品使用说明书，是一种供产品使用者阅读的说明性文书。文中的“说明者”是产品的生产企业，阅读者是产品的使用者，说明的内容是产品的用途、性能、特点、使用方法、保养方法等等。产品使用说明书作为产品的附件，要和产品一起交付给使用者。

**(一)产品使用说明书的特点**

产品使用说明书具有以下几个特点。

1. 科学性

产品使用说明书对产品的说明，必须要具有科学性。所谓的科学性，主要表现在对产品的使用方法、产品的结构原理、产品的技术参数、产品的保养维护等事项，要做出明确的、符合技术原理的解释说明。对产品技术性能的解释说明，要符合产品的科学原理，对产品功能用途的解释说明，要实事求是，不可以夸大其词、含含糊糊。

2. 实用性

产品使用说明书对产品的说明，只能针对正确使用、安装和维护产品等问题来进行，为使用者操作和使用产品提供指导和服务，任何偏离这一内容的表述和说明都是多余的。产品使用说明书对使用者操作、使用、维护产品，具有规定性和指导性的作用，因此实用性、可操作性，是对产品使用说明书写作的基本要求。

3. 条理性

作为一种文书，产品使用说明书结构内容的安排要有条理。产品使用说明书对产品的说明，通常是按照产品构成的空间顺序、操作的程序等，逐一进行的。文体结构顺序的安排，一般是按照产品的空间顺序、操作程序等依次展开。说明的条理性，体现的是产品的构成次序和操作程序关系。条理性是产品对使用说明书的一种客观规定，如果说明的顺序没有条理，杂乱无章，就会丧失产品使用说明书的作用和意义。

4. 直观性

为了更好地发挥产品使用说明书的作用，提高说明书的效果，产品使用说明书常常会配有图纸、表格或者图片等作为辅助说明。这种方式不但简化了文字的说明，又能够让使用者更加直观地对产品进行了解，方便其掌握产品的使用方法，确保使用者能够正确地使用产品。

**（二）产品使用说明书的用途**

产品使用说明书的用途主要有以下两个方面。

1. 从功用角度说

编写产品使用说明书的目的，就是为使用者正确地使用产品提供服务。产品使用说明书的主要作用，在于帮助使用者正确地使用产品，通过对产品的性能、用途、特点等的说明，让使用者了解产品性能，掌握使用方法，最大、最好地发挥产品的功能效用。

2. 从效果角度看

产品使用说明书，对产品本身的技术和知识具有传播的作用，借助于这一媒介传播，可以促进生产技术的进步和科学技术的普及。产品使用说明书还具有宣传企业形象的作用，使用者通过阅读产品使用说明书，可以了解到企业的情况，从而对生产企业产生一定的认识，有利于在使用者心中树立企业的良好形象。同时，产品使用说明书具有宣传企业和产品的作用，能够起到扩大产品销售市场，向社会推广和普及产品的作用。

## 二、产品使用说明书的写作

产品使用说明书有简要式和专用式两种形式，在这里只介绍专用式产品使用说明书的写作。

专用式产品使用说明书一般需要装订成册，作为产品的附件随产品交付给使用者。专用式产品使用说明书的结构包括封面、目录、正文、封底等几项内容。其实，这种说明书的核心内容在正文部分，我们只要掌握了构成产品使用说明书正文的内容，也就掌握了这一文体的写作方法。

产品使用说明书，实际上就是一篇说明体的文书，其文体结构由标题、正文、落款几项内容构成。

**（一）标题**

产品使用说明书的标题一般由产品说明对象（产品名称）、内容（性质）、文种三个要素构成，如《××型家用吸尘器使用说明书》《××牌摩托车产品使用说明书》，《××型挖掘机使用说明书》等，其中“吸尘器”“摩托车”是说明对象，“使用”是内容，“说明书”是文种。

**（二）正文**

产品使用说明书正文部分的结构由开头、主体、结尾三部分构成。

一般来说，产品使用说明书的内容，应该具有一些固定的构成要素，其正文的内容通常包括概述、主要技术指标、产品重量尺寸、工作原理、安装使用方法、注意事项、保养方法、一般故障及排除方法、其他事项等。从文体结构角度看，“概述”是全文的开头部分，“其他事项”可以看做结尾部分，第二项“主要技术指标”至第七项“一般故障及排除方法”是主体部分。

由于产品实际的类别、性能以及构造的不同，产品使用说明书对规定的内容要素，会做出不同的选择性使用。一份内容比较完整的工业产品使用说明书，应该具备上述正文部分全部的规定内容，简要的产品使用说明书，可以根据产品的实际情况和使用者的实际需要来进行选用。

1. 概述

概述也称为前言，是全文的开头部分。在概述部分的内容里，要对产品的设计目的、主要用途、主要特点、适用范围等情况，进行简要的说明。有的产品使用说明书，在概述部分还对产品的生产企业作一些必要的介绍，如企业的生产规模、技术力量、产品影响力等等。“概述”部分，是产品使用说明书必须具备的一项内容。

2. 主要技术指标

在产品使用说明书里，要写明产品的各项性能指标、技术参数等方面的内容。如：适用温湿度的标准和范围、压力指标、电压范围、仪器仪表的精确度及误差、额定的输出功率和输入功率等等。这一项内容要根据不同的产品，来确定内容进行选择说明。

3. 产品重量、尺寸

产品的重量、尺寸，指产品的重量、规格、外形，及安装尺寸（可以分开）等。要根据具体的产品来进行表述。

4. 工作原理

在这一项中要简要地介绍产品的设计原理、工作原理，以便让使用者对产品的构造、性能、原理有个基本认识，为使用者操作维护产品提供帮助。这一项是工业产品说明书的必选项。

5. 安装、使用方法和注意事项

任何种类的产品说明书，都需要向使用者说明产品的安装方法、使用方法和注意事项，这是产品使用说明书的核心内容。这一项的说明方法，通常是按照产品的操作顺序逐一说明，也可以按照构成产品各个部件的结构顺序进行说明，还可以按照产品的原理、性能、功用等分项说明。在这一项里，常常配以简图、照片等，以图文并茂的形式进行说明。这一项内容是产品使用说明书的必选项，无论哪一种产品使用说明书，都不可缺少这项内容。

6. 保养方法

这一项是要说明对产品保养、维护的方法，帮助使用者正确地使用产品，达到延长产品使用寿命的目的。保养方法是产品使用说明书的必选项，有时也可以把这一项放在第三项里去说明。

7. 一般故障及排除方法

在这一项里，要向使用者说明，产品使用过程中可能出现的故障现象，以及一般故障现象的排除方法。这里所谓的故障现象，一般是指产品可能会出现的比较简单的，使用者可以根据产品使用说明书自行解决的，一些故障问题。这一项的说明，一般采用"故障现象、原因分析、排除方法"的"三段式"说明方法，可以采用文字加表格的形式来说明。一般来说，工业产品说明书，都需要对这一内容进行说明介绍。

以上自第二项"主要技术指标"至第七项"一般故障及排除方法"，是产品使用说明书的主体部分。

8. 其他事项

其他事项包括产品售后服务办法、易损零件明细表、产品配备的成套零件和工具、其他图、表、照片等等。写作时要根据具体的产品来选择说明。一般情况下，产品使用说明书以"其他事项"为结尾，结束全文。

例如，下面这篇《不锈钢电汽两用三门蒸饭车》的产品使用说明书：

## 不锈钢电汽两用三门蒸饭车

一、概述

产品品牌：×××牌。产品型号：KZ360。

本产品为电汽两用蒸饭柜，即电热管加热或锅炉产的蒸汽加热。

蒸饭车以角钢为主架，内外采用优质不锈钢板精心焊接而成，其结构紧凑牢固，保温层选用优质材料，最长保温时间可达四小时以上。车底部装有定向轮和变向轮各两个，以便挪动，一边有推拉把，以推拉使用。本机装有压力表和安全阀，能及时显示调节蒸汽压力。

该产品具有造型美观、结构合理、清洁卫生、移动灵活、操作方便、保温性好、坚固耐用、一车多用等优点，是当今较理想的厨房设备。我厂生产的电、汽两用消毒蒸饭车远销全国各地，深受广大用户的欢迎，在国内市场上享有一定的声誉。

二、结构特点

1. 采用耐热聚氨酯整体发泡工艺、保温、隔热、节能、高效、环保。

2. 流畅外观、操作简便、快捷。

3. 新式耐高温胶门封，密封牢固。

4. 采用德国进口元器件，用电更节省，更安全。

5. 机体采用进口全优质不锈钢制作，清洁卫生，坚固耐用，符合卫生标准。

6. 独特设计的简易式渐进门锁，方便实用。

7. 全自动浮球进水功能，缺水自给，满水自停，防止干烧。

8. 安全卸压气阀，保障机体安全使用。

9. 一次性冲压成型的不锈钢蒸盘和层架，清洁卫生，经久耐用。

三、主要技术指标

1. 蒸米饭：150~180 kg。蒸馒头：120~140 kg。蒸饭时间：25~30 min。消毒时间：20 min。消毒温度：100 ℃。

2. 技术参数：电压380 V，功率36 kW，外形尺寸：2 100 mm×540 mm×1 530 mm。输入汽压：0.06 MPa。

四、注意事项及保养说明

1. 蒸饭柜侧下方卸压阀是多余蒸汽及废汽的排放通道，切忌不可用重物压住或堵塞，亦不可外接管道来排放蒸汽，以免管道堵塞造成意外事故。

2. 浮球阀应经常检查是否正常，及进水是否通畅，如发现进水处结垢、堵塞应尽快进行处理，以免造成缺水干烧。

3. 外接蒸汽时应注意：在蒸汽接入蒸饭柜前，必须在蒸汽管道上安装减压阀。本蒸饭车非高压密闭性容器，使用时应注意调整蒸汽输入压力，不可超压使用，以免造成危险。

4. 每次蒸饭之后要放尽水箱中的余水，并且每周两次清除水垢，以防水垢在浮球阀及发热管上聚积，引起球阀堵塞及发热管干烧。如遇结垢可用5%的柠檬酸溶液注入水箱中，加热煮沸15 min，浸泡1 h，再煮沸15 min，然后将水垢清除，放走箱底中的污水，再用清水洗几遍即可。

警告：

1. 不可用利器或硬物对发热管表面的水垢进行铲割，以免破坏发热管壁引发漏电！

2. 清洁机体外围及机底时不可用喷水管进行清洗，以免溅湿电器部件引发触电危险。

3. 每次工作完毕后，必须切断蒸饭车电源，用蒸汽加热时工作完毕应关闭总进气阀。

4. 若电源引线老化或绝缘层破坏，必须立即停止使用！并更换相同规格型号的电源引线后方可继续使用蒸饭柜。

5. 本机外壳必须妥善接地，以确保正常使用和操作安全。

6. 长期不使用或进行维修时必须切断总电源、气阀及放尽箱底余水并擦拭干净。

7. 若机器出现故障，切勿自行拆卸，应请专业的电器维修人员进行维修或与经销商取得联系。

五、其他事项

本产品自售出之日起，半年内凡属制造质量问题，服务上门免费维修，如属使用不当或人为原因造成损坏，在保修期内收取成本费，产品终身代为修理。

本说明书内容解释权归我公司（注：由于款式更新，技术改进等原因造成技术参数及线路图改动，恕不另行通知）

×××厨用电器公司

地址：……电话：……邮编：……

传真：……电子邮箱：……网址：……

这是一篇关于“两用蒸饭车”产品的使用说明书，正文部分由开头、主体、结尾构成。全文采用了产品使用说明书内容的基本要素，包括概述、结构特点、主要技术指标、注意事项及保养说明、其他事项等。其中，“概述”相当于开头部分，“其他事项”相当于结尾部分，中间三项是主体部分。全文重点说明了“注意事项及保养说明”一项的内容，最后以“警告”的方式提醒使用者，在使用本产品时应该遵循的一些事项，并向用户做了操作时不可违背的七项原则性警示。

**（三）落款**

产品说明书落款部分的内容要写明：生产单位的名称、联系方式（包括电话、邮编、传真、电子邮箱、网址）等等，以便于用户与企业联系与沟通。

如上面例文的落款部分：

×××厨用电器公司

地址：……电话：……邮编：……

电子邮箱：……网址：……

这个落款包含了生产企业名称，各种联系方式等内容。

**三、写作产品使用说明书需要注意的事项**

编写产品使用说明书，一般应遵循以下五个方面的基本要求。

**（一）要重点说明产品的用途和使用方法**

在产品使用说明书中，要根据产品的使用功能和特点，具体而明确地说明产品的用途、适用范围、使用方法等事项。同时，还要写明产品的主要结构、性能、参数、型式、规格，以及正确的贮运、安装、操作、维修、保护等方法。

**（二）关系到安全、卫生和环境保护等方面的问题要重点说明**

对于具有危险性和有害因素的产品，必须在产品使用说明书中，写明操作者的安全卫生措施，以及对产品的维护措施。对易燃、易爆、有毒、有腐蚀性和有放射性的危险产品，其防范措施应在使用说明书上做出正确规定，并说明有关注意事项，以及发生意外时的紧急处理办法等。

能够对环境产生影响的产品，在产品使用说明书里，还应说明关于环境保护方面的必要规定。此外，对一些耗能较大的产品应说明节能措施。

**（三）复杂产品和成套设备应编写系统的使用说明书**

产品使用说明书可按产品型号编写，也可按产品系列编写。一些复杂产品和成套设备，可按其功能、单元、整机等，分别编写使用说明书，然后再组合成一套系统的使用说明书。对一些冶金、矿产、建材等原材料类产品，以及用于组装配套的一些元器件、零部件等简单的产品，在产品标准、产品手册、质量证明书等有关技术文件，能满足用户需要的情况下，可由这些技术文件代替产品使用说明书，不必另行编写产品使用说明书。

**（四）语言表达要直观清楚、简洁准确**

产品使用说明书的语言要简洁、准确、通俗易懂，必要的话，要充分利用图表进行辅助说明。文中采用的数据、表格、图形等，要准确无误。图形、表格、照片等，要与产品一致。一份图文并茂的产品使用说明书，不但可以增强说明效果，而且还能够起到宣传推广产品的作用。

**（五）名称术语要规范**

产品使用说明书中使用的名词、术语、符号、单位等，需要符合统一规范的标准。如果有国际通用的标准，以国际统一规定为准，没有国际通用的标准，要以国家的标准为准。

**四、产品使用说明书的标准**

由于实际的产品范围、种类不同，产品使用说明书的内容也有所不同。从行业来说，许多行业都有自己产品使用说明书的标准。下面附上一份国家技术监督检验检疫总局、国家标准化管理委员会发布的，GB 9969—2008，《工业产品使用说明书总则》（2008年11月12日发布，2009年5月1日实施）及《附录A》。这是一份关于编制产品使用说明书的标准和规定，共我们参照。

# 中华人民共和国国家标准
# 工业产品使用说明书总则

中华人民共和国国家质量监督检验检疫总局

中国国家标准化管理委员会发布

## 前言

本标准参考ISO/IEC37号指南：1995《消费品使用说明》（英文版）对GB9969.1–1998进行修订。

本标准代替GB9969.1—1998《工业产品使用说明书总则》。

本标准与GB9969.1—1998相比主要变化如下：

——第1章增加了“本标准也可适用于其他形式的使用说明”；

——3.1修改为“使用说明书是交付产品的必备部分”；

——第3章增加3.2“使用说明书内容应简明、准确、易于阅读和理解；使用说明书不应用来掩盖设计上的缺陷”；

——3.4与GB9969.1—1998中3.3相比，删除“对涉及环境和能源的产品”；

——3.7与GB9969.1—1998中3.6相比，增加了“使用说明书应清晰地指明产品，说明该产品的型号、样式或种类，不应因一种型号与其改进型之间或两种不同的型号之间（不论这种不同有多小），或同一型号下不同规格之间的混淆而导致使用者手中的使用说明与实际使用的产品不符”；

——3.10与GB9969.1—1998中3.9相比，增加了“版本”；

——3.12与GB9969.1—1998中3.11相比，删除了“安装”；

——3.13与GB9969.1—1998中3.12相比，修改为“实行产品标准编号的产品，应在使用说明书上标注有效的产品标准编号”；

——第4章标题修改为“编制要求”；

——第4章中，依据GB5296.1—1997《消费品使用说明总则》，对4.1、4.4进行了修改；

——删除了GB9969.1—1998中4.5.2；

——4.5.3与GB9969.1—1998中4.5.4相比，删除了“出口产品的使用说明书，应在企业名称前加‘中华人民共和国’字样”；

——4.6.1修改为“使用说明书的开本幅面，可采用A4或其他幅面尺寸”；

——4.7中的“警告”修改为“警示”；

——4.8.1增加“在保证安全和正确使用的前提下”；

——增加第A.2章“安全使用注意事项”；

——第A.9章与GB9969.1—1998附录AA.8相比，增加“c)突发事件时的应急措施”；

——第A.13章与GB9969.1—1998附录AA.12相比，标题“其他”改为“环保及其他”，删除“生产厂保证、售后服务事项、联系方法等”和“需要向用户说明的其他事项”，并增加了“有关处置、处理方面的规定”。

本标准的附录A是规范性附录。

本标准由全国服务标准化技术委员会提出并归口。

本标准起草单位：中国标准化研究院、宁波富达电器股份有限公司。

本标准主要起草人：柳成洋、曹俐莉、卢丽丽、李涵、汪文雯、王世川。

本标准所代替标准的历次版本发布情况为：

–GB9969.1—1998；

–GB9969.1—1988。

# 工业产品说明书总则

1. 范围

本标准规定了工业产品使用说明书（以下简称使用说明书）的基本要求和编制方法。

本标准适用于编制非消费品的工业产品使用说明书。

本标准也可适用于其他形式的使用说明。

注：编制消费品使用说明书按GB5296.1—1997《消费品使用说明总则》执行。

2. 规范性引用文件

下列文件中的条款通过本标准的引用而成为本标准的条款。凡是注日期的引

用文件，其随后所有的修改单（不包括勘误的内容）或修订版均不适用于本标准，然而，鼓励根据本标准达成协议的各方研究是否可使用这些文件的最新版本。凡是不注日期的引用文件，其最新版本适用于本标准。

GB5296.1—1997消费品使用说明书总则

3. 基本要求

3.1 使用说明书是交付产品的必备部分。

3.2 使用说明书内容应简明、准确、易于阅读和理解；使用说明书不应用来掩盖设计上的缺陷。

3.3 使用说明书应明确给出产品用途和适用范围，并根据产品的特点和需要给出主要结构、性能、型号、规格和正确吊运、安装、使用、操作、维修、保养和贮存等方法，以及保护操作者和产品的安全措施。详细内容见附录A。若需要，可提供安装、维修使用说明书。

3.4 使用说明书应提供必要的保护环境和节约能源方面的内容。

3.5 对易燃、易爆、有毒、有腐蚀性、有放射性等性质的产品，使用说明书应包括注意事项、防护措施和发生意外时紧急处理办法等内容。

3.6 当产品结构、性能改动时，使用说明书的有关内容必须按规定程序及时作相应修改。生产者（用质量法中的概念）应向用户提供和产品相对应的说明书。

3.7 使用说明书可按产品型号编制，也可按产品系列、成套产品编制。按系列、成套产品编制时，其内容和参数不同的部分必须明显区分。

复杂产品和成套设备可按功能单元、整机分别编制使用说明书，再按产品型号、用途组合成系统的使用说明书，需要时，可提供成套文件清单。

使用说明书应清晰地指明产品，说明该产品的型号、样式或种类，不应因一种型号与其改进型之间或两种不同的型号之间（不论这种不同有多小），或同一型号下不同规格之间的混淆而导致使用者手中的使用说明与实际使用的产品不符。

3.8 冶金、矿产、建材、化工等原材料类产品及用于主机厂配套的元器件等产品，若其

产品手册等技术文件能满足用户对使用说明书的需要时，可用其代替使用说明书。

3.9 对安全限制有要求或存在有效年限的产品应提供产品的生产日期和有效期。

3.10 应标明使用说明书的出版日期或者版本。

3.11 同一产品的技术内容的表述，在生产者的使用说明书和其他各类资料（如，广告或包装）中保持一致。

3.12 当需要时，应在包装或使用说明书封面显著位置注明："使用产品前请阅读使用说明书"。

3.13 实行生产许可证管理的产品，应在包装上标注有效的生产许可证编号。

4. 编制要求

4.1 文字、语言

4.1.1 国内销售的工业产品必须提供中文使用说明书。

注：出口的工业产品需提供销售所在地的官方法定文字编写的使用说明。

4.1.2 国内销售的工业产品，当需要提供一种以上语种的使用说明书时，中文说明须置于外文前，中文标题应醒目、突出，各语种说明应明显分开。

4.1.3 中文使用说明必须采用规范汉字。

注：销往香港、澳门、台湾地区或国外的工业产品，如需方要求，使用说明书可使用繁体字。

4.1.4 当中文使用说明书翻译为内容相同的其他语种并同时提供时，应对所有内容包括注释进行翻译；对于没有图注的图示，可翻译出图示标题，并对原图示加以引用。

4.2 表述的原则

4.2.1 使用说明书内容的表述要科学、合理、符合操作程序，易于用户快速理解掌握。例如：灭火器的使用说明必须保证读者用最短的时间，就能读懂会用。

4.2.2 对于复杂的操作程序，使用说明书应多采用图示、图表和操作程序图进行说明，以帮助用户顺利掌握。

4.2.3 具有几种不同和独立功能的产品的使用说明书，应先介绍产品基本的和通用的功能，然后再介绍其他方面的功能。

4.2.4 使用说明书应尽可能设想用户可能遇到的问题。如产品在不同时间（季节）、不同地点、不同环境条件下可能遇到的问题，并提供预防和解决的办法。

4.2.5 应使用简明的标题和标注，以帮助用户快速找到所需内容。

4.2.6 语句表述应只包含一个要求，或最多包含几个紧密相关的要求。为清楚起见：

——最好使用动词主动态，不用被动态；

——要求应果断有力，而不软弱；

——最好使用行为动词，不用抽象名词；

——表述应直截了当，而不委婉。

语言表述示例如表1。

表1 使用说明书语句表述示例

| 语句表述 | 应这样表达 | 不应这样表达 |
|---|---|---|
| 使用主动态 | 关掉电源 | 使电源被中断 |
| 果断有力 | 不许动手环 | 手环不应被动 |
| 使用行为动词 | 避免事故 | 事故的避免 |
| 直截了当 | 拉操作杆 | 使用者从机器拉回操作杆 |

4.3 图、表、符号、术语

4.3.1 使用说明书中的图、表应和正文印在一起，图、表应按顺序标出序号。

4.3.2 用前文中图、表时，需标图号、表号，并注明其第一次出现时所在页码。

4.3.3 使用说明书中的符号、代号、术语、计量单位应符合最新发布的国家法律、法规和有关标准的规定，并保持前后一致。需要解释的术语应给出定义。

4.3.4 图示、符号、缩略语在使用说明书中第一次出现时应有注释。

4.4 目次（索引表）

4.4.1 当使用说明书超过一页（含折叠形式）以上时，每页都应编号。活页资料、手册等的页数超过4页时，应有一个目次（索引表）。

4.4.2 当使用说明书较长时，应按汉语拼音顺序给出一个关键词的索引，目次应包括索引。

4.4.3 按功能单元、整机组成的复杂产品或成套设备的使用说明书应有总目次。各功能单元、整机的说明书应有详细的目次。

4.5 印制

4.5.1 使用说明书的印制材料应结实耐用，能保证使用说明书在产品寿命期内的可用性。

4.5.2 使用说明书的文字、符号、图、表、照片等应清晰、整齐。双面印制的，不得因背透等原因而影响阅读。

4.5.3 使用说明书的封面应有能准确识别产品类型的名称（如产品型号、牌号、系列等），产品名称和“使用说明书”字样。并应有生产者的名称（厂名）。

4.5.4 使用说明书在封底或封里必须有生产者的详细地址、邮政编码、电话号码等。

4.5.5 允许在封面上印有照片、图形、商标或其他认证标志。

4.6 文本

4.6.1 使用说明书的开本幅面，可采用A4或其他幅面尺寸。

4.6.2 图、表等允许横向加长，确属必要时也可纵向加长。

4.6.3 使用说明书根据内容多少可为单页、折页和多页。多页应装订成册。

4.7 安全警示

4.7.1 使用说明书应对涉及安全方面的内容给出安全警示。

4.7.2 安全警示的内容应用较大的字号或不同的字体表示，用特殊符号或颜色来强调。

4.7.3 为达到最佳效果，安全警示的格式和编写应考虑以下几点：

——内容和图解要简明扼要；

——安全警示的位置、内容和形式要醒目；

——确保用户在正常使用产品时，能从使用位置看到危险警示；

——解释危害的性质（如果需要，解释危害的原因）；

——对于如何正确操作给予清晰的指导；

——对于如何避免危险给予清晰的指导；

——使用的语言、图形符号和图解说明要清楚、准确；

——如同时要对安全、健康说明时，应优先对安全做说明；

——切记频繁地重复警示和错误警示会削弱必要的警示效力。

4.7.4 当提醒使用者时，使用说明书的安全警示标题应根据危险级别不同使用下列分级方法和警示用语：

——“危险”表示对高度危险要警惕；

——“警告”表示对中度危险要警惕；

——“注意”表示对轻度危险要关注。

4.7.5 具有高、中度危险的产品，应将安全警示永久地装制在产品上，以便使用者在产品的寿命期内都能清楚看到。使用说明书应指出安全警示的位置，引起使用者的注意。

4.7.6 为了传达危险警示之类的重要信息，应在适当位置使用标准化的用语或安全标志或图形符号。这些用语和标志及其位置要求，应在有关产品的使用说明书中规定。

4.7.7 对视、听警示的位置，警示装置、安全防护用品和设备的管理、维修等内容，使用说明书应做出规定。

4.8 内容编排

4.8.1 使用说明书内容编排，在保证安全和正确使用的前提下，可根据具体产品的特点和使用要求对附录A选择增减并合理排序。

4.8.2 附录A中各章的a）、b）、c）……仅表示所包括的内容。同时也表示这些内容应在某章中表述，而不一定表示条的标题和编排次序。

## 附录A
## （规范性附录）
## 使用说明书主要内容

A. 1. 概述

a）产品特点；

b）主要用途及适用范围（必要时包括不适用范围）；

c）品种、规格；

d）型号的组成及其代表意义；

e）使用环境条件；

f）工作条件；

g）对环境及能源的影响；

h）安全。

A. 2. 安全使用注意事项

a）安全使用期、生产日期、有效期；

b）一般情况的安全使用方法；

c）容易出现错误的使用方法或误操作；

d）错误使用、操作可能造成的伤害；

e）异常情况下的紧急处理措施；

f）特殊情况（停电、移动等）下的注意事项；

g）其他安全警示事项。

A. 3. 结构特征与工作原理

a）总体结构及其工作原理、工作特征；

b）主要部件或功能单元的结构、作用及其工作原理；

c）各单元结构之间的机电联系、系统工作原理、故障报警系统；

d）辅助装置的功能结构及其工作原理、工作特性。

A. 4. 技术特性

a）主要性能；

b）主要参数。

A. 5.尺寸、重量

a）外形及安装尺寸（可分开）；

b）重量。

A. 6. 安装、调整（或调试）

a）设备基础、安装条件及安装的技术要求；

b）安装程序、方法及注意事项；

c）调整（或调试）程序、方法及注意事项；

d）安装、调整（或调试）后的验收试验项目、方法和判断依据；

e）试运行前的准备、试运行启动、试运行。

A. 7. 使用、操作

a）使用前的准备和检查；

b）使用前和使用中的安全及安全防护、安全标志及说明；

c）启动及运行过程中的操作程序、方法、注意事项及容易出现的错误操作和防范措施；

d）运行中的监测和记录；

e）停机的操作程序、方法及注意事项。

A. 8. 故障分析与排除

a）故障现象；

b）原因分析；

c）排除方法。

推荐采用表A.1形式。

表A.1　故障分析与排除示例

| 故障现象 | 原因分析 | 排除方法 | 备注 |
| --- | --- | --- | --- |
| | | | |

A. 9. 安全保护装置及事故处理（包括消防）

a）安全保护装置及注意事项；

b）出现故障时的处理程序和方法；

c）突发事件时的应急措施。

A. 10. 保养、维修

a）日常维护、保养、校准；

b）运行时的维护、保养；

c）检修周期；

d）正常维修程序；

e）长期停用时的维护、保养。

A. 11. 运输、贮存

a）吊装、运输注意事项；

b）贮存条件、贮存期限及注意事项。

A. 12. 开箱及检查

a）开箱注意事项；

b）检查内容。

A. 13.环保及其他有关处置、处理方面的规定

A. 14.图、表、照片（也可分列在上述各章中）

a）外形（外观）图、安装图、布置图；

b）结构图；

c）原理图、系统图、电路图逻辑图、示意图、接线图施工图等；

d）各种附表附件明细表、专用工具（仪表）明细表；

e）照片。

## 第三节 产品技术说明书的写作

### 一、产品技术说明书的性质与用途

产品技术说明书，是从科学技术角度对产品的技术参数、工作原理、结构特征、安装方法、调试维护等，进行说明的一种文书。产品技术说明书常常以新产品、新技术为说明对象，把企业的新产品和新技术介绍给应用者，或者推广者。产品技术说明书还是企业安装、使用、维护设备时，必须要使用的技术文件。

在产品使用说明书中，有时也含有一些对产品技术说明的内容，但是，产品使用说明书对产品做出的技术说明，其目的是向使用者介绍产品的基本性能，为使用者正确操作产品，或者对产品简单故障的维修处理提供方便。而产品技术说明书则要对产品的技术指标、科学原理，以及产品的技术性能等，做出具体的说明，并且要求内容要专业、精细、详尽。

在写作实践中，产品技术说明书和产品使用说明书，有时可以一起组成系统的产品技术文件，作为产品的附件一起交付给使用者。

产品技术说明书的用途主要有如下几点：

产品技术说明书，是对产品所具有的技术性能作出的说明。其写作目的是为产品的使用者提供服务，满足用户了解和掌握产品的技术原理、产品的指标参数、产品的系统构成等问题的需要，是企业技术人员安装、调试、维护设备必不可少的资料。

产品技术说明书的说明对象，往往是新产品、新技术。通过对产品的技术说明，有利于新产品、新技术顺利地占有市场，为推广和宣传新产品提供了科学技术的依据。

### 二、产品技术说明书的写作

产品技术说明书的文体形式大致有两种，一种是专用式，这种形式的产品技术说明书需要装订成册，通常由封面、目录、正文、封底等几部分构成。一般情况下，这种说明书内容比较多，通常被用于对技术比较复杂的产品做技术说明。另一种是简要式，一般采用文章式的体式。简要式产品技术说明书，其实就是专用式技术说明书的正文部分，这种说明书多用于对内容不太多，技术不是很复杂的产品做出的技术说明。

我们这里只介绍专用式产品技术说明书，即简要式产品技术说明书，正文部分的写作。掌握了简要式产品技术说明书的写作知识，也就等于掌握了产品技术说明书的写作知识。下面为了叙述方便，把专用式和简要式两种体式的技术说明书，统称为产品技术说明书。

产品技术说明书其实就是一篇说明体式的应用文，其文体由标题、正文、落款三部分构成。下面分别介绍：

**（一）标题**

产品技术说明书的标题通常由被说明对象（产品的名称）、内容（性质）、文种三个要素构成。例如：《××型数控机床技术说明书》，这个标题中“××型数控机床”是产品的名称，“技术”是说明的内容，“说明书”是文种。有时标题也可以采用简化形式，如《产品技术说明书》《技术说明书》等，第一个标题中的名称是不定指的名词，第二个标题只有两个构成要素。

请看下面例文的标题：

**××卫星电话技术说明书**

这是由产品名称、内容、文种三个要素构成的标题。

**（二）正文**

产品技术说明书的正文由开头、主体、结尾三个部分构成。

1. 开头部分

产品技术说明书开头部分的内容，通常是有关产品技术情况的概述，如说明产品的型号、名称、用途、性能等等，有时还要配上产品外形照片或者外形图。

例如《××卫星电话技术说明书》（选文略有改动）的开头部分：

产品名称：××卫星电话

产品型号：Thuraye×T

用途

本产品是第一个通过IP54/IK03认证的卫星电话，是结合萨拉亚卓越的可靠卫星网络。无论您在世界的哪个角落，让您轻松地与外界联通。具有短信、和弦铃声，支持12种语言（中文）和GPS功能语言。可以轻松地连接Internet接收/发送电子邮件、连接您的笔记本电脑进行网上冲浪。

性能

本产品防摔，防水，防尘和防震，Thuraye×T是最坚固的卫星手机。

配备超强电池，能为您提供长达6小时的通话时间，或是80小时的待机时间。

这是这篇产品技术说明书的开头部分，在开头部分里写明了关于该卫星电话产品三个方面的内容：一是产品的名称、型号，二是主要用途，三是性能。

2. 主体部分

产品技术说明书的主体部分，需要详细写明产品的技术参数、工作原理、结构特征、安装调整、使用维修、运输包装（有关的其他配备）等内容。

技术参数：要求列出产品技术设计的依据，和产品所具有的技术数据和指标，包括计算的方法、技术指标实现的途径和方法等等。

工作原理：要求从产品的技术角度出发，使用通俗易懂的说明文字，以及必要的略图或者有关的示意图，来说明产品的工作原理。

结构特征：就是要对产品的结构特点及组成进行说明，还要对产品的有关性能、指标等情况做出明确具体的说明。说明产品的结构特征可以配以产品的图片或者外形图。

安装调整：就是要对产品安装使用的地点，安装和调整的方法，安装调整需要注意的事项，有关安装使用人员需要注意的安全事项，设备安全必须注意的问题等等，做出具体说明。

使用维修：要求对使用者使用产品必须注意的事项、维修方法等，做出必要的说明。

运输包装：要对产品运输与包装的方法，以及主要的技术要求等，做出具体说明。有的产品技术说明书还要说明可以配备的其他有关备品。

再如上面例文的主体部分：

技术参数

频率：××MHz。通信系统：卫星。

内存：内部–高达32mb。接口：usb（1.1）。操作系统：Windows Vista, Windows XP, Windows NT, Windows 2000。

gmprs能力：下游高达60kbps的速度；上游高达15kbps的速度。传真和数据传输速度：9.6 kbps

结构特征与设备配置

显示屏幕：2英寸彩色显示屏。分辨率：128×128。尺寸：128毫米×53毫米×26.5毫米（高×宽×深）。重量：193克。

主机、电池、旅行充电器（包括3个插头）、耳机、USB数据线、备用天线插头、CD盘。

选购配件

汽车充电器、旅行充电器、USB数据线、备用电池、太阳能充电器。

上面是这篇技术说明书的主体部分。这是一篇简要式的产品技术说明书，主体部分包括技术参数、结构特征等内容。结尾部分写明了可以选购的其他相关配件的名称。

3. 落款

产品技术说明书落款部分的内容，通常要写明产品制造厂家的名称，名称前面常常要冠以“××制造厂商”的词语，还要写明联络方式，有时还要写明日期。

例如上面例文的落款：

××电子有限公司

联络方式：

地址：……电话：……

传真：……邮编：……

电子邮箱：……网址：……

这个落款的内容包含了名称、联络方式等详细内容。

**三、写作产品技术说明书需要注意的事项**

产品技术说明书的内容要完整，主体部分的主要构成要素不可缺少，一篇内容残缺的技术说明书，就会丧失其作用。对产品有关技术的说明，要求简明、确切、详细，不可含混不清，让读者费解。

对产品技术的说明一定要具有科学性，不可以为了宣传产品而违背科学，或者超出实际地夸大产品性能和指标。所引用的技术参数和指标一定要精确，要符合相关的科学技术标准。计量、规格、单位名称等要做到全文统一，要符合相关的规定。

## 思考与练习

一、写作产品使用说明书需要注意哪些问题？

二、工业产品使用说明书通常有哪些内容？

三、说明产品使用说明书的用途。

四、产品技术说明书的用途有哪些？

五、构成产品技术说明书文体的结构要素有哪些？

六、写作产品技术说明书需要注意哪些事项？

**例文一：**

# 烘干设备使用说明书

**一、用途及特点**

烘干机用于水泥、矿山、沙子、粮食、耐材、化工、复合肥生产等行业的物料烘干，它的突出特点是生产效率高，烘干速度快，操作简单，高效环保节能。烘干机制造技术一流，设备运转可靠，维修快捷，为广大用户所青睐。

**二、烘干设备的结构与工作原理**

烘干设备是由机体、传动部分、支托部分、进料、出料挡风圈、电机、减速机等组成。

装有扬板的圆滚圈支持在两对辊上，挡轮用来防止圆筒的轴向移动，电机经减速机和小齿轮带动固定在圆筒上的大齿轮，使之回转挡风圈为防止冷空气进入机体和燃烧室内。

烘干设备的工作原理是：进入筒体内的湿料，经装在筒体内的扬料板以扬散使之传过热的气流而被烘干。

## 三、烘干机的安装与调试

1. 烘干机的安装应严格按上装配图和基础图的要求规范施工，烘干机安装前，应对其零部件及其辅佐件一律清查，清擦，清理干净完备齐全。

2. 由于烘干机是长体大型设备，因此安装时应按此顺序和方法进行：

（1）划基础线，在基础标板上正确的作出“十”字线，标高线，中心标板埋设要达到使用方便，准确并考虑机座安装后不被遮盖。

（2）安装底座与拖轮。

铲平垫铁位置，划出底座，拖轮的中心线，按照图纸要求，找准底座与拖轮的安装位置，调平放正，先把基础孔灌浆，混凝土达到一定强度时，拧紧地脚螺栓，复查合格后，再安装筒体。

（3）安装筒体及滚圈。

先将滚圈装在筒体上，固定时所需要的凹状接头要一正一反交错配置，并调整垫铁的厚度，使滚圈与凹状接头的接触保持相应的间隙，切勿一致，并点焊凹状接头螺栓头部与筒体内。

（4）安装大齿轮。

安装前检查对接面接口不得有碰撞痕迹，把大齿轮与筒体接触表面清擦干净，然后将两半齿轮小心的对好并拧紧接口螺栓，使将大齿轮装在筒体上。转动筒体，检查大齿轮的径向跳动和侧向摆动，直至校调合格。

（5）安装小齿轮、减速机、电机。

根据已装好的大齿轮，调整好大、小齿轮的啮合参数并达到设备规定要求，固定小齿轮，减速机电机的位置。

（6）安装齿轮罩，使其与齿轮的边缘距离匀称。

3. 上述工作全部做好后，进行二次灌浆，对灌浆的要求应按土建设计的有关规定进行。与灌浆有关的安装复查，调试工作同步进行，以确保烘干机的安装质量。

## 四、烘干机的操作与保养

1. 烘干机的干燥效率高低，很大程度上取决于燃烧室的好坏，因此，在烘干机操作过程中，必须对燃烧室、鼓风机和除尘吸尘设备加以特别的注意。

2. 在开动烘干机前一个小时点燃炉子，检查所有的附属设备，包括烘干机的各个传动部分，支拖部分等，都应当紧固、正常、滑滑、可靠方可开车。

（1）点燃炉子前应检查火炉、炉篦子、给料装置、燃烧室、炉坑内的炉渣、炉门、空气导管、调节阀和鼓风机、除尘器等。

（2）开启烘干机前应检查燃料、工具、传动支托装置润滑全部轴承及摩擦面。

（3）开动烘干机的步骤是先启动烘干机电机，后开动运输湿料设备，再启动干料运送设备，形成连续均匀的作业程序。

3. 在烘干机运转过程中要经常检查各部分轴承的温度，温度不得超过50℃，齿轮声响应平稳，传动、支托和筒体回转应无明显的冲击、振动和传动，还应该经常做好设备的检查、维护和保养工作，其内容应包括：

(1) 全部螺栓紧固件不应有松动现象。

(2) 要经常注意滚圈和挡轮，拖轮的接触情况。

(3) 挡风圈，齿轮罩不应有翅裂和摩擦撞损情况。

(4) 各部位应按下表进行正常润滑。

| | | |
|---|---|---|
| 电　机 | 钠钙脂 | 6个月 |
| 减速机轴承 | 钠钙脂 | 6个月 |
| 减速机齿轮 | 10#油 | 换/3个月 |
| 传动轴承 | 钠钙脂 | 2次/班 |
| 支托轴承 | 钠钙油脂 | 6个月 |
| 挡轮轴承 | 钠钙油脂 | 6个月 |

**五、烘干机的故障与排除**

1. 烘干后的物料水分含量大于规定数值，其消除方法是控制烘干机的生产能力，加大或减少热量的供给。

2. 滚圈对筒体运转有摆动，其原因是滚圈的凹形接头侧面没有夹紧，消除方法是用垫板使滚圈和凹形接头保持均匀且夹紧适当，防止过紧而容易发生事故。

3. 大齿轮与小齿轮的啮合间隙被破坏，其原因如下：① 拖轮磨损；② 挡轮磨损；③ 小齿轮磨损其消除方法是根据磨损情况进行车削或更换，也可以反面安装或成对更新。

4. 通体振动，其原因如下：① 拖轮装置与底座连接被破坏，消除方法是校正紧固连接部位，使其处于正确位置；② 滚圈侧面磨损，消除方法是根据磨损彻程度，对滚圈进行车削或更换。

恒泰烘干设备厂烘干机咨询服务电话：0371-64369654

手机：1××17808885

http: //www.t×××ingj×c.com

**例文二：**

# BM528系列数字钳形表
# 使用说明书

**1. 概述**

BM528系列是一种31/2位便携式数字钳形表，含BM528、BM528C。可测量交流电流、交/直流电压、电阻、通断测试、二极管正向压降、温度。该仪表结构精巧、操作容易、携带方便，是电工、电子及制冷行业的理想工具。

**2. 安全事项**

本仪表设计符合IEC1010–1标准的安全要求。请在使用之前，仔细阅读本手册。

2.1 安全符合说明：

 警告提示，小心！

 有高压电击的危险！

□ 双重绝缘保护！

2.2 测量时，任一量程不要超过该量程的最大输入值。

2.3 在电阻档，不要加电压到输入端。

2.4 在测量时，不要拨动旋转开关改变量程，以防损坏仪表。

2.5 DC60V以上的直流或AC30V以上的交流都有可能产生电击危险，测量时均应小心操作。

2.6 钳住非绝缘导线时，要特别小心，避免电接触而产生电击。

2.7 测电流时，手指必须放在仪表护手的后面。

2.8 仪表应避免阳光直射、高温、潮湿。

2.9 长期不用，应取出电池，以免电池漏液，损坏部件。

**3. 特性**

3.1 显示方式：采用液晶显示器

3.2 最大显示：1999（31/2位）

3.3 最大钳口张开：30 mm

3.4 自动负极性指示：显示“–”

3.5 电池不足指示：显示 [ – + ]

3.6 工作环境：0 ℃~40 ℃，70%RH（最大）

3.7 储存环境：–20 ℃~60 ℃，85%RH（最大）

3.8 电源：9V电池（IEC6F22，NEDA1604，JIS006P或等效型）

3.9 外形尺寸：213 mm（长）×75 mm（宽）×32 mm（高）

3.10 重量：约240克（含电池）

**4. 使用方法操作面板说明（见图）**

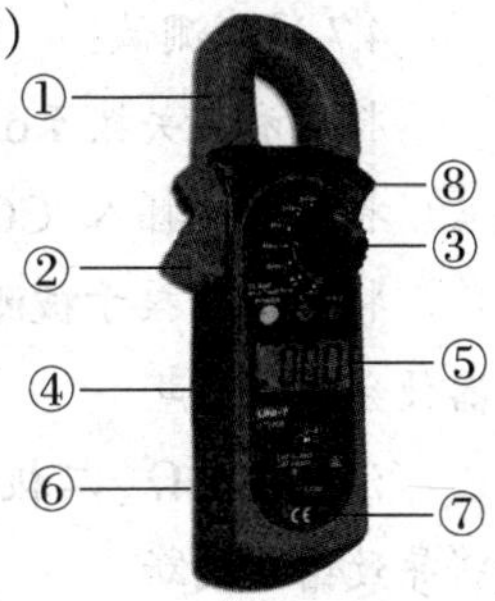


① 钳口；

② 扳机；

③ 量程开关：用于选择功能及量程。

④ DH读数保持按键：按该键可锁定当前读数，同时显示“DH”符号，再按该键则取消保持功能，“DH”符号消失。

⑤ 液晶显示器；

⑥ “COM”公共输入端（输入地）；

⑦ “V/Ω”电压—电阻—温度输入插孔；

⑧ 护手。

4.2 交流电压测量：

将量程开关拨至“AC600V”量程，将黑表笔插入“COM”插孔，红表笔插入“V/Ω”插孔，将表笔并接于被测电路，读取显示读数。

4.3 直流电压测量：

将量程开关拨至“DC600V”档，将黑表笔插入“COM”插孔，红表笔插入“V/Ω”插孔，将表笔并接于被测电路，读取显示读数。当读数小于20V时，将量程开关拨至DC20V量程档再测量。

4.4 交流电流测量：

将量程开关拨至交流电流最高量程“AC600A”档。钳住被测电流导线，应尽量将导线置于闭合钳口的中心，钳口应完全闭合，直接读取读数。当读数较小时，可将量程选择旋钮拨至低量程档再测量。

⚠ 注意：如果钳入两根以上不同的电流线，测量将无法进行。

4.5 电阻及通断测量：

将量程开关拨至电阻档。

将黑表笔插入“COM”插孔，红表笔插入“V/Ω”插孔。

将表笔并接于被测电路或元件两端，读取电阻值。

当表笔开路或输入过载时，显示器显示“1”。

4.6 二极管正向压降测量：

将量程开关拨至 —▶|— 档，当输入端开路时，仪表显示为过量程状态（即显示“1”）。

将黑表笔插入“COM”插孔，红表笔插入“V/Ω”插孔。（红表笔极性为“+”）

将表笔并接于被测二极管两端，读取正向压降近似值。

当二极管反接或输入端开路时，显示屏会显示“1”。

4.7 通断测试：

将量程开关拨至o)))档，当输入端开路时仪表显示为过量程状态（即显示“1”）。

将黑表笔插入“COM”插孔，红表笔插入“V/Ω”插孔。

将表笔并接于被测电路之两端上，若被检查两点之间的电阻值小于约50Ω时，蜂鸣器便会发出响声。

注意：2KΩ、二极管和通断共用一档，在测量时，被测电路或元件均不能带电，否则将导致错误判断。

4.8 温度测量：

将量程开关拨至℃档，将仪表附带的K型热电偶的黑色插头插入“COM”插孔，红表笔插入“V/Ω”插孔，此时仪表显示环境温度，将热电偶探头置于被测温的物体之中，待探头的温度与被测物温度相等时读取读数。

注意：仪表不插温度探头时，显示值无意义。随机所附K型WRNM-010裸露式接点热电偶极限温度为250 ℃（短时间内为300 ℃）。

**5. 技术指标**

| 功能 | 量程 | 分辨力 | 精度 | | 过载保护 |
|---|---|---|---|---|---|
| | | | BM528 | BM528C | |
| ACA | 20 A | 10 mA | ±1.9%±5 | | 800 A |
| | 200 A | 100 mA | | | |
| | 600 A | 1 A | | | |
| ACV | 600 V | 1 V | ±1.2%±5 d | | 600 V |
| DCV | 20 V | 0.01 V | ±0.8%±2 d | | 600 V |
| | 600 V | 1 V | | | |
| 电阻 | 2 K | 1 Ω | ±1.0%±2 d | | 250 V |
| | 2 MΩ | 1 KΩ | ±1.0%±5 d | — | |
| 二极管 | 显示近似二极管正向电压值。测试条件：正向直流电流约1 mA，反向直流电压约2.8 V。 | | | | 250 V |
| 通断 o））） | 导通电阻小于约50 Ω时机内蜂鸣器响。测试条件：开路电压约2.8 V。 | | | | 250 V |

ACA频率范围：50~60 Hz，（正弦波），ACV频率范围：50~100 Hz，（正弦波）。

| 功能 | 量程 | 分辨率 | 精度 | 过载保护 |
|---|---|---|---|---|
| | | | BM528C | |
| 温度 | -30~400℃ | 1℃ | ±1.2%±4 d | 250V |
| | 400~1 000℃ | 1℃ | ±1.9%±15 d | 250V |

准确度保证期：一年

保证准确度温度：23 ℃±5 ℃

相对湿度：＜75%

6. 仪表保养

> ⚠ 警告！在打开表壳或电池盖之前，应关闭电源及断开表笔和任何输入信号，以防止电击危险。

6.1 当仪表显示“ − + ”符号时，必须更换电池。打开电池盖，换上一节新的9V电池，以保证该表正常工作。

6.2 保持仪表和表笔的清洁、干燥和无损，可用干净的布或去污剂来清洁表壳，不要用研磨剂或有机溶剂。

6.3 避免机械损毁、振动、冲击，避免处于高温位置以及强磁场内。

6.4 仪表应每年校准一次。

7. 附件

7.1 表笔一副；

7.2 使用说明书一本；

7.3 保修卡；

7.4 K型温度探头（BM528C）。

**例文三：**

# 产品技术说明书

（选文略有改动）

品牌：上海安科瑞温湿度控制器

型号：WHD48-11

类型：电子式温湿度计

1. 概述

温湿度控制器产品主要用于中高压开关柜、端子箱、环网柜、箱变等设备内部温度和湿度的调节控制。可有效防止因低温、高温造成的设备故障以及受潮或结露引起的爬电、闪络事故的发生。产品分为：WH普通型系列、WHD智能型系列。

普通型温湿度控制器采用进口高分子温湿度传感器，结合稳定的模拟电路及开关电源技术制作而成。继电器动作、加热器故障电源等工作状态均由LED指示，用户一目了然，产品稳定可靠，能长期工作于强电磁场等恶劣环境中。

智能型温湿度控制器以数码管方式显示温湿度值，有加热器、传感器故障指示、变送功能、带有RS485通讯接口可供远程监控，用户可通过按键编程自行设定系统参数。

该仪表集测量、显示、控制及通讯于一体，精度高、测量范围宽，是一种适合于各个行业和领域的温湿度测量控制仪表。

产品符合国标GB/T15309—1994。

**2. 工作原理**

温湿度控制器主要由传感器、控制器、加热器（或风扇等）三部分组成，其工作原理如下图所示：

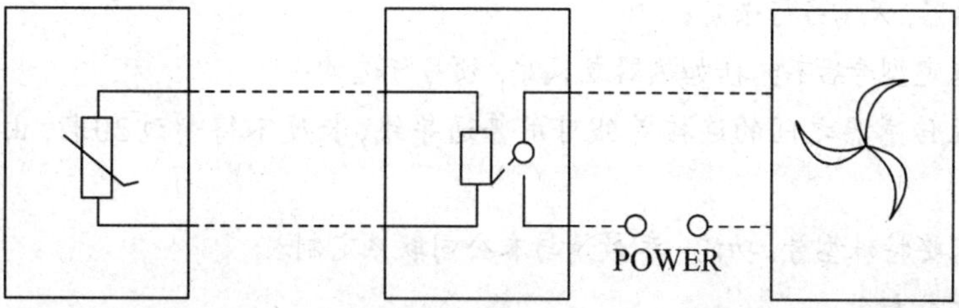


传感器检测箱内温湿度信息，并传递到控制器由控制器分析处理：当箱内的温度、湿度达到或超过预先设定的值时，控制器中的继电器触点闭合，加热器（或风扇）接通电源开始工作，对箱内进行加热或鼓风等；一段时间后，箱内温度或湿度远离设定值，控制器中的继电器触点断开，加热或鼓风停止。除基本功能外不同型号还带有断线报警输出、变送输出、通信、强制加热鼓风等辅助功能。

**3. 产品介绍**

3.1WH系列普通型温湿度控制器

3.1.1型号说明

WH □—□/□—□

故障报警输出：J—有　空白—无

加热器或风扇：H—一路加热　F—一路鼓风　HH—两路加热
HF—一路加热，一路鼓风　FF—两路鼓风

监控采集点：01—1 路温度传感器　02—2 路温度传感器
10—1 路湿度传感器　20—2 路湿度传感器
11—1路温度+1路湿度组合外接*

仪表外形：

| 外形代号 | 面框尺寸（mm） | 开孔尺寸（mm） |
|---|---|---|
| 48方形 | 48×48 | 44.5×44.5 |
| 46槽形 | 120×60 | 116×56 |
| 03导轨 | | DIN35 mm 导轨安装 |

普通型温湿度控制器

说明："组合外接"即同时有温度、湿度控制时，传感器置于同一外壳，由同一点采集温度、湿度信息。

注：

控制器常规为环境湿度≥85%RH加热除湿控制启动，温度≤5℃加热升温控制启动，≥40 ℃鼓风降温控制启动；

W–1为温度传感器，H–1为湿度传感器，WH–1为温湿度传感器，控制器型号选定后已经包括传感器，无需另行选定；

控制器选定型号后不包括加热器或风扇，须另行选购；

控制器至传感器之间的连接导线可用普通导线，长度不得超过20米，由用户自己配备；

用户如需要特殊型号、功能、参数请与本公司联系定制。

3.1.2技术指标

| 技术参数 | | 指标 |
|---|---|---|
| 控制类型 | 加热升温 | ≤5 ℃启动，≥13 ℃停止 |
| | 鼓风降温 | ≥40 ℃启动，≤35 ℃停止 |
| | 加热去湿 | ≥85%启动，≤77%停止 |
| 控制精度 | 温度 | ±3℃ |
| | 湿度 | ±5%RH |
| 控制触点容量 | | 5A/AC250 V（无源接点） |
| 辅助电源 | 电压 | AC 85~265 V　DC100~350 V |
| | 功耗 | ≤3VA |
| 绝缘电阻 | | ≥100 MΩ |
| 工频耐压 | | 电源与外壳可触及金属件/电源与其它端子组 2 kV/1 min（AC，RMS） |
| 平均无故障工作时间 | | ≥50 000小时 |
| 工作环境（控制器） | 温度 | -10 ℃~+55 ℃ |
| | 湿度 | ≤95%RH，不结露，无腐蚀性气味 |
| | 海拔 | ≤2 500米 |

注：控制参数不可调，但可由用户指定

3.1.3 产品规格

WH03普通型温湿度控制器

| 项目 / 型号 | 基本功能 | 传感器（只） | 接线图 | 产品图片 |
|---|---|---|---|---|
| WH03-01/H | 1路加热升温 | W-1（1） | 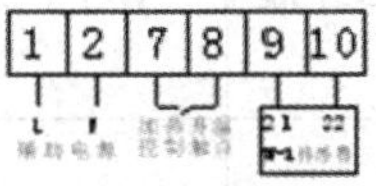 |   |
| WH03-10/H | 1路加热除湿 | H-1（1） | 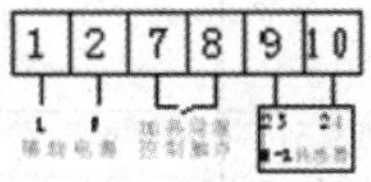 | |
| WH03-11/HF | 1路加热除湿<br>1路鼓风降温 | WH-1（1） | 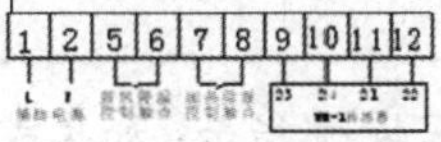 | |

辅助功能：加热器故障指示（可选）。

WH48普通型温湿度控制器

| 项目 / 型号 | 基本功能 | 传感器（只） | 接线图 | 产品图片 |
|---|---|---|---|---|
| WH48-01/H | 1路加热升温 | W-1（1） | 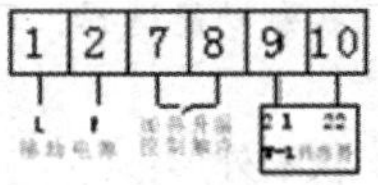 |  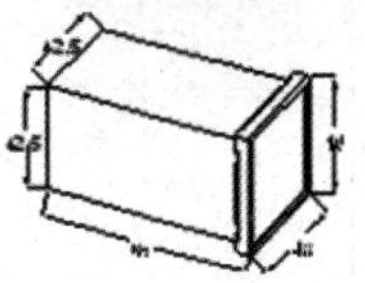 |
| WH48-10/H | 1路加热除湿 | H-1（1） | 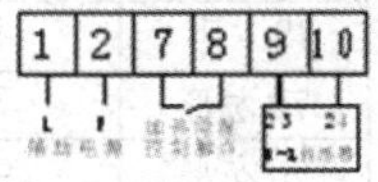 | |
| WH48-11/HF | 1路加热除湿<br>1路鼓风降温 | WH-1（1） | 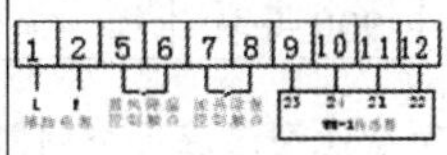 | |

辅助功能：无。

WH46普通型温湿度控制器

| 项目 型号 | 基本功能 | 传感器（只） | 接线图 | 产品图片 |
|---|---|---|---|---|
| WH46-02/HH | 1路加热升温 | W-1（2） | 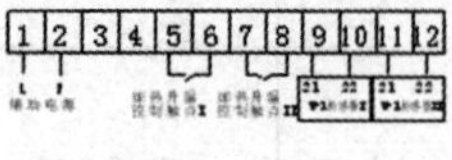 |  |
| WH46-20/HH | 2路加热除湿 | H-1（2） | 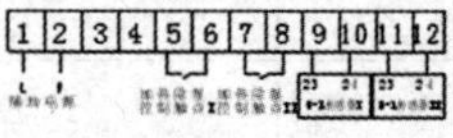 | |
| WH46-11/HF | 1路加热除湿<br>1路鼓风降温 | WH-1（1） | 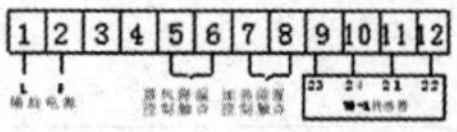 | |

辅助功能：加热器故障指示；加热或鼓风手自动切换；端子3、4为故障报警输出（可选）。

3.2 WHD系列智能型温湿度控制器

3.2.1 型号说明

WHD □ — □—□

附加功能：C—RS485接口；M—变送输出；J—报警输出；空白—无

控制功能选择：11—1路温湿度　22—2路温湿度　33—3路温湿度

仪表外形：

| 外形代号 | 面框尺寸（mm） | 开孔尺寸（mm） |
|---|---|---|
| 48方形 | 48×48 | 44.5×44.5 |
| 72方形 | 72×72 | 67×67 |
| 96方形 | 96×96 | 88×88 |
| 46槽形 | 120×60 | 116×56 |
| 90R 导轨 | DIN35 mm 导轨安装 | |

智能型温湿度控制器

说明：

WHD48、WHD72、WHD90R最多可接1路温湿度传感器；

WHD96最多可接2路温湿度传感器；

WHD46最多可接3路温湿度传感器；

每一路传感器对应二组控制输出接点（无源），分别接加热器和风扇，加热器用于升温或去湿，风扇用于降温；

RS485通讯功能、报警输出功能、变送功能只能三者选一；

传感器与控制器之间的连接线长度最大不得超过20米。

3.2.2 技术指标

| 技术参数 | | 指标 |
|---|---|---|
| 测量范围 | 温度 | -40.0℃~+99.9℃ |
| | 湿度 | 20%RH~90%RH |
| 精度 | 温度 | ±3℃ |
| | 湿度 | ±5%RH |
| 变送输出 | | DC4~20 mA或DC0~20 mA |
| 控制参数设定范围 | 加热升温 | -40.0℃~+40.0℃ |
| | 鼓风降温 | 0.0℃~+100.0℃ |
| | 温度控制 | 20%RH~90%RH |
| 可设回滞量 | | 1~40(℃或%RH) |
| 输出触点容量 | | 5A/AC250 V(无源接点) |
| 通讯接口 | | RS485，MODBUS-RTU协议 |
| 工频耐压 | | 电源与外壳可触及金属件/电源与其他端子组2<br>2 kV/1 min（AC，RMS） |
| 绝缘电阻 | | ≥100 MΩ |
| 辅助电源 | 电压 | AC85~265 V　DC100~350 V |
| | 功耗 | 基本功耗（≤0.8 W）+继电器功耗(每路≤0.7 W) |
| 平均无故障工作时间 | | ≥50 000小时 |
| 工作环境（控制器） | 温度 | -10℃~+55℃ |
| | 湿度 | ≤95%RH，不结露，无腐蚀性气体 |
| | 海拔 | ≤ 2 500米 |

回滞量：温湿度控制过程中，执行部件（加热器或风扇）启动工作时的温度或湿度值与停止工作时的温度或湿度值之差称为回滞量。

3.2.3产品规格

WHD48智能型温湿度控制器

| 项目 / 型号 | 基本功能 | 传感器（只） | 接线图 | 产品图片 |
|---|---|---|---|---|
| WHD48-11 | 1路温湿度控制 | WH-2（1） | 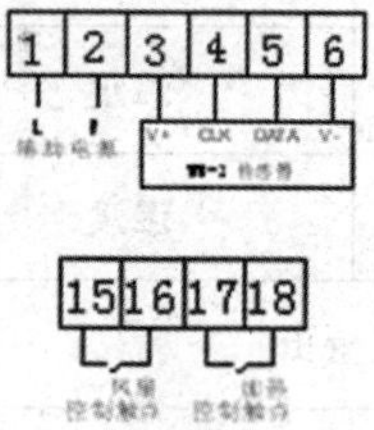  | 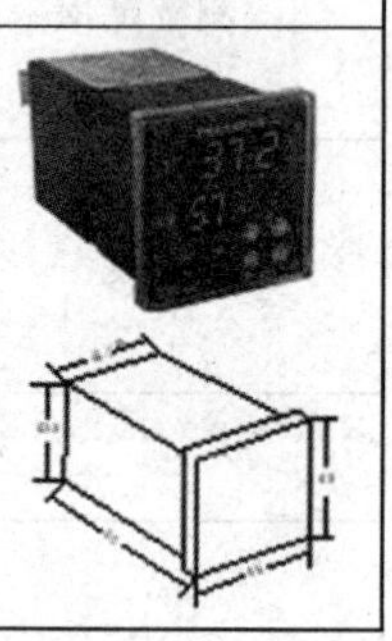 |

辅助功能：无。

WHD72智能型温湿度控制器

| 项目 / 型号 | 基本功能 | 传感器（只） | 接线图 | 产品图片 |
|---|---|---|---|---|
| WHD72-11 | 1路温湿度控制 | WH-2（1） | 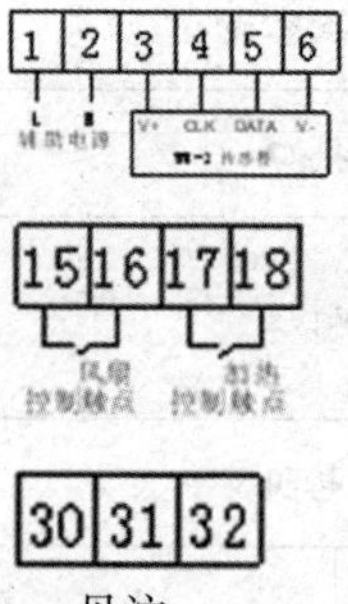  见注一 | 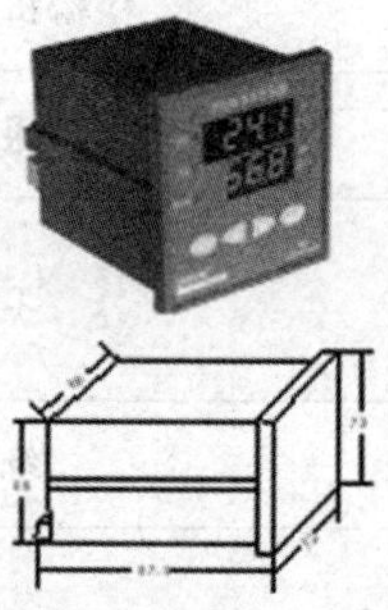 |

可带辅助功能：故障报警“–J”、通信“–C”、变送“–M”。

WHD90R智能型温湿度控制器

| 项目 / 型号 | 基本功能 | 传感器（只） | 接线图 | 产品图片 |
|---|---|---|---|---|
| WHD90R-11 | 1路温湿度控制 | WH-2（1） | 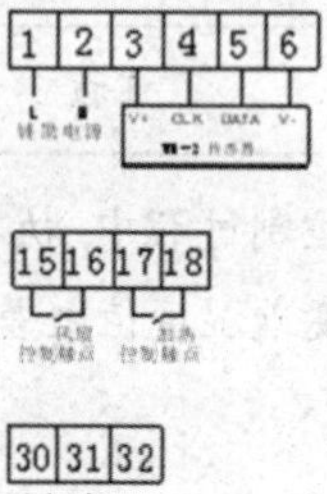  见注一 | 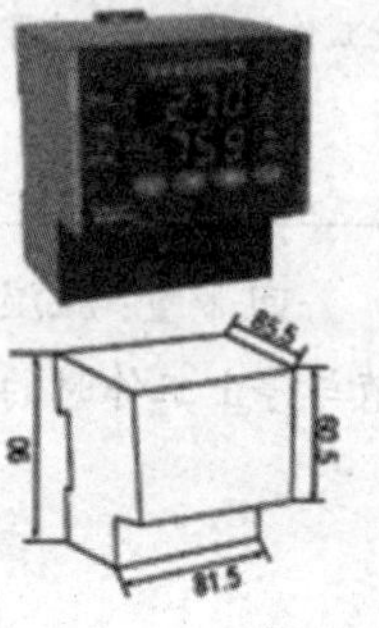  |

可带辅助功能：故障报警“–J”、通信“–C”、变送“–M”。

WHD96智能型温湿度控制器

| 项目<br>型号 | 基本功能 | 传感器（只） | 接线图 | 产品图片 |
|---|---|---|---|---|
| WHD96-11 | 1路温湿度控制 | WH-2（1） | 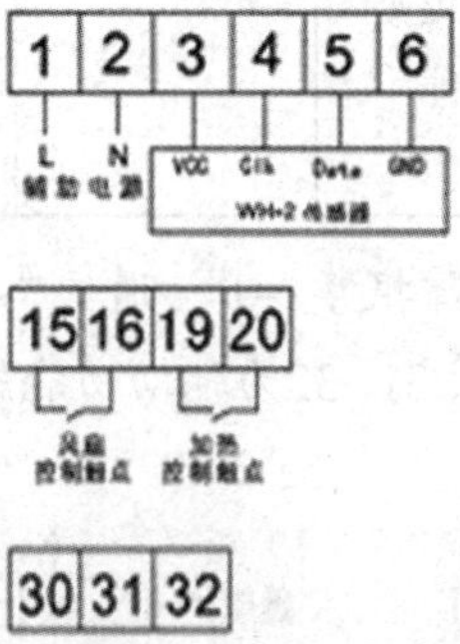 | 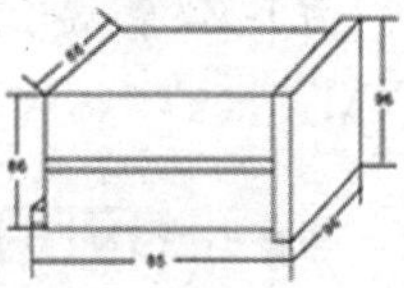 |
| WHD96-22 | 2路温湿度控制 | WH-2（2） | 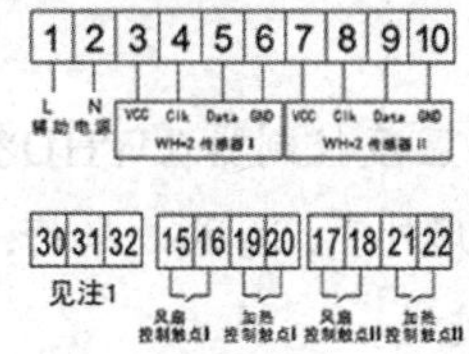 | |

可带辅助功能：故障报警“–J”、通信“–C”、变送“–M”。

WHD46智能型温湿度控制器

| 项目<br>型号 | 基本功能 | 传感器（只） | 接线图 | 产品图片 |
|---|---|---|---|---|
| WHD46-11 | 1路温湿度控制 | WH-2（1） | 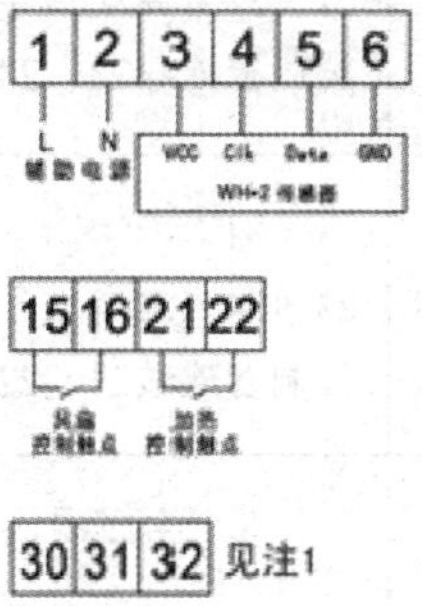 |  |
| WHD46-22 | 2路温湿度控制 | WH-2（2） | 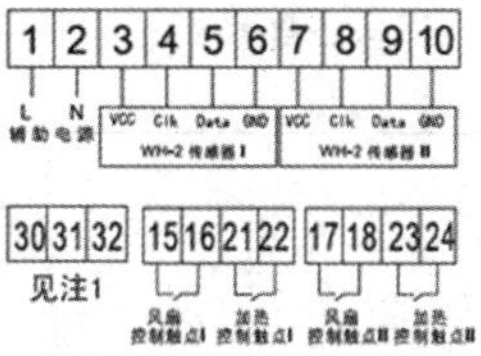 | 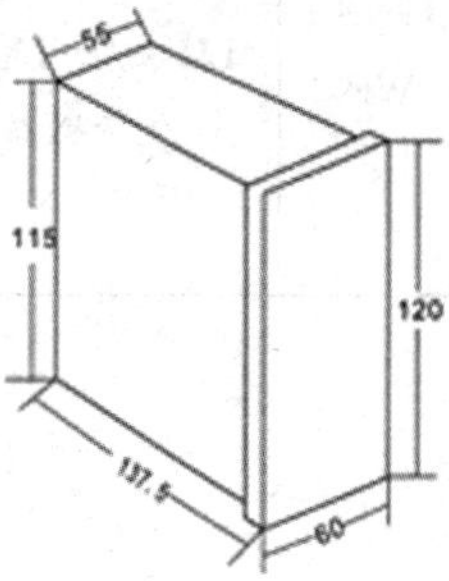 |

（续表）

| 项目<br>型号 | 基本功能 | 传感器（只） | 接线图 | 产品图片 |
|---|---|---|---|---|
| WHD46-33 | 3路温湿度控制 | WH-2（3） | 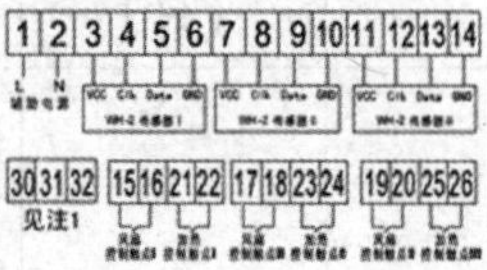 | |

可带辅助功能：故障报警“–J”、通信“–C”、变送“–M”。

注1：仪表端子30、31、32为辅助功能输出端：故障报警“–J”、通信“–C”、变送“–M”。

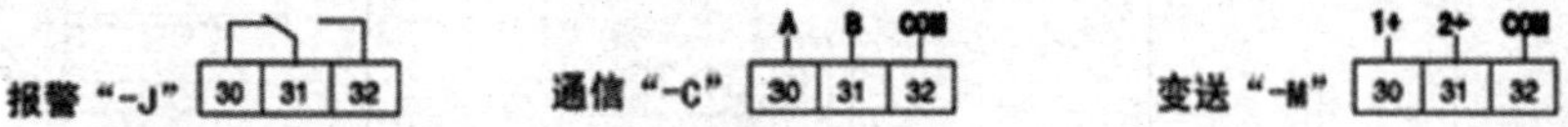


4. 传感器

4.1 概述

WH系列普通型温湿度控制器及WHD智能型温湿度控制器的传感器均使用外接方式。传感器部分采用专用外壳，通风效果好，外观精致，既能有效保护内部元件，提高使用寿命，又方便安装、接线。

4.2 型号说明

4.2.1 WH系列普通型温湿度控制器传感器

| 型号 | 功能 | 接线 | 安装方式 | 外形尺寸 |
|---|---|---|---|---|
| W-1 | 1路温度传感器 | 21、22为温度信号输出，与控制器连接23、24无用途 | DIN35导轨 | 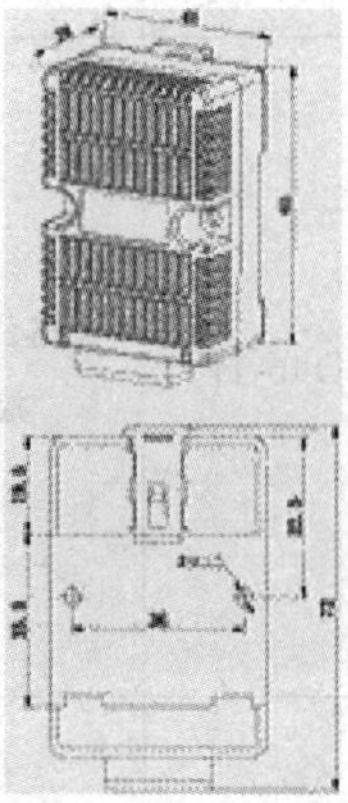 |
| H-1 | 1路湿度传感器 | 23、24为湿度信号输出，与控制器连接21、22无用途 | | |
| WH-1 | 1路温度+1路湿度传感器 | 21、22为温度信号输出，23、24为湿度信号输出，分别与控制器连接 | | |

4.2.2 WHD系列智能型温湿度控制器传感器

| 型号 | 功能 | 接线 | 安装方式 | 外形尺寸 |
| --- | --- | --- | --- | --- |
| W-2 | 1路温、湿度 |  Vcc、GND、CLK、Data分别与控制器对应接线端连接 | DIN35导轨 | 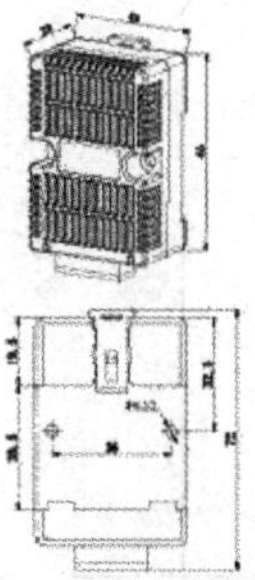 |

**5. 加热器**

5.1 概述

ALW系列加热器使用专用的铝合金散热板型材和优质的镍铬合金电热丝制造而成，具有体积小、外形美观、散热均匀、热传导快、散热面积大、寿命长等优点，产品符合GB/T15470—1995。

SIW系列硅胶超薄型加热器具有全封闭、超薄、柔软、超长寿命等特点，特别适合长期通电加热。

5.2 技术指标

| 参数 | 指标 |
| --- | --- |
| 工作电压 | AC220V　AC110V |
| 额定功率 | 50~300W（也可特殊订货） |
| 使用寿命 | ≥50 000 h |
| 绝缘电阻 | ≥100 MΩ |
| 耐压 | 2 000 V |

5.3 产品规格

| 品种 | 安装说明 | 型号 | 外形尺寸（mm） |
| --- | --- | --- | --- |
| 铝合金材料 | 单支架安装<br>孔距：55 mm | ALW-50W<br>ALW-75W<br>ALW-100W<br>ALW-150W | 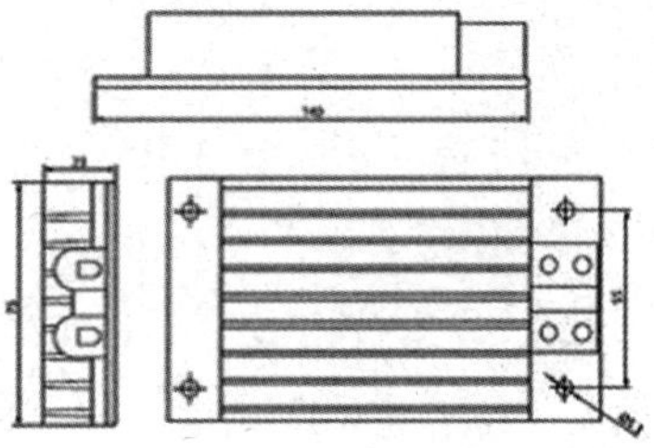 |

（续表）

| 品种 | 安装说明 | 型号 | 外形尺寸（mm） |
|---|---|---|---|
| | | ALW-200W<br>ALW-250W | 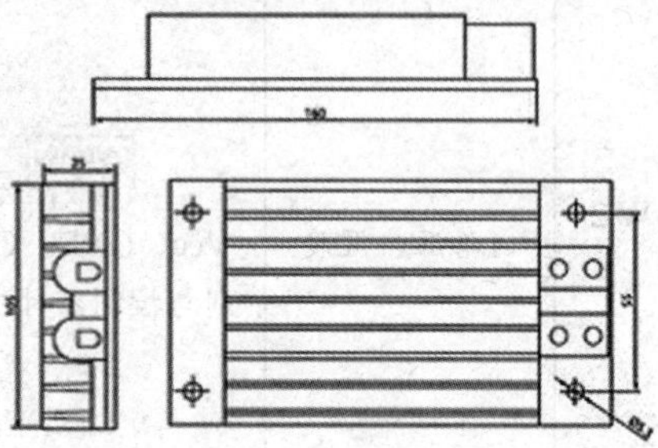 |

5.4 选型建议

铝合金材料散热面积大、效率高，适合完全自动控制加热或去湿，选型建议如下：

| 环境空间大（m³） | 加热器功率（仅供参考） |
|---|---|
| ≤0.5 | 50~75 W |
| 0.5~1 | 100~150 W |
| 1~1.5 | 200 W |
| 1.5~2 | 250 W |
| ＞2 | 300 W以上 |

# 第四章　企业用单据类文书的写作

企业用单据类文书，是指企业在生产管理中使用的工单和一些单据。这一类文书的种类很多，形式多种多样，范围也很大。根据企业生产管理的实践，对这一类文书实际需用的情况，本章选择介绍在企业里经常使用的生产工单，以及与生产管理有直接关系的一些常见单据。

## 第一节　生产工单

### 一、工单的性质和作用

#### （一）工单的性质

生产工单简称为工单，也叫作生产作业单、生产工艺单、生产指令单等，是一种确认状态的单据形式的生产计划。在前面介绍的“计划”文书中，我们已经知道“计划”属于通用文书，而作为单据式生产计划的生产工单，自然应该归属于通用文书。但是，工单一般是作为某项产品的生产指令，专门用于生产管理，适用范围仅限于生产企业，文书的内容只是计划“三要素”的“任务和指标”部分，这样，生产工单与通用文书的计划就有了一些区别，实际上已经具有了专业文书的性质。鉴于此，我们把生产工单与计划分开，作为专业文书放在本章来讲解。

在生产企业里，生产计划制定与实施的流程如下：首先，由最高决策层制定企业的总体经营管理目标，制作出文字说明式的总体计划书，一般叫作“×××方案”“×××目标”“××规划”等等。然后，管理决策层根据总体目标，以及生产订单来制定具体的生产计划，并且制作成生产计划书，一般叫作“××年（季、月）××生产计划”，并下达到生产管理部门。生产管理部门是执行层，由生产管理部门再将总体计划分解，制作成具体的实施计划，通常叫做“生产调度单”或者“生产任务书”，生产调度单下达给生产车间，这种计划文书的形式，通常是文字说明并配以图纸。属于实施管理层的车间，再将生产调度单进行分解，制作成生产工单，或者叫“生产指令单”，下达到班组。这是最后一个环节，生产班组是操作层，当生产班组接受了生产工单后，就可以根据下达给自己的生产指令，进行生产作业了。

在生产管理流程中，企业里最小的管理单位是班组，班组以具体操作者的方式，来参与和实现企业总体经营目标的实施工作。

在比较大的正规企业里，其管理流程，基本是按照以上环节实施运作。小型的企业，往往可以简化上面流程中的一些环节和步骤，但是即便简化，其管理流程，也同样是由决策层逐级下达到生产班组的。在管理体制比较完善的企业里，生产工单的管理流程大致如下：

生产工单产生—物料获得性确认—预留机器产能—生产工单发放—打印生产工单—发料—执行生产工单—完工确认与收货—差异计算—工单决算—归档。

以上是生产工单流程的主要环节和步骤，其管理流程的顺序依次为：

首先是在生产执行部门产生生产工单，此阶段制定的工单，由自动转换或以手动输入产生（指使用生产管理软件的企业）。

生产工单产生时，“企业资源规划”系统，要对物料进行同步“可获得性”确认，以确保有足够的物料来执行此工单的生产任务。同时要预留机器产能，以确保机器在所需的时间内不为它用。

以上三个流程的生产工单状态，还处于一种设计阶段。生产工单的发放，则将工单状态转为了“准予”（批准）阶段。

工单发放后才可打印成各生产部门的确认单。如“拣货单”（Pick List）、“控制单据”（Control Ticket）、“广告牌卡”（Kanban Card）、“发货单”（Goods Issue Slip）等等。有关单位再据以进行相关的工作联动，各部门的工作活动由此得到协调，如仓储部门的备料、生产部门的领料、制程部门准备各种夹治具等的时间，都可依生产工单上所排定的时程来进行。

生产部门与相关工作中心，依照生产工单的命令执行生产的时候，工单则进入到实施操作的环节。

等到生产完成或进行至某一阶段时，便可确认实际生产所发生的相关数据，并将完成品入库。

产品入库后，要计算预估值与实际生产发生数值间的差异，工单决算时则将各种数据记载于相关会计科目上，作为资产负债表、损益表与后续相关成本控制的依据。

最后，则将已完成其控制目的的工单归档，以备日后查阅参考。

**（二）工单的作用**

工单主要有如下两方面作用：

（1）工单是生产计划施行的具体指令，是生产操作者进行生产的依据。

（2）工单是生产管理实现的工具，一个完整的工单运转流程，体现了生产管理精细、合理的过程。

**二、工单的内容**

工单主要由标题、相关信息、工单内容、工单附注几部分内容构成。

**1. 标题**

单据的标题也是工单单据的名称，一般包括单位名称、内容、文种三个要素。如“××公司生产计划工艺单”，其中“××公司”是单位名称，“生产计划”是内容，“工艺单”是文种。工单的标题也可以采用两个要素，或者一个要素（仅体现文种）的简化形式，如“生产工单”“工单”。

**2. 相关信息**

工单相关信息部分的内容包括工厂（车间）名称、生产班组名称、生产线名称、开工日期等内容，以上内容在实践中也可以根据需要进行增减。

**3. 工单内容**

由于生产企业性质的不同，以及生产产品的种类不同，工单应该载明的内容也会不同，因此，很难将实践中的工单内容完整统一地概括出来。就制造业的企业来说，生产工单不可缺少的内容应该有产品名称、产品规格型号、使用的原材料、原料单位数量、完成时间等等。

**4. 附注**

工单附注部分的内容一般是工单生效的签署，包括制表人姓名、审核人姓名、批准人姓名等。

## 三、工单的形式

与文字的计划文书不同，无论哪一种工单，一般都采用表格加文字说明的形式。就是将生产指令的主要内容，用文字集中写在表格中，使用时将具体的生产任务按照表格规定的内容填写进去即可。

采用这种表格式工单的好处在于使生产指令以及与生产指令相关的连带事项，能够在同一个表格里直观地呈现出来，一目了然。企业按照自己生产的实际情况来制作工单范本，使用时可以随时填写，为工作带来便利。同时，工单的价值还体现在：可以将整个生产流程做成一个完整的记录，为以后的生产管理提供借鉴和依据，也可以在制订下一次生产计划时作为参考。

下面是一份某企业生产工单的样式：

### 生产工艺单

车间：　　　　　班组：　　　　　生产线：　　　　　日期：

| | | | |
|---|---|---|---|
| 零部件名称 | | 图号 | |
| | | 生产设备 | |
| 主要工序 | | 生产数量 | |
| 1 | | 完成时间 | |

（续表）

| | | | |
|---|---|---|---|
| 2 | | | |
| 3 | | | |
| 4 | | | |
| 原材料 | | | |
| 1 | | | |
| 2 | | | |

编制： 审核： 批准：

## 四、使用生产工单需要注意的事项

能够正确地使用工单进行生产，是优质地完成生产任务的保证。在工作实践中，使用生产工单主要应该注意以下问题：

认真阅读工单上所载明的信息，以保证产品规格、型号、品质、材料、数量等与生产指令的标准相符，避免出现差错。

要明确工单里对生产设备使用的安排，以保证生产操作能够按照计划的安排顺利地进行。

注意工单内容中所关联到的有关部门，以便在生产实施过程中，能够很好地协调相关部门的关系，获得有力的配合与支持。

要保护好工单，以便在完成生产任务后归档保存。

# 第二节 单 据

企业使用的单据无论是数量还是种类都很多，这一节里我们所说的单据，是指在生产企业里，经常用于生产记录与管理的那些单据。如产品检验单、领料单、入库单等。这些单据与生产工单具有一定关联性，是在各生产环节中必须使用的，一种表格体的工作完成情况记录单。

## 一、产品检验单

产品检验单，就是企业里对产品进行检验的记录单。产品检验是生产流程中一个至关重要的环节，是产品质量的保障。企业界普遍把产品质量视为企业的生命，社会也把企业产品的质量问题，当做企业应负的社会责任。在生产流程中，经过检验的产品，便由生产品转成了产成品，接下来再进入下一个环节——入库，此时的产品就是待售的商品了。在入库之前，对生产品进行的质量检验，是使生产品转入产成品的必要程序。

**（一）产品检验单的性质**

产品检验单也叫作产品检验记录单、产品检验报告、产品检验验收报告等，是报告产品检验结果的一种表格体文书。在生产管理流程中，当生产班组完成了产品的生产后，就进入了产品的检验、验收环节，生产实施者要报检所生产的产品。产品的检验要按照规定的标准和指标来进行，同时要形成产品检验报告。这里的“报告”不是公文的“报告”，报告的对象是具体的产品。文体形式也不同于公文“报告”，而是表格加文字说明形式的一种单据体文书。产品检验单的内容是一些固定的项目，是产品应该具有的各种规定的数据和指标，以及检验的结果。

**（二）产品检验单的结构要素**

产品检验单的结构通常包括标题、相关信息、检验内容、附注等要素。

1. 标题

产品检验单虽然是一种单据，也需要有标题，其标题一般由内容加文种两个要素构成，如“××产品检验报告”“××检验记录”，也有由名称加内容加文种三个要素构成的标题，如“××公司产品检验单”。

2. 相关信息

产品检验报告需要在标题下面，写明有关的信息内容，如单据编号、生产日期等。有的产品检验单还把检验的产品名称、规格、型号等放在这里。

3. 检验内容

产品检验报告的内容通常包括产品种类、规格、型号、批次、规定的报检数量、质量控制所规定的项目等，以及一些有关产品数据指标的检验项目。

4. 附注

产品检验报告应该具备附注这一项目，位置在表格的下边，内容一般有检验员姓名（检验员签署）、检验日期等。检验员的签署，是产品检验单有效的标识。有的产品检验单在附注的下边，还要加上对制表内容做出的有关说明与解释。

由于产品种类繁多，数不胜数，因此，对产品的检验，不可能设计出比较一致的检验标准和内容。但是原则上说，产品检验单的内容，应该能够体现出所检验产品的名称、规格型号、各种检验的项目、合格率、结论或者意见等内容。

**（三）产品检验单的形式**

产品检验单，是一种表格加文字说明的表格体文书。在检验操作中，要将检验内容，即各个项目的名称，根据实际检验的结果，逐一填写在固定的表格里。产品检验单通常是一式多份，除质监部门留存外，还要交付给生产部门和其他有关的管理部门。

下面是一份产品检验单：

## 产品检验记录

产品名称：恒压弹簧　　　　　　　　　　　　　　编号：FYPJ–JL8.2.4–03

<table>
<tr><td>规 格</td><td>JD03-00-006</td><td>生产数量</td><td>1 230</td><td>检验数量</td><td>20</td></tr>
<tr><td>生产日期</td><td>2013.6</td><td>操作者</td><td>王宏伟</td><td>备 注</td><td></td></tr>
<tr><td>序号</td><td>检验项目</td><td>标准要求</td><td>检测情况</td><td></td><td>判断</td></tr>
<tr><td>1</td><td>外径</td><td>Φ18</td><td></td><td></td><td></td></tr>
<tr><td>2</td><td>40-Φ86孔距</td><td>±0.5</td><td></td><td></td><td></td></tr>
<tr><td>3</td><td>2-Φ250同轴度</td><td>0.5</td><td></td><td></td><td></td></tr>
<tr><td>4</td><td></td><td></td><td></td><td></td><td></td></tr>
<tr><td></td><td></td><td></td><td></td><td></td><td></td></tr>
<tr><td colspan="6">检验结论：　合格数量（　）　不合格数量（　）</td></tr>
<tr><td colspan="6">不合格处置方式及说明：报废（　）　返工　（　）　返修　（　）　其他（　）</td></tr>
<tr><td>说明</td><td colspan="5">1. 在“判断”栏，用符号“√”、“×”标记，分别表示合格、不合格。<br>2. 在（　）内，用符号“√”选择。<br>3. 执行国家标准或行业标准或本公司企业标准或客户要求（如来图、来样），在其下用符号“√”表示。</td></tr>
</table>

检验员：　　　　　　客户签名：　　　　　　日期：

这是一份产品检验记录单，其文体结构由标题、有关信息、检验内容、附注几部分构成。检验的内容是单据的主体部分，载明了产品的规格、生产数量、检验数量、生产日期、操作者姓名、检验项目的序号、检验项目、标准要求、检测情况、检验结论、不合格产品处置方式说明等信息。

**（四）使用产品检验单需要注意的问题**

（1）产品的名称、规格型号，要与实际检验的产品相符。

（2）填写产品检验单所采用的有关产品的单位、指标等，要求合乎所规定的检验标准规范。

（3）对规定的检验项目不可遗漏，规定检验的产品数量不可缺少。

## 二、原材料出库单

企业的生产流程，是一个把生产原料加工成成品的过程。当采购部门买进生产需用的原材料时，财务核算上将其称为库存原材料。原材料通过生产加工成为成品，此时原材料才能转换为商品。当成品作为商品销售出去后，在财务核算上，原材料便被转为生产成本。

生产部门要按照生产指令，需要到库管部门领取生产所需的原材料，才能进行加工生产。生产部门领取原材料的凭据就是出库单。

**（一）出库单的性质**

出库单也叫领料单、原材料领取申请单等。当生产计划被分解成为工单，并且下达到生产班组时，原材料管理部门，也应该同步备好生产所需用的原材料。生产班组或者车间，可以依据工单领取生产所需的原材料。出库单是从库存中领付原材料的凭证。当生产班组领取生产原材料进行生产时，生产管理的流程才能进入到生产操作的环节。

**（二）出库单的结构与内容**

出库单的结构由标题，相关信息，出库内容，附注等几项内容构成。

1. 标题

出库单的标题一般包括名称、对象、文种三个要素。其中，名称一般采用企业的名称，对象指的是出库原材料的种类，即“原材料”或者“设备配件”等等，例如《××电器有限公司原材料出库单》，有的出库单标题可以只由对象、文种两个要素构成的，如《原材料出库单》。还有的标题只采用文种一个要素，即只用“出库单”作为标题。

2. 相关信息

相关信息是指安排在标题下面的一些相关内容，如单据编号、日期、出库单位的名称等等。

3. 出库内容

出库内容是出库单的主体部分，在这里要载明出库物品的名称、规格型号、单位、数量等等信息。

4. 附注

附注是出库单必备的项目，通常安排在表格下面的位置。附注的内容要具体显示制表人的签名、领料人签名、保管员签名等信息。有的出库单在附注部分，还要加上一些对表格内容说明的要素。

**（三）出库单的形式**

出库单是一种表格加文字说明式的表格体文书，在表格内所载明的项目，是出库原材料的详细内容和信息，使用时按照实际发生的出库事项逐一填写即可。

出库单通常是一式多份，并且每份以不同颜色区分。一般要分送给出库人、财务、统计、保管人等各一份，以作为各有关部门的管理凭据。

见下面一份出库单的样式：

## ×××压件有限公司领料单

领料单位：压机　　　　领料日期：2013-06-15　　　　单据号：100006180

| 生产订单 | 产出物料 | 物料描述 | 计划数量 | 单位 | 组件物料 | 组件描述 | 应领数量 | 单位 | 库位 | 实领数量 | 退料数量 | 备注 |
|---|---|---|---|---|---|---|---|---|---|---|---|---|
| 100000337356 | Ar×01002382 | 板材\1.0×680×1250\dc51d+z-1\通用 | 50.000 | EA | Ckt00000697 | 上盖\17A\12743A-1\压机3序 | 1 859.000 | EA | 压机材料库 | | | |

制单人：　　　　领料人：　　　　保管员：

这是一份出库单，由标题、相关信息、出库内容、附注几个要素构成。标题是“×××压件有限公司领料单”，由公司名称、对象、文种三个要素构成。出库项目的内容有生产订单、产出物料、物料描述、计划数量、单位、组件物料、组件描述、应领数量、单位等事项。

**（四）使用出库单需要注意的问题**

（1）实领原材料要与单据上载明的原材料，在规格、型号、外观、结构等项内容相符合，以免出现差错影响生产。

（2）出库内容中的各个项目要依照实际出库填写，要保证内容的完整，不可遗漏。一份内容残缺的出库单会造成管理的混乱。

（3）出库单也是财务部门进行财务核算的票据凭证，要妥善保管留存，以免遗失。

**三、产品入库单**

当生产部门完成了产品的生产，经过检验验收，生产管理流程便转入产成品库存的环节了。确认实际生产所发生的相关数据，并将产成品入库，是生产管理流程的最后一个环节。入库的产成品与原材料同样属于“库存”，在财务上都属于“资产”科目，但是与购进原材料的性质不同，产成品入库后已经是待售的商品了。从这个意义上说，入库单记录的入库物品应该有两种：一是购进生产用原材料的入库；二是生产加工完成后产成品的入库。

下面，我们介绍生产管理流程最后一个环节使用的单据：产成品入库单。

**（一）入库单的性质**

入库单也叫做产品验收单，是生产部门将产成品转入库存商品的凭据。入库单的作用如下：产品入库后，计算预估值与实际生产发生数值间之差异，将各种数据记载于相关会计科目上，作为资产负债表、损益表与后续相关成本控制的依据。

**（二）入库单的结构与内容**

与出库单基本一样，入库单的结构要素也是由标题、相关信息、入库内容、附注等几项内容构成。

1. 标题

与出库单相同，一个入库单的完整标题通常是由名称、对象、文种三个要素构成的。其中对象是指入库产品的品种类别。

2. 相关信息

入库单的相关信息，是指在标题下面需要写明的某些相关信息，如入库编号、入库日期等等。

3. 入库内容

入库内容就是单据表格内所有项目内容，一般包括入库产成品的名称、种类、规格型号、入库数量、单位、批次等。

4. 附注

附注，即有关对表格内容的说明，签署等内容。附注的位置在表格下方。

**（三）入库单的形式**

作为单据，入库单的形式是一种表格加文字说明式的，表格体文书。在表格内容里，要载明关于入库产品的有关事项和信息，填写入库单时要按照入库的程序逐一填写。

如下面这份入库单的样式：

**青岛×××有限公司产品入库单**

入库号：　　　　　　　　　　　　单据日期：

| 检验单号 | 产品名称 | 型号 | 规格 | 数量 | 单位 | 车间（班组） | 收货库存地 | 捆包号 | 批次号 |
|---|---|---|---|---|---|---|---|---|---|
| | | | | | | | | | |
| | | | | | | | | | |
| | | | | | | | | | |
| | | | | | | | | | |
| | | | | | | | | | |
| | | | | | | | | | |

保管员：　　　复核：　　　质检员：　　　物流会计：

本单据一式四联：1. 白联：存根；2. 红联：财务；3. 黄联入库人；4. 蓝联：保管员

这是一份信息内容比较全面的入库单。标题由名称、对象、文种三个要素构成；标题下面是相关信息，包括入库号、日期等内容。入库内容包括检验单号、产品名称等十项内容。附注包括保管员和有关人员的签署，以及对单据使用的说明。

**（四）使用入库单需要注意的问题**

（1）单据里所描述的产成品规格型号、外观结构等，要与实际入库产品相符合。要按照实际验收的产品名称、规格型号、数量等认真填写。

（2）入库内容中的各个项目，要依照入库的实际情况填写，保证内容的完整，不可遗漏。

（3）入库单也是财务部门进行财务核算的凭证票据，要妥善保管，以免遗失。

## 思考与练习

一、说说生产工单在生产工艺流程中有哪些环节？

二、生产工单有哪些用途？

三、生产工单与通用的计划文书有哪些相同与不同之处？

四、产品检验单具有哪些性质？

五、产品检验单的结构特征是什么？

六、填写产品检验单需要注意哪些问题？

七、出库单的性质特点是什么？

八、说说出库单的结构特征。

九、入库单的性质特点有哪些？

十、说说入库单的结构特征。

十一、填写出入库单需要注意的问题有哪些？

**例文一：**

# 飞剪–××工厂计划作业单

工厂：×××班组：　　白班线体：　　飞剪–××工厂基本开始日期：2013–06–15

| 生产订单 | 投入物料 | 物料描述 | 批次 | 捆包号 | 产品名称 | 客户 | 产出物料 | 物料描述 | 条数 | 单重 | 计划数量 | 单位 | 预计用量 | 单位 | 产品状态 | 收货仓库 | 母料实际质量 | 母料实际厚度 | 母料实际宽度 | 良品数 | 不良数 | 边丝废品质量 | 备注 |
|---|---|---|---|---|---|---|---|---|---|---|---|---|---|---|---|---|---|---|---|---|---|---|---|
| 100000337345 | Jk×01000037 | 热镀锌卷\1.0×125**c\dc51d+z80-1\通用 | D4170068 | Nq2371030300 | | | Ar×01002382 | 板材\1.0×680×1250\dc51d+z-1\通用 | | 6.673 | 50.000 | EA | 0.334 | TO | 半成品 | ××受托半成品 | | | | | | | |

编制：　　审核：　　批准：

**例文二：**

# 深圳××科技有限公司生产工令单

部门：　　班别：

| 客户 | | 品名 | | 规格 | |
|---|---|---|---|---|---|
| 产品编号 | | 订单数量 | | 生产数量 | |
| 材料类别 | | 材料规格 | | 需要材料数量 | |
| 生产机床号 | | 调机员 | | 计划开始时间 | |

（续表）

| | | | | | |
|---|---|---|---|---|---|
| 客户 | | 品名 | | 规格 | |
| 准备工时 | | 单件工时 | | 合计总工时 | |
| 工时定额数量 | | 工序名称 | | 计划完成时间 | |
| 下一工序名称 | | 包装要求 | | 返头加工 | |
| 品质要求及重点： | | | | | |
| 备注： | | | | | |

审核：　　　　　　　　　　　　制单：　　　　　　　　　　　　日期：

**例文三：**

# 成品检验记录

| | | | |
|---|---|---|---|
| 产品名称 | | 数量 | |
| 生产日期 | | 备件/资料 | |
| 检验测试记录 | | | |
| 外观检验 | | | |
| 结构性能检验 | | | |
| 其他检验 | | | |
| 结论 | 合格　　　不合格 | | |

检验员：　　　　　　生产部：　　　　　　质管部：

**例文四：**

## 产品出厂检验单

| 配件名称及配件代码 | 检验项目 | 检验比例 | 检验结果 | 检验人 |
| --- | --- | --- | --- | --- |
| 散热器软管出水管0××—×××× | 外观；内径；外径；长度；压力 | %100 | | |
| 散热器软管进水管1××—×××× | 外观；内径；外径；长度；压力 | %100 | | |
| 散热器软管进水管2××—×××× | 外观；内径；外径；长度；压力 | %100 | | |
| 散热器软管进水管3××—×××× | 外观；内径；外径；长度；压力 | %100 | | |
| 散热器软管进水管4××—×××× | 外观；内径；外径；长度；压力 | %100 | | |

本次出厂产品：　　套　　××××××车辆配件厂：　　年　月　日

**例文五：**

## ××市化工有限公司产品检验单

生产班组：　　检验人员：　　检验日期：　　年　月　日

| 编号 | 品名 | 规格 | 单位 | 检验数量 | 合格数量 | 废品数量 | 有效期 | 备注 |
| --- | --- | --- | --- | --- | --- | --- | --- | --- |
| | | | | | | | | |
| | | | | | | | | |
| | | | | | | | | |
| | | | | | | | | |
| 废品综述 | | | | | | | | |

制单人：　　审核：　　车间主管：

**例文六：**

# 产品验收单

<table>
<tr><td>客户名称</td><td colspan="3"></td></tr>
<tr><td>客户地址</td><td colspan="3"></td></tr>
<tr><td>联系人</td><td></td><td>电　话</td><td></td></tr>
<tr><td>产品名称</td><td></td><td rowspan="3">验 收<br>类 型</td><td rowspan="3">设备出厂（　）<br>设备维护（　）<br>紧急服务（　）<br>其他：________</td></tr>
<tr><td>起止日期</td><td></td></tr>
<tr><td>编　号</td><td></td></tr>
<tr><td>设备订购</td><td>有（　）无（　）</td><td rowspan="4">设 备<br>类 型</td><td rowspan="4">详见合同明细，合同号：____<br>________________</td></tr>
<tr><td>设备安装</td><td>有（　）无（　）</td></tr>
<tr><td>设备更换</td><td>有（　）无（　）</td></tr>
<tr><td>备　注</td><td></td></tr>
<tr><td colspan="4">产品状况及验收结果</td></tr>
</table>

<table>
<tr><td>序号</td><td>验收明细</td><td>验收结果</td><td>客户综合评价</td></tr>
<tr><td>1</td><td>数　量</td><td>合约数量（　）实发数量（　）</td><td rowspan="3">优（　）<br>好（　）<br>一般（　）<br>差（　）</td></tr>
<tr><td>2</td><td>外　观</td><td>认可（　）不认可（　）</td></tr>
<tr><td>3</td><td>产品质量</td><td>认　可（　）不认可（　）</td></tr>
<tr><td>备注</td><td colspan="3"></td></tr>
<tr><td>综合评判</td><td colspan="3">合格（　）　　不合格（　）</td></tr>
</table>

<table>
<tr><td>客户签名</td><td></td><td>供货人员</td><td></td></tr>
<tr><td>公司盖章</td><td></td><td>公司盖章</td><td></td></tr>
<tr><td>日　期</td><td></td><td>日　期</td><td></td></tr>
</table>

**例文七：**

# 生产物料领取清单

| 序号 | 物料名称 | 物料编号 | 型号/规格 | 数量 | 备注 |
|---|---|---|---|---|---|
| 1 | | | | | |
| 2 | | | | | |
| 3 | | | | | |
| 4 | | | | | |
| 5 | | | | | |
| 6 | | | | | |
| | | | | | |
| 批准： | | 审核： | | 制表： | |
| 发文单位：工程部 | | | | | |
| 签收 | 采购部 | 品管部 | 仓管部 | 生产部 | 业务部 |
| | | | | | |

一联生产部门留存，二联交财务核算部记帐，三联交库管部登记台帐

**例文八：**

# 领料单

材料类别： 总号：FR-12-03A版

材料科目： 年 月 日 分号：字第 号

| 材料编号 | 材料名称 | 规格 | 生产通知单号 | 用途 | 数量 | | 计量单位 | 单价 | 金额 |
|---|---|---|---|---|---|---|---|---|---|
| | | | | | 请领 | 实领 | | | |
| | | | | | | | | | |
| | | | | | | | | | |
| | | | | | | | | | |
| | | | | | | | | | |
| | | | | | | | | | |
| | | | | | | | | | |
| | | | | | | | | | |
| | | | | | | | | | |

主管： 记账： 发料： 领料部门：

例文九：

## 产品入库单

编号：　　　　　　　　　　　　　　　　　　　　　　年　月　日

| 品名 | 型号 | 包装规格 | 数量 | 生产日期 | 批号 | 检验单号 |
|---|---|---|---|---|---|---|
| | | | | | | |
| | | | | | | |
| | | | | | | |
| | | | | | | |
| | | | | | | |
| | | | | | | |
| | | | | | | |
| | | | | | | |

入库人：　　　　复核人：　　　　库管员：

注：一式三联。一联成品库存根，一联交生产部，一联交财务核算部

例文十：

## 产品入库单

编号：　　　　　　　　　　　　　　　　　　　　　　年　月　日

| 品名 | 型号 | 包装规格 | 数量 | 生产日期 | 批号 | 检验单号 |
|---|---|---|---|---|---|---|
| | | | | | | |
| | | | | | | |
| | | | | | | |

入库人：　　　　　　　　复核人：　　　　　　　　库管员：

本单一式三联，一联成品库存根，一联交生产部，一联交财务部

# ◆第五部分◆

## 企业宣传类文书的写作

科技信息的传播，管理经验的推广，企业产品和企业形象的宣传等活动，所使用的文体都是应用文，在这里我们称之为企业宣传类文书。获取先进的科学技术，学习好的管理经验，宣传企业形象等，都是企业日常工作的重要内容，企业在这些方面取得的工作效果，往往影响着企业的生存与发展。在这一部分里，介绍两种企业经常使用的宣传类文书——科技新闻、讲话稿的写作知识。

# 第一章　科技新闻的写作

科学技术的应用和创新，关乎企业的生存与发展。企业在已有的技术水平基础上，能否及时地获取新的、先进的技术，是提升企业产品的科技水平，提高管理能力，保证企业发展的根本大事。

科技新闻为企业获取先进的科学技术，以及先进的管理经验，提供了便利的信息渠道，企业通过这一信息渠道，能够获取新的，更先进的，具有实用价值的科技信息和管理经验。科技新闻还可以促进企业间技术经验的交流，使企业获得有价值的科学技术信息，这对企业的发展有着重要的作用。学习写作科技新闻，以及运用科技新闻所提供的信息渠道获取信息，对企业的管理者和技术人员具有重要的意义。

## 第一节　科技新闻概述

### 一、科技新闻的性质

科技新闻是以科研活动、生产技术活动为报道内容的一种新闻体应用文。科技新闻报道的范围包括某一科学领域的研究进展情况，某一领域或者行业目前新取得的科技成果，已有的科学技术的普及应用情况，与科学技术有关系的方针政策，科学工作者工作、学习、生活情况，在生产实践中人们对科学知识的认识和应用等等；内容十分丰富和广泛。

作为一种应用文体，科技新闻具有以下几方面的特点。

**（一）知识性**

知识性，是指科技新闻报道内容所具有的知识性，这是科技新闻的主要特点之一。科技新闻是科技知识的载体，传播知识是科技新闻的价值所在。科学，是人们对客观事物本质特征，以及基本规律的发现和把握。技术，是人们对客观世界的本质和规律的成功利用。而在科学和技术实践中积累下来的，对客观世界规律的认识就是知识。科技新闻的功能，就在于满足人们获取科学知识的需求，既报道最新的科技动态，又宣传先进的科技知识，对这些信息与知识的报道和传播，便自然赋予了科技新闻内容的知识性特征。

（二）及时性

报道的及时性是科技新闻必须具有的特性。作为一种新闻消息类的文体，科技新闻篇幅一般都比较短小、精练、传播速度快。科技新闻所报道的内容，要求是科技领域里新的情况、新的动向、新的成就、新的经验，这些新的动态的消息，必须在第一时间里及时地报道出去，否则就失去了新闻价值。

（三）真实性

真实是一切新闻作品的生命，科技新闻更不例外。科技新闻所报道的事件必须是确实发生，确实存在的事情。文中对科技事件的报道，不可以存在夸大事实，脱离实际，旁征博引，推理证明之处。一定要真实客观地反映事实，介绍科技事件的原本面目，正确真实地传播消息。

（四）准确性

科技新闻所报道的内容要具有准确性。科技新闻所报道的科技信息，通常会涉及一些科学知识、技术数据等等，这就需要在求真的同时，还要保证其所涉及的知识、数据和指标的准确性，要符合科学技术标准的要求。在对科技事件作定性分析时，要符合科学规律。在做定量分析时，使用的数据和指标要正确，要符合标准，以确保所报道的消息内容精准、正确。

二、科技新闻的种类

按照不同的划分方法，科技新闻可以分为不同的种类，具体如下。

（一）按照文体形式和内容划分

按照文体形式和内容可以把科技新闻分为报道科技消息类的科技新闻，报道科技实践经验和科技工作者事迹类的通讯，还有对科技知识进行普及的科技新闻等等。科技消息的文体形式与一般新闻消息基本相同，二者只是报道的内容有所区别。科技通讯可以分为科技人物的通讯和科技工作经验的通讯两种。科技通讯文体的结构形式，与新闻体的人物特写，或者通用文书中的经验性总结大体类似。科技普及类的科技新闻，与实用文体的说明文，以及一些科普性的文体基本相似，只是在内容上，科技普及类的科技新闻，要求报道的内容是新近发明、创新的科技知识，作为一种新闻，科技普及类新闻的突出特点是“新”，有一个时效性的要求。

（二）按照传播方式划分

按照传播方式可以把科技新闻分为文字传播方式（平面媒体）的科技新闻，广播电台传播方式的科技新闻，电视传播方式的科技新闻，网络及其他视频方式传播的科技新闻等等。

（三）按照篇幅长短分

科技新闻按照文体的篇幅分类可以分为长消息（一千字左右）、短消息（五百字左右）、简讯（二百字以内）等几种。但是，科技新闻中，报道科技人物工作生活方面的通讯，或者报道科技工作的经验性通讯，篇幅的长短一般不受限制。

### 三、科技新闻的用途

**（一）交流作用**

科技新闻作为一种报道工具，主要作用就是传播科技信息，为人们获取最新的科技发展动态，学习经验技术提供一个交流平台。交流科技信息，可以促使科学技术观念的提高和进步；获取科技消息，企业可以提高生产技术水平，增加产品的科技含量，保证产品质量。

**（二）宣传作用**

宣传作用是科技新闻自身具有的性能。科技新闻报道的科技信息具有来源广，传播范围大，受众数量多的特点。科技新闻作为传播科技信息、宣传科学知识的最有力工具，为科学知识和技术经验的传播与推广，提供了最佳的平台。

**（三）情报作用**

科技新闻不但能够为企业提供新的、先进的技术信息，为企业提高产品的科技含量及产品质量服务，还具有情报汇集的意义。有些企业将科技新闻中的信息，整理成科技情报汇编，以供分析查找。还常常把科技消息编辑成科技情报报告，提供给企业内部的技术人员，以便于在工作实践中参考借鉴。这些科技情报，在企业制定发展决策时，具有重要的参考价值，对企业今后的发展方向与目标，也会产生一定的影响。

## 第二节 消息类科技新闻的写作

科技新闻的种类不同，其文体的结构形式和写作方法也不同。这里把科技新闻分为消息类新闻、新闻通讯两种类型，分两节进行讲解，科技知识普及类的科技新闻在此不作介绍，只在后面列举范文。

### 一、消息类科技新闻的特点

消息类科技新闻也称科技消息，是一种新闻文体。报道的内容是对当前科学领域、生产技术领域、操作实践领域的新发现和新技术，以及与科技有关的生产活动等。科技消息是现实科技活动信息的载体。

科技消息除了具有科技新闻的一般特点外，本身还具有“短”“快”“活”的特点。

第一是“短”。科技消息要一事一报，要简短、快速、灵活。篇幅短、段落短、句子短是其特点。要以行文简洁、语言简练，来提高报道的快速性、及时性，使消息的传播更加迅速。

第二是“快”。所谓“快”是说要以最快的速度把消息报道出去。最能体现科技消息价值的就是时效性，因此，科技消息只有对事件报道及时，才能够体现其价值。

第三是“活”。“活”是科技消息文体自身的风格特征。科技消息不但要篇幅简短、时间要抢得快，在写法上还要写得生动活泼，引人入胜，要能够吸引读者。

消息类的科技新闻包括“长消息”“短消息”科技“简讯”三种文体形式。这里只列举“长消息”和“短消息”进行介绍。“长消息”和“短消息”具有比较完整的文体结构形式，有一定的篇章构成方式要求。而科技“简讯”虽然也是消息类的科技新闻，但是使用的文字很少，主要是为了告诉读者发生、发现或做了什么事，对事件不作详细报道，大多只是由几句话构成，相较“长消息”“短消息”，其文体的构成比较简单。

## 二、消息类科技新闻的结构内容

与一般新闻文体基本一样，消息类科技新闻的结构是由标题、导语、主体、结尾、背景五个要素构成的。

### （一）标题

消息类科技新闻的标题采用的是新闻式标题，也叫文章式标题，和一般新闻的标题一样有单行标题、双行标题、三行标题三种形式。

1. 单行标题

单行标题就是一种只有一个正标题（或称主标题）形式的标题。单行标题要求要能够概括全文的主旨内容。在写作实践中，内容简短、单一的科技新闻，常常使用这类标题。

如下面摘自《中国技术市场报》的一则科技新闻的标题：

**大口径高频焊管机组大连下线**

这是一个单行标题，标题概括了文章的主旨内容。

2. 双行标题

双行标题就是由正标题和副标题（或者引题），两个标题构成的标题。其中正标题要求概括全文的主旨内容，副标题有两种形式：一种是副标题用在正标题前面，这种形式的标题称为引题，其作用是用来说明正标题的来由，具有提示背景或者烘托气氛的作用。第二种是副标题用在正标题之后，这种形式的标题称作副标题，其作用是用来对正标题进行补充或者说明。

（1）引题加正标题的形式。

如下面摘自《中国工业报》的一则科技新闻的标题：

青岛分公司发动机二期扩建项目开工

**上汽通用五菱完善“南北联动”整体战略构想**

这个双行标题是由引题加正标题构成的。其中引题用来说明正标题的前提和背景，正标题揭示了新闻的主旨内容。

(2)正标题加副标题的形式。

如下面摘自《中国技术市场报》的一则科技新闻标题

**我国掌握高温超导电机关键技术**

船舶电力推进和风力发电重要研究方向，

工程化应用后将产生显著经济效益和社会效益

这是一个由正标题加副标题构成的双行标题。正标题显示了文章的主旨内容，副标题用来进一步说明和补充正标题的内容。

3. 三行标题

三行标题就是由引标题、正标题，再加上副标题构成的标题。三行标题能够比较充分地表达文中的内容，比较重要的科技新闻事件经常使用三行标题。

例如下面摘自《中国技术市场报》的一则科技新闻标题：

本地牛羊产下“洋子”，“母子”间本无血缘情

**“胚移技术”在草原首试成功**

十几代才能完成的家畜改良任务，一次即可完成

这是一个三行标题，是由引标题、正标题、副标题构成的。引题引入了正题的背景，并造成悬念，以增加正标题对读者的注意力，同时还有烘托气氛的作用，比较生动活泼。正标题显示了文章的主旨内容。副标题对正标题做了补充说明。

**(二)导语**

导语是消息类科技新闻的开头部分。这一部分要求用一句话或者一个段落，来概括地写明新闻中最有价值、最重要、最吸引人的内容。

导语部分由消息头和导语内容两个要素构成。消息头是用来说明版权所有和消息来源的，导语的作用，主要是告诉读者这条消息的内容是什么，使读者看后能够愿意读下去，有时也可以起到烘托气氛的作用。

导语的类型有很多，常见的有叙述式，论述式，设问式，描写式等等。消息类科技新闻的导语以叙述式和议论式为多见。如下面摘自《中国技术市场报》的一则科技新闻的导语部分：

**大口径高频焊管机组大连下线**

本报大连消息：近日，SG/711毫米高频直缝焊管生产线在大连××集团下线，并将发往珠江钢管公司。这是世界最大的高频焊管机组，说明中国大口径制管技术已达世界先进水平。

这段例文包括了标题和导语两部分内容。导语的开头“本报大连消息”一句是消息头。导语采用了“叙述式”的导语形式，内容概括了新闻消息的主旨，交代了新闻消息发生的时间、地点、对象，采用“最大”、“世界先进水平”等词语来突出其新闻性，以吸引读者。

**（三）主体**

主体是消息类科技新闻内容展开的部分。这一部分安排在导语之后另起一段，在这里要详尽地写出新闻消息的内容。对主体内容的安排顺序，通常有这样几种：① 按重要程度的次序来安排内容；② 按时间顺序来安排内容；③ 按逻辑关系来安排内容；④ 按时间顺序与逻辑关系来安排内容。

再如上面《大口径高频焊管机组大连下线》例文的主体部分：

由于高频焊管机的热转换效率可以达到90%以上，加之一些先进工艺的应用，高频直缝焊管以其安全稳定性成为替代产业方向。由××集团研发的这条生产线，线长300米，重2 500吨，它能够生产世界直径最大——711毫米、管壁最厚的焊管。而且设计超柔性，集合高频焊、埋弧焊、氩弧焊三种焊法。可以用于碳钢和不锈钢两种材质，生产上百种规格钢管，每改变生产一种新型号钢管，只需13分钟的调适。

××集团自创的成型法，打破了发达国家长达半个世纪的垄断，最大直径610毫米的高频焊管生产线，已经是国内外几十年来最高规格。××集团首先将这一规格突破到660毫米，目前又突破到711毫米。在连续成型直缝焊接钢管技术领域，××集团共申报82项专利，发明专利9项。

上面是这则新闻的主体部分，这一部分内容的次序安排，采用了按照重要程度安排顺序的方法。第一句写明高频焊管机技术的效率、实用价值，以显示××集团这项发明的重要性。接下来一直到结束，写××集团成功研发了世界上最大的频焊管机组，并进行了具体介绍：“这样一条能够生产世界直径最大、管壁最厚的焊管生产线……”“××集团自创的成型法，打破了发达国家长达半个世纪的垄断，最大直径610毫米的高频焊管生产线，已经是国内外几十年来最高规格。××集团首先将这一规格突破到660毫米，目前又突破到711毫米。”读到这里，读者自然就会明白，××集团研发成功的这个技术项目，所具有的重大价值与意义了。

**（四）结尾**

在实际的写作中，消息类科技新闻的结尾不是必须要设置的，如果主体部分已经把事情写得很详细，很充分，那么就可以不用再加上一个结尾部分了。如果需要加上结尾时，其内容一般有这样几种：① 与开头部分内容形成结构上的呼应；② 对主体内容作一个小结；③ 强调主体内容的价值与意义。

消息类科技新闻的结尾，有时可以不单独列出一个自然段，而是放在主体内容的后面，以一两句话直接结束全文。

请看上面《大口径高频焊管机组大连下线》例文的结尾部分：

……

××集团自创的成型法，打破了发达国家长达半个世纪的垄断，最大直径610毫米的高频焊管生产线，已经是国内外几十年来最高规格。××集团首先将这一规格突破到660毫米，目前又突破到711毫米。在连续成型直缝焊接钢管技术领域，××集团共申报82项专利，发明专利9项。

这则科技消息没有设独立的结尾段，在主体部分的后面，以“在连续成型直缝焊接钢管技术领域，××集团共申报82项专利，发明专利9项”一句为结尾，交代了××集团取得的所有相关的科研成绩，结束全文。

**（五）背景**

背景是消息类科技新闻主体内容的连带部分，要根据实际需要来设置。如果需要设置背景部分，其内容通常是与新闻消息相关的一些背景材料，如科技新闻事件产生的环境以及客观条件，此事件的意义与价值等。在结构安排上，科技新闻的背景部分，通常不单独列出一个自然段，其位置比较灵活，可以在导语中体现出来，也可以在主体或者结尾中体现出来。是一个独立的、灵活的结构要素，既可以用一句话来写明，也可以用一个自然段来写。

如上面例文《大口径高频焊管机组大连下线》的背景内容，就包含在主体部分的内容中：

××集团自创的成型法，打破了发达国家长达半个世纪的垄断，最大直径610毫米的高频焊管生产线，已经是国内外几十年来最高规格。

这是这则消息的背景内容，通过介绍××集团的这项技术研发成果，交代了这项技术在国内外相关领域里的背景和环境情况。

## 三、消息类科技新闻的文体形式

消息类科技新闻的写作，要求把主要内容放入导语部分来写，这种由主到次，由重到轻地安排材料的方法，常常被称为“倒金字塔”式的构成形式。

例如在上面《大口径高频焊管机组大连下线》的例文中，全文最主要和最重要的消息内容是：“这是世界最大的高频焊管机组，说明中国大口径制管技术已达世界先进水平。”说明这个高频焊机是世界最大的，表明了中国的技术已成为了世界领先。这是这则新闻消息最主要和最重要的内容，文中把它安排在了开头的导语部分，接下来再叙述消息的具体内容。这种安排材料的方式就是“倒金字塔”的结构形式。

## 第三节 通讯类科技新闻的写作

### 一、通讯类科技新闻的性质

新闻通讯是一种采用多种表达方法，具体、生动、形象地报道现实发生事件的文体。通讯类科技新闻，是以科技领域中的实践活动、科技事件、科技人物等为报道内容的新闻通讯，这种通讯类科技新闻也称为科技通讯。

科技通讯与科技消息的区别在于：首先，二者报道内容的容量不同，科技消息要求概括性地报道内容，对表达方法的要求比较简单，以清楚、明白为准；而科技通讯的内容则比较多，以写人、记事为主，要求生动、具体、感人，因此篇幅也相对较长。科技通讯报道的对象，通常是在科技活动中发生的事件，如表现科技人物的工作情况，宣传人类运用科技手段、改造自然的活动和能力等等。其次，在表达方法上，科技消息以叙述为主，科技通讯则要运用叙事、描写、议论、抒情等各种手段，来叙述事件，描写人物，以求达到生动形象的表达效果。

科技通讯包括报道科技工作者事迹的通讯，报道科技攻关、发明、创造的成果及科技工作经验的通讯等。

### 二、科技通讯的种类

如果从内容来划分，可以把科技通讯分成许多种类。但不管哪一种科技通讯，其结构形式都具有自由灵活，不拘一格的特点，以生动形象，能够感人为最佳。

下面分别介绍报道科技工作者事迹的通讯，和科技事件通讯两种文体。科技工作者事迹的通讯，简称为科技人物通讯，是以科技工作者科研攻关、创造科研成绩的活动为报道对象的通讯。科技事件通讯以报道科技攻关、科技发明、科技创新成果，以及科技研发与创造等的实践经验为报道对象。

### 三、科技人物通讯

科技人物通讯，是一种报道科技工作者事迹的通讯，要以科技工作者科技攻关、发明创造的事迹为报道对象。科技人物通讯除了要具有科技新闻的知识性、真实性、准确性等特点外，在写法上和写人记事的记叙文，或者人物特写等文体大致类似，可以参照。

如下面的例文：

## 初探“数控”迷的成功之谜

李××，中共党员，1994年太重技校毕业，在太重油膜轴承分公司从事维修电工工作，1998年担任维修电工组组长。2000年，分公司安装世界首台精度达μ级高精度数控组合磨床TR2000CNC后，他担任动力员兼维修电工组组长，从事分公司设备电器维护工作以及分公司能源管理工作。今年六月七日，他在“太原市第九届职工职业技能大赛”中获数控机床装配维修工比赛第二名成绩；六月十四日，在“山西省第四届职工职业技能大赛”上进入前三名；八月十五日，在“第四届全国职工职业技能大赛数控机床装调维修工决赛”中，荣获第十六名的优异成绩。

三十岁正当年，人也长得高大壮实，看上去挺“虎气”，可李××的性格有点像大姑娘。他不善谈吐，面对采访，显得有几分腼腆。油膜轴承分公司一位领导用这样八个字评价他：高调做事，低调做人。但我们心中始终有一个谜团：平日里沉默寡言默默无闻的李××在不久前全国技能大赛中大显身手，一举成名，这其中究竟发生过一些什么样的故事？随着采访的不断深入，人物的脉络也逐渐变得清晰起来。接触当中，我能感受到李××身上确实有那么一种与众不同的东西。

## 闯劲

看不出性格内向的李××果真是一个有胆有识之人。青年职工周××给记者讲了这样一件事：前几年，车间里一台遥控车运行多年后，一次偶然的机会人们发现滑轮上的钢丝绳快要托槽了，需马上停车更换钢丝绳。可停车时小车刚好停在了行车轨道中间，遥控已不起作用，唯一的办法只有派人上去用手推开。小李一声没吭，一个人爬上了10多米高的行车走台板上。走台板只有不到一尺半宽，没有任何防护，就连栓保险绳的地方也没有。看着小李小心翼翼地一点一点地推着小车移动，底下的人们都替他捏了一把汗。他就是这样，凭着一身的胆气消除了一个重大安全隐患。这以后人们知道，别看小李话不多，还真有一股敢闯敢干的劲儿！

“在数控机床上，光栅尺的作用特别大，它能够精确到千分之一毫米，被称为数控设备的眼睛。”机械员独凯至今还记得，有一次一台进口数控设备因使用多年，屡屡出现读数偏差现象。与有关厂家联系修理，对方说需要清洗，开口要价上万元不说，而且时间还不能保证。能不能自己动手清洗？但这活从来没干过，万一造成设备损坏，责任谁能担的起？小李和同事们一商量，一咬牙还是决定自己干：先拧下螺丝，在小心翼翼地取出读书头、光栅尺……然后用酒精仔细清洗，待安装好一试车，嘿，一切正常！到现在3年过去，这台设备一直运行很好。

## 钻劲

18年前，小李成为油膜轴承分公司的一名维修电工。4年后就担任了维修电工组组长。从1995年起，他花了4年时间在太原理工大学成教学院学习，并取得了计算机应用专业本科学历。1999年年底他第一次开始接触数控设备。如今分公司数控设备数量已达14台之多，占设备总量的1/3还多，他本人也成为分公司技术超群的维修能手，从事全部设备的维护和管理工作。

“至今还忘不了刚参加工作那阵儿，看到人家那些老师傅熟练地修设备，心里简直羡慕死了，总是想，如果哪一天自己能有这样的水平该多好啊。”这以后他如饥似渴地学习专业理论，如果遇到有外出验收设备的机会，他更是虚心向对方请教数控知识。遇到设备报警，他先查说明书，再“抠”原理图，由表及里步步推进，成功一次总结一次经验。有时也会遇到自己解决不了的问题，就向国外公司咨询，对方会根据设备的问题将解决的方法用传真发过来，然后自己动手干……这些年，李××就是这样一步一步走过来的，从最初的普通维修电工一步步成长为一名数控高手。

2000年，分公司从意大利进口了一台设备，不料四年前这个厂家由于经营不善破产倒闭了，按说这台设备如果出了大问题，想找厂家也找不到了。可有了李××这样的技术人才，这台设备不论出现什么问题，都是处于正常状态运转之中。

## 韧劲

应该说，凡是具有这种性格的人必定经得起千锤百炼。2010年一天的早晨，有一台进口设备突然不能启动了，而且重复报警。在一般人看来，进口设备太复杂，万一自己修不好怎么办？再弄出啥毛病来，咋跟领导交代？可李××则有另一番考虑：进口设备再复杂，也是人制造出来的，老外能生产，我们凭啥不能修？趁现在修理设备这个机会，正是学习技术的好机会。他和几个年轻人一拍即合，说干就干！打开数控板，查看指示灯上的运转显示，确认是系统底架由于年代久远氧化失效，光靠自己解决已经不行了，必须向外求援。当时，春节刚过，人们大都还沉浸在喜庆之中。而小李和另一名同事，已经冒着凛冽的寒风，踏上了悲伤的征途。设备经过哈尔滨某厂家修好后，他俩又立即启程返晋，来回奔波5 000千米。回到太原，已是凌晨一时。连日旅途疲劳，这下子该是好好睡一觉。不！小李连自己家门也没有进，径直来到车间里，甩掉棉衣就开干了。直到凌晨六点钟，修理工作圆满完成，小李憨厚的脸上写满了醉人的微笑。

（摘自2012年10月《中国技术市场报》，略有改动）

这是一篇科技人物通讯。标题是新闻式标题，揭示全文的主旨内容。开头两自然段介绍人物的基本情况，说明其在数控技术方面的优秀表现，以及取得的优异成绩。主体部分采用小标题的方式，抓住人物事迹的“闯劲”“钻劲”“韧劲”三个方面特点，写出了人物的个性特征，记叙了人物“迷”于数控技术，凭着一股特有的“劲儿”，在技术方面取得了非常大的进步的事迹，赞扬了李××在工作中所做出的突出贡献。这篇通讯按照事件的逻辑关系，以横式的结构形式来布局安排内容，三个小标题使三个方面内容构成了既有独立性，又有内在联系的逻辑关系。文章的材料剪裁和安排得当，描写的人物既生动形象又真实感人。

**四、科技事件通讯**

科技事件通讯是一种以报道科技攻关、发明、创造成果等方面经验为内容的通讯，简称科技事件通讯。这种通讯以叙述、描写、说明、议论等表达手段，以科技动态、新近科技成果为报道对象，报道当前科技领域出现的那些有价值、有意义的事件。

以下文为例：

## 高效催化剂实现低压氨合成<br>为合成氨生产降耗提供利器

中化新网讯：只需在现有合成氨工艺中使用新型高效Fe1-×O基熔铁催化剂，由高压合成转换为低压合成，就可大幅降低合成氨能耗；如果使用与该催化剂相配套的合成新工艺，节能效果更加显著，有望实现低压合成氨工艺的新突破。这是记者昨日采访浙江工业大学刘教授时获知的信息。

刘教授表示，国内合成氨工业节能减排的方向在于减少提供动力的燃料消耗，即降低合成压力及其动力消耗，而关键之处就是高效催化剂及其配套工艺技术。新型的Fe1-×O基氨合成催化剂的活性很高，尤其在低压下更具优势。因此，以新型高效催化剂为核心，对我国现有合成回路为30兆帕的中小型合成氨装置进行低压节能改造，投资省，收效快，效果好；而对我国自行设计的年产20万吨国产大型合成氨装置，采用新型高效催化剂及低能耗合成氨新工艺技术，把合成压力降到10~15兆帕也是可行的。

模拟试验表明，对于年产20万吨合成氨装置，当氨合成压力从30兆帕降到15兆帕和10兆帕时，节能效率分别可达12.34%、18.31%；吨氨节约标煤分别可达51.34千克、76.16千克，年节约标煤可达1.03万吨和1.52万吨，减排二氧化碳2.35万吨和3.49万吨。8.53兆帕渣油、粉煤或水煤浆气化制气的7.5兆帕的等压合成氨工艺，节能效果尤其显著。同时，由于压缩机和设备压力等级降低，相关费用下降，15兆帕比30兆帕的合成气压缩机及设备费用可节约37.2%，合成回路主要设备费用可节约12.1%。

刘教授研发团队在200多个催化剂配方的实验研究基础上，采用广义回归神经网络（GRNN）模型和智能计算方法，获得最优催化剂配方，研制出新型高效Fe1-×O基氨合成催化剂。而每一种催化剂均有一种与之相适应的合成氨新工艺。例如，与铁—钴催化剂相适应的英国ICI-AMV低压合成工艺，与钌催化剂相适应的美国KAAP新工艺等。

刘教授指出，我国合成氨能耗偏高问题始终未能得到有效解决，主要缘于采用高压合成工艺，合成压力及动力消耗巨大。虽然我国拥有世界上较先进的氨合成催化剂，却用在了较落后的合成氨工艺上，迄今仍没有与低压高活性催化剂性能相匹配的低压合成氨工艺，而国外低能耗大型氨厂的发展方向之一就是低压合成氨工艺。因此，行业亟须与低压合成氨相配套的新型催化剂及新工艺，以完成愈加紧迫的节能减排任务。

（摘自2012年11月《中国化工报》）

这是一篇科技事件的通讯，报道的对象是化工领域的科技成果。标题《高效催化剂实现低压氨合成，为合成氨生产降耗提供利器》，是新闻式标题，揭示了全文内容的主旨。内容是刘教授研发团队，通过科研攻关，获得了最优催化剂配方，研制出新型高效Fe1-×O基氨合成催化剂的事迹。文中以记者专访的方式，介绍了刘教授研发团队的科研经验，但全文不是为了描写刘教授及其团队的事迹，而主要是通过刘教授之口，报道新型高效合成催化剂产生的过程、背景、用途、意义、前景等情况。文章的开头部分介绍"高效催化剂实现低压氨合成"的背景情况，主体部分的次序安排，以刘教授叙述的顺序依次构成。结尾部分又借刘教授的口，说明此项发明的重大意义。

## 第四节　写作科技新闻需要注意的事项

### 一、内容要与文体相适合

科技新闻是用于报道有关科学技术事件的文体，写作时，首先要分辨所掌握的事件或获得的材料，是否适合于用来写作科技新闻。如果把与科学技术无关的事件或材料如：有关经济的事件、文化方面的问题等当做科技新闻来写，则会写得不伦不类，造成写作失败的结果。

### 二、事实要准确

科技新闻报道的事实要具有准确性，准确性是科技新闻的生命。事实的准确，要求不但事件是真实存在的，还要对事件的报道做出具体、科学、精准的叙述说明，尤其是有关科学技术的概念和涉及的数据指标等，一定要符合标准，不可以混乱不清，出现错误。

### 三、标题要抢眼

新闻的标题不但要求准确、生动、简练、新颖，还特别要求能够吸引读者，要"抢眼"，科技新闻的标题也不例外。读者在阅读时首先看到的就是标题，大多数人在第一时间里，是通过标题来决定是否要进一步阅读下面内容的，由此可以知道标题该有多么重要。这就要求在写作科技新闻时，不但要力求使标题能够高度概括新闻的内容，还要追求标题的生动性和新颖性，要有吸引力。

### 四、篇幅不宜过长

消息类科技新闻一定要写得简短，要一事一文，篇幅不要过长，要按照字数要求的惯例来约束写作。即使是科技人物通讯、科技事件通讯，也要按照其文体要求尽量写得简练些。

## 思考与练习

一、科技新闻有哪些种类？有哪些用途？

二、消息类科技新闻的特点是什么？结构要素有哪些？举例说明其文体形式。

三、通讯类科技新闻报道的对象主要是什么？其结构特征是什么？

四、到工厂实习时注意采集素材，写一篇科技消息或者科技通讯。

**例文一：**

### 我国掌握高温超导电机关键技术

船舶电力推进和风力发电重要研究方向，

工程化应用后将产生显著经济效益和社会效益

本报北京消息：中国船舶重工集团公司第××研究所研制的国内首台1 000 kW高温超导电机，近日在北京通过科技部项目验收。标志着我国已经具备了兆瓦级高温超导电机设计，制造能力。成为国家少数几个掌握高温超导电机关键技术的国家之一。

高温超导材料在低温环境下，具有零电阻特性，其载流能力远远优于普通铜线。采用高温超导磁体的大容量高温超导电机具有转矩密度高和单机极限容量大等优势，其体积与重量，据测算分别为常规电机的1/2和1/3，具有重量轻，体积小，频率高，噪音小，易维护，操作灵活，单机极限容量大等优点，在船舶电力推进和新能源等领域具有光明的应用前景。

××研究所多年来一直从事超导应用研究工作，是在国内最早从事超导电机研究的单位，2012年完成科技部863计划重点项目“1 000 kW高温超导电动机”的研制，突破了高温超导电机的主要关键技术。样机已完成了多工况试验，在500圈/分钟转速1 000 kW满载运行时，包括低温系统功耗在内的电机效率95%，技术指标达到设计要求，电机及低温系统运行稳定，总体指标达到国际先进水平。通过多年的研究，××所建立了高温超导电机专用设计分析体系，搭建了部分试验装置和测试平台，积累了宝贵的工程研制经验，培养和锻炼了一支包含低温制冷，电机设计，超导应用，系统与控制等专业齐全，业务精湛的研发队伍，具备了开展大容量实用化高温超导电机的研制条件。

高温超导电机作为船舶电力推进和风力发电机的重要研究方向，近年来成为高温超导应用领域的研究热点，随着高温超导材料技术的不断发展，超导电机技术将实现工程化应用，产生显著的经济和社会效益。

（引自2012年10月《中国技术市场报》）

**例文二：**

## 安徽临涣焦化甲醇装置大修

近期，安徽淮北矿业临涣焦化公司，对年产能20万吨甲醇生产装置大检修。检修项目包括进口螺杆压缩机返厂（德国）维修，合成塔消漏检修等。甲醇螺杆压缩机即将安装完工，其他各项检修任务也陆续完工，甲醇生产系统开车在即，各机关部门正在积极做好各项开车准备工作。

（引自2012年10月《中国工业报》）

**例文三：**

## 上海汉和派技术组深入农户分析土壤

本报讯：十月中旬至下旬，由国家级植物学营养教授，原中科院研究员张教授领衔的上海××农业资料有限公司技术工作组，奔赴山西芮城县，临猗县，平陆县以及陕西省渭南市，为当地的苹果、葡萄种植户提供土壤养分分析服务。

张教授介绍说，土壤养分分析结合土壤的科学施肥，能提高肥料利用率，减轻用肥不当对环境造成污染和危害。据了解，上海汉和准备了充足的高端肥料，配合此次活动，深受广大农户的欢迎。

（引自2012年10月《中国化工报》）

**例文四：**

## 智能手机竞争激烈　厂商做起“听觉”文章

科技预言家比尔·威曼日前在《福布斯》撰文称，未来几个季度，智能手机市场将会首次出现增长放缓，这将给所有智能手机生产商带来压力，并导致智能手机战场的竞争会比当前更加白热化。与此同时，比尔·威曼表示，随着市场脚步放缓，一个在所难免的结果是内容和服务将成为增长和市场价值所在。

“竞争越来越不在于处理器速度、内存大小和其他一些硬件规格，而在于用户体验。”业内分析人士据此判断说，久而久之，智能手机竞争者之间的硬件差距会逐渐缩小，以iPhone为代表的智能手机竞争将从用户体验的视觉和触觉之战延伸到听觉领域，“听觉”文章将大有可为。

### 市场仍在增长

智能手机的发展已经是势不可挡，普及化正在加快。投行Raymond James的分析师塔维斯·麦考特在深入研究中国智能手机市场后表示，中国是全球最大的智能手机市场，出货量占23%。今年第一季度，中国智能手机销量首次超过美国。

“目前智能手机用户只有几千万，未来三五年将实现5亿以上的新增用户，最终智能手机在国内将达到10亿以上的用户。”深圳市××展览设计有限公司总经理苏××表示，百度和新浪等各大互联网公司将大量资金投向智能手机，目地就是为了抢占这一潜力市场。

从目前国内手机厂商来看，都在以各种途径挤入智能手机市场。对此中兴通讯执行董事、执行副总裁何××表示：“随着移动互联网快速发展，智能手机在国内得到普及，智能手机市场竞争将进入类似以前PC电脑竞争的时代”。

## 市场“虚火”上升

就当前智能手机产业激烈竞争状况，何××表示，今年中国智能手机厂商山寨化的趋势比较明显，手机市场陷入乱战时代。

“谁都看到现在手机市场火爆，是个人都想做。”一位家电厂商人士称。该人士认为，目前智能手机市场炙热，激发了很多人借此淘金的欲望。

小米代工厂英××相关人士透露，手机产能是个实际的问题，“很多厂商虽然叫得凶，但真正有大出货量的却很少”。

“现在智能手机市场完全是虚火。”迪信通市场部负责人如是称。他透露，在卖场，三星和联想占据了中外品牌销量的头名，其他品牌则更多地扮演“打酱油”的角色。

据联想集团董事局主席兼首席执行官杨××在2013财年第一季度（2012年第二季度）财报沟通会上透露，联想集团该季度手机出货量达到680万部，首次超过联想中国PC销量。第三方市场调研公司赛诺发布的数据也显示，联想智能手机及全品类手机6、7、8三个月，销量均达到第二，仅次于三星手机。

“等山寨市场清理得差不多了，智能手机产业将回归理性。”出云咨询分析师刘××如是表示。

“国内手机市场经过此次洗礼后能够活下来的企业没有几家。”何××说。

## “听觉”战兴起

随着智能手机时代的到来，产品性能的提升，硬件的足够强大，传统DVD播放器的没落，发烧级音效在智能手机上开始寻求新的战场，数字化影院系统（DTS）开始在智能手机上大行其道。

所谓DTS，从技术上讲，与包括杜比音效（Dollby Digital）在内的其他声音处理系统完全不同。Dollby Digital是将音效数据存储在电影胶片的齿孔之间，因为空间的限制而必须采用大量的压缩模式，这样就不得不牺牲部分音质。DTS是把音效数据存储到另外的CD-ROM中，使其与影像数据同步。这样不但空间增加，而且数据流量也可以相对变大，更可以将存储音效数据的CD更换，播放不同的语言版本。

在不久前举办的2012年通信展上，知名手机厂商宇龙酷派和DTS技术提供者数码高科技公司DTS联合宣布，将推出一系列搭载DTS音效的智能手机，包括即将上市的全球最薄双模手机大观S系列产品等。

“联手酷派进军手机领域，是看到了手机对于未来个人数字娱乐的影响。”DTS大中华区授权业务销售总经理文××表示，DTS看到了未来手机作为个人娱乐终端核心的发展方向越来越明显，同时手机设备受限于物理条件，音频播放在低音层面先天不足，DTS针对这部分进行了优化，并利用自身优势与手机终端厂商合作，希望能给消费者更好的视听体验。

事实上，在智能手机经历视觉和触觉的用户体验较量后，一场关于听觉的角逐已拉开帷幕。在选择DTS提升用户体验上，宇龙酷派、华为、三星等手机厂商的目标一致。宇龙酷派品牌市场部总监成力表示：“目标是为了提升消费者用户体验，DTS的应用会让用户在娱乐层面的体验更好。”

“在产品研发的阶段，我们了解并认识到了声音效果在消费者使用手机进行娱乐体验过程中地位十分重要。”华为终端发言人张××表示，选择将DTS高品质的音频技术整合进华为手机，是为了增强产品的竞争力，并为消费者创造一个真正具有包围感的环境，令其感受前所未有的移动娱乐体验。

（引自2012《中国高新技术产业报》，略有改动）

# 第二章　讲话稿类文书的写作

企业在生产经营过程中，经常会召开各类会议和举行各种仪式，如召开总结大会、动员大会，举办宣传、庆典，以及迎来送往的仪式等等。在这些活动中，企业的领导、特邀嘉宾、员工代表等，要进行讲话、致辞、发表演说。从各个层级的领导到普通员工，都会常常参与这类活动，发表讲话或者致辞。因此，作为一名企业的员工，学会写作讲话稿，不但是应该具备的文化素质，更是具有实际意义的事情。

## 第一节　讲话稿类文书概述

### 一、讲话稿类文书的特点

"讲话稿"经常是指领导者在各种会议场合，或者使用媒体等宣传工具发表讲话时，使用的一种文稿。本章的讲话稿类文书是一个集合概念，即凡是在各种会议、庆典、集会、迎来送往等活动中，无论讲话人的身份，只要是进行发言讲话、致辞答谢等活动时，所使用的文稿统称为讲话稿。在企业的日常活动中，常见的讲话稿一般有开幕词、闭幕词、贺词、会议讲话稿、讲演稿等等。

讲话稿一般是由讲话者亲自来写，领导者的讲话稿，有时是由文秘人员根据领导的意图代写，而讲演稿大都是讲演者自己来写的。

讲话的对象和场合不同，讲话稿的内容和种类也不同，并且各自具有不同的写作要求。但是这一类文书的特点，还是有着一些共同之处的。概括起来说，讲话稿类文书具有下面几方面特点：

#### （一）主题的单一性

在会议上或者其他公开场合里讲话，不同于随便交谈那样可以随意即兴、无拘无束地讲。无论是哪一种讲话稿，都要围绕一个中心来表达思想观点、立场态度。因此，讲话稿同其他文章一样，首先要确立主题，只是讲话稿更加要求主题的单一性，要以主题统领材料，要能够让听众很容易地明白讲话者赞成什么、反对什么、主张什么。如果讲话稿的主题复杂，或者主题不明确，就会使听众不知所云，丈二和尚摸不着头脑，讲话的意义就会丧失，难以达到预期的效果。

（二）内容的约定性

讲话稿是具有约定听众的，听众所要听取的讲话内容，规定着讲话者讲话的内容，因此讲话的内容必须是有明确针对性的，能够适合听众需求的。讲话稿内容的设计不但要受听众的规定，而且还受到时间、地点的限制，还要适合会议（仪式）性质的要求。如果忽略了这一点，把讲话稿内容写得海阔天空，不着边际，东拉西扯，不但不会吸引听众，还会使听众失去兴趣。

（三）语言的口语化

讲话稿是用于在公开场合进行讲话的文稿，所以，讲话稿的写作应该考虑到场合对讲话的约束。同时讲话稿又是用于对听众讲话，因此，讲话稿对语言的要求，与其他文章对语言的要求也是不同的，讲话稿的语言既要求亲切生动、又要通俗而有文采，更重要的是要使讲话具有口语的特点，口头语言使用得好，听众感到亲切，才能够吸引住听众，让听众容易理解和接受。

二、讲话稿类文书的用途

（一）使讲话郑重严肃

使用讲话稿进行讲话，避免了口头讲话的随意性，在听众面前能够使讲话具有郑重感和严肃性，能够得到听众的重视，获得好的效果。

（二）使讲话有条理有章法

使用讲话稿讲话，能够避免讲话时内容松散，杜绝想到哪说到哪的情况发生。按照讲话稿进行讲话，能够保证讲话的内容有条理，有章法，避免讲话出现逻辑上的混乱，避免主次不分的现象发生，能够让听众很容易地明白讲话的内容、讲话者的观点、态度和主张。

（三）使主题更加明确

讲话稿是在讲话前，按照对讲话内容的安排设计而写成的，所以能够使讲话的主题更加明确、突出，也就避免了讲话时东拉西扯，失去主题的现象发生。提前写作讲话稿，不但对材料的选择、安排和使用，会比在讲话时临场发挥更加合理，而且可以预先围绕主题去组织安排材料，使材料更好地为讲话者的讲话目的服务，使主题得以强化、明确，易于理解。

（四）具有宣传作用

在企事业单位的公务活动中，领导者和有关人员的讲话，实际上是一种与听众交流思想，沟通情感的方式。在讲话中，讲话者可以通过传播自己的思想、观点、立场和态度，来达到宣传群众，鼓动群众的目的。可以用自己的思想观念去引导群众，发动群众，统一大家的认识。可以用自己的情感去感染群众，影响群众，获得大家的支持与响应。

三、讲话稿的种类

讲话稿种类的划分方法有许多，从下面的几种角度划分，可以把讲话稿分为这样几种。

**(一)从讲话者的身份来划分**

从讲话者的身份来划分,可以把讲话稿分为领导者讲话和非领导者讲话的讲话稿两类。

**(二)从讲话稿的用途来划分**

从讲话稿的用途来划分,可以分为会议讲话稿、庆典仪式讲话稿、讲演稿等种类。

**(三)从讲话稿的性质划分**

根据讲话稿的性质划分,可以分成开幕词、闭幕词、会议讲话稿、讲演稿、欢迎词、欢送词等等。

由于讲话的目的、对象、场合不同,产生了各种类型的讲话稿。我们这里只介绍一些常见的讲话稿,如开幕词、闭幕词、欢迎词、欢送词、会议讲话稿、讲演稿等几种讲话稿的写作。

## 第二节　开幕词与闭幕词的写作

开幕词与闭幕词适用的对象和内容虽然不同,结构形式却基本相同。其文体都是由标题、称谓、正文、祝语等要素构成。只是开幕词的标题,要加上“开幕词”的文种要素;闭幕词的标题,在标题中要加上“闭幕词”的文种要素。二者的主体内容,一个是针对会议召开,或者活动举办开始的事情;一个是针对会议闭幕,或者活动结束的事情。文体后面的祝语,开幕词要表达“预祝××会议圆满成功”等的祝愿词,闭幕词要表达感谢的诚意。

下面分别介绍。

### 一、开幕词的写作

开幕词是某一会议、庆典、仪式等活动开始时,在开幕式上所致的具有祝贺性质的讲话文稿。开幕词的结构由标题、称谓、正文、祝语等要素构成。

**(一)标题**

开幕词的标题一般由名称、场所、文种等要素构成,其中“名称”经常用致辞人的名称,有的标题也可以不用名称。如《××经理在公司年终表彰大会上的开幕词》,标题中“××经理”是名称。名称也可以是会议名称,例如《××公司劳动技术比武年终评比奖励大会开幕词》《科学技术协会学术大会上的开幕词》等,其中“劳动技术比武年终评比奖励大会”,是会议名称。场所就是会议(活动)所在地,上面标题中“科学技术协会学术大会上”是场所。“开幕词”表示文种。

**(二)称谓**

开幕词的称谓就是对听众的称呼。称谓要根据听众的情况来写，可以写“女士们、先生们”“同志们”“朋友们”等等。在与会人员中，如果有地位比较高、身份特别尊贵的人，要特别表达，将其放在其他称谓的前面。在称谓部分要将称谓的名次依次排列出来，还要注意应该使称谓具有泛指性，要把全体与会者都包含进去。

如“××市科学技术协会第五届学术大会”开幕词的称谓：

尊敬的各位领导、各位专家、各位来宾，

朋友们、同志们：

这篇开幕词的称谓就是按照与会者身份，依次排列的，同时还具有泛指性。

**(三)正文**

开幕词的正文内容由开头、主体、结尾构成。

1. 开幕词的开头部分

开幕词的开头部分要写明这样几项内容：郑重宣布“大会(活动)”名称，在什么时间、地点，什么背景(前提)下正式开幕，或者开始举行。如上面“××市科学技术协会第五届学术大会”例文的开头部分内容：

在这美丽的金秋时节，××市科学技术协会第五届学术大会暨××市硅材料职业教育集团年会、××省硅材料产业技术创新联盟年会今天隆重开幕了！

这是这篇开幕词开头部分的内容，在这里交代了会议的名称、时间，宣布了大会的开幕。

2. 开幕词的主体部分

开幕词主体部分的内容包括以下内容：① 简要介绍会议(活动)的背景、与会单位、人员及人员数量；② 介绍会议(活动)的目的、意义、议程、任务等等。

如上面“科技大会”开幕词主体部分的内容：

大会将以“××市硅材料及光伏产业现状与发展”为主题，开展学术讲座和学术研讨，交流科研成果。本次大会荣幸地邀请到了××教授、×××秘书长、××研究员到会作专题报告。在这里，我谨代表××市科协，向莅临大会的三位专家、向各位领导、各位朋友的到来表示热烈的欢迎；向精心承办本次大会的××市职业技术学院以及给予大会鼎力支持的各有关单位致以诚挚的谢意！

发展硅材料及太阳能光伏产业是市委、市政府为加快××市工业发展而着力实施的“一号工程”。围绕市委、市政府的工作重点，充分发挥科技、教育界的作用，助推硅材料及太阳能光伏产业的发展是我们的重要职责和光荣任务。本次学术大会就是旨在探索和挖掘科技、教育界的潜力，围绕硅材料及太阳能光伏产业的发展开展学术讨论，为市委市政府提供决策参考。

当前，受国际金融危机和国家宏观调控的影响，我市多晶硅及光伏产业面临挑战，多晶硅行业竞争不可避免。发展硅材料及太阳能光伏产业必须通过技术的不断改进从而有效地控制成本，提升赢利能力，进而在长期的激烈竞争中占领行业制高点。目前，我市具有的优势和潜力，国家硅材料开发与副产物利用基地落户××市，表明了我市在整个国家硅材料生产领域中的重要地位。挑战和机遇并存，在此形势下，科技创新和人才培养就显得尤为重要。我们要努力为广大科技工作者，特别是硅材料及太阳能光伏产业方面的科技人员，提供更多更好的服务，促进他们立足本职，勤于钻研，不断创新，推进我市太阳能光伏产业的科技进步，进而转化为现实生产力。

近年来，××职业技术学院以服务为宗旨，以就业为导向，全面融入地方经济建设主战场，围绕我市打造全国硅材料及太阳能光伏产业基地这一重心，在全国高校率先设立了硅材料及太阳能光伏人才培养专业，全力以赴，在机制、师资、经费等方面采取超常规办法，打造专业人才培养高地。为我市"一号工程"的可持续发展提供技术人才保障。我相信，有市委、市政府的坚强领导，有广大科技、教育、企业界科技工作者的奋力攻关，××市硅材料太阳能光伏产业的发展前景将是广阔的，美好的。

上面例文是这篇开幕词的主体部分。第一段介绍"大会"的主题（目的）、参加"大会"的特邀嘉宾等，并对所有与会者表示了真诚的谢意。第二段说明"大会"的任务和意义。第三、四段说明此次大会的背景情况。

3. 开幕词的结尾部分

开幕词的结尾的内容，要对与会者提出希望，发出号召，以祝愿语来结束全文。

如上面例文的结尾部分：

科技引领未来。一个民族只有拥有持续的科技创新能力，才能屹立于世界民族之林。科协组织在传播科学技术，开展学术交流，聚集科技资源，实现科技创新工作中承担了义不容辞的职责。上月我和几位同志到重庆参加了中国科协第十一届年会，亲眼目睹了有杨振宁、周光召、路甬祥、徐匡迪等科技泰斗以及150多位两院院士参加的科技盛会，年会在重庆掀起了一场头脑风暴。全国人大常委会副委员长、中国科协主席韩启德所致的开幕词最后一段耐人寻味，他说：如果从以伽利略、牛顿的时代算起，近代和现代的科学技术已经走过了将近500多年的历史，在这500多年里，科学技术改变了地球的面貌，也改变了每一个国家、每一个民族的命运；而如果从毛泽东主席发出"向科学进军"的号召算起，新中国的科技事业，才经过不到60年的时间，在这60年里，我们创造了举世瞩目的科技奇迹，从落后挨打、一穷二白到今天的扬眉吐气，我们的每一步都离不开科学技术。那么，下一个60年呢？甚至下一个500年呢？作为第一生产力的科学技术，将会怎样来改变我们的祖国？我们这个古老民族的现代化道路，我们的"旧邦新命"，又将如何延续？答案不在别处，只能由全体的科技工作者一起来书写！

我相信，今天的学术大会，也将在××掀起一场科技创新的头脑风暴，必将有力地开阔我们的视野，促进我市科技人才的培养和科技产业的发展。

这篇开幕词的结尾比较长，阐述了科技创新的意义，表达了对未来科技发展的希望，并向"大会"致以衷心的祝愿。

**（四）祝语**

开幕词在结尾的后面要有祝语，即表达"预祝××会议（活动）圆满成功！"等的祝愿词，如上文的祝语：

……

我相信，今天的学术大会，也将在××掀起一场科技创新的头脑风暴，必将有力地开阔我们的视野，促进我市科技人才的培养和科技产业的发展。

祝本次大会取得圆满成功！

这里"祝本次大会取得圆满成功！"一句，就是安排在结尾部分后面的祝语。

## 二、闭幕词的写作

闭幕词是某一会议、庆典、仪式活动结束时，在闭幕仪式上的致辞。闭幕词的文体结构与开幕词一样，是由标题、称谓、正文、祝语几个要素构成的。

**（一）标题**

闭幕词的标题与开幕词一样，包括名称、内容、文种几个构成要素，只不过表示文种的要素是"闭幕词"三个字，如《××公司产品展销会的闭幕词》。

**（二）称谓**

闭幕词的称谓与开幕词完全相同。

如在"第七届上海世博国际论坛"会上，王岐山所致闭幕词的称谓部分：

尊敬的蓝峰主席、洛塞泰斯秘书长、

女士们、先生们、朋友们：

这篇闭幕词的称谓部分内容，既突出了人物的身份地位，又显示出了泛指性，轻重主次安排得合理得当。

**（三）正文**

与开幕词一样，闭幕词的正文内容也是由开头、主体、结尾三个要素构成的。

1. 闭幕词的开头部分

闭幕词开头部分的内容，首先要宣布大会（活动）闭幕，并且要用简短的文字，写明大会（活动）在什么情况下圆满结束。

如上面例文的开头部分：

在与会代表的共同努力下，第七届上海世博国际论坛取得圆满成功，我代表中国政府以及上海世博会组委会，向多年来热情关心和支持上海世博会筹办工作的海内外朋友表示衷心的感谢！

这篇闭幕词在开头部分里，宣布了“第七届上海世博国际论坛取得圆满成功”，即闭幕，并对关心、帮助和支持世博会筹办工作的海内外朋友，表达了衷心谢意。

2. 闭幕词的主体部分

闭幕词主体部分的内容，一般要对大会（活动）做出总结。包括会议（活动）的完成情况，取得了哪些成果，研究解决了哪些问题，产生了哪些积极的影响或者意义，如何贯彻、宣传会议精神等等。

如上面例文的主体部分：

中国政府对本届论坛高度重视，温家宝总理出席开幕式并发表精彩演讲。连续七年举办的中国上海世博国际论坛，从世博的主题，特别是城市发展理念等方面进行了深入的研讨，对于凝聚全球的经验和智慧，激发人们的关注，支持和参与世博会的热情，发挥了积极的作用。

一个半世纪以来，世博会承载着人类的梦想，凝聚着创造的智慧，推动了文明与进步，世博会的主题不断与时俱进，顺应了时代发展的潮流，上海世博会确立的“城市，让生活更美好”这一主题不仅具有重大的现实和长远意义，而且极具挑战性。

当前全球已有超过一半的人口生活在城市，解决城市化过程中的能源、资源浪费、环境污染、交通拥堵等问题，共同建设美好的城市家园是世界各国面临的重大课题，通过上海世博会这个重要平台，充分展示全球化、全球城市发展的成果，促进各种城市发展理念的碰撞和交流，有助于各国相互学习，博采众长，共同探索未来城市发展之路。

新中国成立，特别是改革开放以来，中国的城市化进程快速推进，但是，作为一个拥有13亿人口的发展中大国，中国面临的挑战前所未有，人多、地少、水少，能源、资源环境等问题十分突出，在这样的基础上推进城市化，没有现成的模式可循，更不可能重复发达国家走过的大量消耗能源资源、先污染后治理的老路，我们将按照科学发展观的要求积极探索中国特色的城镇化道路，努力建设资源节约型、环境友好型的城市，促进城市的可持续发展，坚持以人为本，转变生活方式，营造有利于每个人全面发展、和谐共处的城市环境。

上海世博会的举办将为我们学习借鉴先进的城市发展理念和经验、更好地推进中国城市化的进程提供难得的机遇。

2010年上海世博会不仅属于中国，更属于世界，成功申博七年来，中国政府举全国之力，集世界之智，精心筹办，努力办好这一届国际盛会。特别是去年以来，面对国际金融危机的不利影响，在国际展览局的大力支持下，中方和各参展方积极克服困难，筹备工作正在按计划顺利进行。

上面是这篇闭幕词的主体部分。第一自然段总结了大会完成的主要任务，及对世博会主题进行研讨的情况。第二至四自然段说明会议的积极影响和意义。第五、六自然段介绍了世博会筹备和准备工作完成的情况。

3. 闭幕词的结尾部分

闭幕词结尾部分的内容包括：提出希望或者号召，表达祝愿和感谢。

如上面闭幕词的结尾部分：

目前确认参观的国家和国际组织数量创历史之最，世博园区及场馆建设将于年内基本完成，我们完全有信心向全世界奉献一届成功、精彩、难忘的世博会。

再过170天，上海世博会将拉开帷幕，我以上海世博会组委会主任委员的名义诚挚邀请各位朋友届时到中国、到上海参观访问。

这篇闭幕词结尾部分的内容，表达了信心和希望，向与会人士发出邀请并致以谢意，语言亲切而热情。

**（四）祝语**

闭幕词祝语的位置要安排在结尾的后面，内容是要表达感谢的诚意。

如上面例文的祝语：

……

再过170天，上海世博会将拉开帷幕，我以上海世博会组委会主任委员的名义诚挚邀请各位朋友届时到中国、到上海参观访问。

谢谢大家！

这个祝语很简单，只用了"谢谢大家"四个字，向与会者表达了由衷的感谢。

## 三、写作开幕词与闭幕词需要注意的事项

要尽量写得简短，篇幅不宜太长。介绍情况的内容要简约，做到简洁明了，切忌长篇大论。

要营造一种热烈欢快的气氛，行文要具有口语化的特点。用词要生动鲜明，通俗易懂，亲切热情，要富有鼓动性和号召力。

## 第三节 欢迎词的写作

欢迎词是一种礼仪性文书。在企业的日常活动中，经常会举行庆典、酒会、集会等仪式。在这些活动的仪式上，主人要以讲话的方式，对光临的宾客表示欢迎，欢送或者感谢。我们介绍的欢迎词，就是用于这样的仪式上，向来宾表达欢迎，欢送意愿的致辞。

**一、欢迎词的结构内容**

欢迎词的结构通常由标题、称谓、正文几个要素构成。与欢迎词相对应的是欢送词，二者的结构形式基本相同，只是内容和祝颂词的使用有所不同，所以这里只介绍欢迎词的写法，不再介绍欢送词的写作。

**（一）欢迎词的标题**

欢迎词的标题一般包括致辞的场所、致辞人、文种几个要素。如《××公司订货恳谈会上××经理的欢迎词》《中国自行车协会理事长王凤和在第十七届中国国际自行车展览会开幕式上欢迎词》，在这两个标题中“××公司订货恳谈会上”“在第十七届中国国际自行车展览会开幕式上”是场所。“××经理”“中国自行车协会理事长王凤和”是致辞人。“欢迎词”表示文种。

**（二）欢迎词的称谓**

欢迎词的称谓是一项重要的内容，具体方法可以参照开幕词称谓的写作方法。

**（三）欢迎词的正文部分**

欢迎词的正文由开头、主体、结尾三个部分构成。

1. 开头部分

欢迎词开头部分的内容，通常要写明诚挚欢迎的态度，介绍来宾，或者说明来宾来访的目的、意义等。语言要有感染力，要热情洋溢。

如《中国自行车协会理事长王凤和在第十七届中国国际自行车展览会开幕式欢迎词》的开头部分：

五月的上海，春光明媚，春意盎然。值此第十七届中国国际自行车展览会隆重开幕之际，我谨代表中国自行车协会，向专程前来参加本届展览会的轻工联合会领导、上海市及各省市的有关领导、中外来宾以及各界朋友表示最热烈的欢迎和诚挚的感谢。

这篇欢迎词的开头部分先写季节、物候、环境，以上海春日景象为描绘对象，既表现了东道主对来宾的热情欢迎，又暗示了各位贵宾，为展览会带来的生机勃勃的气息。接下来，再直接向前来参加会议的各位代表，表达热情欢迎之情。

2. 欢迎词的主体部分

由于各种会议的主旨内容不同，欢迎对象的身份不同，欢迎词主体部分的内容也就不同。以来宾为欢迎对象的欢迎词，可以写与之交往史的回顾，赞颂对方在相关方面做出的贡献，给予的帮助，肯定与对方合作的成果等等。以介绍会议（活动）为目的的欢迎词，可以向来宾及公众介绍将要召开的会议情况，将要举行的仪式内容等等。

再如《中国自行车协会理事长王凤和在第十七届中国国际自行车展览会开幕式欢迎词》的主体部分内容：

以"科技成就梦想，创新激发动力"为主题的本届展会，达到了105 000平方米展览面积和5 000多个展位的空前规模，吸引了来自中国、德国、意大利、日本、韩国、法国、瑞典、印度、巴基斯坦、美国及中国香港、中国台湾等13个国家和地区的980家企业前来参展，再一次印证了中国国际自行车展览会的"集聚效应"和"无穷魅力"。

中国国际自行车展览会已成为在亚洲最具规模和影响力的业界展会。本届展会倡导"文明参展"理念；重视知识产权保护；展示当今两轮车工业的科技成就和发展前景，积极推进行业的技术和贸易互动。

中国国际自行车展览会将秉承"服务企业、合作共赢"的办展宗旨，一如既往地为参展企业和专业客户提供热情周到的服务；在位参展客户带来贸易商机的同时，为参展企业提供健康和谐、诚信交易的良好环境。

预祝参展企业和专业客商在展会期间取得丰硕成果！预祝第十七届中国国际自行车展览会取得圆满成功！

这是这篇欢迎词主体部分的内容，以介绍"会议（活动）"的方式开头。在这里向来宾，与会者，详细介绍了十七届中国国际自行车展览会的规模，办会的理念、宗旨等内容。

3. 欢迎词的结尾

欢迎词结尾部分的内容要写祝颂词，要对来宾再次表示热烈的欢迎和祝愿。

如上面例文的结尾部分内容：

最后，我谨代表展会组委会、热情地邀请更多的海内外业界朋友光临20××年第十八届中国国际自行车展览会。

在这个结尾部分里，致辞人向海内外各界朋友的光临，表示了热情的邀请。

如果在标题中没有体现出致辞的单位，或者致辞人物和日期的话，欢迎词还要设置落款，落款的内容有单位名称、致辞人的姓名和日期等。

## 二、写作欢迎词需要注意的事项

### （一）感情要真切

欢迎词是一种典型的礼仪性文书，不管与欢迎的对象在交往中非常友好，还是存在分歧，都要尊重对方，要非常礼貌地对待对方。在文书中表达出来的态度既要注重礼貌，又要不卑不亢，要把握好分寸。

### （二）语言要赋予交际性

欢迎词虽然是在仪式、集会、宴会等场合使用的文书，要注意避免语言的书面化，要注重使用交际场合惯用的语言，要生动活泼，适合于演讲和诵读。

### （三）篇幅要简短

对于一个仪式、集会或者宴会，主人致欢迎词虽然是很重要的一项内容，但不是会议（活动）的主要目的，所以致欢迎词不要占用太长的时间，要用尽量短的篇幅，采用凝练、概括的语言，来表达最真诚的情意。

# 第四节　会议讲话稿的写作

从广义来说，讲话稿包括所有会议上、各种场合里，使用的讲话文稿，如开幕词、闭幕词、欢迎词、欢送词、讲演稿等使用的文稿也可以算作讲话稿。这里介绍的会议讲话稿，是指能够代表国家、政府、企事业单位的意志，在会议上发言的讲话人，或者代表某一方面观点，代表某一种关系的人，受邀在会议上发言时，事先写作的讲话文稿。为了同广义的讲话稿做出区别，在这里我们把这种讲话稿称为会议讲话稿。

会议讲话稿的作用在于：具有在讲话者同与会者之间关于会议主题，以及会议的某一特定目的，沟通交流的作用。讲话稿还具有宣传会议的主张、传播会议精神的作用。

从会议进程来说，会议讲话稿是用于会程中间的，开幕词与闭幕词，欢迎词与欢送词，是用于会议的开始和结束的。

## 一、会议讲话稿的结构内容

由于讲话的场合、目的和受众对象的不同，会议讲话稿可以分成许多种类，但是不管什么种类的讲话稿，文体的结构形式都是基本相同的。一般来说，会议讲话稿的结构内容包括标题、称谓、正文、落款等几个要素。下面分别介绍。

### （一）会议讲话稿的标题

会议讲话稿的标题通常由讲话人、场所、文种几个要素构成。在写作实践中，可以根据情况，全选或者选择其中某些要素作为标题，但是一般不可缺少文种这一要素。

如下面一篇会议讲话稿的标题：

## 温家宝在国家科学技术奖励大会上的讲话

这个标题是由讲话人、会议名称、文种三个要素构成的，“温家宝”是讲话人，“在国家科学技术奖励大会上”是场所，“讲话”表示文种。

**（二）会议讲话稿的称谓**

会议讲话稿称谓的要求，与开幕词等致辞性文体的称谓基本相同，要有主次排列，还要具有泛指性，把全体与会者都包含进去。常用的泛指性词语有“各位来宾、同志们、朋友们”等。

如上面《温家宝在国家科学技术奖励大会上的讲话》一文的称谓：

同志们：

……

根据与会人员的情况，这个称谓只采用了一个泛指性称谓。

**（三）会议讲话稿的正文**

会议讲话稿正文由开头、主体、结尾三个部分构成。

1. 会议讲话稿的开头

会议讲话稿的开头部分，一般要交代会议的背景、前提，或者提出问题，也可以交代讲话的主题等等。

请看下面《温家宝在国家科学技术奖励大会上的讲话》一文中，开头部分的内容：

同志们：

今天，党中央、国务院在这里隆重召开国家科学技术奖励大会。胡锦涛主席向获得2003年度国家最高科学技术奖的刘东生、王永志院士颁奖。大会为获得国家科学技术进步奖特等奖的“中国载人航天工程”项目和获得2003年度国家自然科学奖、国家技术发明奖、国家科学技术进步奖的科技工作者颁奖。我代表党中央、国务院向全体获奖人员表示热烈的祝贺！向全国各条战线的科技人员致以诚挚的问候和崇高的敬意！

这是这篇会议讲话稿的第一自然段，是开头部分的内容，在这里，说明了此次会议的前提，向获奖者表示了热烈的祝贺，同时向全国科技人员致以敬意。

2. 会议讲话稿的主体

会议讲话稿全文的主旨内容，要在主体部分展开，主体部分的内容是用来说明问题，分析问题，反思问题，解决问题的。讲话稿内容安排方式的不同，其主体构成形式也不同。讲话稿主体部分的结构形式常见的有纵式结构，横式结构，总分式结构三种。纵式结构的特点是，按照事物产生、发展、变化的过程，或者按照时间顺序安排材料。横式结构的特点是，根据不同的内容、不同的特点和不同的性质，按照事物的逻辑关系，把讲话稿的主体分成几个部分，几个层次，或者几个方面来进行设计安排，以阐述一个中心思想。总分式结构的特点：先总述全文的主旨，然后再分几个方面，分层次地进行阐述，表达全文的主旨。

再如《温家宝在国家科学技术奖励大会上的讲话》一文，主体部分的内容：

本世纪头20年，对我国来说，是一个必须紧紧抓住并且可以大有作为的重要战略机遇期。我们要集中力量，全面建设惠及十几亿人口的更高水平的小康社会。用好这个战略机遇期，力争有所作为，必须把发展科学技术放在更加重要、更加突出的位置。邓小平同志说过，科学技术是第一生产力。当今世界，综合国力的提升和竞争，愈益取决于科学技术的进步。我国要走出一条科技含量高、经济效益好、资源能耗低、环境污染少、人力资源得到充分发挥的新型工业化路子，促进经济社会的全面、协调、可持续发展，实现2020年翻两番的目标，比以往任何时候都更加需要强有力的科技支撑。我们要立足全局，精心规划，加大投入，深化改革，加快科技事业的发展。

科学的本质在于创新。江泽民同志指出，创新是一个民族进步的灵魂，是一个国家兴旺发达的不竭动力。我们是一个发展中的大国，要积极学习引进外国先进技术，同时必须把科技进步的基点放在增强自主创新能力上。近代世界科技发展的历史表明：一个科技整体水平相对落后的国家，只要增强民族自信心，坚持有所为有所不为的方针，在掌握前人成果的基础上艰苦努力，大胆创新，完全有可能在某些关键领域取得重大突破，带动整个国家科技的跨越发展。我国“两弹一星”和“神舟”五号载人飞船的成功发射，已经证明了这一点。我们要在广大科技工作者中大力倡导创新精神，支持企业成为技术创新的主体，加强重大科技项目联合攻关，促进基础性科学研究、社会公益性科学研究和科技应用开发的结合，力争在世界高新技术领域占有一席之地。

科技创新，人才为本。为了尽快把我国科技事业搞上去，我们需要造就一支规模宏大的科技人才队伍，需要一批在关键领域和重点岗位的科技领军人物，需要一批世界一流的科学家。为此，必须认真贯彻落实人才强国战略，大力培养、积极引进、合理使用科技人才，为优秀人才脱颖而出、人尽其才创造更加良好的体制和机制。要打破论资排辈的传统观念，大胆启用中青年拔尖人才，让他们在关键岗位上发挥关键作用。同时，要在全社会形成崇尚科学、尊重人才的良好风尚。

总之，经济和社会发展要依靠科技，科技进步要依靠创新，科技创新要依靠人才，这是我们从实践中得出的三点启示，也是这次表彰大会的重要精神。

上面是这篇讲话稿的主体部分，其中第一自然段，阐述了科学技术对于我国综合国力提升，和竞争力增强的重要性。提出了全文的主旨，即科技创新对一个民族，一个国家发展的重要意义。第二自然段指出“要积极学习引进外国先进技术，同时必须把科技进步的基点放在增强自主创新能力上”，即自主创新的重要性。第三自然段阐述培养、引进、使用人才，是实现和促进科技创新的方法，即“科技创新，人才为本”。第四自然段对主体内容作了三点总结。

此文主体部分的结构形式采用了横式结构，第一自然段，阐述科技对我国综合国力提升，和竞争力增强的重要性。第二自然段，阐述“必须把科技进步的基点放在增强自主创新能力上”。第三自然段，阐述“科技创新，人才为本”的道理。一二三自然段的内容，各自独立，构成了横向并列的关系，从三个不同方面，阐述我国现实科技发展的重要性和方法。第四自然段是对全文内容的归纳总结。

3. 会议讲话稿的结尾

会议讲话稿结尾部分的内容，一般是对全文内容进行总结，并向与会者提出要求或者希望。

如上面《温家宝在国家科学技术奖励大会上的讲话》一文，结尾部分的内容。

同志们，让我们在以胡锦涛同志为总书记的党中央领导下，高举邓小平理论和“三个代表”重要思想的伟大旗帜，全面贯彻党的十六大精神，团结拼搏，勇攀科技高峰，为全面建设小康社会，实现中华民族的伟大复兴，创造更加辉煌的业绩！

20××年2月20日

在这个结尾中，讲话者向大会提出了号召和希望。

**（三）会议讲话稿的落款**

会议讲话稿落款的内容，一般由名称和日期两个要素构成，如果标题里已经写明了名称，落款部分只写明时间即可。

如上面《温家宝在国家科学技术奖励大会上的讲话》一文的落款，只有日期一个内容。

## 二、写作会议讲话稿需要注意的事项

**（一）主题要明确**

与一般的文章不同，会议讲话稿要受到讲话场合的限制，听众需要明确地知道，讲话者讲话的主题内容是什么，如果主题不明确，听众听了半天不知道讲话者要讲什么，就会失去讲话的意义，甚至造成整个会议的失败。因此要求讲话稿必须做到观点鲜明，主题明确。做到这一点才能抓住听众，获得最佳的效果。

**（二）内容要有针对性**

会议讲话稿要对会议的主题内容，进行有针对性的设计，要针对听众的需要，来安排讲话内容和设计讲话的方式。讲话稿的内容要与会议的主题相符合，否则就会离题千里，丧失讲话的作用。

**（三）结构安排要有逻辑性**

写作会议讲话稿时，要妥善使用和安排材料，要选择与主题有必然联系的材料，围绕主题组织安排材料。在讲话稿的层次结构间，要建立起紧密的逻辑关系，做到内容集中，结构紧密，逻辑性强。

**（四）语言要生动。**

会议讲话稿是否能够起到传播思想、宣传主张、感染听众的作用，往往在于讲话的效果如何。与一般的文章不同，会议讲话稿的语言，往往需要选用那些生动活泼的词语来吸引听众、引起听众的兴趣，以形象的表达方法来引导听众、感染听众，从而获得最佳的讲话效果。

## 第五节　讲演稿的写作

### 一、讲演稿的特点

讲演是在公众面前就某一问题或者现象，发表讲演者自己见解、主张的一种口头语言活动。讲演可以促进讲演者与听众之间思想、感情的交流与沟通，具有宣传、鼓动和教育作用。

讲演稿也叫演讲稿、演说辞，是在较隆重的集会和会议上，或者其他特定的场合中发表讲话时，使用的一种文稿。讲演稿是讲演的依据，是为演讲服务的。

讲演稿与其他讲话稿的结构形式没有明显的区别，只是由于适用的场合不同，讲演稿的写作要体现出一定的表演性。在语言运用上，讲演稿的写作，更加重视如何能够对听众产生感染力，如何具有鼓动性，这是讲演稿与其他讲话稿的不同之处，

从广义角度来看，像演讲比赛、典礼致辞、会议发言、学术讲座、科研报告、竞选演说、就职演说、法庭陈述等，都带有演讲的性质。在企业的工作实践中，经常会有竞选演说、就职演说和会议发言等的讲演活动，这些讲演所需要的文稿都属于讲演稿。

### 二、讲演稿的用途

讲演活动在企事业单位里是一种常见的事情。是否能够积极参与单位里的各种活动，在一定的场合参加讲演，并且能够讲得精彩，是一个员工文化素质的体现。所以，学会写作讲演稿，不仅仅是练习写作能力的事情，而是一种工作的需要，是非常有实用价值的。具体来说，讲演稿具有以下几方面的作用。

由于讲演稿是在讲演前写作的，所以能够帮助讲演者整理讲演的思路，提示讲演的内容，限定讲演的时间。从而避免讲演时产生随意性，东拉西扯地讲不出一个清晰的观点和主张来。

能够使讲演过程有一个统一的主旨，能够按照讲演的目的，在正式讲演之前，周

密地选择和安排材料，以便突出主题，使讲演的内容更加精彩，更加具有说服力、感染力和号召力。

写作讲演稿时，可以通过对语言的推究，来提高讲演语言的表现力，让讲演的语言风格能够适合听众，使听者能够喜欢并接受，从而增加讲演的感召力。

**三、讲演稿的结构内容**

讲演稿的文体结构由标题、称谓、正文三部分构成。

**（一）讲演稿的标题**

讲演稿的标题没有固定的形式要求，有时可以用公文式标题，在标题中显示文种，如《×××在×技术颁奖大会上的讲演》。讲演稿的标题更多的时候采用文章式标题，即在标题中揭示讲演内容的主旨，如《努力奋斗，实现中华民族的伟大复兴》。

**（二）讲演稿的称谓**

讲演稿的称谓就是对听众的称呼，通常使用“同志们”“女士们、先生们”“朋友们”等泛指性的称谓。也可以加修饰或者限制的词语，向听众表达亲切或者尊重，如“亲爱的朋友们”“尊敬的女士们、先生们”等。与其他讲话稿相同，讲演稿的称谓，也要体现出特殊听众和尊贵轻重的次序，

**（三）讲演稿的正文**

讲演稿正文的结构由开头语、主体和结尾三部分构成。

1. 讲演稿的开头语

讲演稿开头语的写作十分重要，是决定讲演能否在一开始就吸引住听众的大事。讲演稿开头语部分的写作具有多样性，比较灵活的特点。开头语的内容大都根据讲演的实际情况来设计，如果作一个归纳，大致有下面几种方式：

（1）以说明背景，致以问候，表示感谢，使用祝贺语等方式来开头。

（2）以概括讲演内容或揭示中心论点来开头。

（3）以说明讲演的目的或者讲演的缘由来开头。

（4）以类比的方式，通过与讲演主旨相类似的事物导入正题。

（5）采用反诘方式开头。

在文体结构上，开头部分还具有引出下文的作用。

例如联想集团副总裁，马越的一篇讲演稿（本文有改动），开头部分的内容：

## 联想集团副总裁在20××年IT市场年会上的主题演讲

各位专家大家好！

我代表联想集团有限公司，对“20××年IT市场年会”的顺利召开表示祝贺！

作为中国IT行业处于领先地位的一家公司，最近联想集团的内部改革受到各界的高度重视和关注。在今天，我们想谈的不是这些改革的内容，而是和大家分享一下联想集团在IT服务方面的一些看法，我们的实践和对未来的一些构想。

这篇讲演稿的标题采用了文件式标题，由名称加时限，加场所，加文种三个要素构成。称谓使用了泛指性的称谓。开头部分的内容包括了祝贺语，介绍讲演主题两个内容，同时还具有承上启下，引出下文的作用。

2. 讲演稿的主体部分

讲演稿的主体部分，是全文主旨内容展开的地方。常见的有三种类型：① 记叙性的讲演稿。这种形式讲演稿的主体内容，以对人物事件的叙述，和生活画面的描述为主要表达方式，来说服和打动听众。② 议论性讲演稿。这种形式的讲演稿的主体内容，以典型事例以及理论为论据，以逻辑论证的方式来表达观点，用观点来说服听众。③ 抒情性讲演稿。这种讲演稿的主体内容，采用热烈抒情性语言，来表现思想及情感的倾向性，寓情于事、寓情于理、寓情于物，以情感人，来感染听众。

如上文主体部分的内容：

如果我们放眼去看世界上的IT市场，在IT市场最发达的美国，软件和服务已经接近70%的份额，硬件大概只有30%多一点。从全球的平均水平看起来，IT服务和软件大概占到60%，硬件是接近40%的样子。

看一下中国IT市场的结构，在20××年，中国IT市场结构硬件占到70%多，软件和服务还不到30%。如果我们与最发达的美国市场比较，然后看全球，再看中国，我们可以非常清楚地看到，软件和服务毫无疑问地将成为IT市场的主流。

我借用今天赛迪顾问的一张片子来看看中国市场结构的变化，也印证了我们的观点。

20××年中国IT服务占不到30%的份额，按照赛迪顾问的预测，五年以后，中国的软件和服务市场将会超过40%，而硬件只占不到60%。结构性的变化是非常引人注目的。虽然这几年在中国市场上，IT服务得到了非常快的增长，但是如果我们看一下IT服务的价值金字塔，我们可以看到，在中国本土的服务厂商，现在基本上还处在服务价格增值金字塔的中段。以系统集成、应用实施和网络集成的服务，以及对于市场容量最大的IT外包，支持服务这些方面，我们的本土市场份额比较小，本土厂商基本上还没有规模地进入附加值最高的战略咨询、业务咨询、管理咨询、IT咨询的领域。这个领域声音比较小。

造成市场的这种情况，有其非常深刻的管理和文化的原因。在座的各位对我们的服务市场和集成厂商非常熟悉，大家知道这是服务厂商的两个最主要的事情。在文化上面，企业和个人的利益在这里面没有办法非常专业地分开。

前两个是比较常见的管理问题，后两个是比较常见的文化问题。这些问题在现在的中国本土的服务厂商中比较常见。这些管理及文化基础的薄弱，使得这些厂商的发展确实受到了非常大的影响。

回顾一下，从二十年以前到现在，服务市场的变化，我们可以非常清楚地看到，从八十年代一些纯技术导向的服务到九十年代，尤其是九十年代后期，从技术产业营销的导向到进入二十一世纪以后，用户慢慢开始注重IT的投资和回报，在这个过程里面对厂商提出了非常高的要求。

总结起来，这些要求有四个方面。

1. 在市场的开放性方面，因为中国的市场慢慢向市场开放，我们的市场不仅仅只需要能够做到这些技术上的服务。

2. 而且需要了解服务给我们客户带来的价值。

3. 了解业界的最佳实践为我们客户带来竞争力的提升。

4. 更加竞争自由的环境，对于客户来讲，需要服务厂商能够量身定做。

中国的IT服务业有太多的服务厂商，急需要整合，需要能够提供综合服务，并且能够提供有质量服务的供应商。

联想集团在二十一世纪初开始就确定了“高科技的联想、服务的联想、国际化的联想”这样宏伟的远景目标。在过去的几年理念我们也着力于在这三个方向里面建设我们未来的业务。

在IT服务方面，我们认为有三个方面结合给我们客户提供增值的价值。即管理理念和IT去结合，全球最佳的实践和中国的特色去结合，标准化的服务和个性化的服务相结合。

过去的三年里面，基于这样的理念，联想集团打造了一个初步具有一定规模的完整服务体系，涵盖了从增值金字塔最下层支持服务到最上层的管理咨询，到我们现在客户需求最多的也是市场需求最大的系统集成应用实施、信息安全和未来的市场最大的外包的完整增值金字塔的基本体系。

包括了联想全国性的阳光服务网络，包括服务公司，包括我们在各个行业市场所并购，自己所建立的服务公司。还有我们在运营外包逐步的实践，我们初步建立了一个长久稳定的全链服务的架构。

我们自己有这样的能力和有这样的信心能够成为这样的领导层的本土的服务厂商，是基于我们对服务的思考，我们认为本土服务厂商应该具有市场和地位，应该可以和国际型的厂商比拟的。我们把自己的价值定位放在能够提供主动的服务和能够提供专业的服务，以及提供可信赖的服务。

专业的服务，对国际厂商来说我们对客户更贴近，专业是指我们在客户所需要的方面，我们能够充分地理解他们的要求，充分理解中国企业在接受服务的时候独特的要求，可信赖的是我们对这个市场有长期的承诺。

发展到现在，我们的业务现状，现在已经有大概一千名专业人员，我们的渠道，我们的服务网现在已经覆盖全国，我们的团队，我们的关键人员的流失每年小于5%。在市场最大的制造业方面，我们用IT手段和管理变革相结合的IT造人的概念，帮助国内的客户用专业的咨询服务帮助企业进行管理的变革。帮助企业怎么样把大规模的生产转为专业的定制，帮助企业从手工的工业链向技术化链的转变。从以业务流程为主转向帮助客户基于中国市场的现状业务模式的重组。

经过三年的努力，我们积累了一批在各个行业重要的客户。

上面是这篇讲演稿主体部分的内容。文中采用了对比的论证方法，通过将美国软件服务业，与中国软件服务业的实际情况进行对比，对中国软件市场的服务现状进行了分析，强调了IT软件及服务的重要性。然后，再将联想集团软件服务业情况与之进行比较，并以此为背景，讲述联想集团在这方面的做法，从而阐明了讲演的主旨，即：联想集团在IT软件服务领域做出了很大努力，在国内取得了非常好的成绩。文中以典型事例及具体数据为论据，来阐明观点，属于一篇议论性讲演稿。

3. 讲演稿的结尾

讲演稿的结尾写得如何，是讲演否能够获得成功的最后一步。讲演稿的结尾经常采用总结全文，给听众加深印象，或者提出希望，给人以鼓舞的方式。也可以采用表明决心，发出誓言等方式结束。讲演稿结尾的作用，在于能够进一步感染听众，打动听众，使听众与讲演者产生共鸣。在文体结构上，讲演稿的结尾还起着照应开头，使全文结构完整的作用。

如上文的结尾部分：

各位嘉宾，经过了20××年和20××年IT业比较严酷的市场环境考验，根据今天的预测，各位可以看到我们在20××年和20××年会有一个比较好的环境和快的发展，联想集团愿意和各位一起在这个比较好的环境里面共同发展，我也预祝各位在新的一年里面在这个好的环境里面有所收获，取得成功！谢谢！

这是这篇讲演稿结尾部分的内容。在这里，讲演者把联想集团的发展前景，与听众的期望目标联系在一起，拉近了与听众的距离，具有一定的亲切感。同时，还向听众提出了殷切的希望，表达了祝愿，是一个具有鼓动性的结尾。

## 四、写作讲演稿需要注意的事项

### （一）篇幅要简短，要与讲演时间相当

因为讲演要受到时间限制，所以讲演稿的篇幅不宜过长。讲演稿要尽量写得简短，力求做到既要以较短的篇幅，在规定时间内来完成讲演的内容，又能够明确地表达出讲演者的主张，观点和态度。如果讲演稿内容安排得过多，篇幅太长，不但会使听众失去兴趣，产生厌烦心理，而且还会出现在规定时间已经到了，讲演还没有完成的后果，使讲演失败，失去讲演的作用。

**（二）要选择通俗易懂的材料**

讲演稿要选择大多数人都知道的，能够听得懂的材料，不要使用太生僻的材料。演讲往往也是一种即时表演，听众不会有时间去验证或查找这些材料的内容，或者出处，因此，在准备演讲稿之前，首先要了解听众的情况，如了解听众的群体特征和心理特点等，根据他们的思想状况、文化程度、职业性质，以及他们所关心的问题等，来选择最适合于听众心理的材料，以保证演讲成功。

**（三）要设计好演讲的节奏和速度**

在实际演讲中，时间往往是少则几分钟，多则几小时。在规定的时间里，设计好演讲速度和讲演节奏是极其重要的。写作讲演稿时，要试着用自己的正常语速大声朗读文稿，根据朗读的效果来调整演讲稿的内容。对语句的设计，力求做到使整场演讲的音调能够有高低起伏，节奏能够有轻重缓急，情绪能够表现出高涨与低潮的转换，做到波澜起伏、舒张有度。

**（四）语言要有鼓动性和感染力**

若要使演讲能够产生较强的鼓动性和感染力，还要在讲演稿的语言上下功夫，要尽量采用那些具有鼓动性和感染力的词语，加强语言的情感力量。

除上面几点外，还要做到即使在没有时间限制的情况下，也要尽量使讲演稿短而精。最好是在听众精力分散之前，戛然而止，在听众心里产生余味悠长的心理效果。

## 思考与练习

一、说说讲话稿类文书的特点和用途。

二、了解讲话稿类文书种类的划分方法。

三、写作讲话稿类文书，需要注意的问题有哪些？

四、开幕词的结构要素有哪些？

五、开幕词的开头部分，一般要写明哪几项内容？

六、了解构成开幕词主体部分的结构要素。

七、开幕词和闭幕词在开头部分的内容有什么不同？

八、开幕词和闭幕词结尾部分的内容有什么不同？

九、写作开幕词、闭幕词需要注意哪些事项？

十、欢迎词正文由哪些要素构成？

十一、构成会议讲话稿文体结构的要素有哪些？

十二、讲演稿的开头部分有哪几种常见的形式？

十三、讲演稿对结尾部分的写作有什么要求？

十四、写作讲演稿需要注意的事项有哪些？

**例文一：**

## 世博会王岐山副总理开幕词

尊敬的胡锦涛主席和夫人，

尊敬的蓝峰主席，

尊敬的各位来宾，

女士们、先生们：

此刻我们相聚在美丽的黄浦江畔，共同开启一场全球盛会的帷幕。明天，有着159年历史的世博会将首次在发展中国家、在中国举行。感谢国际展览局的成员国，是你们的选择让中国人民对世博会的向往从遥远的憧憬成为今天的现实，感谢240个国家和国际组织以及中外企业的参展方，是你们的无限激情、智慧、创意、精湛技艺，让一座座美轮美奂的展馆展现了生命的力量，传递着和平、友爱、希望。感谢全国人民，尤其是上海市人民，以及上海世博会的建设者、工作者、志愿者，是你们的参与和奉献，理解和支持，让我们得以分享上海世博会的精彩。一个半世纪以来，人类前进的脚步在世博会上留下了不可磨灭的印记。

城市让生活更美好，第一次以城市为主题的上海世博会是各国人民创新、合作、交流的平台，它将打开未来城市的大门，引领新的生活方式，促进人与城市、自然相和谐，推动建设平安、文明、幸福的城市，促进人的全面发展。

上海世博园即将开放，我们将以真诚的笑容让所有观众在中国体验一届成功、精彩、难忘的世博会。女士们、先生们，以人为本，全面协调可持续发展的理念已成为中国政府和人民的坚定选择，一个更加开放、包容的中国将与世界各国一道，共同推动人类文明进步。

最后，预祝中国2010年上海世博会圆满成功。

谢谢！

**例文二：**

## 王岐山在上海世博会国际论坛上的闭幕词

尊敬的蓝峰主席、洛塞泰斯秘书长、

女士们、先生们、朋友们：

在与会代表的共同努力下，第七届上海世博国际论坛取得圆满成功，我代表中国政府以及上海世博会组委会向多年来热情关心和支持上海世博会筹办工作的海内外朋友表示衷心地感谢！

中国政府对本届论坛高度重视，温家宝总理出席开幕式并发表精彩演讲，连续七年举办的中国上海世博国际论坛从世博的主题，特别是城市发展理念等方面进行了深入地研讨，对于凝聚全球的经验和智慧，激发人们的关注，支持和参与世博会的热情发挥了积极地作用。

一个半世纪以来，世博会承载着人类的梦想，凝聚着创造的智慧，推动了文明与进步，世博会的主题不断与时俱进，顺应了时代发展的潮流，上海世博会确立的“城市，让生活更美好”这一主题不仅具有重大的现实和长远意义，而且极具挑战性。

当前全球已有超过一半的人口生活在城市，解决城市化过程中的能源、资源浪费、环境污染、交通拥堵等问题，共同建设美好的城市家园是世界各国面临的重大课题，通过上海世博会这个重要平台，充分展示全球化、全球城市发展的成果，促进各种城市发展理念的碰撞和交流，有助于各国相互学习，博采众长，共同探索未来城市发展之路。

新中国成立，特别是改革开放以来，中国的城市化进程快速推进，但是，作为一个拥有13亿人口的发展中大国，中国面临的挑战前所未有，人多、地少、水少，能源、资源环境等问题十分突出，在这样的基础上推进城市化，没有现成的模式可循，更不可能重复发达国家走过的大量消耗能源资源、先污染后治理的老路，我们将按照科学发展观的要求积极探索中国特色的城镇化道路，努力建设资源节约型、环境友好型的城市，促进城市的可持续发展，坚持以人为本，转变生活方式，营造有利于每个人全面发展、和谐共处的城市环境。

上海世博会的举办将为我们学习借鉴先进的城市发展理念和经验、更好地推进中国城市化的进程提供难得的机遇。

2010年上海世博会不仅属于中国，更属于世界，成功申博七年来，中国政府举全国之力，集世界之智，精心筹办，努力办好这一届国际盛会。特别是去年以来，面对国际金融危机的不利影响，在国际展览局的大力支持下，中方和各参展方积极克服困难，筹备工作正在按计划顺利进行。

目前确认参观的国家和国际组织数量创历史之最，世博园区及场馆建设将于年内基本完成，我们完全有信心向全世界奉献一届成功、精彩、难忘的世博会。

再过170天，上海世博会将拉开帷幕，我以上海世博会组委会主任委员的名义诚挚邀请各位朋友届时到中国、到上海参观访问。

谢谢大家！

例文三：

## ××省酒店用品行业协会会长×××在第十届××市国际酒店设备及用品展览会信息发布会欢迎词

尊敬的女士们、先生们、媒体朋友们：

大家上午好！

在木棉花开、瓜果飘香的美好时节，我们欢聚一堂，隆重举办第十届××市国际酒店设备及用品展览会信息发布会，在此，我谨代表××省酒店用品行业，对本届展会的即将举办，表示热烈的祝贺！向前来参展的中外厂商和客人们，表示热烈的欢迎！

××省酒店用品行业协会作为5A级行业协会，自成立以来，时刻关注行业动态、热心帮助行业发展，积极为政府、行业、企业、会员服务，为发展酒店用品行业与中外经济交流与合作而不懈努力。将于2012年6月28至30日举办的第十届××市国际酒店设备及用品展览会，是我国酒店用品行业的一件大事，我们对展会取得的丰硕成果和优异成绩表示祝贺！同时，我们也将充分利用自身资源，积极帮助展会发展，帮助提升展会优势，以便更好的为行业服务。在国家“稳增长、扩内需”的市场背景下举办本届展会，具有非常重要的意义。

××省是中国第一经济大省，也是中国酒店用品生产、销售和进出口大省，随着全球经济复苏步伐的加快，消费市场的不断升温，我国酒店用品行业迎来新的发展机遇。××省酒店用品产业生机勃勃，据预测，今年我国酒店用品总产值将突破12 000亿元人民币，其中××省将达5 000亿元以上，占全国总产值40%以上，位居全国第一。我们将通过展会平台，把各地的酒店用品推向全国、走向世界。

让我们携手合作、共同努力，为开创我省乃至中国酒店用品行业发展的新局面，为做大做强酒店用品行业，做出新的更大的贡献！

预祝第十届××市国际酒店设备及用品展览会取得圆满成功、再创辉煌！

谢谢大家！

二〇一二年五月三十日

（此文有改动）

例文四：

## 周光召主席在中国科协2005年学术年会上的讲话

各位来宾，同志们、朋友们：

2005年学术年会，今天在祖国西北边陲的新疆乌鲁木齐市隆重开幕了。首先，我代表中国科学技术协会，向来自全国各地的各位专家学者、来宾和国际友人表示热烈的欢迎！向对这次年会给予大力支持的新疆维吾尔自治区委、区政府，乌鲁木齐市委、市政府，以及新疆自治区和乌鲁木齐市的各有关部门表示衷心的感谢！

本届年会的主题是“科学发展观与资源可持续利用”。科学发展观是我们党总结国内外的经验教训，从历史和现实的高度对发展观的深刻认识和高度概括，是全面建设小康社会，加快推进社会主义现代化建设的根本指针，具有极其重要的现实意义和深远意义。

我国目前正面临难得的历史机遇来实现四个现代化，用几代人的努力达到世界中等发达国家水平，完成振兴中华，自立于世界民族之林的理想。这是十分艰巨的任务，从人口庞大、资源短缺和环境不良带来的硬性制约；从自主知识产权缺少、产业结构不合理、产品同质化、劳动力素质不高、管理机制和经验差带来的竞争力不强；三农问题、就业问题、地区差距和贫富差距扩大等都在我们面前形成了巨大的挑战。

坚持以人为本，全面、协调、可持续的发展观，是尊重自然、社会和人类自身发展规律，应对挑战，实现我国现代化的正确选择。多年来，我国经济社会发展在取得巨大成就的同时，资源消耗高、浪费大、生态退化，环境污染的问题没有得到根本解决。目前，我国单位国内生产总值的能源、原材料和水资源消耗仍大大高于先进国家的平均水平，在生产、建设、流通、管理和消费领域的浪费现象则相当严重。

我国经济已进入新的快速增长阶段，而粗放式的增长方式使得我国资源、环境与经济增长的矛盾进一步凸显，压力日益增大。据统计，在世界144个国家的排序中，我国的主要资源的人均占有量都很靠后，土地、耕地、森林等均排在100位以后，淡水资源量排在55位以后。矿产资源中的石油、天然气、铜和铝等重要矿产资源的人均储量，仅分别相当于世界人均水平的8.3%、4.1%、25.5%和9.7%。同时，我国环境问题也十分突出，温室气体排放已是世界第二位，全国酸雨面积扩大，频率增加，水土流失面积356万平方千米，占国土面积37.1%，沙化土地面积约100万平方千米，而且还在继续增长。森林覆盖率经过多年努力才达到18.21%（世界平均29.6%），草地退化面积达2/3。全球1 121种濒危物种中，中国有190种（IUCN）。

按照科学发展观的指导思想，中央提出了促进经济社会可持续发展，建设资源节约型和环境友好型社会等一系列任务措施。在发展模式上，中国不可能像美国那样，美国以占世界不到5%的人口，消耗世界25%的能源。而中国人均要达到这个水准，意味着要把全世界的能源都拿来，这显然是不可能的。从现在开始就要保护环境，适度消费，发展清洁生产和循环经济，坚持资源开发与节约并重，把节约放在首位的方针，这是十分必要的，是我们唯一的选择。最近中央强调将提高自主创新能力作为国家战略目标，要求政府各部门采取一系列有利措施和政策，创造良好的创新环境和保障条件。至此，我国科学技术大发展的外部条件已经基本具备，大发展的时机已经到来。为此，我们要处理好学科和任务、基础研究和应用开发、有所为和有所不为、集中和分散、重点和全面、单科深入和交叉融合、个人和团队、老中青、产学研、科学研究和成果转化及知识普及等的关系。这些关系都是互相依存而又互为矛盾的统一体，其中的一方在某些条件下将成为矛盾的主要方面，起着关键的作用。无疑，在一段时间内，矛盾的主要方面通常是工作的重点，没有重点就没有政策，就不能有所为有所不为。在确定重点的同时照顾全面能推动非重点的一方发展，达到双赢，但重点过度膨胀则会造成对方衰退，反过来又会阻碍重点自身的发展，甚至更大的衰退，造成矛盾主要方面的相互转化。一度过分强调应用开发而忽视基础，因不掌握基本规律而没有创新的应用成果，反过来又强调基础而忽视应用，只强调发表论文而不同时着力成果转化，与社会和经济发展脱离，因而得不到社会的重视和支持，基础研究也不能持续发展。我国历史上为此曾经出现过多次反覆，值得深刻总结，引以为训。最近，在我国出现的经济过快发展造成资源浪费、环境恶化，反过来制约经济发展也是一个例子。如果以后只强调环境保护而不努力发展经济和文化，人民不能脱贫致富，不能提高素质，环境保护最后将成为空话。因此，在处理这些关系时，要因时因地因人而异，既确定重点，又掌握合适的度，对一些重要关系的双方，要持续安排既有重点又相对稳定和适度的投资比例和激励政策，才不会在集中力量发展重点的时候顾此失彼。当前，世界经济和科技正在走向全球化，科学技术发展和应用的速度加快，产品开发周期缩短，世界市场竞争激烈，社会变动快速而不稳定。同时，国家、地区、企业和单位发展不平衡，矛盾错综复杂，贫富差距加大，全球化引发的突发机遇和突发危机并存。在当今世界，所有国家都以自己的核心利益为出发点，一个发达国家不可能重视发展中国家的权益。维护既得利益的强权和要求重新公平分配的新兴国家之间，冲突和矛盾都是不可避免的。我国要平稳地度过和平崛起这段时期，只有加强自己的核心竞争能力，而自主创新能力就是国家最重要的核心竞争力。一个国家自主创新能力越强，越能开展国际合作，越能和别人一起形成一个双赢的局面；反之，越没有自己的力量，就越受制于人。要想自立于世界民族之林，就必须要有自己的原创力，不断提出创新的思维，创新的产品，创新的管理方法，创新的体制和机制等等。

中央要求把推动自主创新摆在全部科技工作的突出位置，科技界对此肩负着历史使命和重要责任。科协及所属学会要组织和动员广大科技工作者，树立实现国家现代化的远大理想，树立民族自尊心和自信心，从个人、局部、眼前利益的束缚中解放出来，从满足于跟踪、模仿、外围打工的桎梏中解放出来，大力加强原始性创新、集成创新和在引进先进技术基础上的消化、吸收、再创新。我们要努力开创知识前沿的新领域，为我国和世界科学发展作出重大贡献，要在若干重要领域掌握一批核心技术，拥有一批自主知识产权，造就一批具有国际竞争力的人才、企业和品牌，为我国经济社会发展和国防现代化建设提供强大的科技支撑。

爱因斯坦说过：“想象力比知识更重要，因为知识是有限的，而想象力概括着世界上的一切，推动着进步，并且是知识进化的源泉。”要创造宽松的学术范围，允许失败，充分发挥科技工作者的想象力和创造力，敢于标新立异。在创新这个问题上，不应该有权威意识，要树立自信心，开展严肃的学术争论，发展学科交叉融合，促使新思想不断涌现，新人才迅速成长。各级科协及所属团体要努力营造贯彻“双百”方针的学术氛围，提高学术活动的水平和质量，活跃学术思想，为提高自主创新能力，推动我国科学技术事业的不断繁荣发展作出新的贡献。

在中国科协学术年会期间，还将组织科普展览和科技书刊展示活动、科技项目展览和引智活动、青少年科普活动、科普大篷车进校园和进社区活动等。同时，许多科技工作者还将积极为新疆的科技进步、经济建设和西部发展提出专家建议。

本届年会的参加人数已达5 000多人，其中两院院士150多名。国务院西部开发办、教育部、科技部、发改委、国土资源部、中国科学院、中国工程院和新疆维吾尔自治区的主要领导和一批著名国内外科学家将出席年会并做精彩的学术报告。大会将在主会场和分会场上安排学术报告。今天的开幕式上还将颁发中国科协"求是杰出青年实用工程奖"和"求是杰出青年成果转化奖"以及香港求是科技基金会"求是杰出科学家奖"。

今年10月1日，是新疆维吾尔自治区成立50周年纪念日。50年来，特别是改革开放以来，新疆经济社会等各方面的发展取得了历史性的辉煌成就。新疆是祖国西部的一块正在开发的宝地。去年党中央提出"稳疆兴疆、富民固边"战略，强调新疆是西部大开发的重点，要加快实现新疆经济持续、快速、协调发展的目标和社会的全面进步，决定进一步加大对新疆的扶持力度。我们相信在中央和新疆自治区党委强有力的领导下，新疆各族人民团结一心，发挥智慧和创造力，利用新疆在资源和连通中亚、南亚的地域优势，必定能够战胜一切困难，将新疆建设成环境优美，经济发达、文化繁荣、科教先进、社会和谐稳定的现代化新疆。

在此，谨向新疆各民族群众致以衷心的祝福。祝愿新疆各族人民和谐团结，共同进步，繁荣昌盛！

最后，祝中国科协2005年学术年会取得圆满成功！

谢谢大家。

**例文五：**

## 共同创造亚洲和世界的美好未来
### ——中华人民共和国主席习近平在博鳌亚洲论坛2013年年会上的主旨演讲

尊敬的各位元首、政府首脑、议长、国际组织负责人、部长，

博鳌亚洲论坛理事会各位成员，

各位来宾，女士们，先生们，朋友们：

椰风暖人，海阔天高。在这美好的季节里，同大家相聚在美丽的海南岛，参加博鳌亚

洲论坛2013年年会，我感到十分高兴。

首先，我谨代表中国政府和人民，并以我个人的名义，对各位朋友的到来，表示诚挚的欢迎！对年会的召开，表示热烈的祝贺！

12年来，博鳌亚洲论坛日益成为具有全球影响的重要论坛。在中国文化中，每12年是一个生肖循环，照此说来，博鳌亚洲论坛正处在一个新的起点上，希望能更上一层楼。

本届年会以“革新、责任、合作：亚洲寻求共同发展”为主题，很有现实意义。相信大家能够充分发表远见卓识，共商亚洲和世界发展大计，为促进本地区乃至全球和平、稳定、繁荣贡献智慧和力量。

当前，国际形势继续发生深刻复杂变化。世界各国相互联系日益紧密、相互依存日益加深，遍布全球的众多发展中国家、几十亿人口正在努力走向现代化，和平、发展、合作、共赢的时代潮流更加强劲。

同时，天下仍很不太平，发展问题依然突出，世界经济进入深度调整期，整体复苏艰难曲折，国际金融领域仍然存在较多风险，各种形式的保护主义上升，各国调整经济结构面临不少困难，全球治理机制有待进一步完善。实现各国共同发展，依然任重而道远。

亚洲是当今世界最具发展活力和潜力的地区之一，亚洲发展同其他各大洲发展息息相关。亚洲国家积极探索适合本国情况的发展道路，在实现自身发展的同时有力促进了世界发展。亚洲与世界其他地区共克时艰，合作应对国际金融危机，成为拉动世界经济复苏和增长的重要引擎，近年来对世界经济增长的贡献率已超过50%，给世界带来了信心。亚洲同世界其他地区的区域次区域合作展现出勃勃生机和美好前景。

当然，我们也清醒地看到，亚洲要谋求更大发展、更好推动本地区和世界其他地区共同发展，依然面临不少困难和挑战，还需要爬一道道的坡、过一道道的坎。

——亚洲发展需要乘势而上、转型升级。对亚洲来说，发展仍是头等大事，发展仍是解决面临的突出矛盾和问题的关键，迫切需要转变经济发展方式、调整经济结构，提高经济发展质量和效益，在此基础上不断提高人民生活水平。

——亚洲稳定需要共同呵护、破解难题。亚洲稳定面临着新的挑战，热点问题此起彼伏，传统安全威胁和非传统安全威胁都有所表现，实现本地区长治久安需要地区国家增强互信、携手努力。

——亚洲合作需要百尺竿头、更进一步。加强亚洲地区合作的机制和倡议很多，各方面想法和主张丰富多样，协调各方面利益诉求、形成能够保障互利共赢的机制需要更好增进理解、凝聚共识、充实内容、深化合作。

女士们、先生们、朋友们！

人类只有一个地球，各国共处一个世界。共同发展是持续发展的重要基础，符合各国人民长远利益和根本利益。我们生活在同一个地球村，应该牢固树立命运共同体意识，顺应时代潮流，把握正确方向，坚持同舟共济，推动亚洲和世界发展不断迈上新台阶。

第一，勇于变革创新，为促进共同发展提供不竭动力。长期以来，各国各地区在保持稳定、促进发展方面形成了很多好经验好做法。对这些好经验好做法，要继续发扬光大。同时，世间万物，变动不居。“明者因时而变，知者随事而制。”要摒弃不合时宜的旧观念，冲破制约发展的旧框框，让各种发展活力充分迸发出来。要加大转变经济发展方式、调整经济结构力度，更加注重发展质量，更加注重改善民生。要稳步推进国际经济金融体系改革，完善全球治理机制，为世界经济健康稳定增长提供保障。亚洲历来具有自我变革活力，要勇做时代的弄潮儿，使亚洲变革和世界发展相互促进、相得益彰。

第二，同心维护和平，为促进共同发展提供安全保障。和平是人民的永恒期望。和平犹如空气和阳光，受益而不觉，失之则难存。没有和平，发展就无从谈起。国家无论大小、强弱、贫富，都应该做和平的维护者和促进者，不能这边搭台、那边拆台，而应该相互补台、好戏连台。国际社会应该倡导综合安全、共同安全、合作安全的理念，使我们的地球村成为共谋发展的大舞台，而不是相互角力的竞技场，更不能为一己之私把一个地区乃至世界搞乱。各国交往频繁，磕磕碰碰在所难免，关键是要坚持通过对话协商与和平谈判，妥善解决矛盾分歧，维护相互关系发展大局。

第三，着力推进合作，为促进共同发展提供有效途径。“一花独放不是春，百花齐放春满园。”世界各国联系紧密、利益交融，要互通有无、优势互补，在追求本国利益时兼顾他国合理关切，在谋求自身发展中促进各国共同发展，不断扩大共同利益汇合点。要加强南南合作和南北对话，推动发展中国家和发达国家平衡发展，夯实世界经济长期稳定发展基础。要积极创造更多合作机遇，提高合作水平，让发展成果更好惠及各国人民，为促进世界经济增长多作贡献。

第四，坚持开放包容，为促进共同发展提供广阔空间。“海纳百川，有容乃大。”我们应该尊重各国自主选择社会制度和发展道路的权利，消除疑虑和隔阂，把世界多样性和各国差异性转化为发展活力和动力。我们要秉持开放精神，积极借鉴其他地区发展经验，共享发展资源，推进区域合作。进入新世纪10多年来，亚洲地区内贸易额从8 000亿美元增长到3万亿美元，亚洲同世界其他地区贸易额从1.5万亿美元增长到4.8万亿美元，这表明亚洲合作是开放的，区域内合作和同其他地区合作并行不悖，大家都从合作中得到了好处。亚洲应该欢迎域外国家为本地区稳定和发展发挥建设性作用，同时，域外国家也应该尊重亚洲的多样性特点和已经形成的合作传统，形成亚洲发展同其他地区发展良性互动、齐头并进的良好态势。

女士们、先生们、朋友们！

中国是亚洲和世界大家庭的重要成员。中国发展离不开亚洲和世界，亚洲和世界繁荣稳定也需要中国。

去年11月，中国共产党召开了第十八次全国代表大会，明确了中国今后一个时期的发展蓝图。我们的奋斗目标是，到2020年国内生产总值和城乡居民人均收入在2010年的基础上翻一番，全面建成小康社会；到本世纪中叶建成富强民主文明和谐的社会主义现代化国家，实现中华民族伟大复兴的中国梦。展望未来，我们充满信心。

我们也认识到，中国依然是世界上最大的发展中国家，中国发展仍面临着不少困难和挑战，要使全体中国人民都过上美好生活，还需要付出长期不懈的努力。我们将坚持改革开放不动摇，牢牢把握转变经济发展方式这条主线，集中精力把自己的事情办好，不断推进社会主义现代化建设。

“亲望亲好，邻望邻好。”中国将坚持与邻为善、以邻为伴，巩固睦邻友好，深化互利合作，努力使自身发展更好惠及周边国家。

我们将大力促进亚洲和世界发展繁荣。新世纪以来，中国同周边国家贸易额由1 000多亿美元增至1.3万亿美元，已成为众多周边国家的最大贸易伙伴、最大出口市场、重要投资来源地。中国同亚洲和世界的利益融合达到前所未有的广度和深度。当前和今后一个时期，中国经济将继续保持健康发展势头，国内需求特别是消费需求将持续扩大，对外投资也将大幅增加。据测算，今后5年，中国将进口10万亿美元左右的商品，对外投资规模将达到5 000亿美元，出境旅游有可能超过4亿人次。中国越发展，越能给亚洲和世界带来发展机遇。

我们将坚定维护亚洲和世界和平稳定。中国人民对战争和动荡带来的苦难有着刻骨铭心的记忆，对和平有着孜孜不倦的追求。中国将通过争取和平国际环境发展自己，又以自身发展维护和促进世界和平。中国将继续妥善处理同有关国家的分歧和摩擦，在坚定捍卫国家主权、安全、领土完整的基础上，努力维护同周边国家关系和地区和平稳定大局。中国将在国际和地区热点问题上继续发挥建设性作用，坚持劝和促谈，为通过对话谈判妥善处理有关问题作出不懈努力。

我们将积极推动亚洲和世界范围的地区合作。中国将加快同周边国家的互联互通建设，积极探讨搭建地区性融资平台，促进区域内经济融合，提高地区竞争力。中国将积极参与亚洲区域合作进程，坚持推进同亚洲之外其他地区和国家的区域次区域合作。中国将继续倡导并推动贸易和投资自由化便利化，加强同各国的双向投资，打造合作新亮点。中国将坚定支持亚洲地区对其他地区的开放合作，更好促进本地区和世界其他地区共同发展。中国致力于缩小南北差距，支持发展中国家增强自主发展能力。

女士们、先生们、朋友们！

亲仁善邻，是中国自古以来的传统。亚洲和世界和平发展、合作共赢的事业没有终点，只有一个接一个的新起点。中国愿同五大洲的朋友们携手努力，共同创造亚洲和世界的美好未来，造福亚洲和世界人民！

最后，预祝年会取得圆满成功！

二〇一三年四月七日，于海南博鳌

例文六：

# 乔布斯在斯坦福大学的演讲稿

我很荣幸能在斯坦福这样一所世界一流大学参加你们的毕业典礼。我从未从大学毕业过，今天也许是在我的生命中距离大学毕业最近的一天了。今天，我想向你们讲述我生活中的三个故事，不是什么大不了的事情，只是三个普普通通的故事而已。

## 第一个故事，是关于如何把生命中的点点滴滴串连起来

我在Reed学院读了六个月就退学了，但是在十八个月以后——我真正做出退学决定之前，还经常去学校。我为什么要退学呢？

故事从我出生前开始讲起。我的亲生母亲是一个年轻的，未婚大学毕业生。她想把我送去给别人收养，又十分想让我被大学毕业生收养。所以在我出生的时候，她已经做好了一切准备工作，使我被一个律师和他的妻子所收养。让人始料未及的是，就在我出生时，这对夫妇决定收养个女孩，所以我的养父母（他们还在观察名单上）突然在半夜接到一通电话："我们这刚出生了一个意料之外的男婴，你们想收养他吗？"他们回答道："当然！"但是我的生母亲随后发现，我的养母从来没有上过大学，我的养父甚至从没读过高中。她拒绝签这个收养合同，直到几个月后我父母答应她一定要让我上大学她才同意。

十七岁那年，我真的上了大学。但我天真地选择了一所和斯坦福一样贵的学校，我那工薪阶层的父母几乎将所有积蓄都花在了我的学费上。过了六个月我就看不到读大学的价值了，我不知道我的生活到底需要什么，也看不到读大学如何能给我个答案。在这里，我几乎花光了我父母这一辈子的所有积蓄，所以我决定退学，我相信退了学一切都会好起来。不能否认，我当时确实非常害怕，但是现在回头看看，那的确是我这一生中最棒的一个决定。在我做出退学决定的那一刻，我终于可以不必去读那些令我提不起丝毫兴趣的课程了，然后我自己去修那些有意思的课程。

这一切并不都那么理想。我没了宿舍，所以只能在朋友房间的地板上面睡觉。我去捡5美分的可乐瓶子，仅仅为了填饱肚子。每周日晚上，我都要走七英里路穿过整个城市到HareKrishna庙（注：位于纽约Brooklyn下城），只是为了能吃上饭——这个星期唯一一顿好一点的饭。但是我喜欢这样，我跟着我的直觉和好奇心走，遇到的很多事情，此后被证明是无价之宝。让我给你们举一个例子吧：

当时，里德学院有全美最好的美术字课程，校园里面的每个海报，每个抽屉的标签上面全都是漂亮的美术字。因为我退学了，不用上常规课，所以我决定去上这门课，去学学怎样写出漂亮的美术字。我学到了sanserif和serif字体，我学会了怎么样在不同的字母组合之中改变空格的长度，还有怎么样才能做出最棒的印刷式样。那是一种科学永远无法

捕捉到的、美丽的、真实的精妙艺术，我被那美妙所感染了。

这些在我生活里好像并没有实际应用的可能。但十年后我们设计第一台Macintosh电脑时，当时学到的东西就派上用场了。我把学到的美术字知识全都设计进了Mac。那是第一台有漂亮印刷字体的电脑。如果我当时没有退学，就不会有机会去参加这个我感兴趣的美术字课程，Mac就不会有这么多丰富的字体，以及赏心悦目的字体间距了，那么现在个人电脑也就不会有这么美妙的字型了。读书时，我还不能把从前的点点滴滴串连起来，但是十年后当我回顾这一切的时候，一切豁然开朗。

再强调一遍，你在向前展望的时候不可能串起所有片段，你只能是在回顾的时候，才能将点点滴滴串连在一起，所以你必须相信这些片断能够在你未来的某一天串连起来。你必须要相信某些东西：你的勇气、使命、生活、因缘——你的一切，这种信仰从来没有让我感到失望，相反，它让我的人生变得与众不同。

## 我的第二个故事是关于爱和遗失的

我非常幸运，因为我很早就找到了我所钟爱的事业，Woz和我二十岁时就在父母的车库里面开创了苹果公司。我们努力地工作，十年之后，这个公司从车库中那两个穷光蛋发展到了超过四千名的雇员、价值超过二十亿的大公司。一年前，在我快要到三十岁的时候，我们刚刚发布了最完美的创意——Macintosh电脑，然后我被炒了鱿鱼。你怎么可能被你亲手创立的公司炒了鱿鱼呢？好吧，我来说明这个问题，随着苹果快速壮大，我们雇用了一个很有天分的家伙和我一起管理这个公司。起初几年里，公司运转得还不错，但后来我们对未来的看法出现了分歧，最终吵得不可开交，而董事会站在了他那一边。所以在我三十岁的时候，我被炒了，在那么多人的眼皮下被炒了。我整个人生唯一的成就猝然消逝，对我来说，那就像世界毁灭一样让我不知所措。

开始的几个月，我真不知道该做些什么，我觉得我让企业界的前辈们失望了，我失去了传到我手上的指挥棒。我去见了DavidPack和BobBoyce，试图为这彻头彻尾的失败进行道歉。我成了一名众所周知的失败者，我甚至想过离开硅谷，但是我渐渐发现了曙光——我仍然喜爱着我从事的事业，苹果公司发生的这些事，丝毫没有改变我对这一事业的爱，一点也没有。我被驱逐了，但是我仍然钟爱它，所以我决定从头再来。

那时的我并不曾察觉，但事后证明，被苹果公司解雇是发生在我身上最好的事情了！我卸下了成功者的重担，以创业者的轻松感取而代之，对那些不愉快的事不再那么较真，我卸掉了一切枷锁进入了我生命中最有创意的时光。

在接下来的五年里，我创立了一个名叫NexT的公司还创建了Pixar公司，然后和一个后来成为我妻子的女人相爱。Pixar创造了世界上首部用电脑制作的卡通电影——“玩具总动员”，并成为世界上最成功的动画工作室。在后来的一系列运转中，Apple收购了

NexT，然后我又回到了Apple公司。我们在NexT发展的技术在Apple的复兴之中发挥了关键的作用，我还和Laurence一起组建了一个幸福的家庭。

我可以非常肯定地说，如果我没被Apple开除的话，这其中任何一件事情都不会发生，这味良药太苦口了，但我想病人需要的就是他。有时候生活会给你当头一棒，但是不要失去信心。我很清楚唯一使我一直走下去的，就是我对所做的事情无比热爱。你得去找到你的所爱，对于工作是如此，对于你的爱人也是如此。工作会占据生活中很大的一部分，而只有去做让你觉得伟大的事才能让你满足。如果你现在还没有找到所爱，那么继续找，不要停下来，全心全意的去找，当你找到的时候你的心会告诉你。如同任何伟大的浪漫关系一样，伟大的工作只会在岁月的酝酿中越陈越香。所以一直找，在你找到之前，不要停下来！

## 我的第三个故事是关于死亡的

十七岁时我读到了这么一句话："如果你把每一天都当作生命中最后一天去生活的话，总有一天你会发现你是正确的。"这句话给我留下了深刻的印象。从那时开始，直至33年后的今天，我每天早晨都会对着镜子问自己："如果今天是我生命中的最后一天，我到底愿不愿意做我今天要做的事呢？"当答案连续几天都是"不"的时候，我知道自己该做些改变了。

谨记我随时会死去，是我一生中最重要的方法。它帮我做出了生命中重要的抉择，因为几乎所有事，包括所有对外界的期望、所有骄傲、所有对难堪和失败的恐惧——这些在死亡面前都会消失，留下了真正重要的东西。当你患得患失时，想到"你随时会死去"，是我知道的摆脱思维窘境最好的办法。你已经一无所有，没有理由不去跟随自己的心。

大概一年以前，我被诊断出癌症，那天早晨七点半我做了一个检查，清楚的显示出我的胰腺上长有一个肿瘤。我当时都不知道胰腺是什么东西，医生告诉我那很可能是一种无法治愈的癌症，我只剩下三到六个月的时间活在这个世界上。我的医生建议我回家，把一切安排妥当，那就是医生书写病危通知书的源代码。那意味着你得把未来十年想对孩子说的话在几个月里面说完；那意味着你必须把每件事情都妥当安排，好让你的家人能尽可能轻松的生活；那意味着你要说"再见了"。

那一整天，我满脑子都是那份诊断书。当天晚上我作了一个活组织切片检查，医生将一个内窥镜从我的喉咙伸进去，通过我的胃，进入我的肠子，用一根针在我的胰腺的肿瘤上取了几个细胞。我当时很镇静，因为我被注射了镇定剂，但是我的妻子在那里，后来她告诉我，医生在显微镜底下观察这些细胞的时候尖叫起来，因为这些细胞竟然是一种非常罕见的可以用手术治愈的胰腺癌症。我做了这个手术，现在我痊愈了。

那是我最近距离地接触死亡的一次，我希望那也是今后几十年里最接近的一次。以前死亡是个有用但纯粹是认知上的概念，经过了这次重生，我有了更确切的体会来与你们分享。

没有人愿意死。即使人们想上天堂，也不会为了去那里而死。但是死亡是我们每个人共同的终点，从来没有人能够逃脱它，也不该有人能逃脱，因为死亡是生命中最好的发明，送走老旧的以迎接新生。现在你们正是这新生，然而在不久的将来，你们也将逐渐变成陈旧的然后被淘汰。很抱歉生命是这般的戏剧性，但是这十分的真实。

你们的时间很有限，所以不要亦步亦趋、人云亦云，不要被教条所束缚，盲从信条就只能生活在别人的思考里；不要被其他人喧嚣的观点掩盖你真正的内心的声音。还有最重要的，你要有勇气去听从你的直觉和心灵的指示——在某种程度上，它们知道你想要成为什么样子，所有其他的事情都是次要的。

在我年轻的时候，有一本叫做“全球概览”的、振聋发聩的杂志，它是我们那一代人的“圣经”之一。创办者是一位叫做Stewart Brand的人，他住在离这里不远的Menlo公园，他用诗一般的格调把这份杂志带向世界。那是六十年代后期，在个人电脑出现之前，所以这本书全部是用打字机、剪刀和拍立得完成的。有点像纸版的google。在google出现三十五年之前，它是理想主义的，其中包含了许多灵巧的工具和伟大的见解。

Stewart和他的团队出版了数期的“全球概览”，当这本杂志完成使命的时候，他们推出了最后一期的目录。那是在七十年代中期，你们的时代。在最后一期的封底上是乡村清晨公路的照片，就是那种如果你喜欢冒险就会漫步其上，竖起拇指搭顺风车的小路。照片下面有这样一段话：“追寻若渴，大智若愚。”这是他们停刊的辞讯。“追寻若渴，大智若愚。”我一直希望自己能做到。

现在，在你们即将毕业，迎来人生新起点的时候，我想用这句话来与你们共勉：

追寻若渴，大智若愚。

谢谢大家！

二〇〇五年六月十二日

于斯坦福大学

（此文选自中国林科院崔雪情博士根据“苹果公司和Pixar动画工作室的CEO Steve Jobs在斯坦福大学的毕业典礼上演说的讲稿”的译稿）

# ◆第六部分◆

# 科技文体的写作

技术革新报告、技师论文和毕业论文，不属于一种文体，我们将三者放在一个部分里来介绍，是因为三者都与科学技术和生产活动相关。技术革新报告产生于企业经常性的技术实践活动，技师论文不但产生于技术实践活动，还是技术员工获得技术级别认证的必备文件。能够写好这两种文体，可以促进企业技术革新与技术改造工作的发展，同时也是技术员工提高科技理论水平与实践能力的重要手段。毕业论文是职业院校学生毕业前需要提交的、有一定学术价值的论文，其内容涉及的是科研成果。写好毕业论文，则是职业院校学生必须具有的写作能力。

# 第一章 技术革新报告的写作

企业为了提高自身的技术创新能力，以促进生产技术进步，提高生产经营效益，经常要组织员工进行技术革新活动。如果将某些取得一定成果的技术革新实践过程，以文字形式表达出来，就是技术革新报告。技术革新报告是技术革新实践成果的理论体现，写作技术革新报告，是企业里具有较高素质的技术人员、生产骨干等应该具备的能力。

## 第一节 技术革新报告的概述

### 一、技术革新报告的特点

技术革新是指对现有的设备、生产工艺、生产工具等，在原有基础上进行改进，即以现有的产品、设备、工艺为对象，以先进的科学技术为手段，以改进现有设备性能、改善原有操作使用条件、提高生产效率、降低生产能耗等为目的的改革创新活动。

技术革新是一种具有明确的针对性，很强的科学性和专业技术性的实践活动。技术革新报告是这种科技实践活动的书面表现形式。技术革新活动程序的安排，应该包括写作技术革新报告的内容。写作技术革新报告，是技术革新活动的一个重要环节和步骤。

写作技术革新报告，不同于写作一般性的科技论文。科技论文往往是对某些学科或者专业问题，做出理论分析与阐释，具有很强的理论性。而技术革新报告的写作，则要有具体的，现实存在的技术，或者工艺问题作为革新对象。其内容反映的是对具体项目的革新过程，以及对革新结果的证明。因此，技术革新报告的内容要具有明确的针对性，它解决的是技术应用的问题，不是本质与规律的问题，文中不可以泛泛而谈，或者只进行理论上的论证推理，而不解决实际的技术问题。

### 二、技术革新报告的用途

从功用角度来看，技术革新报告的用途主要有以下几点。

#### （一）促进企业的技术创新

企业的发展往往取决于自主创新能力。在企业管理实践中，技术革新活动可以让企业在现有条件的基础上，获得技术的改进和创新，以实现产品生产工艺水平的提高。在进行技术革新的过程中，写作技术革新报告，可以促进企业技术创新能力的进步。技术革新报告是技术革新实践内容的载体，是对技术革新活动成果的总结，具有从实践上升到理论，以理论指导实践的作用。

**（二）增加产品的技术含量**

企业生产的产品在市场上竞争力的强弱，很大程度上取决于产品技术含量的多少。企业的技术革新活动，能够实现对产品的技术升级和创新，从而提高企业产品的技术含量，增加产品的市场竞争力。而同时写作技术革新报告，又可以促进企业技术革新活动的开展，激发员工参与技术革新活动的积极性。

**（三）充分发挥生产设备的功用**

企业通过对生产设备的改善，或者对生产工具的操作方法，使用方法，以及功用的改革，能够极大地提高生产设备和生产工具的使用效率，使设备的功用获得最大的利用和挖潜，这不但能够促进生产效率的提高，还能改善和提高生产工艺水平。写作技术革新报告，不但能够促进这种改革活动的开展，而且对这种技术革新活动还具有理论指导意义。

**（四）提高企业生产效率**

技术革新能够直接促进生产效率的提高。通过提升原有的生产技术，改善生产工艺，来提高生产效率，是企业生产管理经常性的工作内容。而把这一实践过程写成技术革新报告，会有利于带动整体上的技术革新工作，为全面提高企业生产效率服务。

## 第二节　技术革新报告的写作

### 一、技术革新报告的结构内容

技术革新报告的文体由标题、正文、落款几部分构成。

**（一）标题**

技术革新报告的标题一般采用文件式标题，常见的标题形式一般由内容（对象）、文种两个要素构成。如《××技术的革新报告》《关于××技术的革新》等，前者“××技术革新”是内容，“报告”表明文种，后者是由对象一个要素构成的简式标题。

**（二）正文**

技术革新报告正文的内容一般包括项目名称、革新对象的概况（简介）、用途、原理、技术关键、革新前后的对比、经济效益、总结等构成要素。

其中，“项目名称”和“革新概况”相当于概述，是开头部分。“原理”“技术关键”“革新前后的对比”“经济效益”等几项内容是主体部分。报告的结尾通常要单设一个部分，经常采用“总结”或者“结论”作结尾部分的小标题。

**（三）落款**

技术革新报告落款的内容，一般包括名称和日期两个要素。名称就是革新者的名称，按照实际情况，可以是一个人，也可以是几个人，以集体进行的革新工作，落款的名称可以采用集体的名称，如“××改革小组”“××车间”等等。

例如下面这篇例文，内容是关于圆网纸机的改造技术革新（引文有改动）。

## 圆网纸机改造技术革新

目前国内圆网纸机在中小型造纸企业仍大量存在，虽在某方面有它的特殊优势，但大多数属于技术比较落后、已适应不了造纸发展的需要。企业面临着市场严峻竞争的压力，对造纸设备的技术创新挖潜改造甚为重要。随着造纸工业的迅速发展，圆网纸机改造为长网纸机是造纸发展的趋势。

**1. 改造前的圆网纸机**

公司原有两台抄宽4 600 mm型圆网纸机，配4个压力喷浆成形器，直径为1 800 mm的片式网笼，5只直径为3 000 mm的烘缸，第一烘缸为双毯、托辊、主压榨、预压结构，第二至第五烘缸上装有压光辊，三辊压光机和卷纸机，纸机采用变频分部传动。虽纸机车速可开到120~150 m/min，日产量50~70 t。但因得率低、耗浆大、产量低、成本高，历年效益微小。公司于2009年前，再次对两台纸机进行了系统的技术革新改造。将两台纸机大量的备品备件尽量做到同样的型号规格，以便于维护，扩大了备品、备件的通用性和互换性，更有利于减少大量备品、备件的库存积压。企业进一步调整了产品结构，适应生产52~150 g/m$^2$铜版原纸，生产铜版原纸要求漂白商品浆占40%~50%，废纸浆占50%~60%。对不同定量的纸种，纸机的工作车速可达350~500 m/min，单台日产量可达200~250 t，两台纸机年产量计15~18万吨。

**2. 圆网纸机系统改造**

圆网纸机改为长网纸机结构（例文图略）。

2.1 成形部改造

为了适合该纸机的实际情况，将原有流浆箱改为折流带压双匀浆辊的流浆箱（例文图略）。该流浆箱设锥方形多管进浆稳浆器，双匀浆辊由变频电机直接带动，且拥有可对上堰板横向整体升降调节和局部微调的调节器装置。

2.1.1 折流带压双匀浆辊流浆箱

2.1.1.1 折流带压双匀浆辊流浆箱的工作原理

由浆泵（选用FP型低脉冲浆泵）以扬程0.12~0.15MPa的压力，将浓度0.40%~0.50%的浆料送进锥方形多管进浆的稳浆器，使每条进浆管有同样的压力，然后，浆料进入压力流浆箱底部产生折流翻滚，促使纤维团充分扩散，流经集流狭道，浆流进行混合、整流，以稳定浆的横向流速（流量），且通过慢速转动的双匀浆辊后（即匀浆辊的线速度与浆速要相适应），浆的流动压力降低，形成缓和稳流，将促使浆里的泡沫消失，同时，有利于纤维分解的均匀细腻，消除纤维絮聚，大大提高纤维上网的纵横交织能力。由于流浆箱上堰板是倾斜结构，浆料流经堰板口为横幅均匀、急流喷出，浆料流速要与网的运行速度相接近。浆料经过成形板、脱水板组的重力作用，迅速脱水，再经真空脱水板箱、真空箱、真空伏辊抽真空吸水，形成厚薄和匀度一致的湿纸页（例文图略）。双匀浆辊的辊面布孔排列，设左右向双螺旋线与轴线夹角为5° 比较合适。匀浆辊的动力学效应，就是浆流通过双匀浆辊的流动，可近似看作通过4个孔板的扩散、分解、混合、纵横排列、整流的流动过程，浆流过匀浆辊时首先是向辊中心流入，然后再由中心沿半径方向流动，浆流通过半径后，在两孔之间形成较强烈的小涡流，使浆流处于微湍流状态，从而使浆流中的纤维分散，避免了纤维的絮聚。浆流状态显得均匀平稳，稳定了纤维纵横交织成形的能力，有利缩小纸页纵横拉力比。双匀浆辊的转向与进浆流动方向是一致的，双匀浆辊应有适当的转速，一般控制在30~40 r/min。如果转速太低，会导致纸张产生条斑；转速太高，容易造成浆料不稳定而形成泡沫。

2.1.1.2 折流带压双匀浆辊流浆箱的特点

折流带压双匀浆辊的流浆箱适应车速200~500 m/min，不但能适应生产文化用纸，而且能生产高强瓦楞纸、高档卫生用纸等品种，该流浆箱装置自动调节浆阀，控制浆的压力和流量，且流浆箱内有一定压力容量的浆位，稳定流浆箱的浆流运行，不受浆泵供浆时偶尔波动的影响。折流带压双匀浆辊流浆箱的使用，对纸的物理强度有明显改善，且匀度好，纸页表面细腻，横幅定量稳定，且该流浆箱操作简单，维修方便，运行安全，稳定可靠，结构简单紧凑，易制造，费用省，见效快等优点。

2.1.2 网部装置刮水板的使用配置

20世纪50年代以前，国外低速长网纸机网部脱水元件都使用转动的案辊，当车速超过某一限度，浆料在网上跳动厉害，网下白水细小纤维填料增多，案辊就不能适应各种纸张的质量要求了。到60年代以后，国外开始用刮水板代替案辊，80年代我国也开始使用先进的刮水板技术。刮水板适用于高、中速纸机，亦适应低速纸机，但在实际使用过程中，刮水板的几何尺寸、角度、形状结构及其材料等对纸张质量的影响因素，仍在探索中（例文图略）。刮水板是由一个锐利的前缘（前角）、一个支承成形网的水平面和一个倾斜的平面组成。刮水板是一种静止脱水元件，其斜面与网面之间所形成较长楔形真空区是逐渐扩大的，所以抽吸力较小，当车速为500 m/min时，真空度只有9.33 kPa（70 mmHg），其真空抽吸脉冲作用也较平稳而连续。刮水板的宽度通常为80 mm，其中水平支承平面宽度由开始使用的15 mm改为10 mm，脱水板前角通常为45°，倾斜面的倾角由起初使用的2° ~5° （制造厂家提供的倾斜角）改为5° ~8° 。该台纸机网部设有8个4片装置刮水板箱，每2个刮水板箱为一组，每组设一种刮水板倾斜角，刮水板设为5° 、6° 、7° 、8° 共4种倾斜角，按网运行方向设由大倾斜角到小倾斜角排列。经改进后，脱水效果和成纸匀度及物理指标得到明显改善。不同倾斜角刮水板的排列效果，与抄纸的车速、上浆浓度、浆料打浆度、网目等因素有关，倾斜角选择视生产实际效果而定。当以刮水板为脱水元件时，真空抽吸力小，脱水缓慢且均匀，脱水量亦大，消除了正压，克服了跳浆现象。同时，由于楔形区中充满的水层，在运动的网面和静止的斜面之间产生了很大的相对运动，引起小的涡流现象。这种小涡流的存在，使网面上的浆料也产生了相应微湍动，从而有利于克服纤维再絮聚，提高了纸页的匀度。刮水板对网子干扰较小，运行也相对稳定。

2.1.2.1 刮水板的脱水原理

每组刮水板箱由4片刮水板组成。刮水板脱水原理是当浆液运行到刮水板前缘时，首先是将悬附在网下的水层刮去，接着，网与网上的浆料进入刮水板水平的支承面，在这个区间上，由于刮水板不完全水平，网的张力不足，刮水板前缘不够锐利或前角较大等因素，总会有一部分水随网进入到网与刮水板之间，造成在刮水板上发生正压脉冲。当网移至倾斜平面上时，在初始阶段网会下垂而沿斜面运动，但网的张力会很快使网与倾斜面脱离，并与倾斜面组成一个楔形空间，在这楔形空间产生真空区，刮水板的脱水作用就主要发生在这一区间内。刮水板产生的真空度较低，脱水过程也较缓和，楔形间隙末端水层的形状也比较稳定。网离开刮水板时，刮水板脱出的水层不是被抛向网下的白水盘，而是附着在网的底面下，被推向下一个刮水板的前缘刮入白水盘。显然，刮水板前缘的刮水作用是十分重要的。

2.1.2.2 刮水板的几何尺寸对脱水性能的影响

影响刮水板脱水性能的主要结构参数，是刮水板倾斜面的宽度和倾斜角，还有刮水板的前角。刮水板之间的距离对刮水板的脱水量亦有明显影响。一般来说，刮水板的脱水量是随刮水板倾斜角的增加，而大到某一最大值，继续增大倾斜角时，刮水板的脱水量很快下降。较狭窄的刮水板有较大的倾斜角变化范围，调节较为灵活。选用刮水板倾斜角时，应考虑到刮水板对网上浆液引起的扰动（湍流）问题。大倾角刮水板过分强烈的脱水，可能在浆料中引起过大的扰动，影响纸幅的形成，但倾斜角过小，刮水板的扰动太弱，可能造成纤维再絮聚现象，影响成纸的匀度。只要倾斜角选用恰当，各种宽度的刮水板都有相同的脱水量，选择刮水板宽度的依据是脱水效率，主要是从控制刮水板对网上浆料扰动的程度来考虑。狭窄的刮水板灵活性较大，对浆料的扰动也较大，宽度大的刮水板脱水缓和，有利提高纸幅中细微物质的保留率，但电耗较大。权衡考虑各种宽度刮水板的优缺点时，最好选择宽度为80 mm，倾斜角为5°~8°，前角为45°的刮水板，这种规格的刮水板即能满足脱水量和浆料扰动要求，又能有效降低动力消耗。长网部除了安装4组刮水板箱外，并设2组9片装置真空刮水板箱、9个真空箱、真空伏辊、驱动辊、胸辊、导毯辊、校正辊、张紧辊等装置，组成网部脱水系统。

2.1.3 聚酯网的选择与使用

该台纸机设网部长度为15 m，首先要选择一个适应纸机生产和纸种要求的网型。网型主要指织法和网目，聚酯网的织法一般脱水以破缎纹为多，其特点是纬密度较高，挺直性好，且有良好的韧性和耐磨性。在网目选择上，由于聚酯网疏水性好，同时横向稳定而纵向伸长大，当网孔变形后开口面积增加，有良好的滤水性。选用聚酯网的目数以75为宜。网子的清洗是维护网子性能的一项重要工作。清洗得当，不仅可以保持网子的滤水性能，延长使用寿命，而且保证纸张质量。清洗聚酯网的关键是水压问题，水压过大，不利于网子的使用寿命，水压过小，达不到清洗的目的。一般来说，聚酯网的清洗水压在2.5~3.0 MPa较为适宜，喷水方向应垂直于网面。当然也可根据实际洗网效果来调节水压。运行中应控制网的张力为7~8 kN/m。洗网用水一定要过滤，以防硬物损坏网子。聚酯网的耐酸性能较耐碱性能好，切不可用碱性太强的化学药品清洗网子。通过对聚酯网的使用，发现聚酯网有3个特点：① 质地柔软，弹性强，适应强；② 具有良好的耐酸碱腐蚀、耐磨和韧性，使用寿命比铜网大好几倍，且成本低，可减小停机时间，有很好的经济效益；③ 质量轻，操作方便，易修补，运行稳定。

2.2 烘缸部改造

2.2.1第一烘缸的改造

目前国内圆网纸机的第一烘缸结构普遍使用老式双毯、托辊、压榨、预压，上毛毯经主压榨后具有以下缺点：一是毛毯经一道预压榨后，由于上毛毯本身携带的水分较多且有不少细小纤维、纸毛等，如与下毛毯一起夹着纸幅进入主压榨，不但不能顺利吸收纸幅的水分，甚至可能反过来使本身水分回到纸幅中，降低主压榨的脱水效率；二是如上毛毯和纸幅一起通过主压榨，由于纸页较厚，毛毯和纸页的伸长量相差较大，再一起进入第一烘缸与托辊压区时，易产生起皱的现象，车速愈快起皱愈严重。如果上毛毯不经过主压榨，虽纸病相对减少，但车速快致使断头频繁，该老式双毯带托辊结构的圆网纸机，车速只适应在150 m/nim左右。为了解决该纸机结构上存在的弊病，将第一烘缸双毯改为单毯和吸移辊装置，改造前后结构变化（例文图略），就是去掉上毛毯和主压榨，这种改造形式，省去原主压榨部引纸的麻烦。圆网纸机改造为长网纸机，实现高速运行，且用好真空吸移辊和真空伏辊则是关键，除了平时认真维护真空辊的真空室密封件有否磨损漏气，及其真空室角度、真空度的调节等事宜外，更重要的加强毛毯清洗，以免在真空辊产生纸页带边又掉边等现象，影响生产的正常运行。纸机运行的湿纸页通过烘缸托辊热压区加压，纸页强度增加、表面光滑，干燥过程不易黏缸、黏辊、断头、起皱等，有利提高车速和反面的平滑度，反面平滑度由原来的30~40 s提高到60~80 s，正面的平滑度为80~90 s，减轻在第二~第五烘缸上需解决缩小平滑度两面差的难度，平滑度两面差可控制在10%~15%，适合生产铜版原纸。第一烘缸改为单毯结构，托辊和装在第二~第五烘缸上的压光辊采用包聚氨酯材料，不易变形、不易老化，且耐热又耐用。5个烘缸的托辊、压光辊线压力分别控制在40~50、25~30、30~35、35~40、40~45 kN/m。由于去掉了上毛毯和主压榨这一道，减少了动力和毛毯材料的消耗，简化设备结构，换毯简单，操作方便，减少清洗毛毯和断头接纸的麻烦。从而降低了操作工和维修工的劳动强度。第一烘缸改为单毯托辊结构，要求采用大辊径Φ800 mm托辊（波纹气胎加压），压区大，脱水效果好，且纸幅不易压溃。毛毯洗涤喷水的水槽在纸机上方，水槽应为半敞开式，避免纸机运行喷水洗毯时溅到机外。纸机毛毯装置，为3个吸湿纸幅水分真空箱和2个洗毯吸水真空箱，湿纸页进托辊上烘缸水分控制在63%~65%，以免湿纸幅水分过高易产生“水痕”和“压花”等现象。托辊主要功能是脱水、固化纸幅、改善纸幅性能及提高湿纸幅强度，以改善干燥部的抄纸性能，从质量来讲，即通过大压区托辊加压，消除纸幅的网印，提高纸张平滑度，增加纸张紧度。托辊加压每提高1%干度，干燥部蒸汽消耗可降低5%~6%的成本，因此提高托辊效率以降低干燥部的蒸发负荷，成为降低成本的有效途径。该纸机第一烘缸双毯改为单毯，对造纸毛毯的选择和使用显得尤其重要，应选用高线压底网针刺植绒造纸毛毯（简称BOM毛毯），具有耐高线压力、滤水性能好、弹性回复好、容水空间大、尺寸稳定、使用寿命长等诸多优点，选择毛毯克重850 g/m$^2$为宜。第一烘缸需要使用含铜低铬的高压灰铸铁烘缸。原有烘缸为HT200材料，其表面硬度、光洁度很难以满足生产要求，制造灰铸铁烘缸中同时加入Cr元素和Ca元素，可以有效提高耐腐蚀、耐磨和表面硬度，适应烘缸带托辊结构的纸机高速运行而不黏缸。为了生产安全起见，设计烘缸许用压力为0.7~0.9 MPa，实际工作压力为0.4~0.5 MPa。第一烘缸的结构是造纸机的重要部位，将双毯改为单毯和真空吸移辊装置，具有结构简单，设计构思独到，这种改造形式，是圆网纸机改为长网纸机提高车速的唯一途径。

2.2.2 第二烘缸~第五烘缸的改造

将第二烘缸~第五烘缸的4条干网改为1条干网结构，大大减少干网导辊、张紧器、校整器等零部件装置和维修费用，简化了纸机的结构。同时，减轻操作工和维修工的劳动强。从第一烘缸~第五烘缸湿纸页悬空运行距离短（每个缸之间只有30~40 cm距离），操作好引纸，不易断头，且干网是有端的，更换方便。第二烘缸~第五烘缸纸页烘干包角，由改造前的270° 改为300°，从而充分利用烘缸干燥面的干燥能力，减少烘缸10%的散热损失。

2.2.3 烘缸干燥面积的计算

该纸机要求纸幅进第一烘缸干度为35%，出第五烘缸干度为90%，为保证达到生产能力的要求，需对烘干面积进行计算。烘缸其他参数分别为：进第一烘缸纸幅干度（c1）为35%，出第五烘缸纸幅干度（c2）为90%，烘缸包角（a）为270°，5个烘缸单位出力（M，指烘缸对纸页蒸发水分的能力）按平均值为40 kg/（m$^2$·h）；参考有关计算方法［2］，烘缸理论干燥有效面积F可由式（1）计算。

2.2.4 第五烘缸上装置三辊半湿压光机

在第五烘缸上装置三辊半湿压光机（例文图略），该位置是纸页干湿适宜的最好引纸的位置，且压光效果好。中设铁辊（Φ400 mm），上辊（Φ450 mm）和下辊（Φ550 mm）包聚氨酯材料，辊面具有刚性、柔性和耐磨特点，脏物不易黏辊且好清理。纸页经三辊半湿压光机后，比第二烘缸、第三烘缸、第四烘缸单条压光辊的压光效果好，纸页压光后有良好的挺度和形稳性，纸面平整，紧度大，平滑度高，正反面平滑度差小，表面强度和环压高，吸墨性能好，印刷不掉毛，不掉粉，无压光“亮斑痕”，且纸面光泽细腻。装置三辊半湿压光机，可起湿压光和烘干的作用，纸幅不易断头和起皱；两缸距离短，容易引纸。这种安装形式，具有结构简单紧凑、传动稳定、安全可靠和劳动强度低等优点。半湿压光机装在烘缸上，即不必移动原有设备位置，也不增加传动装置，由第五烘缸直接带动，且靠半湿压光机自重加压，可节省带动功率15~18 kW，每年节电13~16万千瓦时。另外，设备投资少，却解决了纸页外观质量上存在的实际问题。经一年多来的实践，也摸索出一些生产操作经验，对于半湿压光机的主要影响因素，认为有以下3个方面：① 湿纸水分从第四烘缸剥离下来的湿纸幅，水分最好控制在15%左右，纸幅温度60 ℃~70 ℃，在这种湿热状态下的湿纸幅中，纤维具有较高的柔软性、易变形性和弹性，经过半湿压光机后，特别是粗糙面上凹凸不平和细小纤维，受到较大压力作用，变得光滑平整，纸面上的细小纤维和辅料牢固地结合在纸面上，提高了纸张的平滑度和表面强度，缩小了平滑度两面差，若水分太低，纤维失去可塑性和弹性，压光效果差。而成品纸的正常水分应控制在7%~8%为宜。② 压光线压力线压力的调节，必须达到既要使平滑度符合要求，又不致产生纸幅压溃。一般压光辊第一、第二、第三道线压力分别控制在30~35、35~40、40~45 kN/m。半湿压光机要与烘缸偏心为250 mm，接触压区大，压光效果好。③ 聚氨酯硬度聚氨酯硬度也影响压光效果，硬度太大时，压区近似刚性接触，纸张容易产生"油斑点"和压溃现象；硬度太低时，又起不到压光效果，聚氨酯辊硬度为87~90 HS（肖氏硬度），中高为0.4~0.5 mm。

2.2.5 烘缸干网部位装置热风箱

纸机除了正常安装抽气机、排气罩外，但随着纸机车速的提高，湿纸幅经烘缸的干燥，蒸发的水分被干网吸收，且南方空气潮湿，或遇到春天梅雨季节和早晚空气湿度大，其水分来不及充分蒸发，会影响车速、产量和纸张质量，干燥部干网装置热风箱（例文图略），其热风箱应装在干网进入烘缸与纸幅接触之前的适合位置（例文图略），有利纸机车速不受湿度影响、节省烘缸的用汽量以及弥补烘缸干燥能力的不足。纸机烘缸部干网装置热风箱，烘缸的用汽量可节省15%~20%。为进一步提高铜板原纸的平滑度和紧度，在5个烘缸干燥后设1台三辊压光机，上辊（Φ450 mm）和下辊（Φ550 mm）为铁辊，中辊（Φ400 mm）包聚氨酯材料，线压力分别为40~45 kN/m和45~50 kN/m。虽纸机技术改造配套较齐全，但是否同时使用半湿压光机、压光机的附属设备，应视生产需要、用户要求而决定。如果纸幅不经过三辊压光机时，需将上中辊提升，纸幅只经过三辊半湿压光机的压光底辊。该纸机生产铜版原纸的纸浆单一，使用传统的浆内施胶的方法较为合适，施胶量为2~3 kg/t纸；假如纸机设置表面施胶机，就要增加设备投资，施胶后湿纸幅又要经二次烘干而增加蒸汽的消耗，且引纸操作麻烦，车速受到限制。纸幅经三辊半湿压光机和三辊压光机的软压光后，而达到光滑平整的高紧度纸幅、经表面涂布的涂料用量可节省15%~20%。

2.3 传动部分

两台纸机均设8个变频传动点：网部真空伏辊、第一烘缸、第二烘缸、第三烘缸、第四烘缸、第五烘缸、压光机和卷纸机。纸机各部位功率用类比法估计，并根据系数计算法，确定各传动点电动机的配用功率（例文表略）。

2.4 烘缸蒸汽压力及出烘缸纸幅水分

纸机操作过程，需严格控制每个烘缸的蒸汽压力及纸幅干燥水分（例文图略）。

3. 改造后的能源和原材料消耗情况

企业在进行技术挖潜改造的同时，还要担负降低能耗、原材料消耗和环保污染的综合治理、安全生产等重大责任。网纸机改为长网纸机后，电耗由改造前的每吨纸350 kWh降到250 kWh，年节约用电1500万千瓦时；煤耗（按标准煤计）由改造前的300 kg/t纸，降到220 kg/t纸，纸机烘缸冷凝水的温度有90 ℃以上，全部回收给锅炉使用，节省煤能消耗，年节省用煤13 000 t；生产铜版原纸产品，充分利用细短纤维，白废纸浆的得率由改造前的1 270 kg/t纸，降到1 150 kg/t纸；生产洗涤的废水全部经沉淀净化处理，基本上做到循环再使用，每生产1t纸需要补充清水量由改造前的30 t，降到10~15 t，从而大大减少污水的排放。

4. 结语

公司4 600 mm圆网纸机进行技术创新，改为长网纸机后取得了成效，生产运行良好，纸机车速由改造前的120~150 m/min提高到350~500 m/min。改造后，纸机产品由原来的挂面箱纸板，改为主要生产52~150 $g/m^2$定量铜版原纸，产品档次提高，生产的铜版原纸质量达到用户要求。单台日产量由改造前的50~70 t，提高到200~250 t，电耗、煤耗、浆耗、水耗均有下降，达到了设计要求。改造前，企业年利润只有三四百万元，改造后企业的第一年经济效益明显见成效，第二年创年利润五六千万元（吨纸利润350元），上缴国家税收2 000多万元，取得了显著的经济效益和社会效益。

这篇技术革新报告的标题“圆网纸机改造技术革新”，是文件式标题，由对象加文种两个要素构成。第一自然段，是开头部分，相当于引言，介绍了项目的名称。正文分三个部分，第一部分“1改造前的圆网纸机”是概述，介绍了革新对象的概况。第二部分是报告的主体部分。小标题“2圆网纸机系统改造”，由“2.1成形部改造”“2.2烘缸部改造”“2.3传动部分”“2.4烘缸蒸汽压力及出烘缸纸幅水分”四个小标题分出四个层次，介绍圆网纸机的“工作原理”和“技术关键”。小标题“3改造后的能源和原材料消耗情况”，介绍了革新改造后取得的效果。第三部分“4结语”，是结尾部分。介绍了经过技术革新，企业获得的经济效益。

## 二、技术革新报告的文体形式

一份规范的技术革新报告通常是由封面、正文、附件三大部分组成。下面分别介绍：

1. 封面部分

常见的技术革新报告在封面部分的内容里，要能够体现出名称、完成单位、日期等内容。

例如下面技术革新报告的封面样式：

| |
|---|
| **技术革新成果报告** |
| 成 果 名 称 ________ |
| 成果完成单位 ________ |
| 填报日期： |

2. 正文部分

技术革新报告的正文部分的表达，常常采用文字加上图表、照片等，进行辅助说明的形式。即在报告的正文里，会为文字说明配以图表或者照片，来增强文字表达的效果，这种方法能够更加体现出“报告”的客观性、合理性与科学性。

3. 附件部分

技术革新报告的附件部分作为一个构成要素，是一个选择项目，有的技术革新报告，需要一些数据、资料以及相关的文件，对正文内容作以补充说明，或者作为一些论证的依据，这些文件可以作为“报告”的附件，是“报告”的有效组成部分。如果没有这些资料文件，就不用设附件这一项了。

## 第三节　写作技术革新报告需要注意的事项

写作技术革新报告需要注意的问题，主要在于“报告”内容所涉及的革新实践，要达到技术革新的标准与要求，若使“报告”能够充分地体现这些标准与要求，则要做到以下几点。

**（一）要有针对性和科学性**

科学性是技术革新报告必须具有的特性，技术革新过程对技术问题的解决，是建立在科学原理基础上的，因此，首先要符合科学。“报告”要对革新工作的成果进行具体的、科学的解释与说明，要能够体现出革新的科学性。在文中引用的原理、数据、指标等，都要做到精确，要符合有关的技术规范要求。

**（二）要有先进性和实用性**

技术革新报告的内容，要能够体现出技术革新的先进性和实用性。其实，技术革新本身就是在进行创新，是对原有的技术进行改革，以求能够提高生产效率和工艺水平。如果革新以后没有原有的技术先进，或者与原有技术差得不多，那么所进行的技术革新则毫无意义了。在先进性的基础上，还要体现出技术革新的实用性，任何一次技术革新都是为了达到提高生产效率，提高工艺水平这一实际目标的，都应该赋予革新成果以实用性的价值。

**（三）要具备直观性和完整性**

技术革新报告常常采用插入一些图表、照片的方式，来辅助文字的表达。这种文体形式，可以把抽象的事物形象直观地表现出来，为读者阅读“报告”提供帮助，以创造最佳的阅读效果。

技术革新报告的文体结构要完整，构成要素要全。前面介绍的技术革新报告的结构要素，是一份好的技术革新报告应该基本具有的。如果技术革新报告的构成要素有残缺，不完整，就不能充分地反映革新活动的实际情况，这样的“报告”就是一篇残缺的“报告”。

## 思考与练习

一、技术革新报告的主要作用是什么？

二、技术革新报告的内容通常包括哪些要素？

三、写作技术革新报告需要注意哪些问题？

四、写作技术革新报告与技术革新的实践活动有怎样的关系？

**例文一**

## 变频器监控系统设计

摘要：随着变频器技术和工业生产的发展，变频器作为交流调速的重要手段在各行业中得到了广泛的应用。变频器的应用不仅大大提高了生产过程的生产效率和节能效果，而且可以在控制室内远程监控变频器的运行状态，最大限度地减轻操作人员的负担，改善工作环境，提高企业的自动化水平。本论文以工业生产过程中对变频器的监控需要为背景，理论与实践相结合，设计了一套基于PLC和组态软件的变频器监控系统。

关键词：PLC　变频器　监控系统

## 一、变频器应用的现状

变频器的发展是世界生产力和经济高速发展的产物。近年来，交流变频调速技术在我国有了突飞猛进的发展，变频调速在调速范围、调速精度、通讯功能、节约电能、工作效率等方面的优势是其他的交流调速方式无法比拟的。变频器就是基于交流电动机的变频调速而开发和应用的，它以体积小、重量轻、通用性强、使用范围广、保护功能完善、可靠性高、操作简便等优点，深受钢铁、冶金、矿山、石化、医药、食品、纺织、印染、机械、电力、建材、造纸等行业的欢迎，使用变频器后经济效益和社会效益都非常显著。

PLC技术是一种以计算机技术为基础的新型工业控制装置。近几年来，PLC技术在各种工业过程控制、生产线自动控制及各类机电一体化设备控制中得到了广泛应用，成为工业控制领域的一项十分重要的应用技术。目前PLC已广泛应用于石油、化工、冶金、轻工、机械、电力等各行各业，实现了逻辑、步进、数字、机器人、模拟量等的自动控制。随着数字化时代的到来，软件领域将不断地向硬件渗透，不断地用软件来代替硬件，从而实现智能控制和生产自动化。PLC就是计算机技术向继电器等硬件领域渗透的产物，用软件来代替硬件，用软件程序代替硬件继电器，从而为系统的连接及改造提供了方便，可以节约成本提高工作效率。PLC可以说是专门为工业严酷的环境设计的小型计算机，已成为工业控制领域中占主导地位的基础自动化设备。PLC技术已成为工业自动化三大技术（PLC技术、机器人、计算机辅助设计和分析）支柱之一。

## 二、系统工作过程分析

假定系统所需软硬件已经正确地进行了配置和连接，使设备正常工作所需的必备参数已经正确进行了设置，给各设备接通电源，运行WinCCV5. 1组态软件和和已下载完通讯控制程序的S7-200PLCCPU224XP。打开参数设置画面，进行变频器运行参数设置。由于在组态时已给每个参数连接了一个过程变量，并为这一过程变量赋予了一个MODBUS地址，此MODBUS地址与S7-200PLCCPU变量存储器的地址之间有一定的对应关系。当操作员通过监控计算机为变频器设定一个参数时，这一数字通过WinCC内的通讯驱动程序提供的通道传递到与所设定过程变量所对应的S7-200PLCCPU224XP变量存储区中。存储在S7-200PLCCPU224XP变量存储区的数字再通过由USS协议控制程序所控制的串行通信口1传递给变频器。在变频器运行控制画面中可控制变频器的运行、停止等状态。当点击写有“运行”字样的按钮时，由于此按钮已经与一个二进制过程变量建立了连接关系，这一二进制过程变量与S7-200PLCCPU224XP的一个输入点对应，点击此按钮就等于接通了S7-200PLCCPU224XP的一个输入点，此时梯形图程序中与输入点对应的常开触点闭合能流流过此程序段驱动PLC输出点接通，也就等于按下了变频器初级操作面板上的运行键，因此变频器启动运行。同理，可按下变频器运行控制画面中的停止按钮、频率增加按钮、频率降低按钮和故障复位按钮来控制变频器。

在变频器运行状态监视画面中，可监视变频器的输出电流、输出电压和运行频率等。这些量也已经通过一个被赋予MODBUS地址的过程变量与S7–200PLCCPU224XP变量存储区中的地址建立了对应关系。系统正常工作时可通过控制程序以某一时间间隔来读取变频器实际运行的数据。这些数据先存储在PLC的变量存储区中，然后经过一定的转换关系经由PLC的串行通讯口传递到WinCC组态画面中显示。

此外，通过WinCCV5.1组态软件强大的实时数据库功能可以对过程值进行归档，然后可以以表格或趋势的形式输出当前过程值或已归档的数据，即显示各变频器的输出电压、电流和运行频率的实时运行曲线、历史运行曲线。

## 三、S7–200PLC与变频器之间通讯的实现

1. 数据通讯原理

CPU与外部的数据交换即数据通讯主要采用并行通讯与串行通讯两种方式。

（1）并行通讯。并行通讯时数据的各个位同时传送，可以字或字节为单位并行进行。并行通讯速度快，但用的通讯线多、成本高，故不宜进行远距离通讯。

（2）串行通信。串行通信时数据是一位一位顺序传送的，只用很少几根通信线。串行传送的速度低，但传送的距离可以很长。在PLC网络中传送数据绝大多数是采用串行方式。

从通信双方信息的交互方式看，串行通信方式可以有以下三种：

① 单工通信：只有一个方向的信息传送而没有反方向的交互。

② 半双工通信：通信双方可以同时发送（接收）信息，但不能同时双向发送。

③ 全双工通信：通信双方都可以同时发送和接收信息，双方的发送和接收装置同时工作。

单工通信不能实现双方交流信息，故在PLC网络中极少使用；而半双工及全双工通信可以实现双方数据传送，故在PLC网络中应用很多。

串行通信中，传输速率用每秒中传送的位数（比特/秒）来表示，称之为比特率（bit/s）。常用的标准传输速率有1 200、2 400、4 800、9 600和19 200 bit/s等。

2. 串行通讯的工作情况

串行通讯采用的是精心设计的硬件和软件协议。

软件协议中规定了信号的波特率、字长、表示的意义等，而且可以由设计者根据特殊的需要来定义。典型的串行通讯硬件标准是RS232和RS485通讯接口，它们定义了电压、阻抗等，但不对软件协议进行定义。

RS232C是1969年由美国电子工业协会EIA公布的串行通讯接口。这一标准适用于个人计算机与外围设备之间的接口。RS232的设计仅适用于两个相距不远的设备之间的通讯，其特点是用提高信号电平幅度，提高抑制噪声干扰的能力，它规定了终端设备（DTE）和通讯设备（DCE）之间信息交换的方式和功能。当今几乎每台计算机和终端

设备都配备有RS232C接口，每个RS232C接口有两个物理连接器（插头），DTE端（插针一面）为公，接它的为母，DCE端（针孔的一面）为母，接它的为公。实际使用时，计算机的串口都是公插头，而PLC端为母插头，与它们相连的插头正好相反。

在许多工业控制及通讯联络系统中，往往有多点互连而不是两点直连，而且大多数情况下，在任一时刻只有一个主控模块（点）发送数据，其他模块（点）处在接收数据的状态，于是便产生了主从结构形式的RS485标准。RS485标准工作在半双工方式，它是为多台机器之间进行通讯而设计的，有着很高的抗噪声能力，而且允许工作在超长距离的场合（可达1 000 m）。所有的标准西门子变频器都有一个串行接口采用RS485双线连接。单一的RS485链路最多可以连接31台变频器，而且根据各变频器的地址或者采用广播信息都可以找到需要的变频器。链路中需要有一个主控设备，而各个变频器则是从属的控制对象。

**参考文献**


［1］蔡行健，鲁炜，王颖. 深入浅出西门子S7–200PLC.北京航空航天大学出版社，2004年12月。

［2］苏昆哲，何华. 深入浅出西门子WinCCV6.1.北京航空航天大学出版社，2004年5月。

［3］王东宾，姚纪文. 可编程控制器原理及应用实例.机械工业出版社，2002年6月。

［4］王兆安，黄俊. 电力电子技术. 机械工业出版社，2004年1月。

［5］陈伯时. 电力拖动控制系统. 机械工业出版社，2000年6月。

［6］雷丽文，朱晓华. 微机原理与接口技术.电子工业出版社，2003年6月。

［7］SIEMENS. MICROMASTER410/420/430/440变频器0.12 kW至250 kW产品样本DA51.2，2000年。

［8］SIEMENS. MICROMASTER440通用型变频器0.12 kW至250 kW使用大全，2003年12月。


（此文为网摘文）

**例文二**

## 煤矿机电技术改革报告

煤矿企业经济效益的提高，安全状况的好坏在很大程度上取决于科技进步和新技术的推广应用。但在实际工作中，任何设备设施不管多么先进，使用到一定时间都会存在着一些与实际情况不相适应的地方，这就需要对其进行技术革新。小改小革往往投入不大却能解决这些煤矿生产中实际存在的问题。取得非常理想的效果。

我矿的小改小革立主废旧立新、经济适用的原则，既可保证工人安全生产，又可减少工人的劳动强度。

## 一、小改小革项目简介

### (一) 超前支护前探夹

我矿原采用打点压柱的超前支护方式，这种支护方式存在很多安全隐患，它的缺点是：① 工人的工作空间小，在工作时不方便也容易磕碰受伤；② 工作量增加，费时费工，进尺量小；③ 如遇到破碎顶板，支护难度加大。而超前支护前探夹可以有效的避免这些缺点。以下为改造具体内容。

1. 超前支护改变支护方式的原因

我矿原采用打点压柱的超前支护方式，这种支护方式存在很多安全隐患：① 工人的工作空间小，在工作时不方便也容易磕碰受伤；② 工作量增加，费时费工，进尺量小；③ 如遇到破碎顶板，支护难度加大。经技术人员研究，我矿机修车间根据井下顶板的不同情况制作了两种超前支护前探夹子，如图1、图2所示。

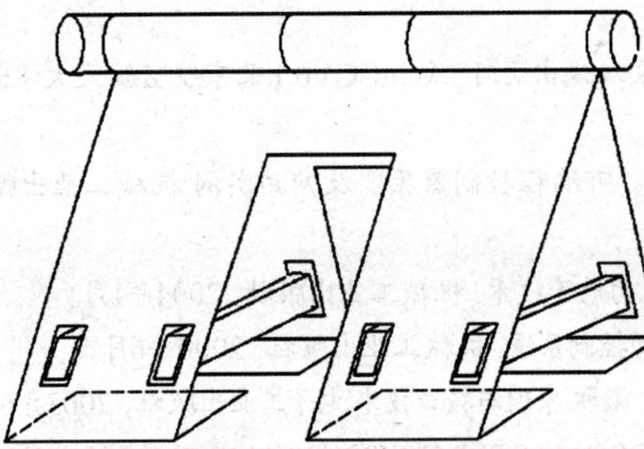

图1　前探夹子

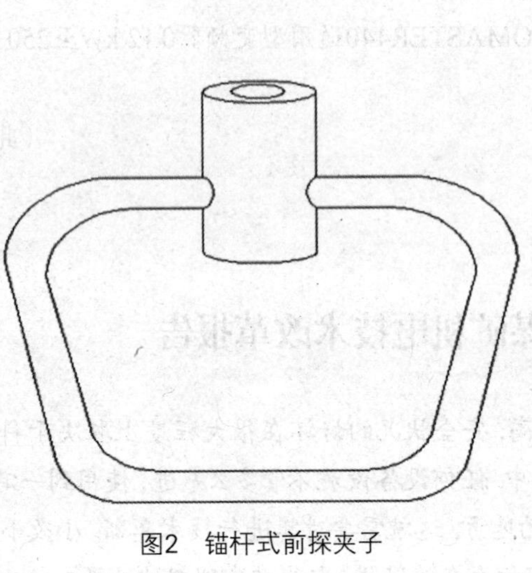

图2　锚杆式前探夹子

2. 使用情况说明

图1所示的夹子在顶板好、无破碎时使用。顶板好的时候，用两个前探夹固定在支护工字钢上，用6米的工字钢从夹板间穿过，两个夹子之间距离3米固定牢靠余下的3米起到超前支护作用。

图2所示锚杆式前探夹，在顶板不好、有破碎时使用。顶板有破碎，打锚杆用锚网支护。超前支护时用锚杆式前探夹，两个夹子之间距离3米，工字钢从吊环中穿过，固定牢靠，锚网放在前探的工字钢上可以起到超前支护的作用。

3. 试验结论

上述两种前探夹经过在井下不同环境中试用，都取得了良好的效果。使用这种前探夹子超前支护方式有以下优点：① 可以达到打点压柱支护方式的承载要求；② 工作空间大，可以有效避免工人与设备及工人之间的磕碰；③ 工作量减小，提高工作效率；④ 遇到破碎顶板时，使用（图2）锚杆式前探夹，能够有效避免碎矸石的掉落伤人。

**（二）掘进机托缆装置**

井下用掘进机接线带有接线槽，但掘进机前移时，动力线缆拖动不方便，经常悬空或拖到地上，在工人运料时很容易损伤电缆，再有井下环境潮湿，也存在漏电事故。我矿制作的掘进机电缆托架装置有10#角铁、钢丝绳、滑轮组装式电缆钩组成。钢丝绳穿过托缆支架上的滑轮，两头分别固定在卧式皮带架两端；托缆支架前一个固定在卧式皮带架随掘进机移动的槽钢上，后一个固定在卧式皮带架不动槽钢上。掘进机电缆吊挂在电缆钩上，当掘进向前移动式，前支架带动电缆向前移动。掘进机后退时，前支架带动电缆后退。托缆装置的使用，有效的避免了掘进机动力电缆悬空或拖地，保证了工作人员的安全。以下为改造具体内容。

1. 概述

井下用掘进机接线带有接线槽，但掘进机前移时，动力线缆拖动不方便，经常悬空或拖到地上，在工人运料时很容易损伤电缆，再有井下环境潮湿，也存在漏电事故。为解决电缆不拖地，经过技术人员研究，制作出了以下托缆装置。

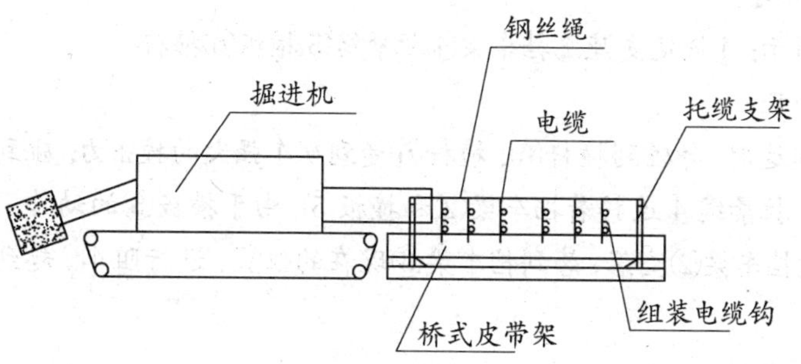


2. 掘进机托缆装置工作说明

掘进机电缆托架装置有10#角铁、钢丝绳、滑轮组装式电缆钩组成。钢丝绳穿过托缆支架上的滑轮，两头分别固定在卧式皮带架两端；托缆支架前一个固定在卧式皮带架随掘进机移动的槽钢上，后一个固定在卧式皮带架不动槽钢上。掘进机电缆吊挂在电缆钩上，当掘进向前移动式，前支架带动电缆向前移动。掘进机后退时，前支架带动电缆后退。

3. 试验结论

经过在井下试验，该装置效果良好，而且制作简单。动力电缆可以随掘进机任意移动，而不必担心电缆被损伤，有效防止事故和减少安全隐患。

**（三）超速挡车器**

井下用挡车器多为翻滚式自制梁挡车器，在主运输巷内距离长，坡度大时，矿车的运行速度会提高。这种翻滚式挡车器，靠阻挡矿车轮轴实现停车的目的，很容易翻车。超速挡车器在矿车速度快时动作，就会动作，使矿车停车，从而保证工人的安全。以下为改造具体内容：

1. 改造原因

井下用挡车器多为翻滚式自制梁挡车器，在主运输巷内距离长，坡度大时，矿车的运行速度会提高。这种翻滚式挡车器，靠阻挡矿车轮轴实现停车的目的，容易翻车，存在一定的安全隐患。

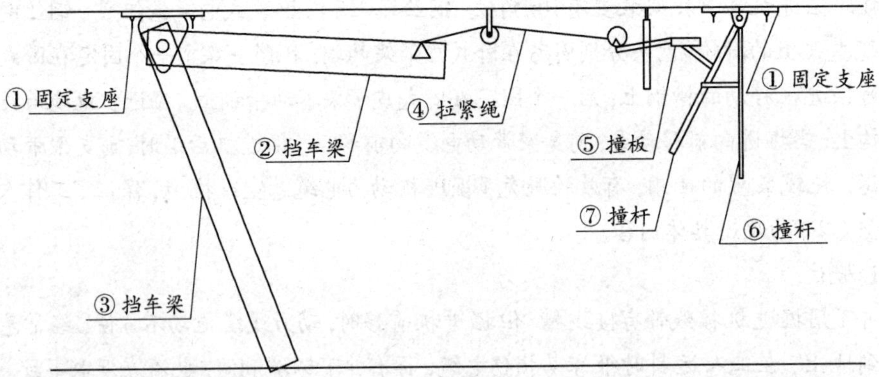


阻车器示意图

2. 基本结构

如上图所示：①固定支座②挡车梁④拉紧绳⑤撞板⑥撞杆

3. 工作原理

当矿车超速时，会碰到撞杆⑥，撞杆⑥受到矿车强大的撞击力，碰到撞板⑤，这时撞板⑤动作。拉紧绳④连接着挡车梁②和撞板⑤，由于撞板⑤的动作，是拉紧绳④脱钩，从而导致挡车梁②坠落，落到挡车梁③现在的位置，进行阻车。起到了矿车超速保护作用。

4. 技改后状况

经过技改，安装矿车超速阻车器后，使得在技改以前的安全系数基础上得到了很大的提升，杜绝了飞车安全隐患等问题。避免了因矿车超速出轨对巷道内的管路、线路造成损伤，也减少了不必要的经济损失。

**（四）主井装载系统的改造**

主井原装载系统为定容装载，它的缺点是，在装湿煤时，两箕斗的重量不平衡，箕斗容易超载，会对电机、钢丝绳造成损坏。改为定重装载后，不论装湿煤或者干煤，都不会出现超载现象，可以有效避免装载不平衡，防止电机堵转及钢丝绳的损坏。

**（五）主井箕斗的改造**

我矿用箕斗为自重2.2吨的普通型标准箕斗，它的缺点如下：自身容积小，自重量重，耐磨性能不好，维修量大，提升重量大。更换为轻型箕斗后，可以增加提煤量，提升速度也可以加快。维护量小。

**二、总结**

科学技术是第一生产力，就某种意义来上说小改小革的创新是煤矿贯彻落实科技兴矿的重要手段之一。革新无大小，创新是根本，适用是关键。以上的改造及小改革，虽然简单，但很使用，它充分展现了我矿技术人员热爱自己的工作岗位，敢于想象和创新的职业道德精神。加快了我矿在安全生产中各种技术革新的步伐，使我矿以后在提高安全生产率和机械化革新的道路上更加有信心。

（此文为网摘文，有改动）

**例文三**

## 机械加工质量技术控制方案的革新

广西科技大学职业技术学院

邓丽萍

摘要：为了促进现实机械加工环节的效益的提升，进行机械加工质量技术的控制优化是非常必要的。本文就机械加工精度的概念及其存在形式展开探究，详细的解析机械加工过程中误差环节的一些因素，分析了机械加工精度控制，提出了提高加工精度的优化方案。

关键词：机械加工精度；存在问题：研究深化：定位误差；工艺

中图分类号：V262　文献标识码：A

**一、关于机械加工精度及其误差环节的分析**

实践模式中的机械加工精度，就是零件加工前后其现实与设计环节，几何参数的差异情况，我们称之为加工误差。受到机械加工环节的影响，其具备越低的加工误差，就侧面说明其加工精度越高，也就愈加符合工作的需要。在加工精度的探讨过程中，需要明确好下面几个问题：尺寸精度的问题，所谓的尺寸精度就是加工后的实际尺寸，和零件公差带中心的尺寸符合程度。形状精度问题，指的是加工后的零件，表面的形状与零件理想几何形状的差异。位置精度问题，也就是加工后，零件的不同表面之间的位置变化情况。

日常生产活动，即使在相同的生产条件下，其产生的零件也可能是不同的，这与加工因素是密切联系的。也就会说无论准备条件多么的充分，由于其表面相互位置及其尺寸的差异，加工误差是普遍存在的。在进行公差范围规范下，我们要进行良好的加工技术的应用，提升其生产效益，来满足日常机械加工工作的需要。

机床在工作中，无论是刀具或者零件加工，都需要经过机床的协调来完成工作。这就是说，工件的加工精确，度很大程度与机床的自身精度密切联系。由于机床制造误差等因素的影响，其工件加工精度受到约束，这主要表现在机床设备的传动链误差、导轨误差等。由于工作时的冲击，机床必然会产生磨损的现象，也就降低了机床的工作精度，这是比较常见的一种误差原因。在导轨应用过程中，要进行机床的各个部件的相对位置关系的控制。正是受到导轨的自身制作环节的影响，误差是普遍存在的，并且随着工作时间的不断延长，导轨会出现不可避免的磨损，从而不利于其安装质量的提升，也就加大了导轨误差的出现。在机床精度的整体控制模块中，导轨磨损是非常重要的原因，需要我们做好相关环节的工作，进行传动链误差、刀具误差等状况的分析。

在日常加工件的精确度环节中，刀具误差也是一个重要的影响因素，当然，该因素随着刀具种类的差异而有所不同。我们在采用定尺寸刀具进行应用过程中，会受到刀具的自身质量影响，如果其制造过程中不能保证刀具的整体精确度，加工工件的精确度会产生差异。当然，对于一般性质的刀具来说，其对工件加工精度的影响是比较小的。下面我们会详细介绍夹具的几何误差。

在工件加工过程中，夹具起到了一个必要的作用，保证着工件的相对位置的正确性。在该环节中，夹具制造误差是一个重要的影响环节。在零件图上，我们也要进行把握好设计基准的问题，保证不同工序的各个基准模式的协调性。在机床工作模式中，有必要根据工件的具体性质，展开定位基准模式的优化，以确保设计基准与定位基准的重合性，以最大程度地降低其不重合误差。受到定位副制造的影响，不准确误差也是普遍存在的。并且在夹具应用过程中，定位元件是难以实现基本尺寸的绝对精确的，但是为了满足日常工作的需要，进行尺寸的合理公差范围的控制，是非常必要的。这可以确保定位副制造过程中，位置变动量的控制，避免其不准确误差的出现。

在工艺操作过程中，如果其工件刚度比刀具或者夹具低，就可能受到切削力的影响，引发工件的变形情况，影响了加工精度，刀具刚度及其机床环节就会影响工件的精度状况。为了满足工作需要，进行实验方法的应用是非常必要的。做好机床部件刚度的测定，可以实现其综合效益的提升。在工作过程中，由于受热变形环节的影响，其误差也是存在的，该工艺环节对于加工精度的影响是比较大的。特别是对于一些精密度要求比较高的工件，或者大件工件，受到其热变形情况的影响，可能会产生较大的加工误差。实际上，无论是工件、刀具还是机床，受到热源作用的影响，其温度是不断上升的，因此，进行一些调整是必要的，在调整的过程中，要针对不同调整模式下的误差展开优化分析。保证工件、刀具在机床上位置的精确性，保证其原始的精确度，以提升加工精度。

## 二、提高加工精度的优化方案

为了确保工件的加工精度的优化，对原始误差的优化是非常必要的。这需要我们对机床的自身几何精度提升，还有夹具、工具及其量具精度的提升，进行工艺系统受力情况的剖析，降低因为受热变形情况而产生的误差，进行刀具磨损环节的优化，特别是针对机械设备由于内应力环节而引起的变形误差。这需要我们应用误差补偿法，对零件加工误差进行优化，以满足现实工作的需要。从而补偿或抵消原来工艺系统中固有的原始误差，达到减少加工误差，提高加工精度的目的。所谓误差抵消法，是利用原有的一种原始误差，去部分或全部地抵消原有原始误差，或另一种原始误差。所谓分化或均化原始误差，是为了提高一批零件的加工精度，可采取分化某些原始误差的方法；对加工精度要求高的零件表面，还可以采取在不断试切加工过程中，逐步均化原始误差的方法。

通过对分化原始误差法的应用，可以确保其规律的有效反映，保证工序的工件尺寸的控制，进行不同组的工件尺寸范围的界定，保证各个组的误差范围的调整，进行刀具及其工件位置的协调。均化原始误差模式，也是一种良好的方法。这种方法的过程，是通过加工使被加工件表面原有误差，不断缩小和平均化的过程。转移原始误差。该方法的实质，就是将原始误差从误差敏感方向，转移到误差非敏感方向上去。

结语：机械加工质量技术方案的优化，离不开其内部机械加工质量体系的健全，需要做好软、硬件的配置，提升工件加工的精度。

（此文为网摘文，有改动）

# 第二章 技师论文的写作

技师论文的写作知识，是职业院校学生重要的学习内容之一。在生产实践中，企业可以通过鼓励员工写作技师论文，来加强生产一线技术队伍的建设，推进企业的技术创新活动。技师论文还是员工晋升技师和高级技师时，必须要写作和提交的论文材料。技师论文既可作为申报技师的评审材料，又可以用来在媒体上公开发表，以传播先进技术，进行技术交流。写作技师论文，是企业技术员工应该具备的写作能力，因此，职业院校学生在校学习期间，学习技师论文的写作知识，掌握相关的写作技巧是十分必要的。

## 第一节 技师论文概述

### 一、技师论文的性质与特点

技师论文是一种实用性文体，是由技术人员、高级技工、技师等企业员工，以生产实践中出现的某些技术问题为对象，通过科学研究来解决问题而写作的论文。

企业的技术人员、高级技工、技师等，在生产实践中，经常为解决实际存在的生产技术问题，而进行技术、工艺方面的研究和改革创新活动，如对已有产品的性能、构造做出改良，对生产设备的使用功能、生产工艺方法等进行革新改造。当对这一类的技术研究完成后，往往还要对取得的成果进行总结，写作技师论文，就是技术研究过程的总结环节。由此可见，技师论文产生于作者的生产技术实践，反映的是实操性生产技术问题的解决过程、技术方法、工艺手段等内容，是对问题解决后应用效果的论证，以及对实践经验的总结。

按理，技师论文也属于科技论文，但是，技师论文又与科技论文中常见的学术论文、学位论文等有所区别。

从性质上看，技师论文与学术论文虽然都属于科技论文，二者的文体形式也很接近，但是它们所针对问题的性质是不同的。技师论文，以生产实践中出现的技术与工艺问题为研究对象，如设备操作问题、设备的改进问题、生产工艺流程改革问题、生产技术创新问题等等，解决的是实际的应用问题。学术论文，是对某个科学领域中的学术问题进行研究之后，阐述其科学研究成果的理论文章。学术论文证明的往往是自然存在的问题和事物的规律问题，要以证明某种原理，或者揭示某一事物的普遍规律为对象，解决的是科学理论问题。从不同层面看，技师论文是在现有技术，或者现有的科学理论基础上，进行的创新研究和开发，是一种对已有技术、工艺、产品、设备等进行的改造，解决的是技术问题，是一种技术创新，属于技术层面。而科技论文大多是对科学原理做出的理论性研究探讨，揭示的是普遍规律，解决的是学术问题，是一种理论上的创新，属于科学层面。

技师论文与学位论文也有很大的区别。学位论文，是申请学位的人按照要求撰写提交的论文，是高等院校本科生和研究生，在校学习的最后阶段，必须要写作的毕业论文。写作的目的是为检验学习成绩并获得学位，论文需要阐释对本专业学术问题的观点、看法以及相关研究成果等。是在教师指导下，通过选题、阅读文献、收集资料、编写提纲等写作程序；运用学习过的基础理论和专业知识，对研究的对象或者结果进行分析论证，然后写成的论文；是一种以理论分析、逻辑论证为主的文体。而技师论文，是企业技术员工晋升技术职级需要提交的论文，是在现有技术基础上，把技术运用、工艺流程、产品结构性能等，作为改造创新的对象，经过技术研究实践后写成的论文。在文中要证明所获得成果的科学性，合理性，实用性和实操性。

技师论文的特点，概括地说大致有以下几点。

**（一）重实践应用而非单纯理论研究**

技师论文的内容，必须是倾向于生产一线的工艺技术问题，应该体现较为完善的技改创新方案，或证明研究实践所获得的技术成果等。论文所解决的问题，要具有实际应用价值，而不是进行单纯的理论研究。

**（二）重应用实效而非单纯设计方案**

技师论文论证的技术问题，应该是经过实际应用而被证明了是正确的、可行的，是值得应用推广的新技术、新设备、新工艺、新材料等。论文解决的问题要具备实际操作性，而不是一种设计方案。

**（三）明确的等级要求**

按照国家职业标准，用于晋级提交的技师论文，其内容要符合技师岗位工作的要求，应该能够体现出本岗位技师应该具有的知识、技能水平。

**二、技师论文的用途**

技师论文的用途主要有下面几个方面：

技师论文是企业生产技术员工晋级技师、高级技师时，必须要提交的文件之一。评审部门要根据技师论文来评定晋级人员的技能水平，把技师论文作为评定晋级的条件之一。

技师论文是技术交流和传播的重要工具。技师论文记载着技术改革，与技术创新实践活动的具体内容，可以作为技术实践成果的理论依据。作为一种文体，技师论文为先进生产技术、先进生产工艺的交流和传播提供了平台，可以使技术实践成果在相关领域里，更加广泛地得到传播和应用，以促进全社会生产技术创新活动的提高和发展。

写作技师论文，是对技术实践活动的一种延伸和深化。技师论文的写作，是对生产工艺、生产工具及设备、生产技术等，进行研究和改进的技术实践的一部分。将技术实践过程写成技师论文，实际上是把技术实践上升到了理论层面，从而使生产实践中的技术研究工作，进一步地延伸和深化，然后再用以指导生产实践，这样会有利于促进企业生产技术的提高。

**三、技师论文的种类**

技师论文的作者从事技术专业的不同，写作技师论文的目的不同，对技术问题阐述的角度不同，技师论文的内容和性质也就不同。这便产生了一些不同种类的技师论文。技师论文有很多种类，最常见的有实操型、理论型、报告型三种技师论文。

实操型的技师论文，就是对改进创新获得的结果，进行科学性、实用性和可操作性分析证明的一种技师论文。简单地说，实操型技师论文，就是以实际操作技术为写作对象的技师论文。这里的“实操”，是指以实际操作问题为研究对象，对生产实践中的技术操作问题，生产工艺及工艺流程问题等，进行的改进创新。

理论型的技师论文，是作者把自己的工种、专业范围内，出现的某些问题作为研究对象，运用科学分析、逻辑推理等方法，进行理论阐释，从而提出新的观点和见解的一种技师论文。

报告型的技师论文，是作者以自己的工种，以及专业范围内，出现的某些问题为解决对象，把解决问题的做法、效果以及意义等，作为写作对象的技师论文。这种技师论文大致相当于技术报告，与前面介绍过的技术革新报告也有一些相似之处。报告型技师论文，具有一定的技术资料和技术文献价值。

实际上，技师论文——尤其是用于申报晋级的技师论文，很少见到理论型和报告型的技师论文，而最常见的是实操型的技师论文。因此，在这里我们只讲解实操型技师论文的写作。

实操型技师论文，体现着作者运用本专业理论知识、生产实践经验，解决实际问题的技术水平。其内容基本是应用技术范畴的问题，记载了操作者为某一预期目的，运用科学技术手段，解决生产中操作技术问题的实践活动。其价值在于，是否成功地提高了原有技术的指标和工艺水平，或者是对现有的技术进行革新改造，使其性能得到一定的提升。

在写作实践中，可以作为实操型技师论文写作的对象非常多，常见的一般有以下几种。

**（一）把生产工艺作为研究对象**

生产工艺，是一种将原材料或半成品，加工成产成品的工作、方法和技术。生产工艺流程，是指从原料到制成产成品的各项工序安排的程序。生产工艺和生产流程，往往决定着生产效率和产品的质量。在实践中，企业可以通过对生产工艺和工艺流程的改革，来提高生产效率、生产技术和工艺水平，达到增加产能，提高产品技术含量，和产品品质的目的。解决产品生产工艺和生产工艺流程问题的实践，往往是实操型技师论文的写作对象。

**（二）把设备功能作为研究对象**

生产设备是完成产品生产所凭借的工具。在生产实践中，往往可以通过技术革新手段，对生产设备的原理、结构等进行改进，使其性能、功用等得到更大的挖潜与发挥。例如，可以调整设备的性能，更大地发挥生产设备的利用率。还可以运用技术手段来解决设备的缺陷问题，或者解决经常性的故障问题等等。这一类问题解决的过程和最终结果，常常被作为实操型技师论文的写作对象。

**（三）把设备应用作为研究对象**

对生产设备和生产工具的操作、使用方法，进行研究改进，是提高生产效率的手段之一，这样的技术实践，也常常是实操型技师论文的写作对象。

实际上，可以写作技师论文的问题多不胜数，在此仅举以上三种，以为示例。

## 第二节　技师论文的写作

### 一、技师论文的结构形式

发表在期刊上的技师论文，文体形式与技术革新报告大致相同。而技师论文更多的时候，是作为技术员工晋级时提交的申报材料。用来申报晋级的技师论文材料，要按照要求进行装订，其内容的顺序依次为封面、目录、正文、注释、参考文献、附录等。“封面”和“目录”，是前置部分。正文部分包括“正文”“注释”和“参考文献”。“附录”是后置部分。作为申报的材料，技师论文的文体形式如下。

**（一）技师论文前置部分的形式**

1. 封面

技师论文的封面必须按照统一格式来设置，目前各省市区，对技师论文封面内容的设置还不完全相同，结构形式也稍有差异，但是，构成封面内容的一些基本要素是要具备的，所以，在此仅以比较常见的封面体例为例做介绍。作为晋级评审材料的技师论文封面，其基本要素一般包括封面标题、论文标题、报考级别、姓名、身份证号、准考证号、所在省市、所在单位等几项基本内容。如下面的技师论文申报材料的封面版式：

国家职业资格全国统一鉴定

（上空四行，三号仿宋，居中）

**论文标题**

（二号黑体，居中）

（国家职业资格×级）

（空四字，四号宋体）论文题目：______________________

______________________

（空四字，四号宋体）姓　　名：______________________

身份证号：______________________

准考证号：______________________

所在省市：______________________

所在单位：______________________

2. 目录

如果技师论文材料的内容较多，还要在封面后面加上目录页。

**（二）技师论文正文部分的形式**

作为一篇论文，如果技师论文的正文部分的篇幅比较长，有时也要加封面。正文部分的封面内容与技师论文材料的封面基本相同。

1. 正文部分的版式要求

（1）标题要采用二号、黑体字，字体要加粗，居中。

（2）单位、姓名采用四号、仿宋体字，居中。

（3）摘要采用小四号、楷体字，顶头“摘要”两字要加粗。

（4）关键词采用四号、楷体字，加粗。

（5）前言采用四号、宋体字，顶头两字“前言”要加粗。

（6）正文的主体部分采用四号、宋体字。

参见下面图示：

| |
|---|
| **标　题**<br>（二号黑体，居中）<br>姓名<br>（四号仿宋体，居中）<br>单位<br>（四号仿宋体，居中）<br>摘要：<br>（摘要正文，四号楷体，行间距固定值22磅）<br>正文<br>（论文正文，四号宋体，行间距固定值22磅）<br><br>注释：（小四号宋体，单倍行距）<br>参考文献：（小四号宋体，单倍行距）<br>（1）<br>（2）<br>（3） |

2. 正文部分主体的结构形式

技师论文主体部分通常以章、节、条、目来分出层次段落。章、节、条、目的格式和版面安排要有条理，层次要清楚。层次结构的序号要按照规定来标注。主体部分使用的章节序号，编写方式如下：

- 主体部分
  - （章）
  - （条）
  - 序论——1
  - 本论
    - ——2——
      - 2.1
      - 2.2　（条）
      - 2.3——2.3.1　（条）
        - 2.3.2——2.3.2.1
    - 图1（或图2.1）
    - 图2
    - 表1（或表2.1）
    - 表2
  - 结论

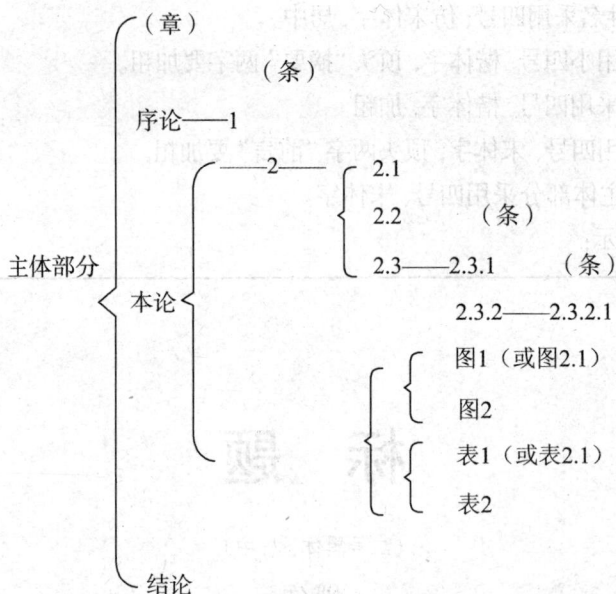

论文中的图、表、附注、参考文献、公式、算式等，一律用阿拉伯数字分别依序连续编排序号。序号可以按论文中出现的先后顺序统一编码，长篇论文也可以分章依序编码。其标注形式应便于互相区别，可以分别为图1、图2.1，表2、表3.2，附注1，文献〔4〕，式（5）、式（3.5）等。

3. 注释和参考文献的格式

（1）注释。技师论文的注释一律采用尾注的形式（即在论文的末尾加注释），一般采用小四号仿宋体。

（2）参考文献。参考文献的位置在注释的下面，采用小四号仿宋体字。注释和参考文献的标准格式如下：

图书：要按照作者姓名、书名、出版社、出版年、版次、页码的顺序写明。

期刊：要按照作者姓名、篇名、期刊名称、年份（期号）的顺序写明。

报纸：要按照作者姓名、篇名、报纸名称、年份日期、版次的事项写明。

网页：要按照作者名称、篇名、网页、年份日期的顺序写明。

**（三）技师论文的后置部分**

附录是技师论文的后置部分。附录部分要与正文分开，附在论文正文的后面。如果论文有附录的内容，要在参考文献后面加“附件”二字，然后再注明附件的名称。

技师论文的附录内容依序用大写正体A、B、C等编序号，如附录A、附录B等。附录中的图、表、式、参考文献等另行编序号，也一律用阿拉伯数字编码，但在数码前要冠以附录序码，如图A1、表B2、式（B3）、文献〔A5〕等。

## 二、技师论文正文的写作

技师晋级材料的正文部分，实际上就是一篇技师论文。作为单篇的论文，技师论文常常被用于企业内部的技术交流，很多作者还经常公开发表自己的论文，以进行更广泛的技术交流、技术研讨和推广应用。所以写好一篇技师论文，是十分有意义的事情。

### （一）正文部分的内容

技师论文构成正文部分的内容，与一般的学术论文基本相同，其构成的要素一般包括标题、署名、内容提要、关键词、主体、注释和附件等。其中，主体部分前面的要素是正文的前置部分，主体部分后面的要素是正文的后置部分。如下面的示例：

- 前置部分
  - 标题
  - 作者及单位
  - 摘要（或提要）
  - 关键词
- 主体部分
  - 序论（前言或引言）
  - 本论
  - 结论
- 后置部分
  - 落款
  - 文献
  - 注释
  - 附录

上面是一般性学术论文的基本结构内容，技师论文可以参照。

### （二）技师论文正文前置部分的写作

技师论文正文的前置部分包括标题、署名、内容提要、关键词等要素。其中，有的要素根据实际需要可以进行选择使用。论文作为评审材料或者在学术刊物上发表时，文体的构成要素一般要全。

1. 标题

技师论文的标题要求简明准确，要以概括的词语来体现论文的内容。标题的形式一般采用文章式标题，如《××生产线非程序性停车问题的原因》《×××生产工艺改进方法》等等，标题中揭示了全文的主旨内容。技师论文的标题有时还可以根据需要加副标题，为主标题做出解释和说明。

2. 署名

署名是指论文作者的署名。技师论文要署上作者的名字，位置一般安排在标题下面。如果作者不是一人，则按照参与者对技术成果的贡献大小，依次排定先后顺序。每位作者名字的后面，可以注明其工作单位或者部门。集体完成的技师论文，可以署上集体的名称，如“××项目攻关小组”。

作者要求是技师论文的撰写者，同时必须是直接的、是主要的或者全部的研究工作参加者，是能够对论文的全部内容负责的人。

3. 内容提要

内容提要也称作摘要、提要，位置安排在论文的开头部分。内容提要主要是用来提示论文的基本要点，如观点、或成果、意义等。其作用在于使读者能够在阅读之前，先用较少的时间了解论文的基本内容。内容提要的文字一般用300左右字来概括，内容大致有这样几个方面：① 项目研究的目的和重要性；② 研究的内容和方法；③ 获得的成果；④ 结论或者结果及意义。

技师论文的篇幅如果较短，也可以不写提要。如果一定要写提要的话，只需用几句话来概括说明其成果即可。

4. 关键词

关键词也称作主题词，是为了文件检索需要而设置的一项内容。关键词是从论文的标题、摘要，或者正文内容里提炼出来的。关键词是一种非标准化的主题词，通常采用具有实际意义的，能起到关键性作用的实词或者词组来充当。关键词以能够概括表达论文的主题为准，位置在内容提要的下方。关键词的设置，可以参考本教材前面公文的主题词。

**（三）技师论文主体部分的写作**

技师论文的主体部分，是对实际的研究过程和研究结果进行分析、论述、说明的展开部分。主体部分的内容由序论、本论、结论三部分构成。

1. 序论

序论也称作引言、前言，是论文的开端部分，在这里要提出论文所要论证的问题。序论的作用在于说明“为什么要进行该项目的研究”，内容通常包括下面几个方面：

① 问题提出的背景；② 选择此问题的缘由；③ 研究的目的；④ 解决的方法；⑤ 问题解决的意义等等。

这一部分要写得简明扼要，重点突出。

2. 本论

本论是论文主体内容的核心部分，是分析问题、讨论问题、解决问题的部分。这里要对问题进行分析，对结果或者观点加以证明，对实际问题研究改造的过程和取得的成果，要全面、集中、详尽地阐述、说明。在写作实践中，本论部分内容的写作一般包括这样几种方式：

（1）介绍研究对象的工作原理，解决问题采用方法的技术原理，实际操作的过程、调试、管理方法的合理性等等。

（2）阐述技术对象的应用背景，技术特点。实际操作方法，技术、工艺改造的内容和理论依据。进行工艺、技术改造的手段、方法、理论依据、基本原理、结构构成。采用的技术及装置的基本情况、原材料的性能、规格；测试的手段和结果等等。

(3)说明研究改造过程中的基本步骤。如:实际操作方案,实际操作的技术通路,操作的具体方法和步骤,以及在研究改造过程中,各种条件的变化因素及其依据等。

(4)对研究改造对象的结构,进行分析和讨论。分析讨论的依据是基本的科学原理,内容是需要探讨、解决的问题,如在实际操作过程中获得的新发明、新发现。然后通过分析讨论,来揭示这些新发明、新发现内在的必然性,或者偶然性。对于没能解决的问题,要客观地说明,并提出进一步探讨的建议。

3. 结论

结论是技师论文的结尾部分,在这里要对主体内容做出归纳总结。结论部分的具体写作方式如下:要阐明对研究成果总的看法和意见,强调某些重点问题,或者社会意义等。技师论文一般不单设结尾,通常是把结论部分直接作为论文的结尾。

**(四)技师论文正文后置部分的写作**

技师论文正文的后置部分一般包括注释、参考文献、附录等几项内容。

1. 注释

技师论文的注释,是对论文中需要解释的词语加以说明,或者对论文引用的词句、观点注明其来源出处。注释不是技师论文的必选要素,如果论文内容中某些地方需要注释,可以在论文后面加上注释,如果没有,便不需要注释这一项内容。

2. 参考文献

参考文献,是指在论文内容里,被用来参考或者直接引用的那些文献。参考文献可以直接列出文献名称、作者、出版社、出版时间等内容。

4. 附录

论文的附录是指有关的参考文献、相关的图、表、照片、数据和标准等文件,附录一般作为申报评审材料的附带部分。附录不是必选的要素,不是每篇论文都有附录,论文如果有附录的话,要在论文结尾的下面,落款的上面加“附件”这一项目,并在附件的下面注明附录的名称,“附件”的内容包括构成附件的文件、图表名称、份数等。

以上是技师论文正文部分的文体知识,下面再以具体的范文为例来具体说明。

## 谈谈彩电屡烧坏行输出管的原因

张洪炎(天津市长城集团)

摘要:本文对部分机型彩电出现行输出管烧坏更换后,再次损坏或多次损坏的问题进行了典型故障机的实际测量和分析,找出了存在的问题的主要原因,提出了排除故障的方法。

关键词:彩电维修行输出管故障

一、彩电维修中存在的问题

在彩电故障机的修复中,常见到难以修复的故障,特别是行扫描电路。由于工作电压高，遇到的上述问题尤为突出。其中，屡烧坏行输出管就是一例。为了提高工作效率，减少修理中的器件损失，本文针对几种典型机进行分析，找出了损坏的主要原因。

二、检修实例

1. 开机瞬间损坏

一台JTC513B型彩电，行输出管多次损坏。据修理工讲，查不出其他有故障元件，但装上新的行输出管，开机后立即发出"吱"的声音，再测量行输出管，同前次一样又被击穿。因而无法再进行修理。

一开机就损坏行输出管，其原因可能有以下两个方面：① 由于电源电路提供的B+电压高，行输出管的耐压不能满足由于B+过高而产生的逆程脉冲的冲击，引起行输出管开机时较快被击穿。② 行逆行脉冲产生电路的元件存在着故障。如偏转线圈、逆程电容、逆程输出变压器等。为了进一步压缩故障范围，首先对B+进行开机测量，发现B+电压正常。测量方法是在不装行输出管的状态下，开机测B+输出端电压，电压表指示在90 V左右。该机型是由行脉冲控制的串联型开关电源，在没有行输出级传送脉冲的状态下，利用开关电源本身的振荡，其频率略低于行频。根据笔者测量数台机器的数据，一般在80~90 V之间。通过R409（6.8 kΩ/3 W）启动行振荡后，行输出级不通过VD808送回行脉冲，使电源电路进入稳压状态，即输出B+122 V。该机经以上检查，B+再供电属于正常范围。因此，开机就烧行输出管的原因，缩小到逆程脉冲电路。通过示波器再检查行振荡级输出的脉冲信号，即行推动级的脉冲输入端，从波形看，64/AS周期是正常的。再检查输出级的逆程电容，发现C464（0.47 μF/200 V）电容的内部开路，更换后机器恢复正常，交用户使用后再发生故障。此机器原已判定无法修理，笔者认为，该电路逆程电容是由C464及C465组成。由于C465不直接接行输出管的集电极，在排电路板时，距C464又较远，所以检修时特别容易被维修新手忽视。

2. 不定期损坏

有一台G8253YN型54CM（21英寸）彩电无光栅、无图像、无声音（称三无）。用户送修时说机器里面前段时间有时出现响声，但当时还能看，开机检查，发现行输出管已损坏，其他未见明显故障，更换行输出管后测量各级电压均正常，但试看了半个小时后又出现了响声，随即出现三无，经检查发现行输出管再次损坏。拆下行输出管测c、e极，已击穿。根据现象判断，这种不定期突然损坏，是属于某种元件接触不良引起的。在不安装行输出管的情况下，开机对B+（电源电压）进行检查，发现在敲击电路板时，B+有瞬时升高的现象。检查电源电路，见VR901可调电阻的一个引脚接触不良。更换VR901后再敲击电路板，B+保持稳定，装上行输出管，开机未见异常。

由于电源可调元件不良引起B+无规律升高，行输出极的反峰电压在行频正常情况下又与电源B+成正比，即B+越高，加在行输出管c极上的反峰电压就越高，行输出管因承受不了而损坏。此种故障有时还会产生第二阳极高压，出现打火，损坏其他元件，如视放管、CPU、解码块和显像管。

3. 有规律损坏

一台JTC472型彩电，每次更换行输出管后图像、伴音均正常，看一两个小时后行输出管再次损坏。对拆下刚损坏的行输出管进行测量，发现c、e级间电阻变小。由于换上的新管不是原机型的型号，考虑到其他一些指标可能不符合要求，找来一只原型号管（2SD1426FA）装上，开机后的机器进行仔细检查，特别是在1 h左右，查B+无变化，从图像、伴音来看正常。说明行输出变压器及相关的偏转、视放和中低压整流输出电路均属正常。经2h左右的时候，发现图像两侧有漏洞（即行扫描的幅度开始变小），用手触摸行输出管，较初期温度高得多，并有继续上升的感觉，就此迅速测量几个数据：B+110 V正常。推动管V402集电极电压远低于正常值（正常值70 V），变为50V左右，迅速关机，趁热的推动级的元件进行检查，结果发现R416阻值变为5 kΩ左右，其他元件在正常工作范围。更换R416电阻后，再次开机试看，未出现上述现象。

原因分析：由于R5416电阻值变大或者使用中逐渐变大，使V402集电极电压降低，导致V404行输出管的激励电流减小，使输出管在导通期间不能快速饱和，导致内阻增大，损耗增加，输出管激励不足，逐渐过热而损坏。

三、小结

以上是笔者在维修中遇到的几个行输出管损坏较典型的例子。也适合其他同类的机型，如长城C539型、C5310型等。对于使用期超过一年的彩电，屡烧行输出管的主要原因是电源电路中的稳压电路使用的电容器损坏所致。如长城牌C5310（47μF/50 V）的容量变小，造成稳压电路失控，使B+输出升高。检修时应先找出损坏行输出管的主要原因，再更换新件，否则会再次损坏，造成人力财力的浪费。在动手检修此类机器之前，也应注意搜集该机器在日常使用中出现的不正常现象，这对于维修是很有帮助的。如长城牌C5310型机出现的故障可能先是遥控开关机失灵，随后是由于B+输出的电压升高损坏了控制电路，但这时行输出管还能承受已升高的反峰电压，机器还能维持收看，只不过图像比正常大了些。当C610电容量继续减小时，行输出管开始损坏。所以，必须先排除造成B+升高的故障后，再进行其他电路的修理。

出现行输出管损坏的原因一般可分成以下三类：

（1）开机瞬间就烧。主要是C–e极被击穿。原因：① 逆程电容电路器中有电容损坏，也有由接电容的铜箔根部断裂引起的。② 行频偏高过大。AFC电路中有损坏的元件，造成对地电阻减小，使行频偏高过低。③ 行输出变压器和偏转线圈出现短路，使逆程时间过短，逆程脉冲升高而损坏行输出管。

（2）行输出管不定期烧坏。原因：① 电路中存在着接触不良的元件，主要是行推动级，如推动变压器及其周围的元件。② 电源电路的稳压部分可调元件工作不良，使B+输出电压不定期升高，如声音开大时出现振动，易引起行输出管无规律的损坏。

（3）有规律定期损坏。主要原因有：① 行扫描电路存在着受温度上升而变质的元件，造成激励不足，加大损耗，使行输出管发热而损坏。② 行输出管本身质量差，散热片没装好，行输出管因发热而损坏。出现此种情况时不要盲目急于动手修理，提倡采取“一看、二想、三动手”的方法，这样才能较快而且准确地排除故障。

（例文有改动）

这是一篇实操型的技师论文，论文解决的是彩电行输出管经常性故障的问题。标题是文章式标题，揭示了论文的主旨内容。正文第一个小标题“彩电维修中存在的问题”是序论部分，提出了论文要解决的问题，以及研究解决此问题的目的。第二个小标题“检修实例”是本论部分，分析了问题产生的三个方面原因，同时提出了一般性故障的排除方法。第三个小标题“小结”是结尾部分，说明了对行输出管故障问题研究的结果。论文的论证采用了归纳论证法，列举出现故障的几种情况，再从中归纳出一般性的原因。在此基础上再提出故障排除方法。

## 第三节　写作技师论文的文书工作程序

写作技师论文是一个由实践到选题，再进行选择、组织材料，然后起草写作的过程。我们把这个写作过程中每一环节的工作安排，称之为文书程序。

写作技师论文的文书程序，通常要做好以下几项工作。

**一、选题**

写作技师论文首先要选定论题，选择一个适合自己的论题，是写好论文的前提，是技师论文写作成功的关键。

技师论文的论题应该来自生产实践。对于从事生产技术工作的人员来说，在生产实践中经常会发现一些实际问题，然后采用科学的、技术的手段去解决问题。而具有写作价值的论题，就是在这种生产实践中产生的。技师论文要选择那些具有独创性、实用性、普遍意义的生产技术问题，作为技师论文的写作论题。

评价一篇技师论文的实际意义和科技价值，主要是看论文是否能够产生实用效果，这也是技师论文选择论题的标准。把生产实践中发现的情况、存在的问题，以及对这些情况、问题的解决，作为技师论文的写作论题，是论文价值的重要决定因素，这也是技师论文实用性性质所决定的。

在写作实践中，写作技师论文通常有三种常见的论题类型：

（1）创新性类型：论文选用的论题是他人没有研究过、没有解决过的问题。

（2）延伸性类型：论文选用的论题是他人虽已做过研究，但是还有需要发展、补充的空间，或者还有一些修改的余地。

（3）综合性类型：论文选用的论题，是在已有研究成果基础上进行的综合归纳，从而得到一个新问题的解决，或者通过改进原有的技术、工艺水平，使生产效率或者产品品质得到了提高。

## 二、选择材料

作者把实践中出现的问题、情况，作为研究解决的对象，运用相应的理论来分析问题，以技术手段去解决问题，然后再将研究解决问题的过程与结果写成论文。因此，技师论文不是由理论到实践的认识过程，是一种由实践到理论的升华。那么，技师论文使用的材料就一定是来自生产实践，所涉及的问题是客观存在的事物，只有从生产实践中直接获得的材料，才是有说服力、有价值的材料。经常可以作为论文材料的有生产实践中出现的一些技术问题，及问题解决的过程，解决问题运用的技术方法，依据的理论、数据、定理，成功的经验与教训等等。我们可以把这些看做是技师论文材料的获取范围。技师论文的写作，不可从间接的材料中提炼技师论文的论题，这往往会使论文丧失实用的价值。

对技师论文材料的使用，原则上有如下几点要求。

### （一）材料要与论点统一

写作技师论文与写作命题作文不同，命题作文可以先确立论点，然后再去选择材料作为论据。技师论文的写作材料产生于生产实践，是在生产实践中发现的那些具有代表性的客观事实。技师论文的论点一定要在客观存在的材料里产生，论点不可以脱离材料、与材料失去联系或者与材料相悖，要保证材料与论点的统一。技师论文也不可以为了材料与论点统一，而先确立论点，然后再去收集材料，观点要在反映客观实际的材料里产生，这样的材料才具有价值。

### （二）材料准备要充分

写作技师论文需要掌握大量的材料，充分地占有了材料，就奠定了写作论文的基础。处理材料时，可以在所获得的材料里进行选择提炼，去粗取精、去伪存真地进行取舍。在使用材料进行写作安排时，则要精取，要少而得当，以能够充分说明问题为原则。

### （三）材料要真实

技师论文使用的材料一般要求是第一手材料，并且要对材料进行考查核对，以保证材料的真实性。对材料的选择需要做到以下几点：① 要对材料的可靠性进行核查，而后才能使用；② 所采用的材料要有实践根据，有实际出处；③ 使用的定理、指标、技术方法要符合科学和有关规定。

## 三、编制写作提纲

编写写作提纲也是对材料进行组织的过程。当论文完成了选题，再选择好了材料，下一步工作就是编写写作提纲了。编制写作提纲，是技师论文由准备阶段进入撰写阶段的重要环节。写作提纲的编制程序，就是把反映问题解决的实际过程、方法、步骤以及结果的材料，进行分类整理，在选定的写作材料基础上，按照论文结构、层次和段落的形式要求，来组织安排材料，编制出写作提纲。这是写作论文的基础工作，一般来讲，编写写作提纲，是高质量地完成论文写作的前提条件。

技师论文写作提纲的编制程序一般如下。

**（一）确定论文的标题**

技师论文的标题要求紧扣论文的主旨，要与论文主旨内容有必然的，或者直接的联系。标题的表达要用规范的专业术语，范围不要超出论文的内容。标题的内容要有专题性特点。

**（二）确定论文的中心思想，写出主题句子**

写作技师论文，是生产技术实践活动的一项重要工作，技师论文的本身，也是对研究解决问题的实践过程所做的记录。论文的中心思想，可以通过在技术实践过程中，采用的科技手段，解决了什么问题，解决此问题的作用与意义等内容里概括出来。如上面例文《谈谈彩电屡烧坏行输出管的原因》的中心思想是“提高工作效率，减少修理中的器件损失”，这个中心思想是由“解决此问题的作用与意义”的内容中概括出来的。

在编写提纲时，可以先把中心思想提炼成一两句话，来作为提纲的编写目标，然后，以此为标准来选择组织材料。

**（三）安排好材料的使用次序，确定论文的总体框架**

材料是论文中论据的构成要素，因此，安排材料实际上就是在组织论据。组织安排材料，要根据分析论证的需要来依次进行，先确定出全文的总体框架，然后选择好每一层次、段落需要使用的材料，再标示出材料的名称顺序，等正式写作时再写明细目。

**（四）确定大的层次段落，提炼每个段落的主旨句**

当安排好材料的次序后，论文层次段落的形式也就基本成型了。大的层次确定之后，需要的话，可以先将段落的主旨句提炼出来，用一句话来概括全段的主旨内容。段落的主旨句能够充分体现段落的独立性，便于构建段落内容与中心思想的关系。

**四、起草论文**

完成了提纲的编写工作，就可以根据提纲来围绕中心起草论文了。论文各个部分的布局安排要有重有轻，有详有略，不要平均分配力量。开头部分要说明问题的现状、现象，或者对现有工艺、技术、功能等的不满意之处。本论（主体）部分的内容，要分析问题的症结所在，提出解决问题的设想和方法。结论部分要明确写出发明创造的具体成果，并阐明这一发明创造的意义。

本论是反映作者研究过程和成果的部分，一定要写得具体详细，要具有说服力，要注意突出重点，要能够充分体现出自己的研究过程和成果。序论、结论要写得简练一些，概括一些。

下面列举几种常见的论文的撰写方法。

**（一）顺序写作法**

顺序写作法，就是按照解决问题的实际程序和步骤，来组织材料，编写论文提纲，然后按照先后顺序写明具体内容。采用这种写作方法写作时，要把论据材料按照事先的安排依次列排出来，然后进行分析推理，详细地阐明自己的观点，从而得出结论。

**（二）分段写作法**

分段写作法，是指在作者编写完论文提纲的基础上，如果作者对某一层次段落内容的写作还没有把握，可以在已经整理划分好的若干层次段落里，选择已考虑好的那一个层次或者段落来先写，我们把这种方法称为分段写作法。待全文完成后再进行前后调理，使层次段落之间衔接紧密，能够围绕全文的中心构成有机整。一般由两人以上合作撰写技师论文时，可以选择这种分段写作方法。

**（三）重点写作法**

重点写作法，是当按照提纲顺序写作不能一气写完全文时，可以考虑采用从论文的重点之处开始写作的方法。这种方法要求，全文论点论据已经明确下来的情况下才能使用，写作时可以先写出结论，再写论据；先写中心问题，再展开分析。

## 第四节　写作技师论文需要注意的事项

技师论文需要对实操性问题进行科学的分析论证，而不是把论文写成技术实践过程的记录，或者在文中只是提出一些工艺技术的解决方案。初写论文的作者，可以学习和借鉴别人的写作经验，按照写作程序分步骤地进行会容易许多。除此之外，写作技师论文还要注意下面几个方面的问题。

**（一）论题要有实际意义**

技师论文论题的提出，要依据生产中出现的实际问题来确定，不可以只依靠间接的材料去臆造。论题要与生产实践中的实操内容密切相关，要做到论题的解决就是实际问题的解决，以使论题具有实际意义，保证论文具有实用价值。

**（二）论据要充分可靠**

技师论文必须以充足的材料作为论据。论文中使用的材料必须要真实、充分、可靠，原始资料要详尽、准确，要保证原始材料的真实性。大量的写作材料只有在生产实践中才能获得，因此，作者在日常工作中，要注意收集和积累那些有写作价值的材料，获得材料以后，再经过选择、加工和整理，才能作为论据。材料充分可靠，才能使论据充实，使论证有力。

**（三）文体结构要完整**

技师论文的文体结构要完整，尤其是主体部分的结构设置，要有一个提出（发现）问题，分析（证明）问题，解决（回答）问题的完整结构内容。在论文里要能够对这三个结构的内容作出充分、具体、详细的说明论证。

**（四）论证要符合科学**

技师论文对问题的分析论证，要符合科学的基本原理，科学理论是分析问题、解决问题的基础。在文中使用的数据、指标，不但要真实可靠，还要具有科学性。技术参数、计量单位要符合规范，数据计算一定要正确，采用的工程图表要符合标准。论证过程要符合科学的论证逻辑，推理要严密。

**附录：**

# 国家职业资格全国统一鉴定综合评审办法

（节选）

**一、基本要求**

（一）各省级职业技能鉴定指导中心根据本地区的实际，按照各统考职业的特点，统一安排时间组织实施。

（二）综合评审可采取多种方式进行。采取论文撰写、口头答辩或书面答辩的考生，须按省级职业技能鉴定指导中心的安排，提交本人论文和有关材料。省级职业技能鉴定指导中心在答辩前统一组织综合评审委员会对论文内容进行评定，并根据考生人数确定答辩日程。

（三）采取其他方式进行综合评审的，各省级职业技能鉴定指导中心应事先制定综合评审的具体要求和办法，通知报考考生，并上报劳动保障部职业技能鉴定中心备案。

**二、论文撰写**

**（一）论文选题**

论文采取考生自选题方式。选题应根据国家职业标准要求，参考培训教程，同时结合考生所在单位或有关行业实际工作的情况自行拟定。

**（二）论文撰写要求**

1. 必须由考生独立完成，不得侵权、抄袭，或请他人代写。

2. 如无特殊说明，论文字数原则上职业资格二级不少于3000字，职业资格一级不少于5 000字。

3. 论文所需数据、参考书等资料一律自行准备，论文中引用部分须注明出处。

4.论文一律采用A4纸打印，一式5份。

5. 考生应围绕论文主题收集相关资料，进行调查研究，从事科学实践，得出相关结论，并将研究过程和结论以文字、图表等方式组织到论文之中，形成完整的论文内容。

6. 论文内容应做到主题明确，逻辑清晰，结构严谨，叙述流畅，理论联系实际。

**（三）论文格式要求**

1. 论文由标题、署名、摘要、正文、注释及参考文献组成。

2. 标题即论文的名称，应当能够反映论文的内容，或是反映论题的范围，尽量做到简短、直接、贴切、精炼、醒目和新颖。

3. 摘要应简明扼要地概括论文的主要内容，一般不超过300字。

4. 注释是对论文中需要解释的词句加以说明，或是对论文中引用的词句、观点注明来源出处。注释一律采用尾注的方式（即在论文的末尾加注释）。

5. 论文的末尾须列出主要参考文献的目录（见表2）。

6. 注释和参考文献的标注格式为：

（1）图书：按作者、书名、出版社、出版年、版次、页码的顺序标注。

（2）期刊：按作者、篇名、期刊名称、年份（期号）、页码的顺序标注。

（3）报纸：按作者、篇名、报纸名称、年份日期、版次的顺序标注。

（4）网页：按作者、篇名、网页、年份日期的顺序标注。

**（四）论文提交要求**

提交论文时，一律装入文件袋并贴封。文件袋封面格式和论文首页格式应统一。

**例文一：**

# 机械故障诊断中的误诊断与信息处理方法

摘要：对机械状态的误诊断是对机械状态的一种歪曲反映，误诊断原因是多方面的，包括诊断数据的不准确性、诊断依据的不可靠性、诊断推理的不合理性等。机械状态的信息特性对机械故障诊断起重要作用，研究信息特性对提高故障确诊率和故障诊断的可靠性具有实际意义针对获取的故障信息具有不确定性，文章提出用粗集理沦处理诊断中的不确性的数学方法理论。

关键词：故障诊断；误诊断；信息不可靠；研究

机械故障诊断的发展历程中，故障确诊率的提高一直是研究的热点，故障的误诊却没有引起人们足够的重视。为了系统地阐述机械故障诊断中的误诊问题，给出了误诊的含义及分类；按照机械故障诊断推理过程的环节，详细分析了误诊产生的机理和具体的原因，针对这些误诊的潜在原因，提出了减少误诊的方法和措施。

提高机械故障诊断的可靠性，降低误诊率，在保证诊断数据准确无误的同时，必须使诊断系统合理，同时具有开放性和可扩充性，使诊断知识不断得到丰富和充实。

1. 机械误诊断的原因

从诊断的结果与诊断对象客观存在的差异来看，故障诊断的结论可分为确诊、误诊和漏诊，确诊即为对诊断对象的故障判断是准确无误的。漏诊则是对故障的遗漏。而误诊，顾名思义，就是错误的诊断，也可称之为误判。漏诊实质上也可归为对设备的误诊。

1.1 故障的复杂性

在故障诊断过程中，诊断对象的故障过程是复杂多变的，在故障发展过程中，由于引起故障的因素在性质、特点及作用方式上是不同的，机械功能状况和所受损害的具体情况也不同，使得故障征兆和演变具有不同形式，诊断中往往难以迅速准确地认识故障的性质，导致误诊，具体表现在以下几方面：

（1）故障的发展过程中，一种故障可能表现出多种不同故障征兆。如液压系统故障诊断中，电磁换向阀故障可能导致系统压力、流量不满足要求，脉动可能加剧，还可能导致系统工作温度升高等。而对不同诊断对象，即使是同一种机械，对同一种故障的反应也是有差异的。一个对象的反应可能快，另一个对象反应可能慢，一个对象的某征兆对某故障反应可能剧烈，而另一个对象反应可能较平稳等。

（2）不同故障在发展过程中，可能出现相似的征兆，同种征兆可能对应多种故障形式。如回转机械中，各种故障的发生，往往都伴随着振动的加剧，而且在频域分析时，在相同倍频上，不同故障可能会有相似的表现形式。这种故障征兆的相似性，使我们在故障诊断中容易产生混淆。

（3）在很多情况下，随着故障的发展，还可能引起继发性故障，这种继发性故障可能会掩盖原来的故障，或原来的故障掩盖继发性故障，这都将造成故障诊断的困难。如液压系统中，由于某种原因引起油液污染程度增加，这可能引起液压泵运动副的严重磨损，磨损的颗粒混人油液中，进一步加剧油液污染，液压泵磨损将引起液压系统失效，泵的失效是油液污染这种原发性故障所引起的，而原发性故障和泵磨损这种继发性故障混在一起，相互促进，造成恶性循环，这增加了查找原发性故障的难度。

为克服故障征兆的复杂性给故障诊断带来的困难，必须开阔思路，不拘泥于典型故障—征兆的狭窄思路，从系统角度出发，进行由环境到机械，由局部到整体，由阶段到过程的具体分析，将征兆、原因、故障机理有机结合起来加以研究，减少误诊率。

1.2 诊断知识的不确定性

各种机械设备，由于复杂程度不同，工作环境各异，使我们获得的有关故障的知识往往有不确定和不完善的一面。一般来说，我们不能等待某种故障完全发生后再得出结论，而必须实施早期诊断，及时采取措施避免故障的进一步发展，这样，我们必须依据故障的部分征兆或无任何征兆情况下作出诊断，这不可避免地带来误诊。

由于故障诊断资料不足，对故障的认识受到较大限制，给明确诊断带来困难，有时不能将其有类似征兆的故障完全排除，有时所怀疑的故障的一般规律与故障征兆不完全相符，另外排除了一种故障的可能，又缺乏对某种故障作出识别的足够依据，因此故障诊断的推理过程往往也是模糊的，具有一定程度的不确定性。

针对这种情况，充分研究故障诊断对象，建立合理的模糊知识体和模糊推理机，利用现代人工智能原理实施诊断更符合故障诊断的性质，将提高诊断的可靠性。

1.3 理论的相对性

任何理论与实际的故障过程相比，总有局限性，机械设备作为一个与环境和人共同组成的有机体，是有差异的，理论只能大体概括故障诊断实践中的具体情况，同时，理论又受到一定科学技术条件的限制，还存在尚待认知的领域。

理论与具体故障相比，总是有一定距离的。以故障诊断的标准来说，它是以典型征兆为基础而总结制定的，不太典型的故障，就未必都与诊断标准相符合，若将诊断标准当作教条而一成不变，难免造成误诊。

总之，我们所研制的诊断系统，应具有开放性和可扩充性，使系统具有不断完善的能力，这是降低误诊率的重要途径。

1.4 诊断实践的局限性

故障诊断的实践是机械故障诊断学形成发展的基础，对故障现象进行试验研究，虽然也是获取相关知识的重要途径，但由于试验与机械系统实际运行情况、工作环境是有差异的，所得出的结论必然存在一定的局限性，作为实施故障诊断的主体—人，对机械系统的了解程度及故障诊断的实践经验不同，得出的结论也有差异，如观察1幅机械图象，1个经验丰富的人，头脑中积累了大量故障知识，往往能较准确地从中把握机械运行状况，作出合理诊断结论，尤其是对早期故障和不典型故障的诊断更是如此。因此，必须加强诊断的实践环节，从实践中抽取有用的知识去扩充和丰富我们的诊断系统。

1.5 获取数据的不准确性

在实施故障诊断过程中，首先应获取机械系统运行的有关数据。机械运行过程中，往往受外界环境及各种随机因素影响，使获取的数据具有某种程度的不准确性，容易造成误诊。因此须采取必要数据预处理手段，减少随机因素的影响，剔除其中的趋势项、奇异项等，提高数据准确性，这也是降低误诊率的必要条件。

1.6 诊断人员不专业

诊断人员的素质也决定了诊断结论的正确程度。诊断人员的理论知识、实践经验、方法知识以及执行故障诊断时的态度都可能导致误诊。同时，诊断人员在综合运用知识、理论联系实际、善于解决实际问题等方面的能力也会影响诊断结论。

**2. 机械故障诊断中信息提取**

2.1 信息提取不可靠

机械故障诊断分为直接诊断和间接诊断，但由于受到设备结构和工作条件的限制，直接诊断往往难以进行。因而，多采用间接诊断，即通过二次诊断信息来间接判断设备中关键零部件的状态变化。而诊断测试便是获取二次诊断信息必备的关键环节。最常见的是振动测试（位移、速度、加速度）和声音测试。

然而，由于各种原因，获取的数据可能发生偏差。体现在3个方面：① 数据没有正确反映客观存在；② 数据的信噪比低；③ 数据的不完备性。如果把这些不准确的数据当成有效数据来分析，就很可能发生误诊。

2.2 信息处理不准确

能够快速、有效地提取反映机器故障信息的特征是机械故障诊断的关键。诊断特征主要通过对设备采集来的信号进行分析和处理获取。这些特征可能是一些简单的时域特征，如峰峰值、均方根值、峭度等，或者工艺参数特征，如油温、油压等，还有一些复杂的频域特征及基于全息谱的特征，如转频椭圆及轴心轨迹等。

目前，各种特征提取方法层出不穷，如统计模拟、小波分析、独立分量分析、频域分析、全息谱分析等，为诊断对象的特征提取提供了有效的解决方案。在应用中，许多方法都有其应用的前提条件。而且，在不同的应用场合，各种方法还可能存在其局限性以及数学上的精确性问题。在实际应用中，如果没有注意到这些，就可能引起误诊。

2.3 信息不完美

对于一个诊断对象，如果其运行状态较复杂，由于客观条件和手段的限制等原因，可能使获得的信息难以确切地给出诊断结论，主要体现在以下3个方面：

（1）信息不完备。在诊断实践中，故障与诊断信息之间并非一一对应的关系。1个信息对应多个不同的故障，而1个故障也表征为多个不同的信息。这就需要掌握充分的有用信息来区分不同的故障。否则，就可能出现误诊。

（2）信息不一致。诊断信息不一致在诊断实践中也是较常见的现象。这些信息之间存在一定程度上的冲突。也就是说，某些信息很大程度上支持故障F1，否定故障F2；相反，另一些信息则支持故障F2，而否定故障F1。此时，误诊也容易发生。

（3）信息不确定。来自诊断对象的诊断信息经历了许多传输途径，其不确定性可能较小，也可能很大，如传感器、传输线等均影响其确定性。此外，还有定性与定量信息之间转换导致的不确定性。

**3. 提高信息可靠度、减少误诊断的措施**

3.1 提高诊断测试的准确性

提高诊断测试的准确性是保证诊断数据可靠性的重要前提。可以从以下4方面着手：① 对传感器进行定期检验；② 可考虑用多个传感器测量；③ 采用可靠的传输线；④ 正确设置采样参数。

3.2 提高诊断系统的可靠性

随着设备运行与维护的需要，各种在线、离线、远程等诊断分析系统以及人工神经网络、贝叶斯网络、专家系统等智能诊断系统逐渐用于机械故障诊断，为确诊故障带来了许多便利之余，也增加了机械故障误诊的可能性。开发合理完善有效的诊断系统，提高它们在特征提取或诊断推理方面的可靠性，有利于减小误诊率。

3.3 加强诊断信息描述的客观性

诊断信息在机械故障诊断中的重要性是不言而喻的，其表达与描述是否合理、准确关系到诊断推理结果的正确与否。然而，在诊断实践中，诊断信息既有定性信息，也有定量信息；既包含简单信息，又包含复杂信息；既存在确定信息，又存在不确定信息。在诊断推理过程中，定量信息经常会转换为定性信息，例如，“70 μm的振动”描述成“振动大”等。

概率论和模糊数学是描述这种信息的强有力的工具。因而，可以考虑用适当的方式把概率论和模糊数学理论融人到故障诊断的信息表达和描述中来，加强其描述的客观性。

**4. 粗集理论对信息不确定性的处理**

具有随机信息、未确定信息、模糊信息、灰信息中的一种的信息为单式信息；至少存在2种以上的信息为盲信息，而将概率论、模糊理论、灰色数学、未确知数学的理论与方法有机结合起来，即不确定性数学的理论与方法，提出或运用某种理论和方法，对具有相似或不同特征模式的信息进行处理，以获得融合信息，从而改善信息的不确定性、模糊性、矛盾性。

粗集理论是一种处理模糊和不确定知识的有效数学工具，其在知识分类和知识获取中已得到成功应用。粗集理论方法与神经网络方法、遗传算法、模糊集理论方法、混沌理论等“软科学”方法的不同在于它仅利用数据本身所提供的信息，不需要任何附加信息或先验知识，如证据理论中的基本概率赋值、模糊集理论中的隶属度函数、统计学中的概率分布等，粗集方法以观察和测量数据进行分类为基础，直接处理对象的可测输出，剔除冗余信息和矛盾信息，从而找到问题的内在规律，因此粗集理论比其他“软计算”方法更具实用性。粗集理论进行诊断的一般步骤：

（1）知识库建立。利用搜集到的历史或仿真数据生成联合诊断系统故障信息表……

（2）数据离散化。数据离散化方法包括等距离划分算法、等频率划分算法、NaiveScaler算法、基于属性重要性算法和基于断点重要性算法，以及布尔逻辑和粗集理论相结合的算法等，使条件属性和决策属性的取值为连续的不确定性空间，数据离散化是运用粗集理论的数据预处理。

（3）特征提取。从原N个数据特征中找到M个数据特征，简化后M个数据特征对对象空间U的分类能力和原N个数据特征的分类能力相同（N, M），此过程称为特征提取。常用的特征提取方法有基于属性重要性的最小约简、基于差别矩阵和差别函数的逻辑化简、基于包含度理论方法的最大分布约简、基于下近似质量不变进行属性约简和对存在噪声污染时用基于上近似质量的任一约简。特征提取使条件属性得到约简，进而剔除冗余的条件属性。

（4）规则应用。提取的规则集可用来对新对象进行分类，该规则集称为“分类器”，用RUL来表示。当分类器遇到一个新对象×时，则在规则集RUL中寻找与×的条件属性相匹配的规则，应用规则集可判断新对象×决策属性。

××年×月×日

**参考文献** （略）

（例文为网文，有改动）

**例文二：**

# 浅谈差压式流量计的安装缺陷及对策

徐明琪

摘要：本论文介绍了差压式流量计在工业生产中的应用情况及安装不规范的现象和对策措施。

关键词：流量测量；差压式流量计；安装缺陷；对策

目前，工业生产中测量蒸汽最常用的流量计仍然是差压式流量计，它由孔板或喷嘴、压力变送器、差压变送器

导压管路和二次仪表等组成。但在实际应用中，经常碰到流量检测仪表检测数据不合理，甚至不能正常工作，但单独校验变送器及二次仪表均合格的情况。究其原因，往往是现场仪表安装不规范造成的。因此，合理安装现场流量仪表，确保数据可靠具有实际意义。

**一、流量仪表安装不规范的现象及成因**

一般来说，流量仪表的设计、安装均参照国家规范和具体的安装规定进行的，但在许多情况下，现场条件及工艺情况往往不能满足安装要求或施工时不按设计规范安装仪表，导致仪表搬运后存在严重缺陷。查阅有关资料并结合我公司的实际应用情况将常见的缺陷归纳如下：

**（一）场合不当，导致在特定工况下无法正常使用**

现阶段，气（汽）体流量的测量较多采用节流装置配变送器。按照规范要求此类检测设备安装位置的上、下游有特定长度的直管段，节流装置前后直管段必须在10D后5D以上，但在某些场合，仪表安装位置往往迁就工艺管线走向而缩短上、下游直管段，加上施工时采用工艺管道拼凑直管段，其结构使上、下游直管段与仪表要求的条件相差甚远，测量不准确度增大，测量精度大大降低。另外，当测量高温介质（如过热蒸汽）流量时，尽介质温度未达到极限使用温度，但此时仪表电路元件故障率高，需频繁检修，影响连续测量。其他流量仪表的安装也存在相似问题，这里不一一列举。

**（二）安装方式错误或不当，使测量结构引入附加误差，严重影响系统精度**

对于节流式流量仪表的安装，主要包括节流元件本体安装及差压变送器安装。节流元件本体安装涉及节流元件的安装方向及取压方式，节流元件的安装技术要求在GB/T2624——93和GB/T267——93中都有严格要求。但在实际安装中，施工人员往往忽略许多技术细节，将节流元件等同于一般管道构件安装，主要表现在：

（1）节流元件的前端面与管道轴线垂直超过±10的技术要求，从而未能保住节流元件的中心管线与管道轴线重合。

（2）未能根据测量介质选择取压孔的方向，引起凝结水或污染物进入导压管等附件，造成管路堵塞或测量误差。

（3）弦月（圆缺）孔板安装在垂直管道上，导致孔板前后可能淤积沉淀物，改变管道的实际截面，严重影响测量结果，虽然许多资料介绍弦月孔板可安装在倾斜管道上，但就使用效果来说，测量误差较大，在有条件的情况下建议不在倾斜管道上安装。

（4）差压变送器的安装着重附件及管道的安装，规格齐全，性能优良的附件（如取压装置、冷凝器、隔离器、排污沉降器等）能方便仪表维护、检修、排污及保护变送器等作用，针对不同的测量介质，采用的附件及安装方式不尽相同，安装时应按设计图纸或参照自动化仪表安装通用图规范施工，差压变送器取压管尽量按最短距离安装（3~50 M），为了避免在管路中积聚气体和水分，导压管最好垂直安装，水平安装时其倾斜度不应小于1∶10，差压变送器的安装应平正、牢固。此外，管路中的截止阀或球阀应可靠、耐用，最好采用焊接阀避免阀门泄露影响测量准确性，且利于管路及仪表检修。

**（三）在电磁干扰的环境中屏蔽保护措施不完整，影响仪表正常工作**

流量仪表安装的场合，普遍存在电磁干扰。电磁干扰主要通过仪表信号线产生干扰信号导入变送器，当噪声信号淹没流量信号时，智能变送器会显示超量程或溢出等诊断信息。当检查不出仪表故障原因时，可检查信号线敷设情况，在许多情况下会发现信号线没有有效屏蔽，特别是变送器的电气接口处。规范的安装应配一短接管旋进变送器，外面再用金属软管与电缆保护钢管套结扎紧，但在施工人员为贪图方便，常常省去短管，金属套管与变送器若接若离，屏蔽效果几乎为零，因而正确处理电缆屏蔽问题是仪表安装中重要环节之一。

## 二、避免安装缺陷的对策及措施

差压、漩涡式流量计的施工项目，是确保流量仪表正常投运的关键环节，对此提出几点意见，有助于防止安装失误。

**（一）仔细会审施工图纸，是纠正安装失误的第一次机会**

经验丰富的仪表施工人员在审读施工图时，往往结合工艺管道的走向及现场条件，确定节流元件的安装。此时测算上、下游直管段的距离，并根据仪表选型，确定现场条件是否满足仪表要求，若未能满足，则及时要求修改施工图纸。

**（二）订购性能优良的仪表及附件，避免设备、材料问题影响仪表正常投运**

订购设备及附件时，应选择资信好的供应商订货，特别是在高温、高压介质中使用的仪表附件、阀门，劣质的产品在搬运后可能出现渗漏或开关失效，影响正常测量或仪表检修。

**（三）安装时使用量器具测试并加强工程质量检验，保证规范施工**

流量仪表的上、下游直管段选用，应使用量器具细致测量，拼装垂直度及同心度不应靠目测或经验，必须参照规定逐项检测，误差太大时及时纠偏。在接管前请经验丰富的质检人员检查质量，并在完成管道吹扫、排污后再连接。同样，附件、取压管及变送器的安装也应规范作业。

**（四）重视仪表的抗干扰保护措施，以免影响检测质量**

通常情况下，流量仪表采用屏蔽电缆穿管或在金属线槽内敷设，完整的电缆屏蔽要求屏蔽层及保护套双重屏蔽。防护套屏蔽在接地合格的情况下，关键表现在各连接处的处理。穿钢管硬连接处可套管或用直通连接，软连接处用金属软管套接，金属软管套入深度一般应在5 cm以上且用胶带扎紧；金属电缆槽与电缆保护管连接时应加工金属管线盒并密封良好；变送器装于金属保护箱或防护罩内，屏蔽层良好接地并采用浮空测量方式。这些措施可有效地防止电磁干扰。最难以克服的电磁干扰是变频器产生的，解决的方法如下：1制作可靠的接地极，接地电阻必须小于5Ω；2采用屏蔽电缆且只能一端接地，否则会产生涡流；3在变送器的输出端跨接一电容（约110 V, 4.7 μF），连接方式是电容一端接地，另一端接到信号输出的负端。

## 三、结束语

以上是我从事仪表工作17年，通过安装维护检修及技术改革过程中学习摸索出来的，在实际生产过程中解决了很多难题，尤其是解决变频干扰这一项，已经得以推广，大大提高了仪表检测准确性，为工艺、能源检测及控制提供了质量保证，并减少了仪表维护、检修的工作量，使抗干扰能力差的仪表得以继续应用，降低生产成本，提高企业综合经济效益。

**参考文献**　（略）

（本文摘自王洪光等的《教你写技师论文》，化学工业出版社，2007；有改动）

# 第三章　毕业论文的写作

毕业论文（本科生的优秀毕业论文可以申请学位，所以也叫学位论文。有的专科毕业生也要写毕业论文，但不是用来申请学位的。根据本教材适用的教学对象，这里称之为毕业论文），是高等职业院校学生毕业前需要提交的、有一定学术价值的论文。它是大学生完成学业的标志性作业，是对自己学习成果的一次综合性总结和检验。学校也要通过学生的毕业论文，来考察学生对所学知识掌握的程度，以及分析问题和解决问题的能力。目前，不但职业院校的本科生、研究生毕业时需要提交毕业论文，一些专科职业院校也要求毕业生提交毕业论文。因此，毕业论文的写作，是在校学生必要的学习内容。

## 第一节　毕业论文的概述

### 一、毕业论文的性质

毕业论文与技术革新报告和技师论文都属于科技论文，但是，它们之间还是有着很大的不同。

从写作对象角度看，技术革新报告和技师论文涉及的对象，是存在于生产实践中的具体问题。而毕业论文则更加偏重于所学专业方面的问题，是对学生所学专业领域的现实问题，或理论问题，进行的科学研究和探索。

从写作目的看，技术革新报告和技师论文，是为了解决生产实践中的技术、工艺等问题，是为生产实践服务的。而毕业论文是学生完成本科，或者专科阶段学业后的一个学习环节，它是学生对自己的学业具有总结性的独立作业。

### 二、毕业论文的特点

毕业论文一般有以下几个点。

1. 科学性

毕业论文的科学性表现在两个方面：一是内容的科学性。毕业论文的内容应该真实、客观、准确地反映事物的客观规律和本质，揭示其科学真理。二是论文本身所具有的科学性。毕业论文对结构内容的安排，必须具有科学性，要有科学的、客观的立论，真实可靠的论据，符合逻辑的论证，周密严谨的分析，布局合理的结构，正确恰当的语言。

2. 创新性

毕业论文力求对所研究的问题有新发现，有新发明和新创造，这是论文的价值所在。理论性论文要能提出理论上的新观点，或者阐述取得的新成果。应用性论文要能证明在实践中采用的材料、技术、工艺、方法等，是先进的，是可行的，效果是好的。

3. 规范性

毕业论文的规范性体现在：一是写作程序的规范性。毕业论文要按照一定的程序和步骤写作，如按照要求选题、制定研究计划、撰写论文、接受老师指导、参加论文答辩等。二是文体的规范性。毕业论文的层次内容，结构形式，字数要求，语言表达方式等，都要遵守相关的规范。三是格式的规范性。毕业论文的参考文献、引用、注释、图表及摘要、关键词等，应严格遵守国家标准——《学位论文和学术论文的编写格式》的规范。

**三、毕业论文的用途**

第一，毕业论文是是用于申请相应学位的。本科生、研究生，在提出申请相应的学位时，需要提交的论文就是毕业论文，即学位论文。评审学位时，学位论文是必备的评审材料。

第二，考察学生学业成绩的作用。通过对学生毕业论文的评审，学校可以考察学生对所学专业的研究、探索，取得的结果情况，以及初步进行科学研究能力的情况。

第三，可以证明作者的专业能力与水平。学生的毕业论文，可以证明自己是否较好地掌握了本学科的基础理论，以及专业知识和基本技能。证明自己是否具有从事科学研究工作的能力，或相当的专业技术水平。

第四，毕业论文还有传播先进科学理论的作用。有些毕业论文，体现了作者站在一定的专业理论高度，进行探索研究获得的成果，这些成果具有先进的科学性和理论性。有的论文还经常通过媒体发表，进行科学交流，这对科学的进步和探索必然产生积极的推动作用。

**四、毕业论文的种类**

学生所学专业不同，撰写毕业论文的内容和性质也会不同。按照不同的研究领域、不同的研究对象、不同的研究方法、不同的表达方式，可以把毕业论文分成不同的种类。

按照专业的不同，可以分为机电专业的毕业论文，电子专业的毕业论文，建筑工程专业的毕业论文等等。学生要根据自己所学的专业来写作毕业论文，专业的不同，写作的毕业论文的种类也就不同。

按照研究方法的不同，可以分为实验性毕业论文和设计性毕业论文等。实验性毕业论文，是将科学实验中得到的数据或现象，进行观察、分析、综合、判断，按照逻辑思维规律，借助专业理论或其他科学方法，对实验事实从理论上进行综合分析，从而得出富有创造性的结论和见解的一种论文。设计性毕业论文，是学生毕业前在自己专业设计的基础上，用以证明自己设计的可行性，以及理论依据，由此而撰写的解释性文字。

按照性质的不同，可以分为理论性和应用性的毕业论文。理论性的毕业论文，侧重于对某一领域的理论问题的研究。应用性的毕业论文，侧重于解决实际应用问题。

按照写作目的不同，可以分为学年论文和学位论文。学年论文是本科学生、专科学生读了三年基础课，具备了一些基本知识之后，在老师指导下，初步尝试去分析和解决一个学术问题，通过学年论文的写作，本科生可以为今后撰写毕业论文、学位论文奠定基础。学位论文是本科生在最后一个学期写作的论文，是在老师指导下进行的科学研究，是一种规范的基础训练，以培养学生初步科研能力。本科生的优秀毕业论文，可以用来申请学士学位。

## 第二节　写作的前期工作

### 一、毕业论文的选题

选题，即确定论题。实际上，毕业论文选题的确定，是研究的主攻方向确定，即研究目标的确定。毕业论文论题的选择，应该注意以下四点：

（1）论题要大小适中。论题涉及的范围不要太大，问题不要过难，尽量做到“小题大做”，这样，写起来会容易一些。选题时还应结合自己的特长、兴趣，以及客观条件，要根据自己的能力选择切实可行的论题。

（2）选题的角度要有新意。进行科学研究，就是要找出新的问题，如果没有新问题，就谈不上研究，更谈不到创新了。论文没有新意就没有价值，因此，只有从新的角度去确定研究方向，研究前人没有研究过的问题，或者是前人研究过、探讨过，但说法不一的问题，由此去进行研究，才会得出与众不同的结论，才会见出新意。

（3）掌握论题所涉及领域的背景情况。选题时，要做到对论题涉及专业领域已有的科研成果有详细的了解。要知道别人已经解决了什么问题，还存在什么问题；对一些问题是否有争论，争论的焦点是什么；在本领域里哪些方面的研究还较薄弱，哪些方面的研究尚待开拓等等。要做到知己知彼，以避免论题的重复和雷同。

（4）要坚持选择有科学价值和现实意义的论题。选题要以促进科学事业发展、解决现实存在问题为出发点，要能够符合科学研究的正确方向，要具有科学价值和现实意义。

### 二、毕业论文的材料

写作一篇好的毕业论文，需要大量的、有价值的材料作为基础。论文写作的前期工作，就是要充分地搜集查找资料。

搜集和查找材料的方法，可以通过查阅图书馆、资料室的资料来搜集，还可以进行实地调查研究、做实验或者实际观察等来获得。在搜集材料过程中，要把材料的文献目录、搜集工作的详细计划等都列出来，搜集的材料越具体、越细致越好。实验与观察是获得材料数据、产生感性认识的基本途径，是形成、产生、检验科学理论的实践基础。

掌握了充分的材料，还要对材料进行整理、分析、比较，要"去粗取精，去伪存真"，对材料进行分析、筛选，把最能反映出问题的本质、最有说服力的材料挑选出来，以备写作使用。

整理材料的过程，其实就是理顺思路的过程，要以自己独到的见解来形成明确、有条理、符合逻辑的概念。

**三、明确中心论点**

论点是全文论证的中心，它表示着作者通过对某一个，或某一类问题进行研究探讨后，对这一个，或者这一类问题的看法、观点和意见。一篇论文既可以设置一个论点，也可以除中心论点外再设置一些分论点，从不同方面、不同角度来对中心论点进行论证。

毕业论文的论点是在客观材料里提炼出来的，作者通过对所掌握的材料进行分析、思考，然后根据选题的情况，来确立论文的基本论点和分论点。论文的论点产生，既需要大量的材料作为依据，也需要进行全方位的分析，与精心提炼。通常，论点的提炼要考虑到下面四个问题。

1. 目的

确立论点首先要明确论点提出的目的是什么，即设立此论点要解决什么问题、要阐述什么原理、证明怎样的道理等。论点提出的目的不同，使用的材料就会不同；文章的论证风格，结构形式的安排也会有所不同。

2. 意义

所谓"意义"就是论文的价值。论点的提出是作者的主观意图，论文的价值则是文章产生的客观效益。无论是哪一种毕业论文——是理论性的还是应用性的，是实验性的还是设计性的，其价值就在于所证明的问题（论点），所具有实际的意义。

3. 依据

依据是指论点提出的依据。一个论点的提出，如果缺乏一定的依据，就是缺乏了其成立的根基。论点的提出依据，必须是确凿无疑的，令人信服的。依据与论点要有必然联系，要充分、丰富。

4. 可能性

写作职业院校的毕业论文，还要受到客观条件的限制，如：一定的试验过程，一定的设备条件，一定的实践费用等等。因此，确立论点时，一定要考虑到最后完成论文的可能性。

**四、编写论文提纲**

编写论文提纲，是毕业论文撰写的一个重要步骤。在动笔写作之前编写论文提纲，有助于建构起论点与材料间的逻辑关系、安排好全文的基本层次结构，还可以避免写作时的随意性。如果事先没有拟定写作提纲，动笔时想到哪写到哪，最后则难以顺利地完成论文。

**（一）提纲的形式**

编写论文提纲，首先要选用一个合适的提纲形式。常见的提纲形式有：详细提纲和简单提纲；标题式提纲和主旨句式提纲等等。作者的写作习惯不同，采用的提纲形式也会不同。

虽然提纲形式有很多，但是在写作实践中，大多数作者都选择采用主旨句式的提纲。主旨句式提纲要在内容纲要中，采用主旨句的方式，把每一层次、各段落的内容概括出来。这种编写方法具体明确，别人看了也能清楚明白。毕业论文提纲往往要交给指导教师审阅，所以，论文提纲最好采用这种编写方法。

**（二）提纲的内容**

毕业论文提纲的内容包括标题、基本论点、内容纲要等项目。

1. 论文标题

论文标题有两种：一种是揭示课题内容的标题，这种标题的内容，能够直接反映作者对问题的看法；一种是揭示中心论点的标题，这种标题反映的是论文要证明的问题，而不表达作者对问题的看法。

标题的形式一般为单行标题，也可以采用双行标题。

2. 基本论点

3. 内容纲要

内容纲要是论文写作提纲的主体部分。在这一部分里，要采用分条列项的方式，把论文正文部分的层次、段落的结构列出来。

内容纲要一般要从大的项目写起，即先写出大的部分或大的层次的主旨句；然后写出该部分或该层次内的中项目，即各段的主旨句；最后是中项目的各小项目，即段内层次的意思。具体如下：

一、大的部分或大的层次的主旨

（一）段的主旨

……

1. 段内层次的主旨

……

二、同上

三、同上

内容纲要确定后，再把准备使用的材料按着顺序进行编码，以方便写作时使用。最后，要对提纲作全面检查，进行必要的调整、删减或补充。

## 第三节　毕业论文的写作

### 一、毕业论文的结构要素

1. 前置部分

前置部分包括封面、题名页、中文摘要、关键词、英文摘要和关键词(申请学位的论文必须有)、目次页(需要时)。

2. 主体部分

主体部分包括引言(或绪论)、正文、结论。

3. 后置部分

后置部分包括致谢、参考文献、附录(必要时)。

如果论文的内容不是很多,篇幅不是太长,前置部分可以不设封面、题名页、目次页,只用标题、摘要、关键词即可。摘要、关键词,以及后置部分内容的写作方法和要求,可以查阅国家《学位论文和学术论文的编写格式》的标准,以为规范。

主体部分的引言、正文、结论是论文正文部分的内容,是全文的核心部分。致谢、参考文献、附录是后置部分。

### 二、主体部分的写作

毕业论文主体部分的要素,由引言、本论、结论三个部分构成。

引言是论文的开头部分,引言是提出问题、概述内容、明确中心论点的部分。在这里要写明研究该问题的动机,写作论文的理由、目的和意义等,也可以简要交代确定选题的过程,以及有关背景材料。这样可以使读者更好地了解全文的主旨。这一部分的语言运用,要简洁扼要,开门见山,引人注目。

本论是论文的核心部分,在这里,要展开论题,对论点进行分析论证,阐明作者的观点、见解和研究成果。这一部分要求论证充分,逻辑严密。作者要站在一定的理论高度,运用充分的材料和相关的理论,对问题进行分析、推理、论证,从而得出结论。

结论是论文的总结部分,是对文中分析、论证问题进行的综合性概括,是论文的精华所在。其内容,要写明所研究的结果说明了什么问题、发现了什么规律,获得了什么成绩,有何创新,解决了什么理论和实际问题,还存在那些不足及质疑等等,也可以对这一领域的研究工作提出展望。结论部分要求结构完整、表达明确,不能含糊其词、模棱两可,语言要简洁、干净、利落。结论的内容与本论不能相矛盾,要与绪论形成呼应。结论中对研究成果的评价要恰如其分,不能自鸣得意或贬低他人。

下面介绍两种类型毕业论文的写作方法:

1. 理论性毕业论文

理论性毕业论文的正文写作没有固定的方式,以抽象理论为研究对象的论文,大多采用证明式、运用式,或者剖析式的写作方法。证明式是一种先给出定理、定义,然后进行证明的写作方法。运用式是先给出公式、方程,或者原理,然后进行推导,最后以实例运用来测定。剖析式是将原理或者理论分解成几个方面,然后逐一进行证明。

2. 实验性毕业论文

实验性毕业论文的正文部分由材料和方法、实验结果、分析和讨论三个部分构成。其中,“材料和方法”部分是为了介绍研究成果、获得的手段和途径,为读者提供重复该实验所必须的信息。“材料和方法”部分的内容有:实验采用的材料,实验的设备、装置和仪器(名称、型号、精度、性能等),实验的方法和过程(如创造性的观察方法、问题的处理方法、操作的方法)。“实验结果”是指通过实验观测到的现象和数据。这一部分的内容包括:实验的产品,实验过程观测到的现象,实验仪器记录到的图像和数据,以及对实验现象、数据的统计,加工后的有关资料等等。“分析和讨论”是对实验方法和结果进行的综合分析和研究。作者的创新、发现和见解是通过这一部分表达出来的

在实际写作中,有时把实验方法和实验结果放在一个部分写,也可以把实验结果和分析与讨论放在一个部分写。

## 三、毕业论文的格式

毕业论文的格式已由国家制定了规范标准,可随时在网上或者图书馆查找,在此不再做讲解。相关的国家标准有《中华人民共和国国家标准——科学技术报告、学位论文和学术论文的编写格式》《中华人民共和国国家标准——校对符号及其用法》《中华人民共和国国家标准——文后参考文献著录规则》。写作时要严格遵守。

## 四、修改与定稿

论文的初稿写好以后,还要反复修改,要逐行逐句逐段反复推敲。检查基本论点和分论点是否正确明白,材料用得是否恰当和有说服力,材料的安排与论证是否符合逻辑,层次段落的结构是否完整,层次段落间衔接是否顺畅,表达是否鲜明准确,文章格式是否合乎规范等。务求论证不留疑点,直到确实有说服力为止。

修改初稿时应注意检查以下几点:

(1) 论点与论题之间是否具有必然联系。

(2) 观点与材料是否具有统一性。

(3) 论文的结构层次是否连贯,逻辑推理是否有力。

(4) 论文的语言运用是否准确鲜明。

(5) 标点符号的使用是否正确。

(6) 论文采用的数据、年代、人物名称及地名是否准确。引用的注释、文献、参考资料是否真实和恰当。封面署名、装订是否工整符合规范等。

当论文修改完成后,再送交指导老师审阅,指导老师签署同意定稿后,该篇论文就算完成了。

## 第四节　写作毕业论文需要注意的事项

### 一、要考量自己的能力去选题

论文的选题要从实际出发，根据自己的主客观条件选择适当的论题。首先，从大处着眼去选题，从小处入手来写作。这样，研究探讨的问题就容易写得深入而具体，内容也会比较集中，写起来容易把握。其次，要考虑到自己掌握材料的能力。如果没有充足的材料，是写不出好的论文来的，这是确定选题时必须要考虑的问题。第三，要根据自己的专业特长和兴趣选题。根据专业特长选题就是学而致用，能够保证论文的成功；选择有兴趣的论题，能够激发写作的积极性。

### 二、确立论点要注意的问题

论点的确立要正确，要具有科学性。一篇论文的价值大小，是由论文观点正确性和内容的科学性决定的。这是因为科学研究具有揭示事物规律、探索真理的意义，有认识世界和改造世界，为人类开拓前进的道路的作用。论点不能简单地重复前人的观点，而必须有自己的独立见解，要有创新性。

### 三、论证要充分，要符合逻辑

论证的过程是进行逻辑证明的过程，即运用一定的逻辑推理，从论据中推出论题的过程。论证的逻辑性产生自论据与论题间的逻辑关系，论据与论题间逻辑关系的建立，以归纳法、对比法为多。要使论文论证具有逻辑力量，要在归纳、对比等方法基础上，进行科学分析、逻辑推导，并讲清所采用论据间的内在关联，然后才能得出结论。分析得合理、科学，结论才可靠。

### 四、语言要正确、严谨

毕业论文的语言运用要求严谨、准确、简练、通顺，忌用口语和文艺性语言。专业术语的运用要具有科学性，计量单位、数据、公式的写法和标准要统一，要符合相关要求。对新术语或尚无合适汉文术语的，可用原文或译出后加括号注明原文。文中要使用第三人称，建议采用“对……进行了研究”“报告了……现状”“进行了……调查”等记述方法来标明文献的性质和文献主题，不必使用“本文”“作者”等作为主语。

### 五、采用的数据和引用的文献要可靠

文中运用的试验数据应该取决于实验和检测实践，因此，要保证实验方法、检测方法的科学性和先进性，有国家标准的一定要采用国家标准。要合理运用参考文献，不能用文献来代替论证分析。要保证文献有据可查，来源明确，标注符合规范。

对参考文献的引用，要符合《中华人民共和国国家标准——文后参考文献著录规则》的规范。

例文

## 机电一体化系统中关于机电控制的研究

摘要：机电一体化通俗上来讲即将电子技术应用于传播控制、信息生成与流通，能源组织等，从构成上来说即是将电子技术和机械相融合，让二者的优势共同促进共同发展，变成统一体。科技水平进一步提高以来，机电一体化作为一门新型的学科，其将各种自动控制技术、电力电子技术以及接口技术和机械技术等群体技术集于一体，使得系统工程技术高质、低耗、多用及可靠的特定价值得以实现。本文就针对机电一体化系统中电机的控制与保护展开讨论。

关键词：机电一体化；电机控制

**1. 机电一体化的发展**

机电一体化在20世纪70年代是初始研究探索的时期，此阶段研究者通过尝试各种科学试验来提高机电器械的运作效率和质量。尤其在第二次世界大战时期，战争促进了电子技术与机械的相互渗透融合，当时目的是为了战争服务，而战争结束后技术优势和特点逐渐转为为民众服务。加快了使用地区人民生产生活回归正常轨道。但由于尚处于技术发展的初级阶段，性能和质量并不是特别完善，而适合产业发展的外在环境条件尚不充分，因此其进一步发展受到局限。后来网络通信技术和控制、传播技术的推广带来微型计算机和集成电路等技术的使用等成为了电子技术和机械技术相融合的前提性条件甚至决定性条件，对促进机电一体化事业功不可没。90年代以后，机电一体化的发展出现新的进程，有一下两点：第一，学术界同仁始进一步关注机电一体化进程的研究，由此扩展出新的相关学科和研究重点，如出现了光机电一体化以及微机电一体化等等；第二神经网络技术、光纤技术等新的研究对象兴起后为机电一体化技术的推广传播提供了技术等方面的支持。

**2. 机电一体化技术的主要应用领域**

目前机电一体化技术应用最广泛的领域即数控机床和自动机与自动生产线这两方面。数控机床及相应的数控技术经过40年的发展，在功能、操作、结构和控制精度上都有迅速提高，具体表现有：机电一体化采用开放性设计，即硬件体系结构和功能模块为符合接口标准，应具有兼容性、层次性，能最大限度地提高用户的收益；机电一体化能实现多过程、多通道控制，即同一台机床能同时控制或独立加工多种机床的和多台机床的能力；机电一体化的应用最终可以将物料搬运、机械手等控制、刀具破损检测都集成到系统中去；以单板、单片机作为控制机，加上专用芯片及模板组成结构紧凑的数控装置；系统的多级网络功能，加强了系统组合及构成复杂加工系统的能力。当前机电一体化技术应用的又一具体体现主要为在国民经济生产和生活中广泛使用的各种自动化设备、自动机械及自动生产线等。如：邮政信函自动分捡处理生产线；各种印刷包装、高速香烟、易拉罐生产线等；这些自动机或生产线中广泛应用了传感技术与现代电子技术。近十年来，我国技术水平迅猛增长，已超过了发达国家的水平。

**3. 机电一体化中的电机控制与保护**

电机控制与保护针对的是机电相关设施的维护和保养。它是机电事业强大的后盾和不能忽略的组成部分，它的开发使用是时代发展的需要也是各国政府大力提倡和推进的一项措施。它的节省能耗的优点使其在各个领域都能发挥作用，并成为经济发展必须考虑必须重视的重要环节，对它的倡导和规划符合国情和民生需要，也是我国事业国际化的一项推进因素。

3.1 电机控制保护装置存在的缺陷

其实现阶段在电机控制保护装置中，各种非期待的状况都有待处理。比如井下电机控制保护设备中，鼠笼式异步电机的故障率就比较高，占整个电机设备总故障率的一半以上，所以对于井下电机控制而言，可靠的控制保护装置是保证矿井安全生产的重要因素之一。通常电机保护装置的原理不外电磁原理或者电热原理，比如通过熔断器进行短路保护，或者用热继电器进行过载保护等，都是这应用这些原理的典型技术。随着机械自动化程度渐渐显现出来，电机设备的运动使用率高，人工的负担转嫁于机械设备，而由于启动时间，电压，设备开机状态等影响下机器的损坏率，寿命变短等问题逐渐凸显出来。电机设备研究人员希望通过长期的调查和试验找到保护电机保护技术前景何在，得到以下结论：第一，设计之初便要考虑日后的维护保护工作，提前做好计划安排，从头到尾进行统筹规划。第二，拓展设备养护问题胡思路，创新保护装置，使其发展规模发展思路更加多样。第三，转变管理观察方式方法，在设备运行过程中根据实际情况一切以更好更快为目标，及时将出现的问题处理完，在此，数字化的监管模式因为其高速和全面是目前发展的主要方向。

3.2 电机保护控制装置发展趋势及前景

电机控制保护现状是缺乏思路创新和科技创新，近几年针对这些问题提出一些新的理论方法，期望推进该事业的进一步发展。通过仿真计算和故障建模，并引入突破量、相位量、谐波份量、阻抗量、序份量等多种对电机故障敏感的检测量进行数据分析，并作相应判断和分析，把这些工作量提前做好的话，不但可以大大提高保护控制装置的精度和灵感度，还可以为以后的理论研究提供依据，为今后的突破进展提供依据。新技术的应用与开发（例如在线监测保护控制装置的应用等）也是电机控制保护装置的一个重要方面。利用新的技术产品（例如高频电磁波、位移、振动、红线、机械、电、热、光、声等）和理论对电机的运行进行实时监测，然后根据各种装置输出的信息通过计算机进行判断，把反射的数据进行分类，通过科学的分析和比对确定故障类型和严重程度，最后再采取相应的补救措施等，这样不仅能实现以上各种电机保护控制功能，更重要的是能在故障之前发出预警，达到提前防止故障发生，防患于未然。

电机控制与保护装置还有一项很重要的发展前景就是积极配套出厂电机保护控制装置，根据国际质量标准水平发现自己的不足和缺陷，并根据我国现实状况具体设计规划，力求适应中国国情。国外一些国家在电机产出后营销阶段会相应赠送或追加配套辅助设施，这种做法对于短期可能会产生效益低下等印象，但长远说来使购买者得到真正实惠，保证机械运转效率和质量，提高机械使用寿命，降低资源浪费，我国在这方面明显做得不够，致使整个行业发展过慢。所以说我国在这一方面应该像国外积极学习，发展配套运行机制，使得购买效率和使用效率都提高，避免了使用者配置不当引起机器损毁，耐用率低下而花费高昂，一方面使出产者的口碑提高和产品进一步推广全国乃至世界打下基础。所以说电机与其保护设备的配套不但能够促进彼此的使用效果，拓宽了电机事业长远发展的道路，对整个机电事业的科学化、人文化、世界化都是一个不小的促进。

**参考文献** （略）

（例文为网摘文）